Mathematik heute 9

Realschule Rheinland-Pfalz

Herausgegeben von
Heinz Griesel, Helmut Postel, Rudolf vom Hofe

Schroedel

Mathematik heute 9

Realschule Rheinland-Pfalz

Herausgegeben und bearbeitet von

Professor Dr. Heinz Griesel
Professor Helmut Postel
Professor Dr. Rudolf vom Hofe

Arno Bierwirth, Heiko Cassens, Bernhard Humpert, Dirk Kehrig, Wolfgang Krippner, Prof. Dr. Matthias Ludwig, Manfred Popken, Torsten Schambortski

Zum Schülerband erscheint:
Lösungen
Best.-Nr. 83895

Druck A^5 / Jahr 2018
Alle Drucke der Serie A sind im Unterricht parallel verwendbar.

Titel- und Innenlayout: Janssen Kahlert, Design & Kommunikation GmbH, Hannover
Illustrationen: Dietmar Griese; Zeichnungen: Günter Schlierf, Peter Langner
Satz: Konrad Triltsch, Print und digitale Medien GmbH, 97199 Ochsenfurt
Druck und Bindung: westermann druck GmbH, Braunschweig

ISBN 978-3-507-**83889**-5

Inhaltsverzeichnis

ZUM METHODISCHEN AUFBAU DER LERNEINHEITEN

Einstieg bietet einen prozessorientierten Zugang zum Thema.

Aufgabe mit vollständigem Lösungsbeispiel. Diese Aufgaben können alternativ oder ergänzend als Einstiegsaufgaben dienen. Die Lösungsbeispiele eignen sich sowohl zum eigenständigen Nacharbeiten als auch zum Erarbeiten von Lernstrategien.

Zum Festigen und Weiterarbeiten Hier werden die neuen Inhalte durch benachbarte Aufgaben, Anschlussaufgaben und Zielumkehraufgaben gefestigt und erweitert. Sie sind für die Behandlung im Unterricht konzipiert und legen die Basis für eine nachhaltige Entwicklung inhaltlicher und prozessorientierter Kompetenzen.

Information Wichtige Begriffe, Verfahren und mathematische Gesetzmäßigkeiten werden hier übersichtlich hervorgehoben und an charakteristischen Beispielen erläutert.

Übungen In jeder Lerneinheit findet sich reichhaltiges Übungsmaterial. Dabei werden neben grundlegenden Verfahren auch Aktivitäten des Vergleichens, Argumentierens und Begründens gefördert, sowie das Lernen aus Fehlern.
Aufgaben mit Lernkontrollen sind an geeigneten Stellen eingefügt.
Grundsätzlich lassen sich fast alle Übungsaufgaben auch im Team bearbeiten. In einigen besonderen Fällen wird zusätzlich Anregung zur Teamarbeit gegeben.
Die Fülle an Aufgaben ermöglicht dabei unterschiedliche Wege und innere Differenzierung.

Vermischte und komplexe Übungen Hier werden die erworbenenen Qualifikationen in vermischter Form angewandt und mit den bereits gelernten Inhalten vernetzt.

Bist du fit? Auf diesen Seiten am Ende eines Kapitels können Lernende eigenständig überprüfen, inwieweit sie die neu erworbenen Grundqualifikationen beherrschen. Die Lösungen hierzu sind im Anhang des Buches abgedruckt.

Im Blickpunkt / Projekt Hier geht es um komplexere Sachzusammenhänge, die durch mathematisches Denken und Modellieren erschlossen werden. Die Themen gehen dabei häufig über die Mathematik hinaus, sodass Fächer übergreifende Zusammenhänge erschlossen werden. Es ergeben sich Möglichkeiten zum Arbeiten in Projekten und zum Einsatz neuer Medien.

Bist du Topfit? Auf diesen Seiten am Ende des Buches können Lernende eigenständig überprüfen, inwieweit sie die in den Jahrgangsstufen 5 bis 9 erworbenen Qualifikationen beherrschen. Die Aufgaben orientieren sich an den Kompetenzen und Inhalten der curricularen Vorgaben.

Piktogramme weisen auf besondere Anforderungen bzw. Aufgabentypen hin:

Teamarbeit

Suche nach Fehlern

Tabellen-kalkulation

Internet

Dynamische Geometrie-systeme

Zur Differenzierung

Der Aufbau und insbesondere das Übungsmaterial sind dem Schwierigkeitsgrad nach gestuft.
Zusätzlich hierzu sind anspruchsvollere Aufgaben mit roten Aufgabenziffern versehen.
Fakultative Themen und Zusatzstoffe sind durch das Zeichen △ gekennzeichnet.

Maßeinheiten

Längen

10 mm = 1 cm
10 cm = 1 dm
10 dm = 1 m
1000 m = 1 km

Flächeninhalte

100 mm^2 = 1 cm^2	100 m^2 = 1 a
100 cm^2 = 1 dm^2	100 a = 1 ha
100 dm^2 = 1 m^2	100 ha = 1 km^2

Die Umwandlungszahl ist 100

Volumina

1000 mm^3 = 1 cm^3	1 cm^3 = 1 ml	1000 ml = 1 l
1000 cm^3 = 1 dm^3	1 dm^3 = 1 l	100 cl = 1 l
1000 dm^3 = 1 m^3		100 l = 1 hl

Die Umwandlungszahl ist 1000

Zeitspannen

60 s = 1 min
60 min = 1 h
24 h = 1 d

Gewichte

1000 mg = 1 g
1000 g = 1 kg
1000 kg = 1 t

Die Umwandlungszahl ist 1000

Mathematische Symbole

Zahlen

$a = b$	a gleich b	p%	p Prozent
$a \neq b$	a ungleich b	$\sqrt{a}$	Quadratwurzel aus a ($a \geq 0$)
$a < b$	a kleiner b	$\sqrt[3]{a}$	Kubikwurzel aus a ($a \geq 0$)
$a > b$	a größer b	$\mathbb{N}$	Menge aller natürlichen Zahlen
$a \approx b$	a ungefähr gleich (rund) b	$\mathbb{Q}$	Menge aller rationalen Zahlen
$a + b$	Summe aus a und b; a plus b	$\mathbb{R}$	Menge der reellen Zahlen
$a - b$	Differenz aus a und b; a minus b	$\sin\alpha$	Sinus α
$a \cdot b$	Produkt aus a und b; a mal b	$\cos\alpha$	Kosinus α
$a : b$	Quotient aus a und b; a durch b	$\tan\alpha$	Tangens α
a^n	Potenz aus Basis a und Exponent n; a hoch n		

Geometrie

$\overline{AB}$	Verbindungsstrecke der Punkte A und B; Strecke mit den Endpunkten A und B	ABCD	Viereck mit den Eckpunkten A, B, C und D
$\lvert AB \rvert$	Länge der Strecke $\overline{AB}$	$P(x \mid y)$	Punkt P mit den Koordinaten x und y, wobei x die erste Koordinate, y die zweite Koordinate ist
AB	Verbindungsgerade durch die Punkte A und B; Gerade durch A und B		
$g \parallel h$	Gerade g ist parallel zu Gerade h	$F \cong G$	Figur F ist kongruent zu Figur G
$g \perp h$	Gerade g ist senkrecht zu Gerade h	$F \sim G$	Figur ist ähnlich zu Figur G
ABC	Dreieck mit den Eckpunkten A, B und C	h_a [h_b; h_c]	Höhe zur Seite a [Seite b; Seite c]

	A	B	C	D	E	F	G	H
1	Lösung eines linearen Gleichungssystems							
2								
3	I	6	x +	-3	y =	3	|*	=D4
4	II	2	x +	2	y =	10	|*	=D3
5								

1 Lineare Gleichungssysteme

Vor dem Abschluss eines Handyvertrages sollte man sich einen Überblick über die Angebote und Tarife verschiedener Anbieter verschaffen und diese miteinander vergleichen. Viele Nutzer verwenden ihr Handy aber nicht nur zum Telefonieren, sondern auch zum Versenden von Kurznachrichten, sogenannten SMS.

Die verschiedenen Angebote und Tarife miteinander zu vergleichen, ist aber oft gar nicht so einfach.

SMS ⟨engl.⟩
short message service

Ein Anbieter wirbt mit dieser Anzeige für seinen Handytarif:

Ein anderer Anbieter wirbt mit folgender Anzeige.

- ➜ Versuche durch Schätzen und Probieren für das erste Angebot den Minutenpreis für das Telefonieren ins Festnetz und den Preis für das Versenden einer SMS zu bestimmen.
- ➜ Was kosten beim ersten Anbieter 30 Minuten Telefonieren ins Festnetz und das Versenden von 30 SMS?
- ➜ Vergleiche beide Angebote.
- ➜ Warum kannst du beim zweiten Angebot den Minutenpreis fürs Telefonieren ins Festnetz und die Kosten für das Versenden einer SMS nicht bestimmen?

In diesem Kapitel lernst du ...

... Aufgaben, in denen mehr als eine Größe gesucht wird, mithilfe von linearen Gleichungen systematisch zu lösen.

LINEARE GLEICHUNGEN MIT ZWEI VARIABLEN

Zahlenpaare als Lösungen

Einstieg

Jan will mit 10 m Maschendrahtzaun einen rechteckigen Auslauf für seine Kaninchen abgrenzen. Der Auslauf soll an das Haus grenzen. Eine Zaunseite soll in Verlängerung der Hauswand laufen.

→ Zeichnet mehrere Möglichkeiten. Was fällt auf?

→ Stellt eine Gleichung für die Breite auf. Was könnt ihr mithilfe dieser Gleichung begründen? Berichtet darüber.

Aufgabe

1. Ein Stück Draht mit einer Länge von 20 cm soll zu einem gleichschenkligen Dreieck gebogen werden. Dies kann auf verschiedene Weisen geschehen, da die *Länge y eines Schenkels (in cm)* und die *Länge x der Basis (in cm)* verändert werden können.

a) Welche Maße könnte das Dreieck besitzen?

b) Stelle mit der Maßzahl x für die Länge der Basis und der Maßzahl y für die Länge eines Schenkels eine Gleichung auf.
Welche der Zahlenpaare (2 | 9), (3 | 6), (7 | 6,5), (5,5 | 8) sind Lösungen dieser Gleichung?

c) Stelle den Zusammenhang zwischen x und y durch einen Graphen in einem Koordinatensystem dar. Lies am Graphen weitere Lösungen ab.
Überlege, ob sich mit den gefundenen Maßzahlen immer ein gleichschenkliges Dreieck formen lässt. Begründe.

Lösung

a) Durch Probieren findet man verschiedene Möglichkeiten. Wir notieren sie in einer Tabelle.

Länge x der Basis	4 cm	5 cm	8 cm	1 cm
Länge y eines Schenkels	8 cm	7,5 cm	6 cm	9,5 cm

b) Den Umfang u des Dreiecks erhältst du durch Addieren der drei Seitenlängen des Dreiecks.

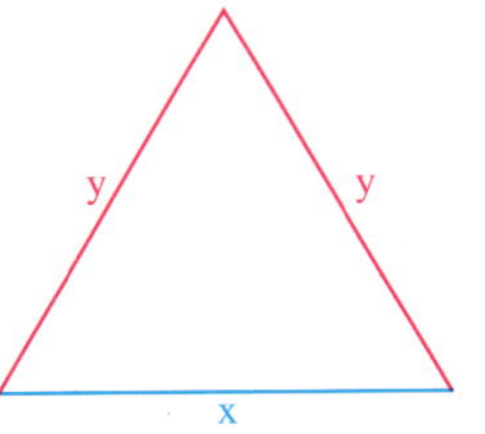

Es gilt:
$u = x + 2y$

Der Umfang u soll 20 cm betragen.
Gleichung (ohne Maßeinheiten):

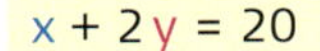

$x + 2y = 20$

Wir prüfen nun, welche der gegebenen Zahlenpaare Lösungen der Gleichung $x + 2y = 20$ sind.

x	y	x + 2 y = 20	wahr / falsch	
2	9	$2 + 2 \cdot 9 = 20$	**wahr**	also ist (2 | 9) eine Lösung
3	6	$3 + 2 \cdot 6 = 20$	falsch	also ist (3 | 6) keine Lösung
7	6,5	$7 + 2 \cdot 6{,}5 = 20$	**wahr**	also ist (7 | 6,5) eine Lösung
5,5	8	$5{,}5 + 2 \cdot 8 = 20$	falsch	also ist (5,5 | 8) keine Lösung

c) Wir lösen die Gleichung $x + 2y = 20$ nach y auf:

$$x + 2y = 20 \quad | -x$$
$$2y = 20 - x \quad | :2$$
$$y = 10 - \frac{x}{2}$$
$$y = -\frac{1}{2}x + 10$$

Dies ist die Gleichung einer linearen Funktion. Ihr Graph ist eine *Gerade* mit der *Steigung* $m = -\frac{1}{2}$ und dem *y-Achsenabschnitt* $b = 10$.

Aus dem Graphen kannst du zum Beispiel die Lösungen (3 | 8,5), (7 | 6,5) und (12 | 4) ablesen.

Für das gleichschenklige Dreieck würde das bedeuten:

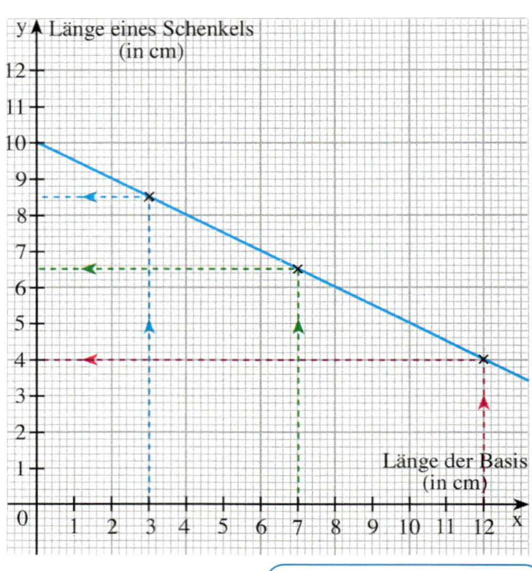

Länge x der Basis	3 cm	7 cm	12 cm
Länge y eines Schenkels	8,5 cm	6,5 cm	4 cm

Diese Werte ergeben kein Dreieck.

4 cm 4 cm 12 cm

Zum Festigen und Weiterarbeiten

2. Löse die Gleichung nach y auf. Bestimme dann mithilfe einer Tabelle mindestens acht Lösungen. Beschreibe dein Vorgehen.

a) $y - 3x = -6$ **b)** $2x + 4y = 8$ **c)** $2x - 3y - 6 = 0$ **d)** $3x - \frac{1}{2}y = 1$

3. Welche der Zahlenpaare (4 | 4), (– 1 | 1), (1 | – 6), (2 | 0), (– 1 | 9), (0 | $\frac{1}{4}$) sind Lösungen der Gleichung?

a) $x + y = 8$ **b)** $5y - 3x = 8$ **c)** $8y + 7x = 2$ **d)** $-2r + \frac{1}{3}s = -4$

4. Die Zahlenpaare (– 2 | □), (8 | □), (□ | – 1), (□ | 2), (□ | 10) sollen Lösungen der Gleichung sein. Bestimme die fehlende Zahl. Beschreibe dein Vorgehen.

a) $2x + y = 6$ **b)** $3x - 4y = 12$ **c)** $3y - 2x = -6$ **d)** $\frac{1}{3}r + s = \frac{5}{6}$

5. Löse die Gleichung nach y auf. Zeichne den Graphen. Bestimme damit zeichnerisch mindestens vier Zahlenpaare als Lösungen der Gleichung. Prüfe durch Rechnung.

a) $4x + 2y = 10$ **c)** $3x - 5y = 20$ **e)** $5x = 6 - 3y$ **g)** $\frac{x}{3} + \frac{y}{4} = 1$

b) $\frac{x}{2} + y = -3{,}5$ **d)** $3x + 2y = -4$ **f)** $0 = 2x + 6 - 4y$ **h)** $\frac{x}{2} - \frac{y}{3} = 2$

6. Anne hat für ein Klassenfest Weizen- und Vollkornbrötchen eingekauft und insgesamt 24 € bezahlt.
Wie viele Brötchen könnte sie von jeder Sorte gekauft haben?
Notiere dazu eine Gleichung mit zwei Variablen und gib mehrere Lösungen an.

Information

(1) Lineare Gleichungen mit zwei Variablen – Zahlenpaare als Lösungen

Gleichungen wie $3x + 2y = 32$, $y = -2x + 60$, $3x = 2y + 12$, $-2r + 3s = 6$ heißen **lineare Gleichungen mit zwei Variablen.**
Die Lösungen einer linearen Gleichung mit zwei Variablen sind *Zahlenpaare* $(x|y)$ bzw. $(r|s)$.

Beispiel:
Das Zahlenpaar $(4|10)$ ist eine Lösung der Gleichung $3x + 2y = 32$.
Probe durch Einsetzen: $3 \cdot 4 + 2 \cdot 10 = 32$ (wahr)
Das Zahlenpaar $(10|4)$ ist *keine* Lösung der Gleichung $3x + 2y = 32$.
Probe durch Einsetzen: $3 \cdot 10 + 2 \cdot 4 = 38$ (falsch)

(2) Graph einer Gleichung mit zwei Variablen

Die Lösungen einer Gleichung mit zwei Variablen können im Koordinatensystem durch Punkte dargestellt werden. Zu jeder Lösung gehört ein Punkt. Zur Lösung $(2|1)$ gehört der Punkt P mit dem Koordinatenpaar $(2|1)$.
Alle Punkte, die zur Lösungsmenge einer Gleichung mit zwei Variablen gehören, bilden zusammen den *Graphen der Gleichung.*
Der Graph einer linearen Gleichung mit zwei Variablen ist eine Gerade.

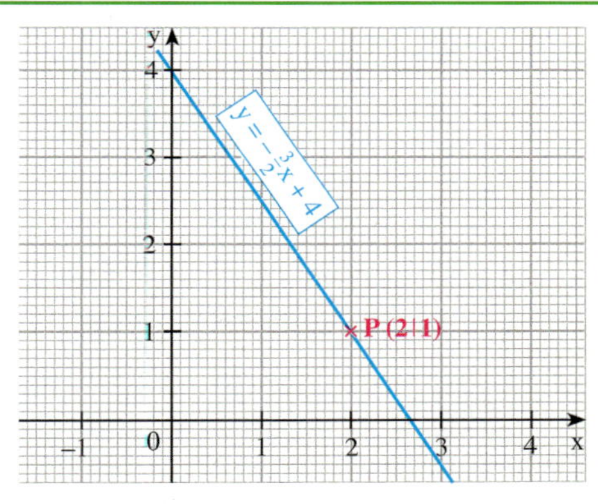

Eine lineare Gleichung mit zwei Variablen hat unendlich viele Lösungen.

(3) Wiederholung: Zeichnen einer Geraden mithilfe von Achsenabschnitt und Steigung

(a) $y = 1{,}5x - 1$
Steigung: $m = 1{,}5$
Achsenabschnitt: $b = -1$

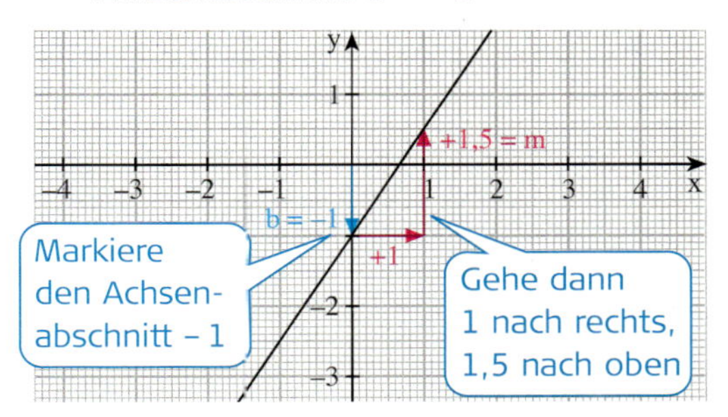

(b) $y = -2x + 1$
Steigung: $m = -2$
Achsenabschnitt: $b = 1$

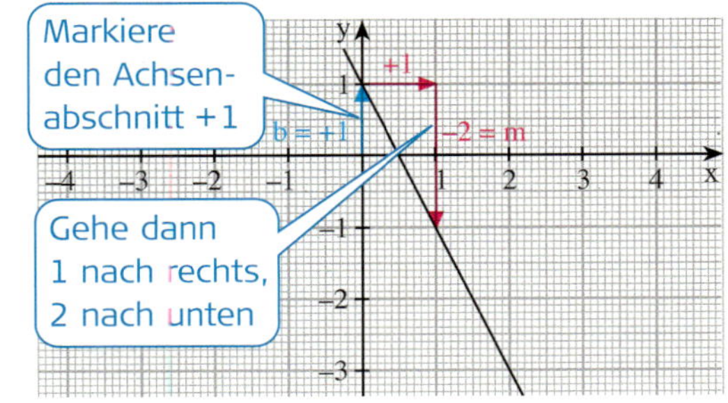

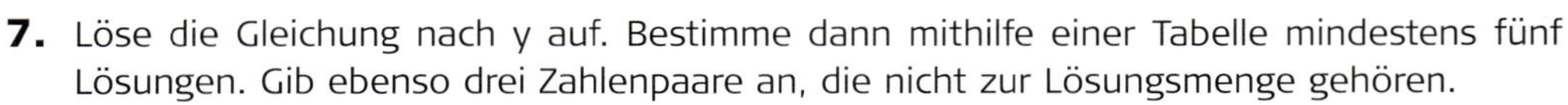

Übungen

7. Löse die Gleichung nach y auf. Bestimme dann mithilfe einer Tabelle mindestens fünf Lösungen. Gib ebenso drei Zahlenpaare an, die nicht zur Lösungsmenge gehören.

a) $y - x = 4$ **b)** $y - 2x = 6$ **c)** $3x + 3y = 9$ **d)** $y + \frac{x}{2} = 2$

8. Welche der Zahlenpaare $(2|1)$, $(1|4)$, $(4|2)$, $(2|3)$, $(-2|-1)$, $(-8|10)$ sind Lösungen von:

a) $2x + 3y = 14$; **b)** $5x - 3y = -7$; **c)** $\frac{a}{2} - b = 0$?

9. Die Zahlenpaare sollen Lösungen der linearen Gleichung sein. Fülle die Lücken aus:
$(0|\square)$, $(\square|0)$, $(1|\square)$, $(\square|1)$, $(3|\square)$, $(\square|-5)$, $(-\frac{1}{2}|\square)$, $(\square|0{,}1)$

a) $x + y = 0$ **b)** $x - y = 1$ **c)** $3x + 2y = 6$ **d)** $\frac{3}{4}x - \frac{y}{2} = \frac{3}{8}$ **e)** $\frac{a}{7} - \frac{b}{3} + \frac{1}{4} = 0$

10. Welche der Punkte $P_1(1|1)$, $P_2(0{,}5|1)$, $P_3(1|-1)$, $P_4(-1|1)$, $P_5(-3|0)$, $P_6(0{,}2|3{,}2)$ und $P_7(3|6)$ gehören zum Graphen der linearen Gleichung?

a) $y - x = 3$ **b)** $2y + 9x = 11$ **c)** $\frac{x}{2} + 0{,}3y = \frac{1}{5}$ **d)** $\frac{2x - y}{7} = 0$

11. Löse die Gleichung nach y auf. Zeichne den Graphen der zugehörigen linearen Funktion. Lies mindestens vier Lösungen ab. Kontrolliere rechnerisch.

a) $3x + 2y = 3$ **b)** $y - \frac{3}{4}x = -4$ **c)** $3x + 6y = 12$ **d)** $6x - 4y = 8$

12. Ergänze die Koordinaten der Punkte $P_1(0|\square)$, $P_2(\square|0)$, $P_3(1|\square)$, $P_4(\square|6)$, $P_5(-0{,}2|\square)$ und $P_6(\square|-0{,}6)$ so, dass diese zum Graphen der angegebenen Gleichung gehören.

a) $x + y = 1$ **b)** $2x - 5y = 0$ **c)** $\frac{x}{2} + \frac{y}{3} = 2$ **d)** $-1{,}2x + 0{,}4y = 4{,}8$

13. Lies am Graph drei Lösungen der zugehörigen Gleichung ab.
Kontrolliere rechnerisch.

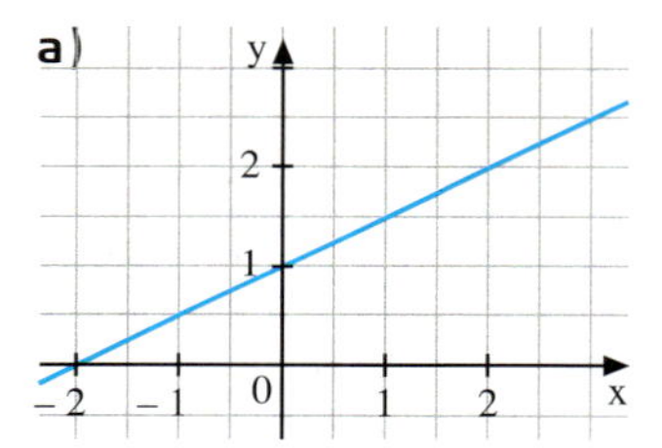

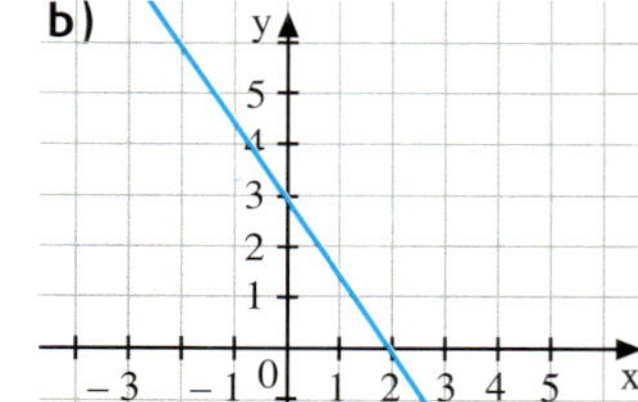

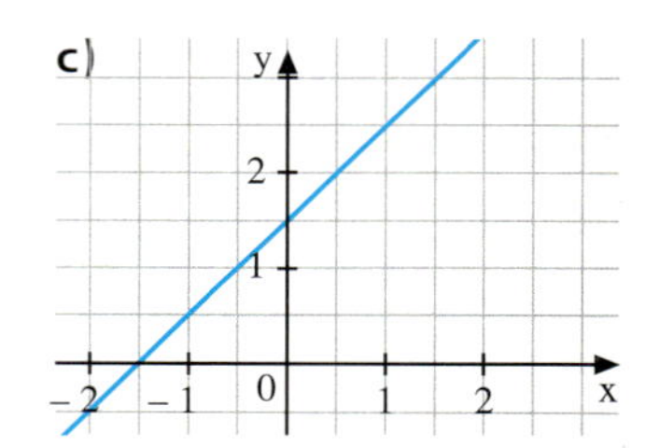

14. Ein Kreuz in der nebenstehenden (symmetrischen) Form soll gezeichnet werden. Dabei soll die gesamte Randlinie genau 40 cm lang sein. Sonst sind Länge und Breite der einzelnen Teile noch nicht festgelegt.

Randlinie
y cm
x cm

a) Gib die geforderte Bedingung für die Randlinie in Form einer Gleichung mit den beiden Variablen x und y an.

b) Welche der Zahlenpaare $(2|4)$, $(6|2)$, $(8|3)$, $(4{,}5|1)$, $(3|3{,}5)$, $(\frac{1}{2}|\frac{19}{4})$ sind Lösungen dieser Gleichung mit zwei Variablen?

c) Löse die Gleichung nach y auf. Zeichne den Graphen der zugehörigen Funktion.

d) Welcher Zahlenwert darf von x nicht überschritten [nicht unterschritten] werden; welcher y-Wert gehört dazu?
Welcher Zahlenwert darf von y nicht überschritten [nicht unterschritten] werden; welcher x-Wert gehört dazu?

15. Denke dir eine lineare Gleichung und nenne deinem Partner nur drei Lösungspaare der Gleichung. Er soll die Gleichung herausfinden.
Stimmt sie genau mit deiner Gleichung überein?

16. **a)** Nenne die fünf kleinsten Geldbeträge, die man mit 20-Euro-Scheinen und 50-Euro-Scheinen zahlen kann.

b) 430 € sollen mit 20-Euro-Scheinen und 50-Euro-Scheinen ausgezahlt werden. Erstelle eine Gleichung mit zwei Variablen, um alle Möglichkeiten zu finden.

c) Gibt es Lösungen der Gleichung aus Teilaufgabe b), die zu keinem Auszahlungsbetrag gehören?

17. Aus einem 60 cm langen Draht soll ein Rechteck gebogen werden.
Stelle für die Maßzahlen von Länge und Breite eine Gleichung mit zwei Variablen auf.
Notiere acht Lösungen. Gib dazu jeweils Länge und Breite eines Rechtecks an.
Gib auch mindestens eine Lösung der Gleichung an, die kein Rechteck ergibt.

18. Aus einem 80 cm langen Draht soll ein gleichschenkliges Dreieck gebogen werden.

	A	B
1	Gleichschenkliges Dreieck	
2		
3	Drahtlänge	80
4		
5	Basis a	Schenkel b
6	10	35
7	8	36

a) Stelle eine Gleichung für die Maßzahlen der Länge der Basis und der Schenkel auf.

b) Bestimme mit einem Tabellenkalkulationsprogramm verschiedene Lösungen. Welche Formeln wurden in den Zellen B6 und B7 verwendet?

c) Wähle auch andere Drahtlängen für das Dreieck.

d) Erstelle ein Tabellenblatt für ein Rechteck, das aus Draht gebogen werden soll.

19. Lena hat Äpfel und Birnen gekauft. Sie hat dafür insgesamt 7,50 € bezahlt. Wie viel kg könnte sie von jeder Sorte gekauft haben?
Gib mehrere Möglichkeiten an.

20. Notiere eine Gleichung mit zwei Variablen. Gib vier Zahlenpaare an, die Lösung der Gleichung sind.

a) Die Differenz zweier Zahlen ist 8,5.

b) Die Summe zweier Zahlen ist – 18.

c) Addiert man zum Doppelten einer Zahl eine zweite Zahl, so erhält man 9.

d) Subtrahiert man von einer Zahl die Hälfte einer zweiten Zahl, so erhält man 4.

21. Patrick hat die Lösungen einer linearen Gleichung grafisch ermittelt. Kontrolliere seine Ergebnisse.

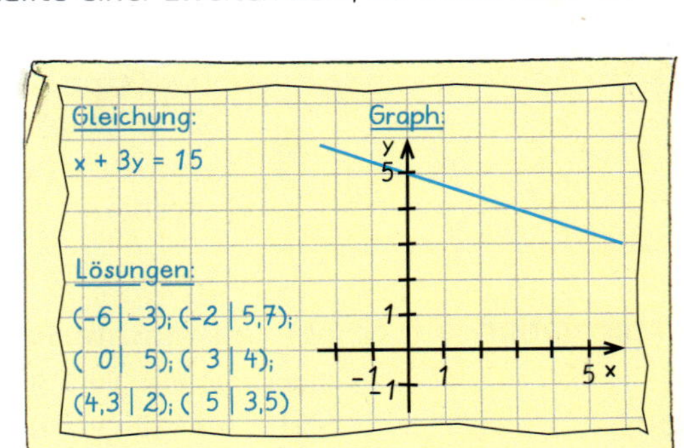

22. **a)** Das Zahlenpaar (2|6) ist Lösung einer Gleichung mit zwei Variablen. Wie könnte die Gleichung lauten? Gib mindestens zwei Möglichkeiten an.

b) Das Zahlenpaar (3|5) ist Lösung einer linearen Gleichung $ax + by = c$.
Bestimme a und b für (1) $c = 2$; (2) $c = 0$; (3) $c = 1{,}4$.
Gib mehrere Möglichkeiten an.

Sonderfälle bei linearen Gleichungen mit zwei Variablen

Einstieg

Die Geraden a und b sind die Graphen zweier linearer Gleichungen mit zwei Variablen.

→ Notiert mehrere Zahlenpaare, die jeweils Lösung der dargestellten linearen Gleichungen sind.
Was haben alle Zahlenpaare zu der Geraden a gemeinsam, was alle Zahlenpaare zu der Geraden b?

→ Versucht, zu den Geraden a und b jeweils eine lineare Gleichung mit zwei Variablen zu finden.

→ Berichtet über eure Ergebnisse.

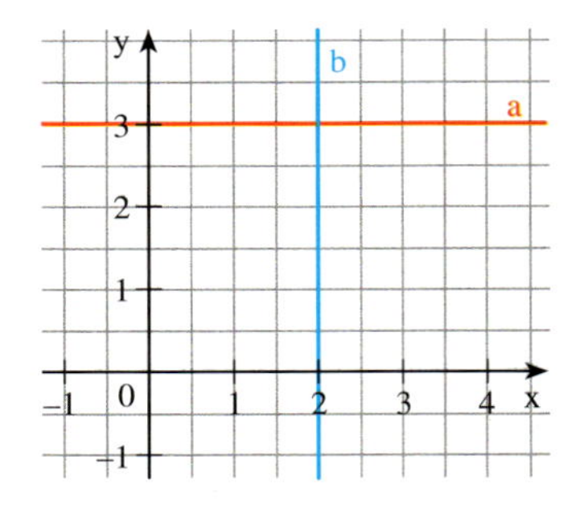

Aufgabe

1. Zeichne mithilfe einer Wertetabelle den Graphen der linearen Gleichung.

a) $0 \cdot x + 2y = 6$ **b)** $3x + 0 \cdot y = 12$

Nach welcher Variable kannst du die Gleichung auflösen?
Beschreibe den Graphen der linearen Gleichung.

Lösung

a) Die Gleichung lautet: $0 \cdot x + 2y = 6$
Auflösung nach y: $2y = 6$, also $\mathbf{y = 3}$

Ein Punkt gehört immer dann zum Graphen, wenn seine y-Koordinate 3 ist. Die x-Koordinate kann beliebig sein.
Der Graph ist eine Gerade.
Sie ist parallel zur x-Achse.
Sie schneidet die y-Achse an der Stelle 3.

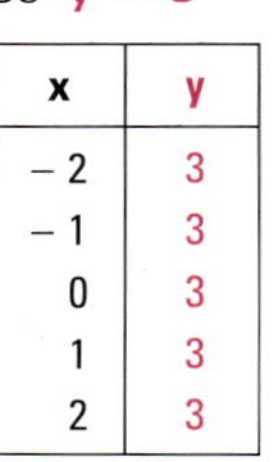

x	y
– 2	3
– 1	3
0	3
1	3
2	3

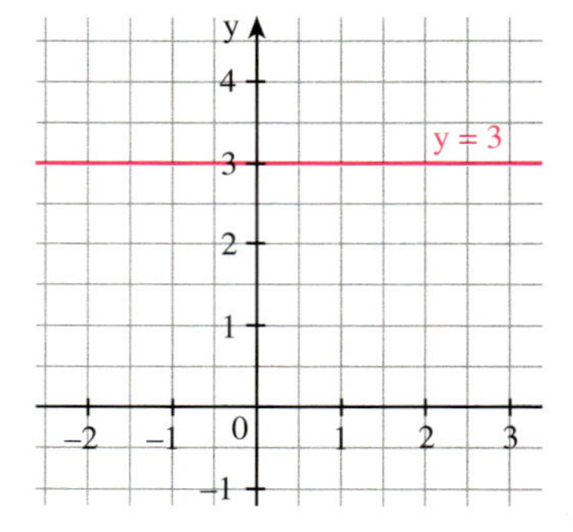

b) Die Gleichung lautet: $3x + 0 \cdot y = 12$
Auflösung wegen $0 \cdot y = 0$ nur nach x möglich:
$3x = 12$, also $\mathbf{x = 4}$

Ein Punkt gehört immer dann zum Graphen, wenn seine x-Koordinate 4 ist. Die y-Koordinate kann beliebig sein.
Der Graph ist eine Gerade.
Sie ist parallel zur y-Achse.
Sie schneidet die x-Achse an der Stelle 4.

x	y
4	– 2
4	– 1
4	0
4	1
4	2

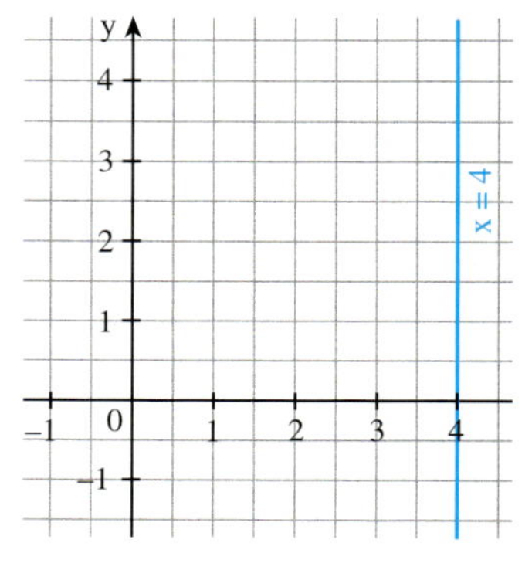

Information

(1) Vereinfachte Schreibweise einer linearen Gleichung, falls einer der Faktoren 0 ist.

Statt $0 \cdot x + 2y = 8$ schreibt man vereinfacht $2y = 8$.
Statt $3x + 0 \cdot y = 6$ schreibt man vereinfacht $3x = 6$.

Diese vereinfachte Schreibweise kann man nur verwenden, wenn klar ist, dass es sich um Gleichungen mit *zwei* Variablen handelt (jeweils mit Zahlenpaaren als Lösungen). $2y = 8$ und $3x = 6$ sind nämlich sonst Gleichungen mit *einer* Variablen (jeweils mit *einer* Zahl als Lösung).

(2) Graph einer Gleichung mit zwei Variablen in der Form $y = b$ bzw. $x = a$

Der Graph der Gleichung $y = 2$ ist eine Parallele zur x-Achse. Er schneidet die y-Achse an der Stelle 2.

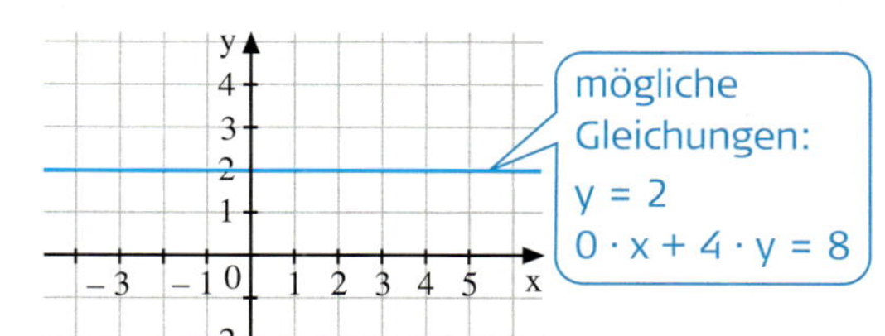

Der Graph der Gleichung $x = -2$ ist eine Parallele zur y-Achse. Er schneidet die x-Achse an der Stelle – 2.

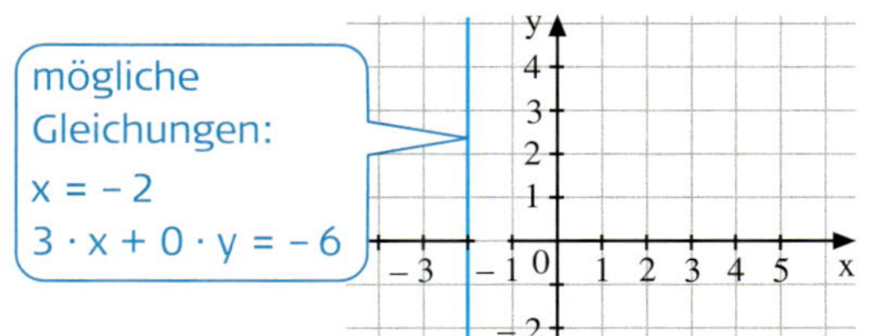

Zum Festigen und Weiterarbeiten

2. Zeichne den Graphen der linearen Gleichung. Notiere die Gleichung in vereinfachter Form.

a) $0x + 3y = 6$ **b)** $5x + 0y = -10$ **c)** $0x - 4y = 2$ **d)** $-\frac{x}{2} + 0y = 1$

3. Jede der beiden Koordinatenachsen kannst du als Graph einer linearen Gleichung mit zwei Variablen auffassen.
Notiere (1) für die x-Achse, (2) für die y-Achse eine passende lineare Gleichung mit zwei Variablen. Gib auch die vereinfachte Form an.

4. a) Zeichne eine Parallele zur x-Achse durch den Punkt P (2 | 3). Gib eine lineare Gleichung dafür an. Begründe.

b) Zeichne eine Parallele zur y-Achse durch den Punkt P (2 | 3). Gib eine lineare Gleichung dafür an. Begründe.

Übungen

5. Zeichne den Graphen der linearen Gleichung. Notiere die Gleichung auch vereinfacht.

a) $0x + 3y = 21$ **b)** $-2x + 0y = 10$ **c)** $4x + 0y = 8$ **d)** $0x - 5y = 2$

6. Notiere die gegebene Gleichung in ausführlicher Form, sodass beide Variablen x und y vorkommen. Zeichne auch die Gerade.
Gib jeweils drei Lösungen der linearen Gleichung mit zwei Variablen an.

a) $y = 6$ **b)** $y = -1{,}5$ **c)** $x = 2$ **d)** $x = -5{,}5$ **e)** $y = 0$

7.

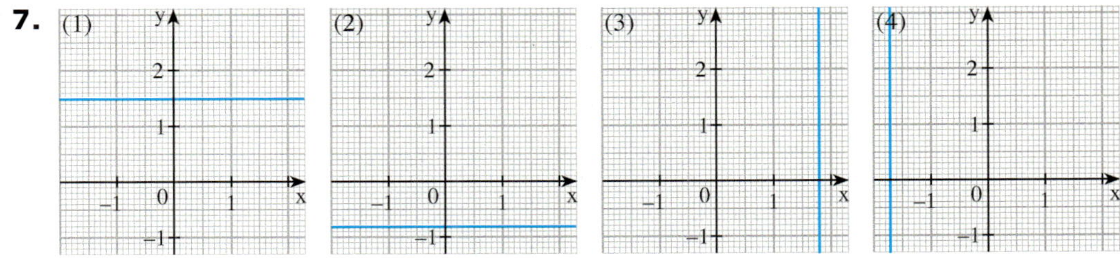

Gib zu jeder Geraden eine passende lineare Gleichung mit zwei Variablen an; notiere diese auch in der vereinfachten Form.

8. Stelle die Gleichung der Geraden auf, die durch den Punkt P (4 | – 7) [P (– 1,9 | 5,3)] geht und (1) parallel zur x-Achse verläuft; (2) parallel zur y-Achse verläuft.

9. Notiere die Gleichungen einer Geraden, die von einer Koordinatenachse 4,2 Einheiten Abstand hat und **a)** parallel zur x-Achse ist; **b)** parallel zur y-Achse ist.

LINEARE GLEICHUNGSSYSTEME – GRAFISCHES LÖSEN

Einstieg

- Wie viele Einzelzimmer und wie viele Doppelzimmer hat der Lindenhof?
- Berichtet über euer Ergebnis und euren Lösungsweg.

Aufgabe

1. Ein Kleintransporter soll für einen Umzug einen Tag gemietet werden.
Die Miete setzt sich aus einer Grundgebühr pro Tag und den Kosten pro gefahrene Kilometer zusammen. Sie ist je nach Anbieter unterschiedlich.

	Autoverleih Riedt	Autovermietung Selbach
Grundgebühr pro Tag	15 €	27 €
Kosten pro gefahrene km	0,50 €	0,35 €

Vergleiche beide Angebote. Bei wie viel gefahrenen Kilometern sind beide Angebote gleich teuer? Wie hoch ist in diesem Fall der Mietpreis?

Lösung

Wir stellen zunächst die Gleichungen (Formeln) für den Mietpreis auf.

Anzahl der gefahrenen km: x

Gesamtpreis: y

Autoverleih Riedt

Gleichung: $15 + 0{,}50 \cdot x = y$

Autovermietung Selbach

Gleichung: $27 + 0{,}35 \cdot x = y$

Um die Angebote zu vergleichen, haben wir nun zwei Möglichkeiten:

(1) *Aufstellen der Wertetabellen*

gefahrene km	Mietpreis Riedt	Mietpreis Selbach
10	20,00	30,50
20	25,00	34,00
30	30,00	37,50
40	35,00	41,00
50	40,00	44,50
60	45,00	48,00
70	50,00	51,50
80	**55,00**	**55,00**
90	60,00	58,50
100	65,00	62,00

(2) *Zeichnen der Graphen*

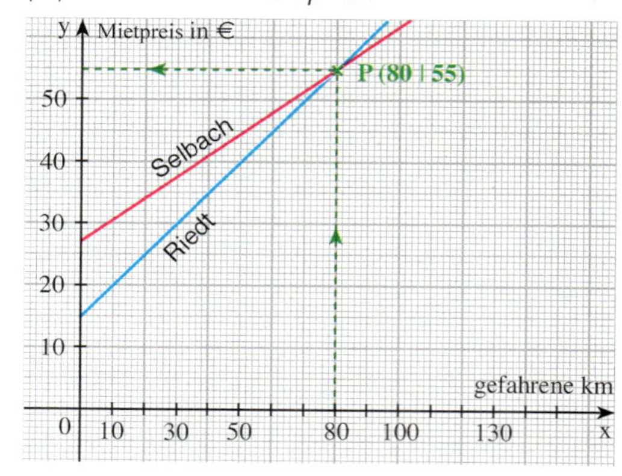

Mithilfe der Wertetabelle haben wir durch *systematisches Probieren* ermittelt:
Beide Firmen verlangen für 80 gefahrene km 55 € einschließlich der Grundgebühr.
Das entnehmen wir auch den Graphen: P(80|55) ist der Schnittpunkt der Geraden.
Ferner entnehmen wir sowohl den Wertetabellen als auch der grafischen Darstellung:
Für Entfernungen, die unter 80 km liegen, ist Autoverleih Riedt günstiger, für Entfernungen über 80 km Autovermietung Selbach.

Information

*Bei einem Gleichungssystem sind beide Gleichungen durch **und** verbunden.*

(1) Lineares Gleichungssystem – Lösung eines linearen Gleichungssystems

Zwei lineare Gleichungen bilden *zusammen* ein **lineares Gleichungssystem.**
Jedes Zahlenpaar, das *beide* Gleichungen erfüllt, ist Lösung dieses Gleichungssystems.

Beispiel: $x + y = 5$ *und* $2x - y = 13$. Wir schreiben übersichtlich: $\left| \begin{array}{l} x + y = 5 \\ 2x - y = 13 \end{array} \right|$
Dieses Gleichungssystem hat $(6 | -1)$ als Lösung.

Probe durch Einsetzen:
1. Gleichung: $6 + (-1) = 5$ (wahr) 2. Gleichung: $2 \cdot 6 - (-1) = 13$ (wahr)

(2) Grafisches Lösen eines linearen Gleichungssystems

1. Schritt: Forme (wenn erforderlich) die Gleichungen nach y um.
2. Schritt: Zeichne die Graphen der beiden Gleichungen in ein gemeinsames Koordinatensystem.
3. Schritt: Bestimme (falls vorhanden) den Schnittpunkt beider Graphen.

Das Koordinatenpaar des Schnittpunktes ist die Lösung des Gleichungssystems.

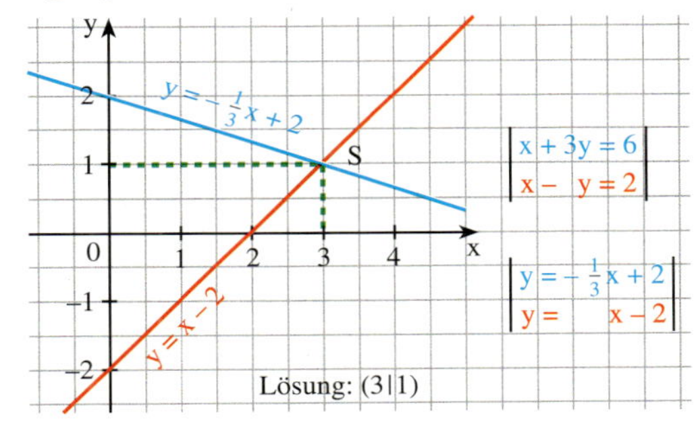

Hinweis: Sowohl beim Zeichnen der Geraden als auch beim Ablesen der Koordinaten des Schnittpunktes aus der Zeichnung können Ungenauigkeiten auftreten. Du weißt also nicht, ob du beim grafischen Verfahren eine genaue Lösung oder eine Näherungslösung erhalten hast. Mithilfe der Probe kannst du feststellen, ob die abgelesene Lösung wirklich genau ist.

Zum Festigen und Weiterarbeiten

Gaszähler

2. Ein Energieversorger bietet seinen Kunden zwei Tarife für Gas an. Der Gaspreis setzt sich aus dem *Grundpreis* und dem *Arbeitspreis* für das verbrauchte Gas zusammen. Vergleiche beide Tarife.

Tarif	*basis*	*spezial*
Monatlicher Grundpreis	5,50 €	11,00 €
Preis (je m³)	0,70 €	0,60 €

Bei welchem Gasverbrauch sind beide Tarife gleich teuer? Löse die Aufgabe sowohl mit Wertetabellen als auch mit Graphen. Vergleiche beide Lösungswege und bewerte sie.

3. Auf einem Parkplatz stehen insgesamt 33 Autos und Motorräder. Zusammen haben sie 124 Räder. Wie viele Autos, wie viele Motorräder stehen auf dem Parkplatz?

4. $\left| \begin{array}{l} x + y = 10 \\ 2x - y = 2 \end{array} \right|$

a) Gegeben ist ein lineares Gleichungssystem.
(1) Gib acht Lösungen der 1. Gleichung des linearen Gleichungssystems an.
(2) Gib acht Lösungen der 2. Gleichung des linearen Gleichungssystems an.

b) Versuche, ein Zahlenpaar zu finden, das beide Gleichungen aus Teilaufgabe a) erfüllt.

5. Welches der Zahlenpaare $(1|2)$, $(3|5)$, $(0|1)$, $(2|2)$, $(4|0)$, $(-1|1)$ ist sowohl Lösung der Gleichung $2x + y = 6$ als auch der Gleichung $3x - y = 4$?

6. $\left| \begin{array}{l} y = -3x + 6 \\ y = x + 2 \end{array} \right|$

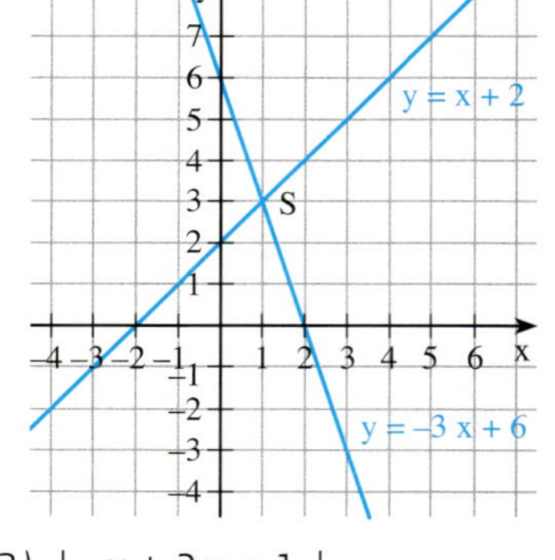

Rechts findest du die Graphen der beiden Gleichungen. Lies die Koordinaten des Schnittpunktes S ab. Kontrolliere rechnerisch, indem du die Probe durch Einsetzen durchführst.
Begründe: Das Zahlenpaar des Schnittpunktes ist Lösung des Gleichungssystems.

7. Ermittle wie in Aufgabe 4 grafisch die Lösungsmenge. Prüfe rechnerisch.

(1) $\left| \begin{array}{l} y = 2x - 5 \\ y = 4x - 11 \end{array} \right|$ (2) $\left| \begin{array}{l} 2x - y = 8 \\ x + y = 1 \end{array} \right|$ (3) $\left| \begin{array}{l} -x + 2y = 1 \\ 2x - y = 4 \end{array} \right|$

8. Bestimme die Lösungen folgender Gleichungssysteme grafisch. Was fällt dir auf?

(1) $\left| \begin{array}{l} 2x - 4y = -2 \\ 3x + y = 11 \end{array} \right|$ (2) $\left| \begin{array}{l} -x + 2y = 4 \\ 2x - 4y = 6 \end{array} \right|$ (3) $\left| \begin{array}{l} 2x + y = -4 \\ -6x - 3y = 12 \end{array} \right|$

Information

Verschiedene Lösungsfälle linearer Gleichungssysteme mit zwei Variablen

Bei den beiden Geraden eines linearen Gleichungssystems mit zwei Variablen liegt genau einer der folgenden drei Fälle vor:

1. Fall: Beide Geraden haben verschiedene Steigungen. Sie schneiden sich dann in einem Punkt. Das Gleichungssystem hat also *genau eine* Lösung. Die Lösungsmenge besteht aus einem einzigen Zahlenpaar.

Beispiel:

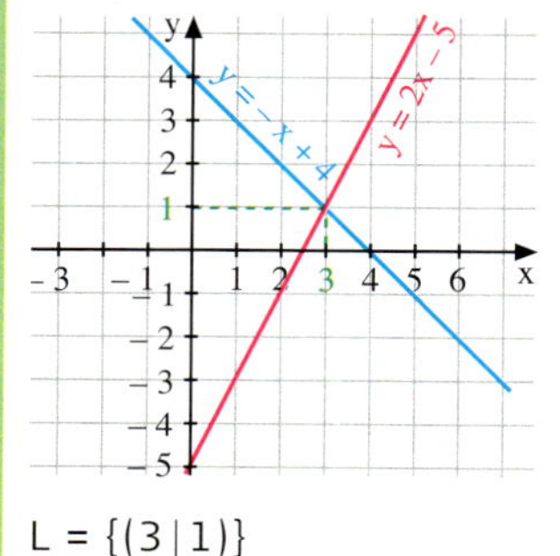

L = {(3|1)}

2. Fall: Beide Geraden haben die gleiche Steigung, aber verschiedene y-Achsenabschnitte. Beide Geraden sind dann parallel zueinander und schneiden sich nicht. Das Gleichungssystem hat also *keine* Lösung. Die Lösungsmenge ist leer.

Beispiel:

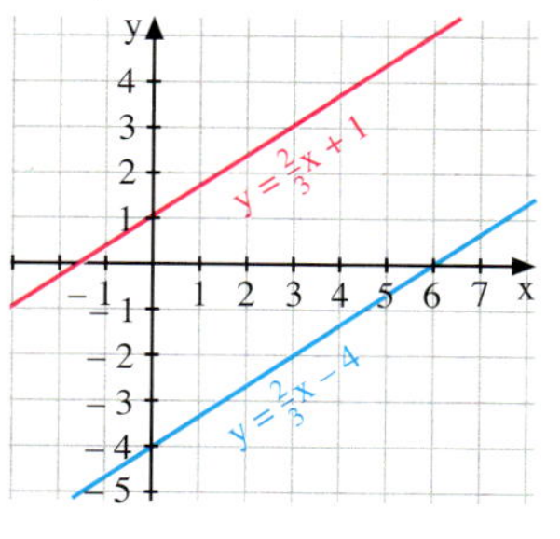

L = { }

3. Fall: Beide Geraden stimmen in der Steigung und im y-Achsenabschnitt überein. Sie fallen dann zusammen. Das Gleichungssystem hat *unendlich viele* Lösungen. Die Lösungsmenge besteht aus allen Zahlenpaaren, die diese Geradengleichung erfüllen.

Beispiel:

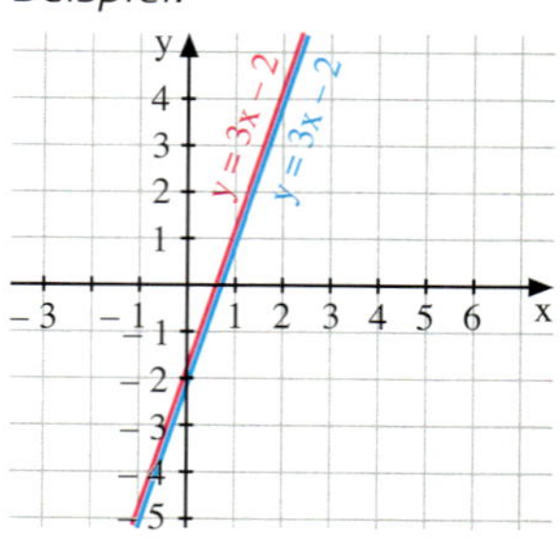

L = Menge aller Zahlenpaare $(x|y)$ mit $y = 3x - 2$

Übungen

9. Welches der Zahlenpaare $(-2|1)$, $(0|2)$, $(3|2)$, $(1|-3)$, $(4|0)$ ist gemeinsame Lösung der Gleichungen $y + x = 5$ *und* $y - x = -1$?

10. Ermittle zeichnerisch die Lösungsmenge des Gleichungssystems. Mache eine Probe.

a) $\left| \begin{array}{r} x + y = 5 \\ -2x + y = -1 \end{array} \right|$ **b)** $\left| \begin{array}{r} 2x + \ y = 7 \\ 6x - 2y = 6 \end{array} \right|$ **c)** $\left| \begin{array}{r} 6r = 2s - 8 \\ 8s - 12 = 4r \end{array} \right|$

11. Bestimme zeichnerisch die Lösungsmenge der Gleichungssysteme. Gib an, welcher der drei Fälle vorliegt.

(1) $\left| \begin{array}{r} 2x + y = 6 \\ 3x + 2y = 8 \end{array} \right|$ (2) $\left| \begin{array}{r} 4x + 2y = 5 \\ -2x - y = -\frac{5}{2} \end{array} \right|$ (3) $\left| \begin{array}{r} 2r + 3s = 6 \\ 2r - 3s = 6 \end{array} \right|$ (4) $\left| \begin{array}{r} 3x - 6y = 9 \\ 4x - 8y = 12 \end{array} \right|$

12. **a)** Erstelle mit einem Kalkulationsprogramm eine Wertetabelle für die beiden Gleichungen des linearen Gleichungssystems. $\left| \begin{array}{l} y = 3x - 4 \\ y = -2x + 6 \end{array} \right|$

b) Zeichne die beiden Graphen in ein gemeinsames Diagramm. Lies den Schnittpunkt der Graphen ab. Kontrolliere anhand der Wertetabelle.

13. Gib jeweils das Gleichungssystem und seine Lösungsmenge an.

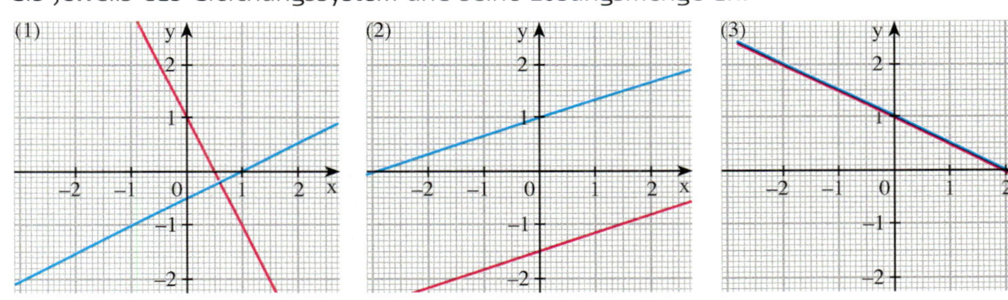

1+1=3

14. Kontrolliere Stefans Hausaufgaben. Korrigiere die gefundenen Fehler.

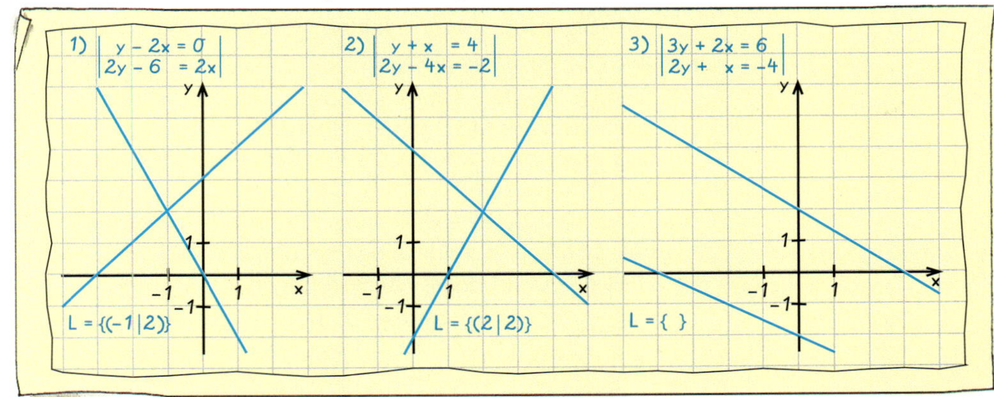

15. Im Jugendherbergsverzeichnis ist angegeben, dass in der Jugendherberge in Eulenburg 145 Jugendliche in 35 Zimmern übernachten können. Es gibt nur Dreibett- und Fünfbettzimmer.
Wie viele Dreibettzimmer und wie viele Fünfbettzimmer hat diese Jugendherberge?

16. Julia möchte für den Winter 6 kg Vogelfutter besorgen. Die Mitarbeiterin der Zoohandlung sagt: „Wenn wir 5 kg Erdnusskerne und 1 kg Sonnenblumenkerne mischen, musst du 16 € zahlen. Wenn wir von beiden 3 kg nehmen, macht das 12 €".
Was kostet jeweils 1 kg Erdnusskerne und 1 kg Sonnenblumenkerne?

LINEARE GLEICHUNGSSYSTEME – RECHNERISCHES LÖSEN

Die zeichnerische Bestimmung der Lösung eines linearen Gleichungssystems ist oft ungenau und bei großen Zahlen platzaufwendig oder gar nicht möglich. Daher befassen wir uns jetzt mit drei Verfahren zur rechnerischen Ermittlung der Lösung.

Gleichsetzungsverfahren

Aufgabe

1.

a) Versuche, das Gleichungssystem grafisch zu lösen. Prüfe, ob deine Werte wirklich die Koordinaten des Schnittpunktes sind.

b) Löse das Gleichungssystem rechnerisch.

Lösung

a) *Zeichnerisches Vorgehen*

Rechts findest du die zugehörigen Geraden im Koordinatensystem. Es ist hier schwierig, die Koordinaten des Schnittpunktes genau abzulesen. Vielleicht hast du 1,7 für x und 2,3 für y gefunden.

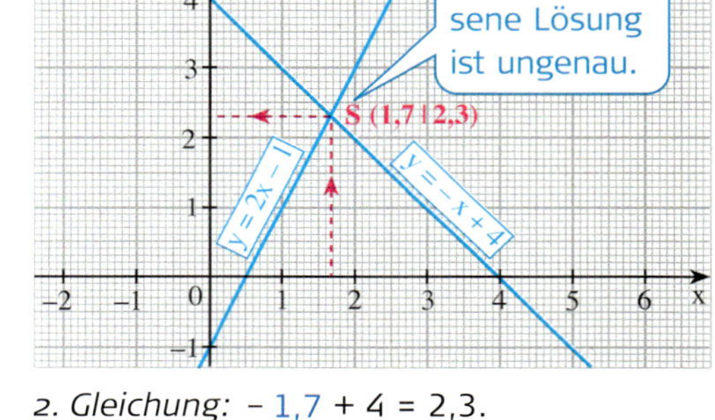

Setze nun 1,7 für x in beide Ausgangsgleichungen ein. Prüfe, ob sich in beiden Fällen 2,3 für y ergibt.

1. Gleichung: $2 \cdot 1{,}7 - 1 = 2{,}4$; *2. Gleichung:* $-1{,}7 + 4 = 2{,}3$.

Die abgelesenen Werte können nicht die Schnittpunktkoordinaten sein.

b) *Rechnerisches Vorgehen*

Wenn x die erste Koordinate des Schnittpunktes S angibt, dann bezeichnen die rechten Seiten der Gleichungen, also $2x - 1$ und $-x + 4$ dieselbe Zahl, nämlich den y-Wert bzw. die zweite Koordinate des Schnittpunktes S. Es muss also gelten:

$2x - 1 = -x + 4$

Damit hast du eine Gleichung mit nur *einer* Variablen x erhalten und kannst somit zunächst die x-Koordinate des Schnittpunktes berechnen.

Löse das Gleichungssystem in folgenden Schritten:

$\left| \begin{array}{l} y = 2x - 1 \\ y = -x + 4 \end{array} \right|$

1. Schritt: Setze die beiden rechten Seiten gleich; löse nach x auf:

$2x - 1 = -x + 4$
$3x = 5$
$x = \frac{5}{3}$

$\left| \begin{array}{l} y = 2x - 1 \\ x = \frac{5}{3} \end{array} \right|$

2. Schritt: Setze den Wert für x in eine der beiden Ausgangsgleichungen ein und bestimme den Wert von y:

$y = 2 \cdot \frac{5}{3} - 1$
$y = \frac{7}{3}$

$\left| \begin{array}{l} y = \frac{7}{3} \\ x = \frac{5}{3} \end{array} \right|$

3. Schritt: Probe: *1. Gleichung:* $\frac{7}{3} = 2 \cdot \frac{5}{3} - 1$ (wahr)
2. Gleichung: $\frac{7}{3} = -\frac{5}{3} + 4$ (wahr)

4. Schritt: Notiere die Lösungsmenge: $L = \left\{\left(\frac{5}{3} \middle| \frac{7}{3}\right)\right\}$

Zum Festigen und Weiterarbeiten

2. Löse das Gleichungssystem; stelle, falls nötig, die Gleichungen zunächst um.

a) $\left|\begin{array}{l} y = -3x + 16 \\ y = 2x - 4 \end{array}\right|$ **b)** $\left|\begin{array}{l} x = 4y - 8 \\ x = -y + 12 \end{array}\right|$ **c)** $\left|\begin{array}{l} 6x + 3y = 15 \\ y = 2x - 7 \end{array}\right|$ **d)** $\left|\begin{array}{l} 6y - x = 2 \\ x - 2y = -1 \end{array}\right|$

3. Die beiden Variablen in einem Gleichungssystem müssen nicht immer x und y heißen. Beim Aufschreiben des Lösungspaares wählt man wie bei $(x|y)$ die Reihenfolge der Buchstaben im Alphabet. Löse das Gleichungssystem.

a) $\left|\begin{array}{l} p = 3q + 5 \\ p = 2q - 4 \end{array}\right|$ **b)** $\left|\begin{array}{l} r - s = 1 \\ r + s = -1 \end{array}\right|$ **c)** $\left|\begin{array}{l} u + 2v = 12 \\ 8 - u = v \end{array}\right|$ **d)** $\left|\begin{array}{l} b - \frac{1}{4}a = 2 \\ b - \frac{1}{3}a = 1 \end{array}\right|$

4. *Vielfache von y (oder von x) gleichsetzen*

a) Was zeigen die folgenden Rechnungen? Führe die beiden Wege zu Ende. Vergleiche die beiden Lösungswege. Welcher Weg ist günstiger?

1. Weg:

$\left|\begin{array}{l} 3y = -2x + 22 \\ 3y = 17 - x \end{array}\right|$ Beide Gleichungen nach y auflösen

$\left|\begin{array}{l} y = -\frac{2}{3}x + \frac{22}{3} \\ y = \frac{17}{3} - \frac{1}{3}x \end{array}\right|$ Gleichsetzen

$-\frac{2}{3}x + \frac{22}{3} = \frac{17}{3} - \frac{1}{3}x$ Nach x auflösen

2. Weg:

$\left|\begin{array}{l} 3y = -2x + 22 \\ 3y = 17 - x \end{array}\right|$ Gleichsetzen

$-2x + 22 = 17 - x$ Nach x auflösen

b) Beim Gleichsetzungsverfahren ist es manchmal geschickter, Vielfache von y (oder von x) gleichzusetzen. Löse durch Gleichsetzen passender Vielfacher von y (oder von x). Führe die Probe durch.

(1) $\left|\begin{array}{l} 5y = 10x + 15 \\ 5y = 15x + 5 \end{array}\right|$ (2) $\left|\begin{array}{l} 4y = x - 4 \\ 20 - x = 4y \end{array}\right|$ (3) $\left|\begin{array}{l} 2x - y = 1 \\ 2x = 3y - 21 \end{array}\right|$

Information

Strategie beim Lösen eines linearen Gleichungssystems nach dem Gleichsetzungsverfahren

(1) Löse beide Gleichungen nach y oder einem anderen gemeinsamen Term (z. B. 4y, x, 5x) auf.

(2) Setze die rechten Seiten der erhaltenen Gleichungen einander gleich. Dadurch erhältst du *eine* Gleichung mit nur *einer* Variablen, z. B. x.

(3) Berechne aus dieser Gleichung den Wert für x. Das ist die erste Koordinate des Schnittpunktes beider Geraden.

(4) Setze den x-Wert in eine der Gleichungen des Gleichungssystems ein und berechne daraus den y-Wert. Das ist die zweite Koordinate des Schnittpunkts.

(5) Gib die Lösungsmenge an. Du kannst zur Kontrolle eine Probe durchführen.

Übungen

5. Löse das Gleichungssystem rechnerisch.

a) $\left|\begin{array}{l} y = 2x + 2 \\ y = 3x - 2 \end{array}\right|$ **b)** $\left|\begin{array}{l} y - 2x = 5 \\ y = x + 10 \end{array}\right|$ **c)** $\left|\begin{array}{l} x = y - 8 \\ x = 3y - 48 \end{array}\right|$ **d)** $\left|\begin{array}{l} y = x - 24 \\ 144 + y = 4x \end{array}\right|$

6. Löse die beiden Gleichungen des Gleichungssystems zunächst nach y (oder x) auf.

a) $\left|\begin{array}{l} y + 3x = 18 \\ 2x + y = 11 \end{array}\right|$ **b)** $\left|\begin{array}{l} x + y = 16 \\ x = 2y + 10 \end{array}\right|$ **c)** $\left|\begin{array}{l} 4x + y = 46 \\ y - x = 4 \end{array}\right|$ **d)** $\left|\begin{array}{l} x - 8y = 9 \\ 3y + x = 31 \end{array}\right|$

7. Löse das Gleichungssystem. Verfahre zweckmäßig.
Führe zuletzt die Probe durch.

a) $\left|\begin{array}{l} 2y = x + 2 \\ 2y = 5x - 22 \end{array}\right|$ **b)** $\left|\begin{array}{l} 4p = 3q - 4 \\ 4p = 5q - 20 \end{array}\right|$ **c)** $\left|\begin{array}{l} 5y = 60 + 10x \\ 5y = 4x + 48 \end{array}\right|$ **d)** $\left|\begin{array}{l} 79 - u = 6v \\ 6v = 51 + 3u \end{array}\right|$

8. Kontrolliere Maries Hausaufgaben. Beschreibe und korrigiere die Fehler.

a) $\left|\begin{array}{l} 2x + 3 = 4y \\ 2x = 5y - 1 \end{array}\right|$

$4y + 3 = 5y - 1$
$-y = -4$
$y = 4$

$2x = 5 \cdot 4 - 1$
$2x = 19$
$x = 8{,}5$

$L = \{(8{,}5 \mid 4)\}$

b) $\left|\begin{array}{l} x = 0{,}2y - 2{,}1 \\ x = 0{,}5y - 3{,}45 \end{array}\right|$

$0{,}2y - 2{,}1 = 0{,}5y - 3{,}45$
$-0{,}3y = -1{,}35$
$y = 4{,}5$

$x = 0{,}2 \cdot 4{,}5 - 2{,}1$
$x = -1{,}2$

$L = \{(-1{,}2 \mid 4{,}5)\}$

c) $\left|\begin{array}{l} 26x - 75y = 29 \\ 50y = 154 - 26x \end{array}\right|$

$29 + 75y = 154 - 50y$
$125y = 125$
$y = 1$

$26x - 75 \cdot 1 = 29$
$26x = 104$
$x = 4$

$L = \{(4 \mid -1)\}$

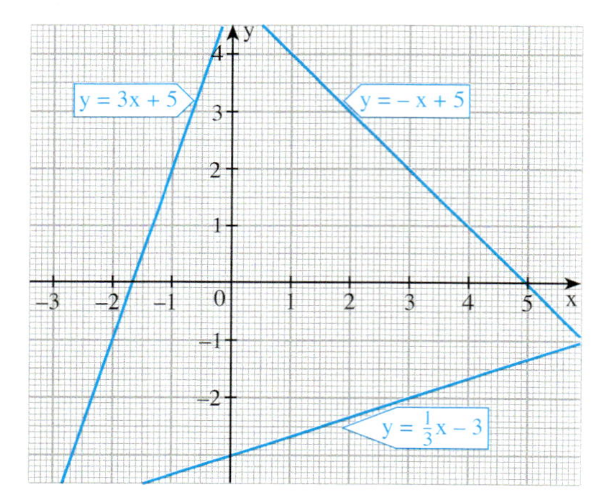

9. Die drei Geraden (Bild links) schneiden sich in drei Punkten A, B, C außerhalb des Zeichenblattes.
Berechne die Koordinaten dieser drei Punkte.

10. Berechne die Koordinaten des Geradenschnittpunktes.

a) $y = 2x - 10$
$y = x + 5$

b) $y = 2x + 5$
$y + 5 = 3x$

c) $y - 4x = 10$
$y = 7x - 5$

d) $3x - y + 1 = 0$
$y - 5x = -5$

e) $2x - y = 8$
$x = y - 2$

f) $y - 11 = x$
$y + 2x = 28$

Einsetzungsverfahren

Aufgabe

1. Betrachte das Gleichungssystem rechts. Du weißt, wie man ein solches Gleichungssystem mit dem Gleichsetzungsverfahren lösen kann.
Löse dieses Gleichungssystem einfacher, ohne das Gleichsetzungsverfahren zu benutzen.

Beachte: Wie beim Gleichsetzungsverfahren ist es auch hier das Ziel der ersten Umformungen, eine Gleichung mit nur einer Variablen zu erhalten.

Lösung

Die zweite Gleichung besagt:
Der Wert für y ist doppelt so groß wie der Wert für x.
Du kannst daher in der ersten Gleichung anstelle von y den Term 2 x *einsetzen*.
So erhältst du eine Gleichung mit nur einer Variablen, nämlich x.
Auf dieser Idee beruht das **Einsetzungsverfahren**.

1. Gleichung: $4x + y = 18$
2. Gleichung: $y = 2x$
Gleichung mit der einen Variablen x: $4x + 2x = 18$

Löse das Gleichungssystem in folgenden Schritten:

$\left| \begin{array}{r} 4x + y = 18 \\ y = 2x \end{array} \right|$ *1. Schritt:* Setze 2 x anstelle von y in die erste Gleichung ein und löse nach x auf:

$4x + 2x = 18$
$6x = 18$
$x = 3$

$\left| \begin{array}{l} x = 3 \\ y = 2x \end{array} \right|$

2. Schritt: Setze den Wert für x in eine der beiden Ausgangsgleichungen ein und bestimme den Wert von y:

$\left| \begin{array}{l} x = 3 \\ y = 6 \end{array} \right|$

$y = 2 \cdot 3$
$y = 6$

3. Schritt: Führe die Probe durch:
1. Gleichung: $4 \cdot 3 + 6 = 18$ (wahr)
2. Gleichung: $6 = 2 \cdot 3$ (wahr)

4. Schritt: $L = \{(3 | 6)\}$

Zum Festigen und Weiterarbeiten

2. Löse das Gleichungssystem mit dem Einsetzungsverfahren.

1. Gleichung nach x auflösen

a) $\left| \begin{array}{l} 2x + 5y = 9 \\ y = 3x + 12 \end{array} \right|$ **b)** $\left| \begin{array}{l} 4y + x = 24 \\ y = 6 - 10x \end{array} \right|$ **c)** $\left| \begin{array}{l} 2y - 6 = x \\ -4x - 7y = 9 \end{array} \right|$ **d)** $\left| \begin{array}{l} x + 3y = 25 \\ 2x + y = 20 \end{array} \right|$

3. *Vielfache von y (oder von x) einsetzen*
Bei einigen Gleichungssystemen ist eine vorteilhafte Anwendung des Einsetzungsverfahrens auch dann möglich, wenn keine der beiden Gleichungen in x- oder y-Form vorliegt. Bei Teilaufgabe a) z. B. empfiehlt sich das Ersetzen von 2 y.

a) $\left| \begin{array}{l} 2y + 3 = 4x \\ 2y = 5x - 1 \end{array} \right|$ **b)** $\left| \begin{array}{l} 7y - 3x = 9 \\ 3x = -6y + 30 \end{array} \right|$ **c)** $\left| \begin{array}{l} 8x - 9y = 10 \\ 2x + 9y = 25 \end{array} \right|$ **d)** $\left| \begin{array}{l} 3y + 2x = \frac{5}{3} \\ 2x = -4y - 3 \end{array} \right|$

4. a) Löse das Gleichungssystem rechts mit dem Einsetzungsverfahren. Es gibt verschiedene Wege:
1. Weg: Löse die 1. Gleichung nach 3 x auf.
Setze den Term für 3 x in die 2. Gleichung ein.
2. Weg: Löse die 2. Gleichung nach 3 y auf.
Setze den Term für 3 y in die 1. Gleichung ein.
Findest du weitere Möglichkeiten?
Vergleiche die Lösungswerte und beurteile sie.

$\left| \begin{array}{l} 3x - 6y = 39 \\ 6x - 3y = 33 \end{array} \right|$

Beachte: $6x = 2 \cdot 3x$

b) Bestimme die Lösungsmenge möglichst vorteilhaft mit dem Einsetzungsverfahren.

(1) $\left| \begin{array}{l} 6y + 30x = 102 \\ 2x + 3y = 12 \end{array} \right|$ (2) $\left| \begin{array}{l} 3x - 10y = 14 \\ 5y + x = 13 \end{array} \right|$ (3) $\left| \begin{array}{l} 8y - 4x = 48 \\ 2x + 10y = 74 \end{array} \right|$

5. Empfiehlt sich die Verwendung des Gleichsetzungsverfahrens oder die des Einsetzungsverfahrens? Begründe deine Wahl. Gib die Lösungsmenge an.
Erkläre: Das Gleichsetzungsverfahren ist ein Sonderfall des Einsetzungsverfahrens.

a) $\left| \begin{array}{l} x + 4y = -17 \\ 3x - 7y = 6 \end{array} \right|$ b) $\left| \begin{array}{l} x + 6y = -16 \\ -4 - y = 2x \end{array} \right|$ c) $\left| \begin{array}{l} 2x = y - 5 \\ \frac{1}{2}x = \frac{1}{2}y + 2 \end{array} \right|$ d) $\left| \begin{array}{l} \frac{1}{3}y = \frac{1}{2}x - 1 \\ \frac{2}{5}x = \frac{1}{3}y + 1 \end{array} \right|$

Information

Strategie beim Lösen eines linearen Gleichungssystems nach dem Einsetzungsverfahren

(1) Löse eine der beiden Gleichungen nach y (oder z. B. x, 2x, 5y) auf.
(2) Setze den erhaltenen Term, z. B. den Term für y, in die andere Gleichung ein. Du erhältst *eine* Gleichung, die nur *eine* Variable, z. B. x, enthält.
(3) Berechne mit dieser Gleichung den Wert für x.
(4) Setze den berechneten Wert für x in die andere Gleichung ein und berechne den Wert für y.
(5) Gib die Lösungsmenge an. Du kannst zur Kontrolle eine Probe durchführen.

Übungen

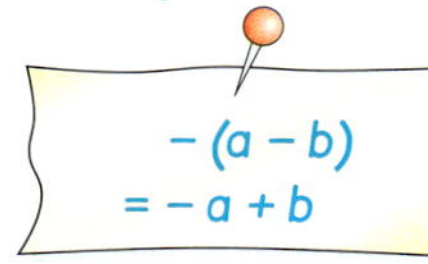

6. Bestimme die Lösung mit dem Einsetzungsverfahren. Führe die Probe durch.

a) $\left| \begin{array}{l} 5x + 2y = 13 \\ y = 5 - x \end{array} \right|$ b) $\left| \begin{array}{l} 6x + 3y = 42 \\ y = 3x - 1 \end{array} \right|$ c) $\left| \begin{array}{l} 2x + 4y = 22 \\ y = x - 5y \end{array} \right|$ d) $\left| \begin{array}{l} 5b - a = 38 \\ a = b + 2 \end{array} \right|$

7. a) $\left| \begin{array}{r} 9x - y = 41 \\ y = 3x - 11 \end{array} \right|$ c) $\left| \begin{array}{r} 11y - 15x = 4 \\ x = 3y - 15 \end{array} \right|$ e) $\left| \begin{array}{r} 11x - 3y = -7 \\ y = \frac{7}{2}x + 4 \end{array} \right|$

b) $\left| \begin{array}{r} 3x - 5y = 20 \\ x = -5y \end{array} \right|$ d) $\left| \begin{array}{r} p = 2q - 2 \\ 6p + 2q = 11 \end{array} \right|$ f) $\left| \begin{array}{r} 3x - 4y = 49 \\ y = -5(x - 1) \end{array} \right|$

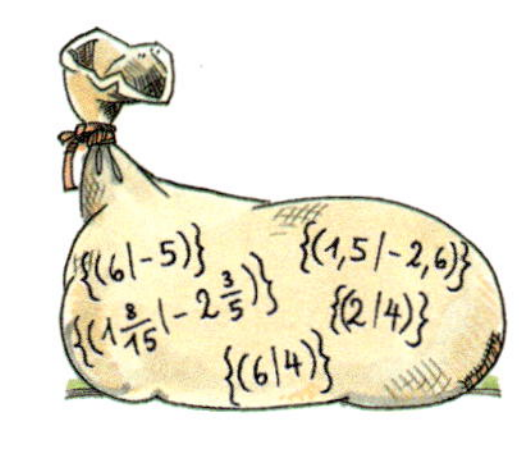

8. Löse eine der beiden Gleichungen nach y oder x auf. Wende dann das Einsetzungsverfahren an.

a) $\left| \begin{array}{r} 4x - 4 = y \\ x + y = 6 \end{array} \right|$ b) $\left| \begin{array}{r} 4x + 5y = -1 \\ y - x = -11 \end{array} \right|$ c) $\left| \begin{array}{r} 8x + 4y = 64 \\ 6x + y = 40 \end{array} \right|$ d) $\left| \begin{array}{r} 9x - 2y = 19 \\ 3x + y = 2 \end{array} \right|$

9. Bestimme die Lösungsmenge. Setze dazu sinnvoll ein. Führe die Probe durch.

a) $\left| \begin{array}{r} 10x - 7y = 44 \\ 7y = 3x - 23 \end{array} \right|$ b) $\left| \begin{array}{r} 45u - 17v = 73 \\ 45u - 25v = 65 \end{array} \right|$ c) $\left| \begin{array}{r} 6x + 11y = 34 \\ 6x = 5y + 2 \end{array} \right|$

10. Kontrolliere Pauls Hausaufgaben. Berichtige, falls nötig.

a) $\left| \begin{array}{l} x + 4y = -3 \\ x - 5y = 24 \end{array} \right|$

$(24 + 5y) + 4y = -3$
$9y = -27$
$y = -3$

$x + 4 \cdot (-3) = -3$
$x = 9$

$L = \{(9|-3)\}$

b) $\left| \begin{array}{r} 10x - 7y = 44 \\ 7y = 3x - 19 \end{array} \right|$

$10x - 3x - 19 = 44$
$7x = 63$
$x = 9$

$7y = 3 \cdot 9 - 19$
$7y = 8$
$y = \frac{8}{7}$

$L = \{(9|\frac{8}{7})\}$

c) $\left| \begin{array}{r} 2y + 3 = 4x \\ 2y = 5x - 1 \end{array} \right|$

$(5x - 1) + 3 = 4x$
$2 = -x$
$x = -2$

$2y = 5 \cdot 2 - 1$
$2y = 9$
$y = 4{,}5$

$L = \{(2|4{,}5)\}$

Additionsverfahren

Aufgabe

1. Hannas Mutter hat für das Entwickeln von zwei Urlaubsfilmen und für die Abzüge von 34 Bildern 13 € bezahlt.
Tims Vater hat in demselben Foto-Shop auch zwei Filme entwickeln lassen, bei ihm sind 46 Bilder geglückt; er hat dafür 16 € bezahlt.
Wie viel Euro kostet das Entwickeln eines Filmes, wie viel Euro der Abzug eines Bildes?

Lösung

Man kann wie folgt überlegen:

Die nebenstehenden Überlegungen kann man nun mit Gleichungen aufschreiben:

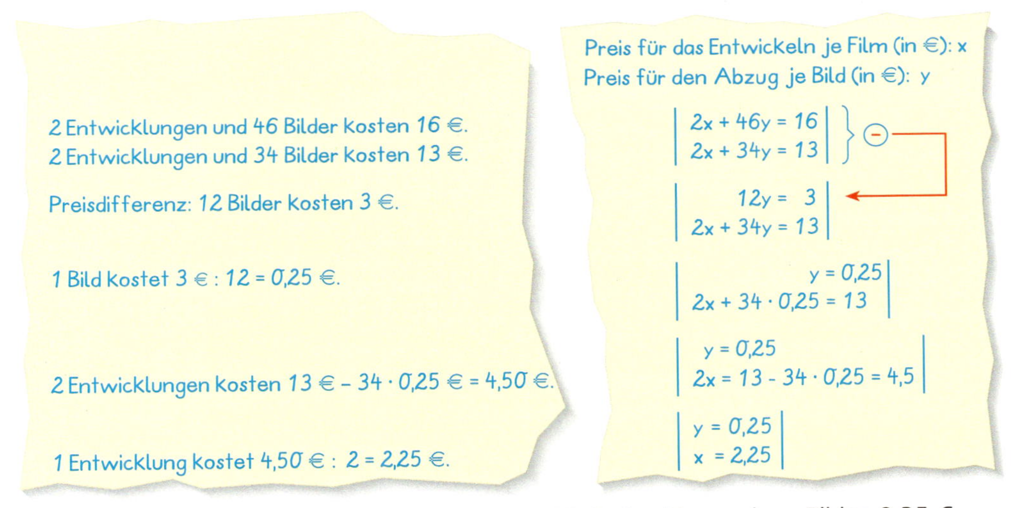

Ergebnis: Das Entwickeln eines Filmes kostet 2,25 €, der Abzug eines Bildes 0,25 €.

Information

Hinführung zum Additionsverfahren

(1) Subtrahieren auf beiden Seiten – Subtraktionsverfahren

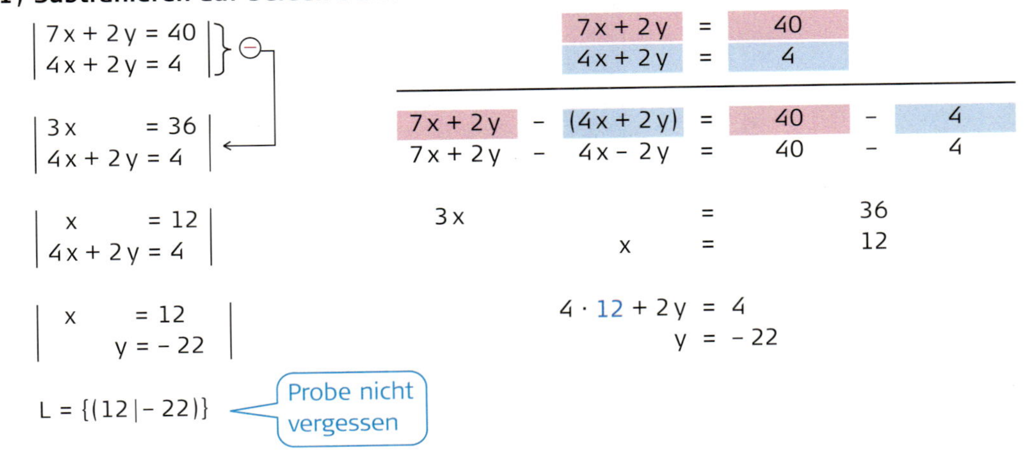

(2) Addieren auf beiden Seiten – Additionsverfahren

$\left| \begin{array}{l} 7x + 2y = 40 \\ 4x + 2y = 4 \end{array} \right| \cdot (-1)$

Durch Addieren der *Gegenzahl* von 2 y lässt sich die Variable y ebenfalls beseitigen.
Wir multiplizieren also eine Gleichung mit der Zahl (– 1).

$\left| \begin{array}{l} 7x + 2y = 40 \\ -4x - 2y = -4 \end{array} \right| \} \oplus$

$$\begin{array}{rcr} 7x + 2y & = & 40 \\ -4x - 2y & = & -4 \\ \hline 7x + 2y + (-4x - 2y) & = & 40 + (-4) \\ 7x + 2y - 4x - 2y & = & 40 - 4 \\ 3x & = & 36 \end{array}$$

$\left| \begin{array}{l} 3x \quad = 36 \\ -4x - 2y = -4 \end{array} \right|$

$\left| \begin{array}{l} x \quad = 12 \\ -4x - 2y = -4 \end{array} \right|$

$$\begin{array}{rcl} x & = & 12 \\ -4 \cdot 12 - 2y & = & -4 \end{array}$$

$\left| \begin{array}{l} x \quad = 12 \\ y = -22 \end{array} \right|$

$$y = -22$$

$L = \{(12 \mid -22)\}$ — Probe nicht vergessen

Zum Festigen und Weiterarbeiten

2. Löse das Gleichungssystem durch Addieren. Führe auch die Probe durch.

a) $\left| \begin{array}{l} -7x + 4y = 1 \\ 2x - 4y = 14 \end{array} \right|$ b) $\left| \begin{array}{l} 2x + 5y = 11 \\ -2x - 7y = 21 \end{array} \right|$ c) $\left| \begin{array}{l} 6a - 8b = 3 \\ 12a + 8b = 42 \end{array} \right|$ d) $\left| \begin{array}{l} 8x - 6y = 14 \\ -4x + 6y = -4 \end{array} \right|$

3. Multipliziere zuerst eine Gleichung mit (– 1). Addiere dann.

a) $\left| \begin{array}{l} 4x + y = 8 \\ -3x + y = -6 \end{array} \right|$ b) $\left| \begin{array}{l} 7x + 2y = 34 \\ x + 2y = 22 \end{array} \right|$ c) $\left| \begin{array}{l} 3y + 3x = -36 \\ -y + 3x = -20 \end{array} \right|$ d) $\left| \begin{array}{l} 5u + 10v = 60 \\ 5u + 2v = 20 \end{array} \right|$

Probe nicht vergessen!

4. In vielen Fällen muss man ein lineares Gleichungssystem zunächst umformen, um das Additionsverfahren anzuwenden.

$\left| \begin{array}{l} 4x + 2y = 28 \\ 3x + 4y = 36 \end{array} \right| \cdot (-2)$

$\left| \begin{array}{l} -8x - 4y = -56 \\ 3x + 4y = 36 \end{array} \right|$

a) Erkläre das Beispiel rechts. Löse das Gleichungssystem.

b) Verfahre entsprechend:

(1) $\left| \begin{array}{l} 2x - 3y = 11 \\ 5x + 6y = 68 \end{array} \right|$ (2) $\left| \begin{array}{l} 3x - 2y = 26 \\ x + 3y = 27 \end{array} \right|$

5. a) Bei folgenden Gleichungssystemen muss man zunächst *beide* Gleichungen umformen, bevor man addiert. Rechne zu Ende.

(1) $\left| \begin{array}{l} 3x + 5y = 11 \\ 4x - 2y = -4 \end{array} \right| \begin{array}{l} \cdot 2 \\ \cdot 5 \end{array}$ (2) $\left| \begin{array}{l} 7x + 2y = 48 \\ 6x + 3y = 63 \end{array} \right| \begin{array}{l} \cdot 3 \\ \cdot (-2) \end{array}$

b) Löse das Gleichungssystem. Forme zunächst geeignet um.

(1) $\left| \begin{array}{l} 5x + 2y = 9 \\ 2x - 3y = -4 \end{array} \right|$ (2) $\left| \begin{array}{l} 9x + 5y = 28 \\ 4x + 7y = 22 \end{array} \right|$

Information

Strategie beim Lösen eines linearen Gleichungssystems nach dem Additionsverfahren

(1) Forme das Gleichungssystem durch beiderseitiges Multiplizieren mit einer von 0 verschiedenen Zahl so um, dass sich die Zahlfaktoren einer Variablen, z. B. x, in beiden Gleichungen auf derselben Seite nur im Vorzeichen unterscheiden.
(2) Addiere die rechten Seiten und addiere die linken Seiten beider Gleichungen. Du erhältst *eine* Gleichung mit nur *einer* Variablen, z. B. y.
(3) Berechne mit dieser Gleichung den Wert für y.
(4) Setze den berechneten Wert für y in eine der Ausgangsgleichungen ein und berechne den Wert für x.
(5) Gib die Lösungsmenge an. Du kannst zur Kontrolle eine Probe durchführen.

Übungen

zu 7.

zu 8.

6. Bestimme die Lösungsmenge. Führe die Probe durch.

a) $\left| \begin{array}{l} 2x + 5y = 23 \\ 2x - 3y = -1 \end{array} \right|$ **c)** $\left| \begin{array}{l} -5x + 6y = 16 \\ -5x + y = -14 \end{array} \right|$ **e)** $\left| \begin{array}{l} 4x - 5y = 37 \\ 4x + y = 7 \end{array} \right|$

b) $\left| \begin{array}{l} 4x + 3y = 11 \\ 3x + 3y = 9 \end{array} \right|$ **d)** $\left| \begin{array}{l} -5x + 8y = -21 \\ -9x + 8y = -25 \end{array} \right|$ **f)** $\left| \begin{array}{l} 2{,}5x + 1{,}5y = 34 \\ 3{,}5x + 1{,}5y = 44 \end{array} \right|$

7. a) $\left| \begin{array}{l} 2r + 3s = 20 \\ 5r - s = 33 \end{array} \right|$ **b)** $\left| \begin{array}{l} 4x + 2y = 46 \\ 5x + 4y = 74 \end{array} \right|$ **c)** $\left| \begin{array}{l} x - \frac{1}{4}y = 1 \\ -4x + 5y = 76 \end{array} \right|$

8. a) $\left| \begin{array}{l} 4x + 3y = 36 \\ 5x - 2y = 22 \end{array} \right|$ **b)** $\left| \begin{array}{l} 7x + 4y = 29 \\ 8x - 3y = 18 \end{array} \right|$ **c)** $\left| \begin{array}{l} 10s + 7t = 26 \\ 4s + 3t = 26 \end{array} \right|$

9. Kontrolliere Leas Hausaufgaben.

a) $\left| \begin{array}{l} 8e + 3f = 18 \\ 4e + 2f = 4 \end{array} \right| \begin{array}{l} \\ \cdot(-2) \end{array}$ ⊕

$f = 10$

$4e + 2 \cdot 10 = 4$
$4e = -16$
$e = -4$

$L = \{(-4|10)\}$

b) $\left| \begin{array}{l} 8r - 11s = 26 \\ 8r - 5s = 38 \end{array} \right| \begin{array}{l} \cdot(-1) \\ \\ \end{array}$ ⊕

$6s = 12$
$s = 2$

$8r - 11 \cdot 2 = 26$
$8r = 48$
$r = 6$

$L = \{(6|2)\}$

c) $\left| \begin{array}{l} 10x + 7y + 4 = 0 \\ 6x + 5y + 2 = 0 \end{array} \right| \begin{array}{l} \cdot(-3) \\ \cdot 5 \end{array}$

$\left| \begin{array}{l} -30x - 21y - 12 = 0 \\ 30x + 25y + 10 = 0 \end{array} \right|$ ⊕

$4y - 2 = 0$
$y = 0{,}5$

$6x + 5 \cdot 0{,}5 + 2 = 0$
$6x = -4{,}5$
$x = -0{,}75$

$L = \{(0{,}5|0{,}75)\}$

10. Das Gleichungssystem $\left| \begin{array}{l} y + 2x = a + b \\ y - x = a - b \end{array} \right|$ hat die Lösung (3 | − 2).
Bestimme a und b. Führe die Probe durch.

11. Die Lösung eines linearen Gleichungssystems ist (− 2 | − 5).
Wie könnte das Gleichungssystem ausgesehen haben?
Versuche mehrere Möglichkeiten zu finden?

Sonderfälle beim rechnerischen Lösen

Aufgabe

1. Ermittle die Lösung des Gleichungssystems:

a) $\left|\begin{array}{l} 6x + 4y = 4 \\ 9x + 6y = 5 \end{array}\right|$ **b)** $\left|\begin{array}{l} 4x - 2y = 14 \\ 6x - 3y = 21 \end{array}\right|$

Lösung

Wir lösen beide Gleichungssysteme mit dem Additionsverfahren.

a)

(1) $\left|\begin{array}{l} 6x + 4y = 4 \\ 9x + 6y = 5 \end{array}\right| \begin{array}{l} \cdot 3 \\ \cdot (-2) \end{array}$

(2) $\left|\begin{array}{r} 18x + 12y = 12 \\ -18x - 12y = -10 \end{array}\right| \Big\} \oplus$

(3) $\left|\begin{array}{r} 0 = 2 \\ 9x + 6y = 5 \end{array}\right|$

Die erste Gleichung des Systems (3) ist eine falsche Aussage. Man kann also *kein* Zahlenpaar $(x|y)$ einsetzen, sodass die erste *und* die zweite Gleichung des Systems zu wahren Aussagen werden.

$L = \{\ \}$

b)

(1) $\left|\begin{array}{l} 4x - 2y = 14 \\ 6x - 3y = 21 \end{array}\right| \begin{array}{l} \cdot 3 \\ \cdot (-2) \end{array}$

(2) $\left|\begin{array}{r} 12x - 6y = 42 \\ -12x + 6y = -42 \end{array}\right| \Big\} \oplus$

(3) $\left|\begin{array}{r} 0 = 0 \\ 6x - 3y = 21 \end{array}\right|$

Die erste Gleichung des Systems (3) ist eine wahre Aussage. Bei der Einsetzung von *jedem* Zahlenpaar $(x|y)$, das die zweite Gleichung erfüllt, sind die erste *und* die zweite Gleichung des Systems wahre Aussagen.

L = Menge aller Zahlenpaare, für die gilt: $y = 2x - 7$

kurz: $L = \{(x|y) \text{ mit } y = 2x - 7\}$

Übungen

2. Bestimme die Lösungsmenge der Gleichungssysteme. Zeichne zur Probe auch die zugehörigen Geraden.

(1) $\left|\begin{array}{r} 2y - 3x = 4 \\ -6y + 9x = 15 \end{array}\right|$ (2) $\left|\begin{array}{r} 2x - 4y = 6 \\ -3x + 6y = -9 \end{array}\right|$

3. Die Gleichungssysteme haben nicht genau eine Lösung. Löse mithilfe des Additionsverfahrens.

(1) $\left|\begin{array}{r} 2x - 4y = -1 \\ -4x + 8y = 2 \end{array}\right|$ (2) $\left|\begin{array}{r} 2x + 3y = 7 \\ -6x - 9y = 20 \end{array}\right|$ (3) $\left|\begin{array}{r} 4x - 6y = 5 \\ -3x + 4{,}5y = 2{,}5 \end{array}\right|$

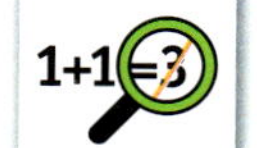

4. Pascal hat Gleichungssysteme gelöst. Kontrolliere seine Aufgaben.

a) $\left|\begin{array}{r} 6x - 4y = -3 \\ -9x + 6y = 4{,}5 \end{array}\right| \begin{array}{l} \cdot 3 \\ \cdot 2 \end{array}$

$\left|\begin{array}{r} 0 = 0 \\ -9x + 6y = 4{,}5 \end{array}\right|$

$L = \{-9x + 6y = 4{,}5\}$

b) $\left|\begin{array}{r} 10x - 2y = 4 \\ 5x - \ \ y = -2 \end{array}\right| \cdot 2$

$\left|\begin{array}{l} 0 = 0 \\ y = 5x + 2 \end{array}\right|$

$L = \{(x|y) \text{ mit } 5x + 2\}$

c) $\left|\begin{array}{l} u + 2v = 0 \\ u - 3y = 0 \end{array}\right|$

$u + 2v \neq u - 3y$

also:

$L = \{\ \}$

5. Bestimme die Lösungsmenge. Gib nach möglichst wenigen Umformungsschritten an, ob das System eine, keine oder unendlich viele Lösungen hat.

a) $\left|\begin{array}{l} 2x - 3y = 15 \\ 3x - 2y = 15 \end{array}\right|$ **b)** $\left|\begin{array}{l} 2x + 3y = 5 \\ 6x + 9y = 17 \end{array}\right|$ **c)** $\left|\begin{array}{r} u + 2v = 3 \\ 5u + 10v = 15 \end{array}\right|$ **d)** $\left|\begin{array}{l} 7x + 10y = 25 \\ 2x + 5y = 5 \end{array}\right|$

Vermischte Übungen zu den Lösungsverfahren

1.

Gib zu jedem Gleichungssystem ein günstiges Verfahren an und führe es aus. Erläutere.

2. **a)** Löse grafisch: (1) $\left| \begin{array}{l} 2x - 4y = -2 \\ 3x + y = 11 \end{array} \right|$ (2) $\left| \begin{array}{l} -x + 2y = 4 \\ 2x - 4y = 4 \end{array} \right|$ (3) $\left| \begin{array}{l} 2x + y = -4 \\ -6x - 3y = 12 \end{array} \right|$

b) Ändere in den Gleichungssystemen die Faktoren bei x und y so ab, dass die Lösungsmenge bei (2) nur aus einem Zahlenpaar besteht, bei (3) leer wird.

c) Ändere die Zahlen auf der rechten Seite bei den Gleichungen von (2) und (3) so ab, dass das System (2) unendlich viele Lösungen und das System (3) keine Lösungen hat.

3. Ermittle die Lösungsmenge nach einem möglichst günstigen Verfahren.

a) $\left| \begin{array}{l} y = -x + 8 \\ y = x - 2 \end{array} \right|$ **b)** $\left| \begin{array}{l} x = 0{,}2y - 2{,}1 \\ x = 0{,}5y - 3{,}45 \end{array} \right|$ **c)** $\left| \begin{array}{l} 6{,}9x = 9{,}9 - 1{,}5y \\ 4{,}5y = 2{,}1 + 6{,}9x \end{array} \right|$ **d)** $\left| \begin{array}{l} m = 23 - 4n \\ 3n = m - 12 \end{array} \right|$

4. Löse günstig.

a) $\left| \begin{array}{l} 9x - y = 41 \\ y = 4x - 11 \end{array} \right|$ **b)** $\left| \begin{array}{l} 3x + 2y = 2 \\ 2y = 3x + 2 \end{array} \right|$ **c)** $\left| \begin{array}{l} 4x + 2y = 26 \\ 3x - y = 7 \end{array} \right|$ **d)** $\left| \begin{array}{l} 2x - y = 2 \\ y - x = 14 \end{array} \right|$

5. Gib die Lösungsmenge an.

a) $\left| \begin{array}{l} x + 6y = 47 \\ x + 5y = 40 \end{array} \right|$ **c)** $\left| \begin{array}{l} 11y - 15x = 4 \\ x = 3y - 15 \end{array} \right|$ **e)** $\left| \begin{array}{l} 13f + 12i = 28{,}7 \\ 12f + 13i = 28{,}8 \end{array} \right|$

b) $\left| \begin{array}{l} x + 6y = -16 \\ -4 - 2y = 2x \end{array} \right|$ **d)** $\left| \begin{array}{l} y - 10x = 2 \\ 10x + y = 22 \end{array} \right|$ **f)** $\left| \begin{array}{l} 5u + 9v - 42 = 0 \\ 10u + 3v - 39 = 0 \end{array} \right|$

6. Gib je ein Gleichungssystem an, das sich besonders geschickt mit dem Gleichsetzungsverfahren, dem Einsetzungsverfahren, dem Subtraktionsverfahren und dem Additionsverfahren lösen lässt. Dein Partner löst die Gleichungssysteme.
Hat er das Verfahren gewählt, an das du gedacht hast?

7. Ermittle die Lösung mit einem möglichst günstigen Verfahren.

a) $\left| \begin{array}{l} 3x + 5y = 38 \\ y = 6x + 1 \end{array} \right|$ **c)** $\left| \begin{array}{l} x = 3y - 4 \\ 3x - 5y = -4 \end{array} \right|$ **e)** $\left| \begin{array}{l} y = 2x - 0{,}75 \\ y = 7x - 3{,}25 \end{array} \right|$

b) $\left| \begin{array}{l} 2x + 5y = 14 \\ 2x - 6y = -30 \end{array} \right|$ **d)** $\left| \begin{array}{l} 5x - 10y = 20 \\ -3x + 6y = -10 \end{array} \right|$ **f)** $\left| \begin{array}{l} x + 7y = -17 \\ 4x + y = 13 \end{array} \right|$

8. Ermittle die Lösung nach einem möglichst günstigen Verfahren.

a) $\left| \begin{array}{l} y = -4x + 23 \\ y = 3x - 12 \end{array} \right|$ b) $\left| \begin{array}{l} 3x - 5y = -14 \\ x + y = 6 \end{array} \right|$ c) $\left| \begin{array}{l} 15y = 33 - 9x \\ 2x = 14y - 10 \end{array} \right|$

zu **9.**

{(7|2)} {(1|4)} {(2|−7)} {(8|−4,5)} {(−8|1)} {(x|y) mit 2x + 3y = 1} {(−9|2)}

9. a) $\left| \begin{array}{l} 0{,}6x + 3y = 10{,}2 \\ 3x - 10y = 1 \end{array} \right|$ c) $\left| \begin{array}{l} 2x + 1{,}8y = 9{,}2 \\ 5x - 0{,}9y = 1{,}4 \end{array} \right|$ e) $\left| \begin{array}{l} 2{,}5x - 2y = 29 \\ 4{,}5x + 8y = 0 \end{array} \right|$

b) $\left| \begin{array}{l} 2x + 3y = 1 \\ 3x + 4{,}5y = 1{,}5 \end{array} \right|$ d) $\left| \begin{array}{l} 0{,}2x + 3y = 1{,}4 \\ 0{,}3x + 4y = 1{,}6 \end{array} \right|$ f) $\left| \begin{array}{l} 0{,}2x + 2y - 2{,}2 = 0 \\ x + 0{,}7y + 7{,}6 = 0 \end{array} \right|$

10. a) $\left| \begin{array}{l} 11y - 15x = 4 \\ x = 3y - 15 \end{array} \right|$ c) $\left| \begin{array}{l} 15x + 7y = 2 \\ 3x - 21y = 90 \end{array} \right|$ e) $\left| \begin{array}{l} 7r = 71 + 2s \\ 59 - s = 7r \end{array} \right|$

b) $\left| \begin{array}{l} x + y = 25 \\ y + 2x = 45 \end{array} \right|$ d) $\left| \begin{array}{l} 2v + 2u = 11 \\ 2v - 3u = 0 \end{array} \right|$ f) $\left| \begin{array}{l} 4a + 2b = 22 \\ 9a - 3b = 12 \end{array} \right|$

11. Was meinst du dazu?

Gleichsetzungsverfahren, Einsetzungsverfahren, Subtraktionsverfahren und Additionsverfahren – nun kennen wir schon vier verschiedene Lösungsverfahren!

Eigentlich könnte man aber auch sagen, dass wir nur zwei verschiedene Verfahren kennen!

Tim

Tanja

12. a) $\left| \begin{array}{l} 5y + x = 25 \\ x + 2y = 17 \end{array} \right|$ c) $\left| \begin{array}{l} y - x = 7 \\ y = 5x + 23 \end{array} \right|$ e) $\left| \begin{array}{l} 6{,}9x = 9{,}9 - 1{,}5y \\ 4{,}5y = -2{,}1 + 6{,}9x \end{array} \right|$

b) $\left| \begin{array}{l} 3x + 16 = 4y \\ 4y = 40 - 3x \end{array} \right|$ d) $\left| \begin{array}{l} 2x - y = 4 \\ 3x + 2y = -1 \end{array} \right|$ f) $\left| \begin{array}{l} x = 1{,}8y + 5{,}3 \\ x = 0{,}6y + 12{,}5 \end{array} \right|$

zu **13.**

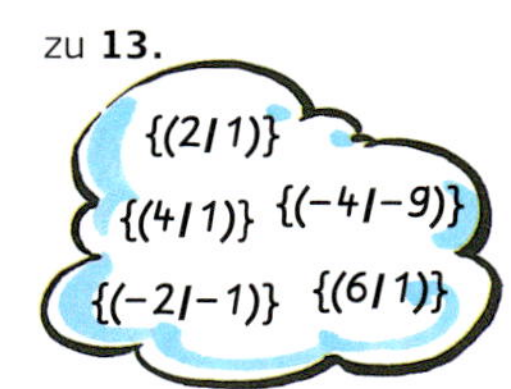

13. a) $\left| \begin{array}{l} 26x - 75y = 29 \\ 25y = 77 - 13x \end{array} \right|$ c) $\left| \begin{array}{l} 0{,}7x + 2{,}5y = 3{,}9 \\ 0{,}35x = 4{,}8y - 4{,}1 \end{array} \right|$

b) $\left| \begin{array}{l} 3x - 5 = 2y + 1 \\ 2y + 1 = 4x - 1 \end{array} \right|$ d) $\left| \begin{array}{l} \frac{2}{3}x - 5y + 1 = 0 \\ \frac{1}{3}x = y + 1 \end{array} \right|$

14. a) $\left| \begin{array}{l} 5x - 2y = 15 \\ 15x = 85 + 2y \end{array} \right|$ b) $\left| \begin{array}{l} 8x + 4y + 56 = 0 \\ 5y + 14 = 4x \end{array} \right|$ c) $\left| \begin{array}{l} 10x + 13 = 3y \\ 16x - 3y + 10 = 0 \end{array} \right|$

15. a) $\left| \begin{array}{l} 3x + 4y = 16 \\ -6x + 4y = -28 \end{array} \right|$ c) $\left| \begin{array}{l} 7r = 1 + 2s \\ 59 - s = 7r \end{array} \right|$ e) $\left| \begin{array}{l} 3x - y = 6 \\ x - 3y = 6 \end{array} \right|$

b) $\left| \begin{array}{l} y + 3x = 20 \\ y - 2x = 10 \end{array} \right|$ d) $\left| \begin{array}{l} 3x + 4y = -8 \\ 2y + x = -2 \end{array} \right|$ f) $\left| \begin{array}{l} 10y = x + \frac{2}{3} \\ 15y - 2x = \frac{1}{2} \end{array} \right|$

16. Erstelle ein Tabellenblatt und zeichne die Graphen der Gleichungen in ein gemeinsames Diagramm. Lies den Schnittpunkt ab.

(1) $\left| \begin{array}{l} y = 2x - 2 \\ y = -2x + 8 \end{array} \right|$ (2) $\left| \begin{array}{l} y = 3x - 4 \\ y = -2x + 11 \end{array} \right|$ (3) $\left| \begin{array}{l} y = 1{,}5x - 3 \\ y = -2{,}5x + 3 \end{array} \right|$

17. Kontrolliere die Hausaufgaben.

a) $\left|\begin{array}{l} x + 3y = 1 \\ x - 4y = 6 \end{array}\right| \Big\} \ominus$

$-y = -5$
$y = 5$
$x + 3 \cdot 5 = 1$
$x = -14$
$L = \{(-14 \mid 5)\}$

b) $\left|\begin{array}{l} 3x = 4 - 2y \\ 2y = 2x + 6 \end{array}\right|$

$3x = 4 - 2x + 6$
$5x = 10$
$x = 2$
$2y = 2 \cdot 2 + 6$
$y = 5$
$L = \{(2 \mid 5)\}$

c) $\left|\begin{array}{l} x = 2y - 1 \\ 2x = 4y + 2 \end{array}\right| \; :2$

$\left|\begin{array}{l} x = 2y - 1 \\ x = 2y + 2 \end{array}\right|$

$2y - 1 = 2y + 2$
$-1 = 2$
$L = \{ \ \}$

18. Forme die Gleichung so um, dass die Brüche verschwinden. Löse dann mit einem günstigen Verfahren.

a) $\left|\begin{array}{l} 2x + 3y = 9 \\ \frac{1}{3}x - \frac{1}{5}y = 12 \end{array}\right|$

b) $\left|\begin{array}{l} \frac{8}{11}x + \frac{3}{4}y = 14 \\ \frac{6}{11}x - \frac{1}{2}y = 2 \end{array}\right|$

c) $\left|\begin{array}{l} \frac{3}{2}u - 2v = 9 \\ \frac{2}{5}u + \frac{1}{3}v = 5 \end{array}\right|$

d) $\left|\begin{array}{l} \frac{3}{2}x + \frac{6}{7}y = 108 \\ \frac{1}{5}x - \frac{1}{8}y = 1 \end{array}\right|$

e) $\left|\begin{array}{l} \frac{2}{3}w + \frac{1}{6}z = \frac{5}{8} \\ 5w + z = 3 \end{array}\right|$

f) $\left|\begin{array}{l} \frac{2}{3}p - \frac{5}{7}q = \frac{2}{3} \\ p + q = 10\frac{2}{3} \end{array}\right|$

$\left|\begin{array}{l} \frac{1}{4}x + \frac{1}{3}y = 3 \\ \frac{1}{8}x + \frac{1}{6}y = \frac{1}{2} \end{array}\right|$

Multipliziere die erste Gleichung mit dem Hauptnenner 12 und die zweite Gleichung mit dem Hauptnenner 24.

$\left|\begin{array}{l} 3x + 4y = 36 \\ 3x + 4y = 12 \end{array}\right|$

19. Vereinfache und ermittle die Lösung.

a) $\left|\begin{array}{l} 4(3x + 4y) - 7(x + 2y) = 16 \\ 3(4x + y) - 2(3x + 2y) = 26 \end{array}\right|$

b) $\left|\begin{array}{l} 3(2x + 7y + 1) + 4(4x - 5y - 2) = 16 \\ 6(x + y - 5) - 5(3x + 2y - 8) = 5 \end{array}\right|$

20. Forme um und löse mit einem möglichst günstigen Verfahren.

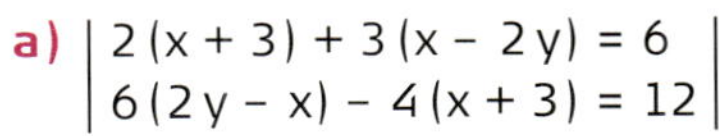

a) $\left|\begin{array}{l} 2(x + 3) + 3(x - 2y) = 6 \\ 6(2y - x) - 4(x + 3) = 12 \end{array}\right|$

b) $\left|\begin{array}{l} 3(y - 4x) + 6(x - 4y) = 0 \\ 9(4x - y) + 18(4y - y) = 0 \end{array}\right|$

c) $\left|\begin{array}{l} 4(3x - 7y) + 5(x + 3y) = 28 \\ 7(4x + y) + 3(2x - 5y) = 38 \end{array}\right|$

d) $\left|\begin{array}{l} 5(x - 1) + 4(y + 1) = 15 \\ 3(x + 3) + (y - 12) = 8 \end{array}\right|$

21. Eine Gerade verläuft durch die Punkte A(– 2 | 0) und B(2 | 2). Bestimme ihre Funktionsgleichung
(1) grafisch;
(2) rechnerisch.

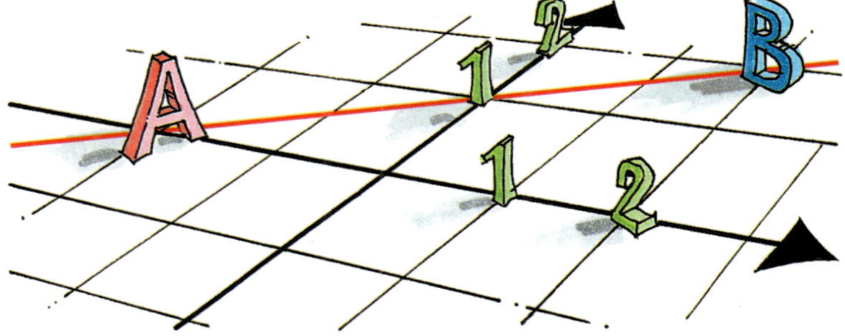

ANWENDEN VON LINEAREN GLEICHUNGSSYSTEMEN

Zahlenrätsel

Einstieg

Eine alte chinesische Aufgabe:
In einem Käfig befinden sich insgesamt 35 Hühner und Kaninchen. Zusammen haben sie 94 Beine.

→ Wie viele Kaninchen, wie viele Hühner sind im Käfig?
→ Erkläre dein Vorgehen.

Aufgabe

1. Linda hat sich ein Zahlenrätsel ausgedacht.
Löse das Zahlenrätsel mithilfe eines linearen Gleichungssystems.

Lösung

(1) *Festlegen der Variablen*
Lindas erste Zahl: x
Lindas zweite Zahl: y

(2) *Aufstellen eines Gleichungssystems*
1. Bedingung: Wenn ich das Doppelte der ersten Zahl zur zweiten Zahl addiere, so erhalte ich 17.
1. Gleichung: $2x + y = 17$

2. Bedingung: Wenn ich das Dreifache der ersten Zahl zum Doppelten der zweiten Zahl addiere, so erhalte ich 29.
2. Gleichung: $3x + 2y = 29$

Damit erhalten wir das *Gleichungssystem*:

$$\left|\begin{array}{l} 2x + y = 17 \\ 3x + 2y = 29 \end{array}\right|$$

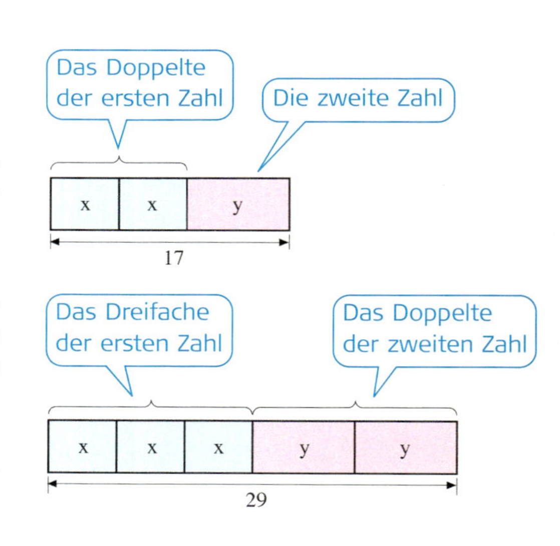

(3) *Lösen des Gleichungssystems:* Das Gleichungssystem hat die Lösung $(5|7)$.

(4) *Probe am Aufgabentext:* Das Doppelte der ersten Zahl $(2 \cdot 5)$ und die zweite Zahl (7) ergeben zusammen 17. Das Dreifache der ersten Zahl $(3 \cdot 5)$ und das Doppelte der zweiten Zahl $(2 \cdot 7)$ ergeben zusammen 29.

(5) *Ergebnis:* Lindas erste Zahl ist 5, Lindas zweite Zahl ist 7.

Übungen

2. Löse das Zahlenrätsel. Stelle zunächst ein Gleichungssystem auf.

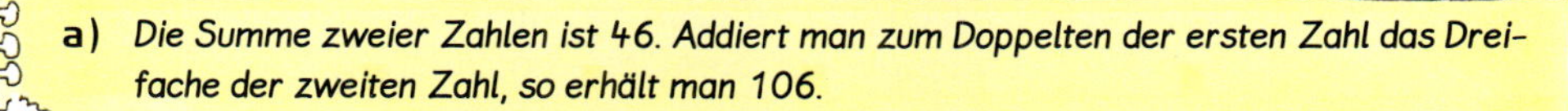

a) *Die Summe zweier Zahlen ist 46. Addiert man zum Doppelten der ersten Zahl das Dreifache der zweiten Zahl, so erhält man 106.*

b) *Addiert man zum Fünffachen einer Zahl eine zweite Zahl, so erhält man 25. Addiert man zum Dreifachen der ersten Zahl das Doppelte der zweiten Zahl, so erhält man 29.*

c) *Das Dreifache einer Zahl und das Sechsfache einer zweiten Zahl ergeben zusammen 27. Subtrahiert man vom Vierfachen der ersten Zahl das Doppelte der zweiten Zahl, so erhält man 16.*

d) *Die Differenz zweier Zahlen ist 20. Multipliziert man die erste Zahl mit 5 und die zweite Zahl mit 4, so erhält man zusammen 217.*

3. **a)** Lena und Lisa sind zusammen 34 Jahre alt. Lisa ist 6 Jahre jünger als Lena. Wie alt ist Lena, wie alt ist Lisa?

b) Maureen ist 24 Jahre älter als Jasmin. Sie ist $2\frac{1}{2}$mal so alt wie Jasmin. Wie alt ist Maureen, wie alt ist Jasmin?

4. **a)** Ein Vater und ein Sohn sind zusammen 62 Jahre alt. Vor sechs Jahren war der Vater viermal so alt wie der Sohn. Wie alt ist jeder?

b) Anne ist 4 Jahre jünger als Julia. In 9 Jahren werden beide zusammen 50 Jahre alt sein. Wie alt ist Anne, wie alt ist Julia?

5. Wie alt ist jeder?

Aufgaben aus der Geometrie

Einstieg

Tina hat das Kantenmodell eines Quaders angefertigt. Dafür hat sie 300 cm Draht gebraucht. Der Quader ist 15 cm hoch, seine Länge beträgt das Dreifache der Breite.

→ Berechne das Volumen des Quaders.

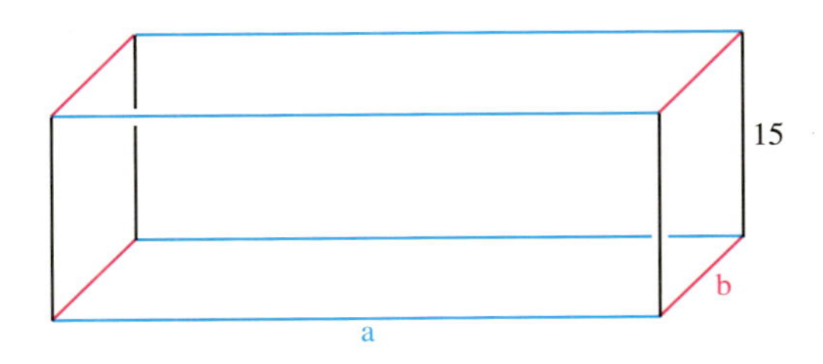

Aufgabe

1. Schlosser Weller hat den Auftrag, aus einem 180 cm langen Flachstahl einen rechteckigen Rahmen anzufertigen. Benachbarte Seiten des Rahmens sollen sich in der Länge um 20 cm unterscheiden.
Welche Seitenlängen für den Rahmen muss der Schlosser wählen?

Lösung

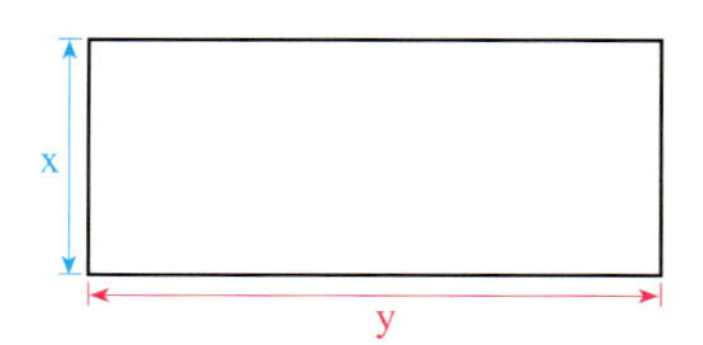

(1) *Skizze und Festlegen der Variablen*
Länge der kürzeren Seite (in cm): x
Länge der anderen Seite (in cm): y

(2) *Aufstellen eines Gleichungssystems*
1. Bedingung: Der Flachstahl ist 180 cm lang.
1. Gleichung: $2x + 2y = 180$
2. Bedingung: Die Länge benachbarter Seiten unterscheiden sich um 20 cm.
2. Gleichung: $y - x = 20$

Gleichungssystem: $\left| \begin{array}{l} 2x + 2y = 180 \\ y - x = 20 \end{array} \right|$

(3) *Lösen des Gleichungssystems:* Das Gleichungssystem hat die Lösung $(35 | 55)$.

(4) *Probe am Sachverhalt:*
Die Gesamtlänge des Flachstahls beträgt $2 \cdot 55$ cm $+ 2 \cdot 35$ cm $= 180$ cm.
Die Längen benachbarter Seiten unterscheiden sich um 55 cm − 35 cm = 20 cm.

(5) *Ergebnis:* Der Rahmen hat die Seitenlängen 35 cm und 55 cm.

Übungen

2. Ein Rechteck hat den Umfang 75 cm. Eine Seite ist 13 cm länger als die benachbarte Seite. Berechne die Seitenlängen. Gib auch den Flächeninhalt des Rechtecks an.

Eine Skizze kann helfen!

3. Bei einem Rechteck beträgt der Umfang 60 cm. Eine Seite ist

a) doppelt so lang, **b)** dreimal so lang, **c)** viermal so lang

wie die benachbarte Seite. Berechne die Seitenlängen des Rechtecks.

4.

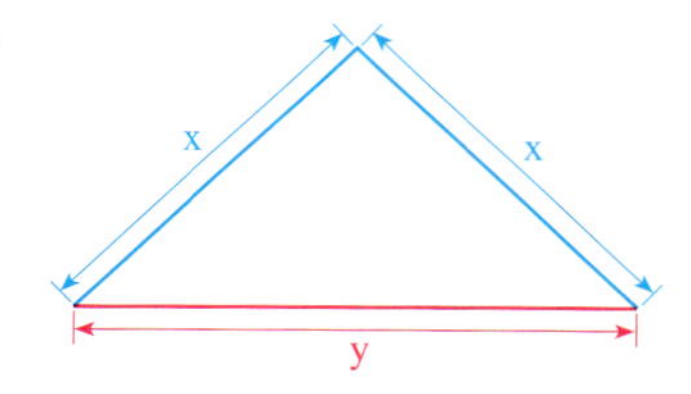

Ein gleichschenkliges Dreieck hat den Umfang 40 cm.

a) Jeder Schenkel ist 5 cm länger als die Basis.

b) Jeder Schenkel ist 6 cm kürzer als die Basis.

c) Jeder Schenkel ist doppelt so lang wie die Basis.

Berechne die Länge der Basis und die eines Schenkels.

5.

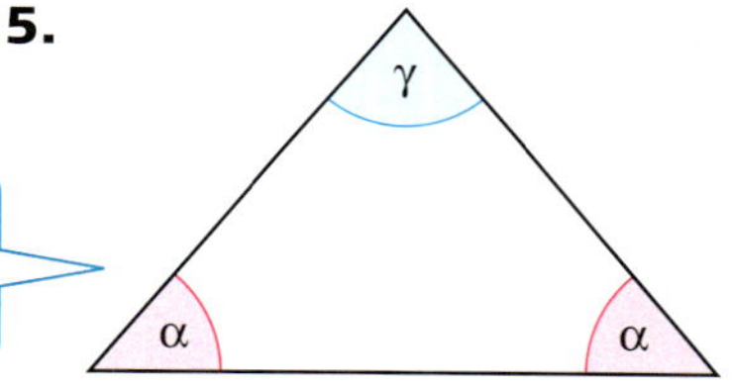

Beachte die Winkelsumme im Dreieck.

a) In einem gleichschenkligen Dreieck (Bild links) ist jeder Basiswinkel α um 24° größer als der Winkel γ. Wie groß ist jeder Winkel in dem Dreieck?

b) Wie groß ist jeder Winkel in dem gleichschenkligen Dreieck, wenn der Winkel γ halb so groß ist wie α?

6. Florian baut einen Drachen. In der Anleitung steht:

> Es ist günstig, die längere Diagonale $1\frac{1}{2}$mal so groß wie die kürzere zu wählen.

Florian verbraucht 180 cm Holzleiste für die beiden Diagonalen. Wie lang hat er die beiden Leisten gemacht?

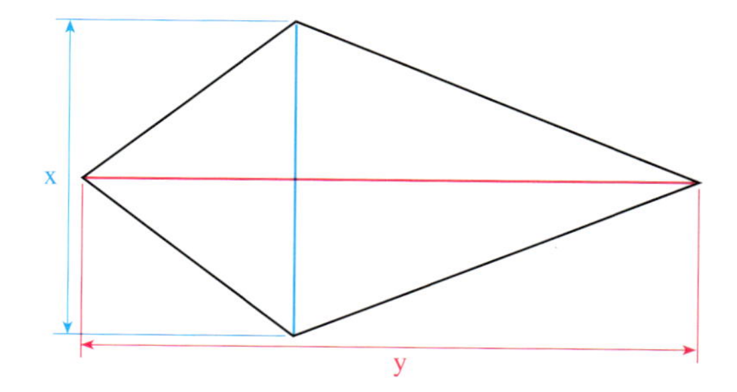

7.

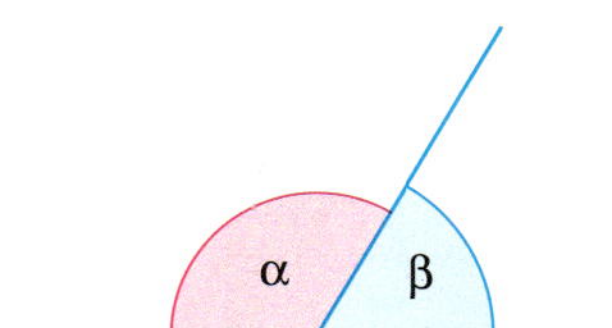

In der Zeichnung sind die Winkel α und β Nebenwinkel zueinander.

a) α ist um 15° größer als β.
Wie groß ist α, wie groß ist β?

b) α ist dreimal so groß wie β.

8. Carmen hat das Kantenmodell einer Pyramide mit quadratischer Grundfläche gebaut. Die Kantenlänge x ist 10 cm kürzer als die Kantenlänge y. Carmen hat 200 cm Bambusstab verbraucht.
Wie lang sind die Stücke, in die sie den Stab zerschneiden musste?

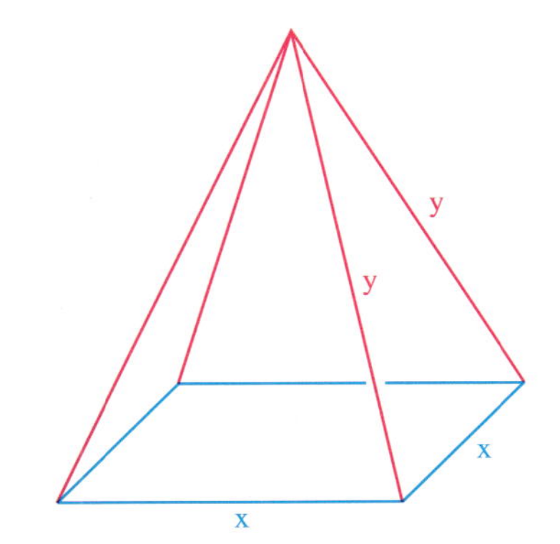

9. Ein Rechteck hat den Umfang 40 cm. Verdoppelt man die beiden längeren Seiten, so entsteht ein neues Rechteck mit dem Umfang 64 cm.
Berechne die Seitenlängen des alten Rechtecks. Du kannst eine Skizze anlegen.

10. Bei einem Rechteck mit dem Umfang 80 cm werden wie im Bild rechts die beiden längeren Seiten halbiert. Es entstehen zwei kleine Rechtecke mit jeweils einem Umfang von 56 cm.
Wie lang und wie breit war das ursprüngliche Rechteck?

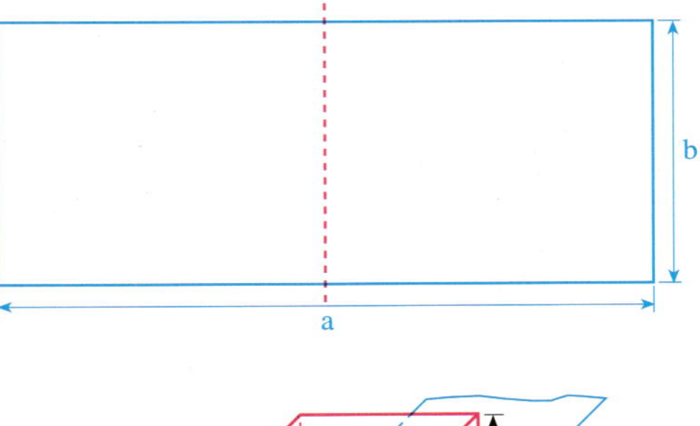

11. Die Summe aller Kantenlängen eines Quaders mit der Breite 9 cm beträgt 180 cm. Der Quader wird parallel zu einer Seitenfläche halbiert.
Die Summe aller Kantenlängen des grünen Teilquaders beträgt nun 140 cm.
Berechne die Kantenlängen des ursprünglichen Quaders.

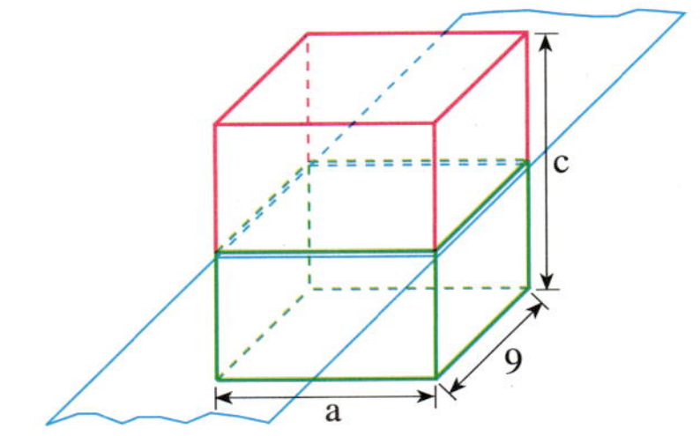

Aufgaben aus der Wirtschaft

Einstieg

Ein Erlebnisbad hat unterschiedliche Preise für Kinder und Erwachsene. 2 Erwachsene und 3 Kinder müssen insgesamt 31 € Eintritt zahlen.
Für einen Erwachsenen und 2 Kinder kostet der Eintritt insgesamt 18 €.

➜ Wie teuer sind die Einzelpreise für Erwachsene bzw. Kinder?

Aufgabe

1. Sebastians Oma besitzt zwei Sparbücher. Auf beiden Sparbüchern sind zusammen 1 900 €.
Beim ersten Sparbuch beträgt der Zinssatz 2%.
Auf dem zweiten Sparbuch (Sparkassenbrief) hat sie ihr Geld für 4 Jahre fest angelegt und erhält 3%.
Nach Ablauf eines Jahres erhält sie insgesamt 49 € Zinsen.
Wie viel Euro waren am Jahresanfang auf jedem Sparbuch?

Lösung

(1) *Festlegen der Variablen*

1. Sparbuch: Guthaben (in €): x Zinsen: $\frac{2}{100} \cdot x = 0{,}02\,x$

2. Sparbuch: Guthaben (in €): y Zinsen: $\frac{3}{100} \cdot y = 0{,}03\,y$

(2) *Aufstellen des Gleichungssystems*

1. Bedingung: Das Gesamtguthaben auf beiden Sparbüchern beträgt 1 900 €.
1. Gleichung: $x + y = 1\,900$

2. Bedingung: Die Zinsen auf beiden Sparbüchern betragen zusammen 49 €.
2. Gleichung: $0{,}02\,x + 0{,}03\,y = 49$

Gleichungssystem:
$$\left| \begin{array}{r} x + y = 1\,900 \\ 0{,}02\,x + 0{,}03\,y = 49 \end{array} \right|$$

(3) *Lösen des Gleichungssystems:* Das Gleichungssystem hat die Lösung (800 | 1 100).

(4) *Probe am Sachverhalt:* Das Gesamtguthaben ist 800 € + 1 100 € = 1 900 €.
Die Gesamtzinsen sind (2% von 800 €) + (3% von 1 100 €),
das sind 16 € + 33 € = 49 €.

(5) *Ergebnis:* Auf dem ersten Sparbuch sind 800 €, auf dem zweiten Sparbuch sind 1 100 €.

Übungen

2. Maria und Lisa sind begeisterte Blumenfreundinnen. Sie wollen ihre Blumenkästen neu bepflanzen. Maria kauft 6 Dahlien und 4 Sonnenblumen und zahlt dafür 31 €.
Lisa zahlt für 3 Dahlien und 5 Sonnenblumen in derselben Gärtnerei 28,40 €.
Wie teuer ist eine Dahlie?
Wie teuer ist eine Sonnenblume?

3. In einer Kasse liegen 20-€-Scheine und 50-€-Scheine im Wert von insgesamt 600 €. Es sind doppelt so viele 50-€-Scheine wie 20-€-Scheine.
Wie viele Scheine von jeder Sorte sind es?

4. Bei einem Fußballspiel wurden insgesamt 12 426 Karten verkauft. Neben dem normalen Eintrittspreis von 21 € gibt es noch einen ermäßigten Preis von 15 €. Es wurden insgesamt 241 260 € eingenommen.
Wie viele Karten wurden zum normalen Eintrittspreis und wie viele zum ermäßigten Preis verkauft?

5.

Internetnutzer, die sich nicht für einen Pauschalpreis (Flatrate) entschieden haben, zahlen eine monatliche Grundgebühr und die genutzten Onlineminuten.
Herr Neuhaus erhält für 1405 Online-Minuten eine Rechnung über 11,63 €. Seine Nachbarin hat denselben Tarif gewählt. Sie hat 960 Minuten gesurft und muss 8,96 € zahlen.
Wie hoch sind Grundgebühr und Minutentarif des Anbieters?

6. Frau Sontheimer finanziert den Kauf einer Eigentumswohnung mit einem Bauspardarlehen und einem Bankdarlehen. Beide zusammen betragen 240 000 €. Das Bauspardarlehen ist mit 6%, das Bankdarlehen mit 8% zu verzinsen. Die Zinsen in einem Jahr betragen zusammen 16 000 €.
Wie hoch ist das Bauspardarlehen? Wie hoch ist das Bankdarlehen?

7. Spediteur Seibold hat zur Finanzierung seiner Fahrzeuge zwei Darlehen im Abstand von 2 Jahren aufgenommen. Sie betragen zusammen 150 000 €.
Das erste Darlehen ist mit 8%, das zweite mit 9% zu verzinsen. Die Zinsen belaufen sich in einem Jahr auf 12 500 €. Wie hoch ist jedes Darlehen?

8. Anne hat zwei Sparkonten. Auf dem ersten Konto hat sie 2 700 €, auf dem zweiten Konto hat sie 1 500 € Guthaben. Der Zinssatz auf dem zweiten Konto ist 2% höher als auf dem ersten Konto. Nach einem Jahr bekommt Anne auf beiden Konten zusammen 156 € Zinsen.
Berechne aus diesen Angaben, wie hoch der Zinssatz auf dem ersten und wie hoch er auf dem zweiten Konto ist.

9. Zweitaktmotoren fahren mit einem Gemisch aus Benzin und Öl. 1 l Benzin kostet 1,42 €. Öl und Benzin werden im Verhältnis 1 : 50 gemischt. Heiko zahlt für 5 l Gemisch 8,23 €.
Was kostet 1 Liter Öl?

10. Paul ist mit der Jugendgruppe Skilaufen.
Er überlegt: Gebe ich jeden Tag 12 € aus, dann habe ich 5 € zu wenig dabei. Wenn ich jeden Tag 11 € ausgebe, habe ich am Ende 2 € übrig.
Wie lange dauert der Skiurlaub von Paul?
Wie viel Euro hat Paul dabei?

VERMISCHTE UND KOMPLEXE ÜBUNGEN

1. Ein Bauunternehmer stellt auf einer Baustelle drei Schutt-Container auf, den ersten 3 Tage, den zweiten 4 Tage und den dritten 6 Tage lang. Dafür zahlt er (Transportkosten sowie Tageskosten) insgesamt 270 €. Auf einer anderen Baustelle steht ein Container 6 Tage lang und verursacht Kosten von 115 €.
Wie hoch sind die Transportkosten, wie hoch die Tageskosten für jeweils einen Container?

2. Viertausend Jahre alt ist folgende Aufgabe aus Babylon:
„Ein Viertel der Breite und Länge zusammen sind 7 Handbreiten. Länge und Breite zusammen sind 10 Handbreiten."
Berechne Länge und Breite.

3. Griechisches Epigramm:

Schwer bepackt ein Eselchen ging und des Eseleins Mutter;
Und die Eselin seufzte sehr; da sagte das Söhnlein:
Mutter, was klagst du wie ein jammerndes Magdlein?
Gib ein Pfund mir ab, so trag ich doppelte Bürde;
Nimmst du es aber von mir, gleich viel dann haben wir beide.
Rechne mir aus, wenn du kannst, mein Bester, wie viel sie getragen.

4. Eine Autoverleihfirma berechnet die Kosten für einen Leihwagen aus einer Grundgebühr pro Tag und den Kosten für die gefahrenen Kilometer.
Herr Albert hat bei derselben Firma für drei Tage mit 650 km insgesamt 338 € gezahlt, Frau Baumann für nur zwei Tage, aber 850 km, insgesamt 392 €.
Wie hoch sind die Tagesgebühren und die Kosten für 1 km?

5. Frau Ude hat für einen Hauskauf ein Darlehen zu einem festen Zinssatz aufgenommen. Am Ende des ersten Jahres zahlt sie 5 000 € zurück sowie 3 600 € Zinsen. Am Ende des zweiten Jahres zahlt sie nur noch 3 555 € Zinsen.
Berechne den anfangs geliehenen Geldbetrag (Darlehenssumme) und den Zinssatz.

6. Erfindet Rechengeschichten.

a) Welche Geschichte passt zu der Abbildung rechts?

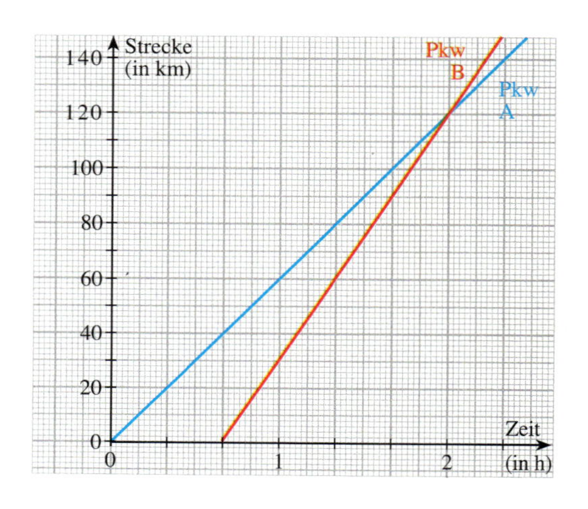

b) $\left| \begin{array}{l} 3x + y = 7{,}40 \text{ €} \\ x + 2y = 5{,}80 \text{ €} \end{array} \right|$

c) $\left| \begin{array}{l} x + y = 46 \\ 2x + 3y = 108 \end{array} \right|$

d) $\left| \begin{array}{l} 2a + 2b = 84 \text{ cm} \\ a = b + 6 \text{ cm} \end{array} \right|$

BIST DU FIT?

1. Welche der Zahlenpaare $(1|6)$, $(5|-2)$, $(-4|0)$ sind Lösungen der Gleichung $2x + y = 8$?

2. Zeichne den Graphen der linearen Gleichung.
(1) Gib sechs Lösungen an.
(2) Gib die Koordinaten der gemeinsamen Punkte des Graphen mit den Koordinatenachsen an.

a) $y - 2x = 1$ **b)** $y + 2x = 1$ **c)** $3x - 2y = 6$ **d)** $5y + x = 0$

3. Stelle die Gleichung der Geraden auf, die durch den Punkt $P(3|-2)$ verläuft und außerdem
a) parallel zur x-Achse ist; **b)** parallel zur y-Achse ist.

4. Bestimme zeichnerisch die Lösungsmenge des Gleichungssystems.

a) $\left| \begin{array}{l} 2x + y = 7 \\ 6x - 2y = 6 \end{array} \right|$ **b)** $\left| \begin{array}{l} 4x + 2y = 5 \\ -2x - y = -2{,}5 \end{array} \right|$ **c)** $\left| \begin{array}{l} 2x + y = 6 \\ 3x + 2y = 8 \end{array} \right|$

5. Löse rechnerisch mit einem möglichst günstigen Verfahren. Mache die Probe.

a) $\left| \begin{array}{l} 9x + 4y = 37 \\ y = 6x + 1 \end{array} \right|$ **d)** $\left| \begin{array}{l} 3x + 2y = 4 \\ 4x - 5y = -10 \end{array} \right|$ **g)** $\left| \begin{array}{l} 3x + 4{,}5y = 1{,}5 \\ -2x - 3y = -1 \end{array} \right|$

b) $\left| \begin{array}{l} 6x + 4y = 9 \\ 6x - 5y = -18 \end{array} \right|$ **e)** $\left| \begin{array}{l} 3r + 2s = 2 \\ 6r - 8s = -2 \end{array} \right|$ **h)** $\left| \begin{array}{l} y = 3x - 2 \\ 2y - 6x = -4 \end{array} \right|$

c) $\left| \begin{array}{l} x = 2y - 4 \\ 4x + 7y = -1 \end{array} \right|$ **f)** $\left| \begin{array}{l} 2p = 2q - 4 \\ 3p - 3q = -5 \end{array} \right|$ **i)** $\left| \begin{array}{l} \frac{1}{2}m + 2n = -\frac{3}{2} \\ \frac{1}{3}m - \frac{5}{3}n = 8 \end{array} \right|$

6. Wenn man zum Doppelten der ersten Zahl die zweite addiert, dann erhält man 22. Wenn man vom Vierfachen der ersten Zahl die zweite Zahl subtrahiert, so erhält man 14. Wie heißen die beiden Zahlen?

7. Nina ist 5 Jahre älter als Eva. Zusammen sind sie 39 Jahre alt.
Wie alt ist Nina, wie alt ist Eva?

8. Aus einem 2 m langen Flachstahl soll ein rechteckiger Rahmen hergestellt werden. Benachbarte Seiten des Rahmens sollen sich in der Länge um 30 cm unterscheiden.
Wie lang und wie breit wird der Rahmen?

x
y

9. Martin kauft 6 Flaschen Limonade und 5 Flaschen Orangensaft für zusammen 10,50 €. Thomas zahlt für 3 Flaschen Limonade und 4 Flaschen Orangensaft in demselben Geschäft 7,50 €.
Wie teuer ist 1 Flasche Limonade, wie teuer 1 Flasche Orangensaft?

10. Der Internetanbieter *Surf-Online* fordert im Tarif *Free* für 23 Online-Stunden im Monat 28,44 € einschließlich Grundgebühr. Im selben Tarif verlangt der Anbieter für 68 Stunden Internetnutzung 77,04 €.
Wie hat der Anbieter seinen Tarif *Free* gestaltet?
Gib die Höhe der Grundgebühr und den Minutenpreis an.

IM BLICKPUNKT: LÖSEN EINES LINEAREN GLEICHUNGSSYSTEMS MIT TABELLENKALKULATION

Die rechnerische Arbeit beim Lösen linearer Gleichungssysteme kann man auch von einem Tabellenkalkulationsprogramm ausführen lassen.
Wir stellen hierzu ein *interaktives Tabellenblatt* her, mit dem wir dann eine ganze Gruppe von Aufgaben lösen können. Dabei verwenden wir das bereits bekannte Additionsverfahren.

	A	B	C	D	E	F	G	H
1		**Lösung eines linearen Gleichungssystems**						
2								
3	I	6	x +	-3	y =	3	|*	2
4	II	2	x +	2	y =	10	|*	3
5								
6	I´	12	x +	-6	y =	6		
7	II´	6	x +	6	y =	30		
8								
9		**Additionsverfahren I´ + II´:**						
10		18	x		=	36	|:	18
11					x =	2		
12								
13		**Einsetzen in die Gleichung I**						
14		12	+	-3	y =	3	|-	12
15				-3	y =	-9	|:	-3
16					y =	3		

Beachte folgende Hinweise:

Durch Multiplikation wird das Gleichungssystem so umgeformt, dass sich die Faktoren vor der Variablen y nur im Vorzeichen unterscheiden.

Multipliziere dazu

- die erste Gleichung mit der Zahl aus der Zelle D4: Schreibe in Zelle H3 die Formel:
  =D4
- die zweite Gleichung mit der Zahl aus der Zelle D3 und mit (– 1):
  Schreibe in Zelle H4 die Formel:
  =(–1)*D3

Die umgeformten Gleichungen werden in den Zeilen 6 und 7 berechnet. In der Zelle B6 gibst du zum Beispiel die Formel
=B3*H3
ein.

Durch Addition erhältst du in Zeile 10 eine Gleichung mit nur einer Variablen x. In der Zelle B10 gibst du dazu die Formel
=B6+B7 ein.

Den Wert für x berechnest du in Zeile F11 mithilfe der Formel:
=F10/B10

Den berechneten Wert für x setzt du in die Gleichung I ein: Benutze in der Zelle B14 die Formel **=F11*B3**

Schließlich berechnest du in den Zeilen 15 und 16 den Wert für y.

Die Abbildung zeigt die verwendeten Formeln noch einmal in der Übersicht.

	A	B	C	D	E	F	G	H
1		**Lösung eines linearen Gleichungssystems**						
2								
3	I	6	x +	-3	y =	3	|*	=D4
4	II	2	x +	2	y =	10	|*	=(-1)*D3
5								
6	I´	=B3*H3	x +	=D3*H3	y =	=F3*H3		
7	II´	=B4*H4	x +	=D4*H4	y =	=F4*H4		
8								
9		**Additionsverfahren I´ + II´:**						
10		=B6+B7	x	=D6+D7	=	=F6+F7	|:	=B10
11					x =	=F10/B10		
12								
13		**Einsetzen in die Gleichung I**						
14		=F11*B3	+	=D3	y =	=F3	|-	=B14
15				=D14	y =	=F14-B14	|:	=D15
16					y =	=F15/D15		

1. Erstelle mit deinem Kalkulationsprogramm ein interaktives Tabellenblatt für lineare Gleichungssysteme.
Kontrolliere deine Tabelle und gib die Zahlen des abgebildeten Gleichungssystems ein.

2. Löse mit deinem interaktiven Tabellenblatt folgende Gleichungssysteme:

a) $\left| \begin{array}{l} -3x + 4y = 27{,}5 \\ 4x - 5y = -35{,}5 \end{array} \right|$ **b)** $\left| \begin{array}{l} 0{,}2x + 1{,}2y = 4{,}68 \\ -2{,}4x + 1{,}8y = 2{,}16 \end{array} \right|$ **c)** $\left| \begin{array}{l} 2{,}7x - 4{,}2y = -20{,}778 \\ -3{,}6x + 1{,}2y = 9{,}84 \end{array} \right|$

3. Lisa und ihr Freund Markus haben den gleichen Tarif eines Internetanbieters gewählt.
Lisa hat im letzten Monat für 864 Minuten Surfen 15,29 € bezahlt.
Markus musste im gleichen Zeitraum für 1 388 Minuten 21,84 € zahlen.
Berechne mithilfe deines interaktiven Tabellenblatts den monatlichen Grundpreis und den Minutenpreis.

4. Gib die Daten folgender Gleichungssysteme in dein interaktives Tabellenblatt ein.

a) $\left| \begin{array}{l} 3y = 6 \\ 2x + 6y = 8 \end{array} \right|$ **b)** $\left| \begin{array}{l} 3x = 6 \\ 6x + 2y = 8 \end{array} \right|$ **c)** $\left| \begin{array}{l} 2x - y = 2 \\ y - x = 14 \end{array} \right|$

Das Gleichungssystem in Teilaufgabe a) hat die Lösung (– 2 | 2).
Untersuche, warum Teilaufgabe b) mit der Tabelle nicht zu lösen ist.
Vergleiche beide Aufgabenteile und erstelle ein interaktives Tabellenblatt, das Gleichungssysteme wie in Teilaufgabe b) lösen kann.

13	**Einsetzen in die Gleichung I**						
14	6	+	0	y =	6	|-	6
15			0	y =	0	|:	0
16				y =	#DIV/0!		
17							

5. Es gibt zwei Sonderfälle bei der Lösung linearer Gleichungssysteme. Gib für jeden Sonderfall ein Beispiel in dein Tabellenblatt ein.
Untersuche, warum das interaktive Tabellenblatt diese Gleichungssysteme nicht lösen kann.

△ **6.** Julia und Florian haben in einer Formelsammlung eine Lösungsformel für lineare Gleichungssysteme gefunden:

Ein lineares Gleichungssystem der Form $\left| \begin{array}{l} ax + by = e \\ cx + dy = f \end{array} \right|$

hat die Lösung $x = \frac{e \cdot d - b \cdot f}{a \cdot d - b \cdot c}$ und $y = \frac{a \cdot f - c \cdot e}{a \cdot d - b \cdot c}$

a) Erstelle unter Benutzung dieser Formeln ein interaktives Tabellenblatt zur Lösung linearer Gleichungssysteme.

b) Gib die Beispiele für die zwei Sonderfälle aus Aufgabe 5 in das interaktive Tabellenblatt ein.

c) Benutze die Hilfe deines Kalkulationsprogramms.
Suche Informationen über die Verwendung und Schreibweise der **wenn( )-Funktion**.
Mithilfe dieser Funktion kannst du dein interaktives Tabellenblatt so gestalten, dass auch die Lösungen für die Sonderfälle berechnet werden können.

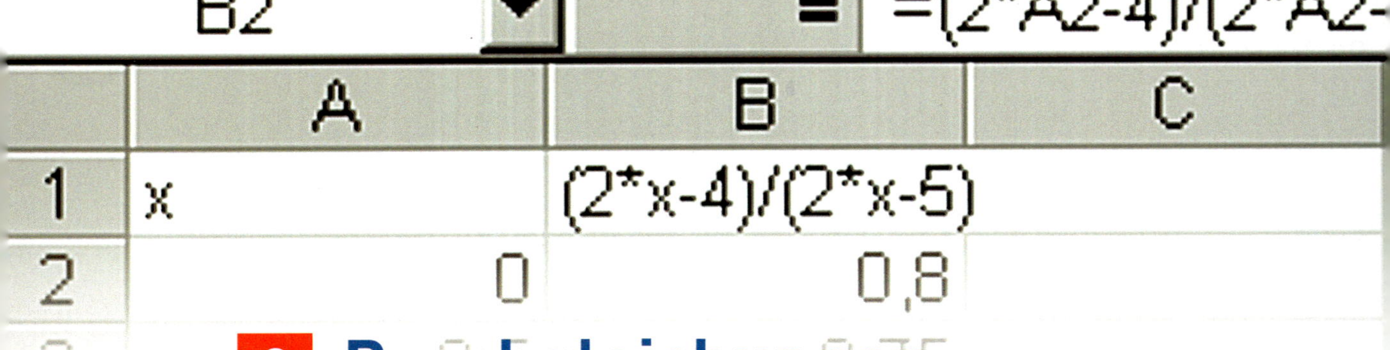

2 Bruchgleichungen

Schon von den griechischen Mathematikern wie Diophant um 250 n. Chr. stammen Aufgaben wie die folgende:

Aus den Augen und aus dem Mund des Löwen springen Fontänen hervor. Um das Becken zu füllen, braucht das rechte Auge alleine zwei Tage, das linke alleine drei Tage.
Sprudeln die Fontänen aus beiden Augen und dem Mund, so ist das Becken an einem Tag gefüllt.
Wie lange braucht die Fontäne aus dem Mund, um das Becken alleine zu füllen?

Kannst du das Rätsel lösen?
Folgende Hinweise können dir dabei helfen:

- → Welchen Anteil des Beckens kann die Fontäne aus dem rechten Auge an einem Tag allein füllen?
- → Welche Anteile füllen die beiden anderen Fontänen an einem Tag?
- → Du kannst auch annehmen, dass das Becken zum Beispiel 1800 Liter oder 2000 Liter fasst.

In diesem Kapitel lernst du ...

... den Umgang mit Termen, bei denen die Variable auch im Nenner vorkommt. Weiterhin lernst du, wie man entsprechende Gleichungen lösen kann.

BRUCHTERME

Bruchterme – Definitionsmenge eines Bruchterms

Einstieg

Stellt man eine Kerze vor einer Sammellinse (mit der Brennweite 5 cm) auf, so kann man auf der anderen Seite der Linse auf einem Schirm ein Bild der Kerze auffangen. Dieses ist aber nur scharf, wenn man den Schirm in einer bestimmten Entfernung von der Linse platziert.

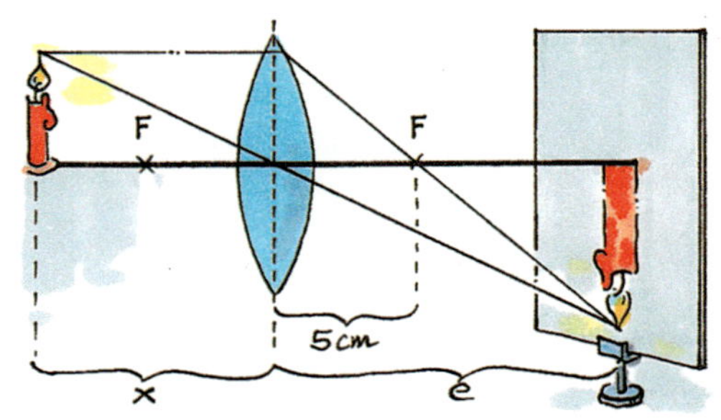

In der Physik kann man zeigen, dass für eine Linse mit der Brennweite 5 cm gilt:
Ist x (in cm) die Entfernung der Kerze von der Linse, so erhält man ein scharfes Bild, wenn die Entfernung e (in cm) des Schirmes von der Linse $e = \frac{5 \cdot x}{x-5}$ beträgt.

→ Die Kerze steht 7 cm von der Linse entfernt. Ermittle rechnerisch, in welcher Entfernung e der Schirm aufgestellt werden muss.

Wenn man die Kerze 5 cm von der Linse entfernt aufstellt, so erhält man kein scharfes Bild von der Kerze, wie immer man auch den Schirm verschiebt. Dies liegt daran, dass die Kerze genau im Brennpunkt vor der Linse steht.

→ Was erhält man, wenn man bei x = 5 cm versucht, die Entfernung des Schirms e rechnerisch zu bestimmen?

Aufgabe

1. Setze in den *Bruchterm* $\frac{5}{x-2}$ für x folgende Zahlen ein: 3; 2; 1,5; 1; 0; − 1.
Berechne, wenn möglich, den Wert des Terms.
Welche Zahlen dürfen für x eingesetzt werden?
Man fragt auch: Für welche Einsetzungen ist der Term definiert (erklärt)?
Fasse alle Zahlen, für die der Term definiert ist, zur *Definitionsmenge* D des Bruchterms zusammen. Gib diese an.

Lösung

x	3	2	1,5	1	0	− 1
$\frac{5}{x-2}$	$\frac{5}{3-2} = \frac{5}{1} = 5$	$\frac{5}{2-2} = \frac{5}{0}$ (nicht definiert)	$\frac{5}{1{,}5-2} = \frac{5}{-0{,}5} = -\frac{50}{5} = -10$	$\frac{5}{1-2} = \frac{5}{-1} = -5$	$\frac{5}{0-2} = \frac{5}{-2} = -\frac{5}{2}$	$\frac{5}{-1-2} = \frac{5}{-3} = -\frac{5}{3}$

Setzt man in den Term $\frac{5}{x-2}$ für x die Zahl 2 ein, so wird der Nenner 0. Die Division durch 0 ist aber nicht möglich. Der Term $\frac{5}{x-2}$ ist definiert (erklärt) für $x \neq 2$, weil dann der Nenner ungleich 0 ist. Die Definitionsmenge D von $\frac{5}{x-2}$ umfasst alle Zahlen außer 2.

Information

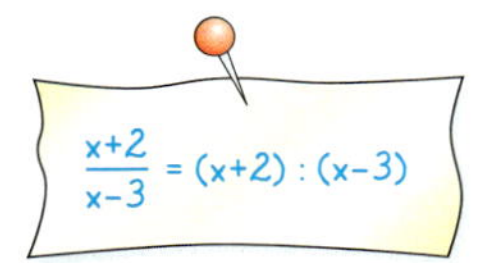

(1) Bruchterme

Terme wie $\frac{5}{x-2}$, $\frac{x+2}{x(x+1)}$ und $\frac{3+2}{3 \cdot (3+1)}$ heißen **Bruchterme**.
Den Quotienten a : b kann man als Bruchterm $\frac{a}{b}$ schreiben.
Der Bruchstrich ersetzt dabei das Divisionszeichen.

Bruchstrich bedeutet geteilt

$\frac{a}{b} = a : b$

(2) Definitionsmenge eines Bruchterms

Die **Definitionsmenge** D eines Terms enthält alle Zahlen, für die man nach Einsetzung für die Variable (bzw. für die Variablen) den Termwert berechnen kann.
Bei **Bruchtermen** muss man darauf achten, dass der Nenner nicht 0 werden kann.
Zur Bestimmung der Definitionsmenge betrachtet man zunächst alle rationalen Zahlen; dann schließt man die Zahlen aus, für die der Nenner 0 wird.

Beispiel: $\frac{2x}{x-3}$ $\quad D = \mathbb{Q} \setminus \{3\}$ (gelesen: *Menge aller rationalen Zahlen ohne 3*)

Zum Festigen und Weiterarbeiten

2. a) Berechne den Wert des Terms $\frac{x}{(x-2)\cdot(x+4)}$ für $x = 3$; $x = 7$; $x = -4$; $x = 2{,}5$; $x = 0$.
Warum ist der Term nicht für $x = 2$ und nicht für $x = -4$, wohl aber für $x = 0$ definiert (erklärt)? Stelle fest, wie dein Taschenrechner reagiert, wenn du den Wert des Terms für $x = 2$ berechnest.

b) Gegeben ist der Term $\frac{x+2}{x^2+1}$. Berechne den Wert des Terms für $x = 5$; $x = -3$; $x = 0$; $x = -2{,}5$; $x = 4{,}5$. Warum ist der Term für alle rationalen Zahlen x definiert?

3. Gib die Definitionsmenge an.

a) $\frac{2}{x}$ **b)** $\frac{3x}{7}$ **c)** $\frac{7x+9}{x+8}$ **d)** $\frac{7x^2+5}{3x+2}$

$\frac{5}{2x-4}$ $\quad D = \mathbb{Q} \setminus \{2\}$

4. Du kannst Bruchterme wie gewöhnliche Brüche erweitern und kürzen.
Beachte aber, dass der Erweiterungs-/Kürzungsfaktor ungleich 0 sein muss.

a) Erweitere: $\frac{5}{9}$ mit b; $\frac{2x^2}{3x}$ mit x; $\frac{a+b}{a-b}$ mit c

b) Kürze: $\frac{-15a}{45a}$; $\frac{4x^2}{2x}$; $\frac{3x^2+2x}{-4x}$

$\frac{4x}{3} = \frac{4x^2}{3x}$; $x \neq 0$
$\frac{3x}{2x} = \frac{3}{2}$; $x \neq 0$

Übungen

5. Berechne den Wert des Bruchterms für die angegebenen Einsetzungen. Trage die Ergebnisse in eine Tabelle ein. Für welche Einsetzungen ist der Bruchterm nicht definiert? Gib die Definitionsmenge des Terms an.

a) $\frac{24}{x-7}$; 10; 9; 8; 7; 6; 5; 7,8

b) $\frac{4x}{2x-6}$; −1; 0; 1; 2; 3; 4; 4,5

c) $\frac{x(x+1)}{x-1}$; 2; 1; 0; −1; −2; −3; 1,5

d) $\frac{x+3}{x-4}$; −1; 0; 1; 2; 3; 4,7

6. Gib die Definitionsmenge des Bruchterms an.

a) $\frac{x+5}{x-7}$ **b)** $\frac{3x}{x+6}$ **c)** $\frac{4x}{3x-12}$ **d)** $\frac{5x+2}{3x+15}$ **e)** $\frac{x+4}{7x+35}$ **f)** $\frac{x+5}{24}$ △ **g)** $\frac{2}{a(a+4)}$ △ **h)** $\frac{1}{a^2-0{,}16}$

7. Die Definitionsmenge eines Bruchterms ist **a)** $D = \mathbb{Q} \setminus \{-2\}$; △ **b)** $D = \mathbb{Q} \setminus \{-2; 2\}$.
Wie könnte der zugehörige Bruchterm aussehen? Finde mehrere Möglichkeiten.

Beachte die einschränkende Bedingung.

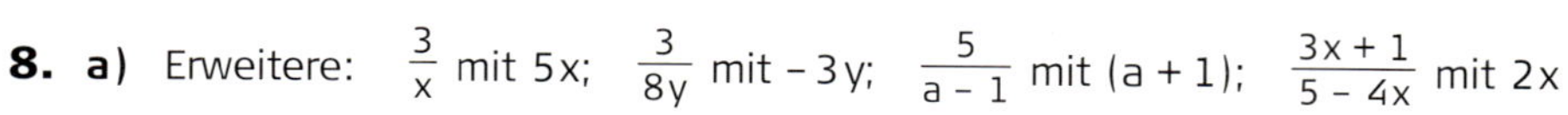

8. a) Erweitere: $\frac{3}{x}$ mit 5x; $\frac{3}{8y}$ mit −3y; $\frac{5}{a-1}$ mit (a + 1); $\frac{3x+1}{5-4x}$ mit 2x

b) Kürze: $\frac{9x}{12x}$; $\frac{15a^2}{-24a}$; $\frac{6(x-1)}{x-1}$; $\frac{36x^2(x+2)}{6x(x+2)}$

BRUCHGLEICHUNGEN

Einstieg

Bildet man den Kehrwert einer Zahl und addiert dazu 2, so erhält man dasselbe, wenn man 3 durch die Zahl dividieren würde. Wie heißt die Zahl?

Aufgabe

1. Betrachte die folgenden Gleichungen:

a) $\frac{1}{x-1} + 5 = \frac{4}{x-1}$ **b)** $\frac{4}{2x+3} = \frac{5}{x+6}$

In diesen Gleichungen tritt die Variable x im Nenner auf. Die Gleichungen enthalten also Bruchterme. Solche Gleichungen heißen daher *Bruchgleichungen*.
Bestimme die Lösungsmenge dieser Bruchgleichungen.
Gib zunächst die Definitionsmenge der Bruchgleichung an.

Lösung

a) (1) *Bestimmen der Definitionsmenge der Bruchgleichung:*

In der Bruchgleichung treten die Terme $\frac{1}{x-1}$ und $\frac{4}{x-1}$ auf. Sie sind für alle x außer für x = 1 definiert. Die Definitionsmenge der Bruchgleichung ist also $D = \mathbb{Q} \setminus \{1\}$. Die Zahl 1 scheidet damit von vornherein als mögliche Lösung aus: $x \neq 1$.

(2) *Bestimmen der Lösungsmenge:*

Wir versuchen zunächst die Brüche zu beseitigen, da das Rechnen dadurch einfacher wird. Dazu multiplizieren wir beide Seiten mit (x − 1):

Wir formen nun für $x \neq 1$ die Bruchgleichung um:

$$
\begin{aligned}
\frac{1}{x-1} + 5 &= \frac{4}{x-1} && | \cdot (x-1) \\
\left(\frac{1}{x-1} + 5\right) \cdot (x-1) &= \frac{4}{x-1} \cdot (x-1) && | \text{ Klammern auflösen} \\
\frac{1 \cdot (x-1)}{x-1} + 5(x-1) &= \frac{4(x-1)}{(x-1)} && | \text{ Kürzen, Klammern auflösen} \\
1 + 5x - 5 &= 4 && | \text{ T} \\
5x - 4 &= 4 && | +4 \\
5x &= 8 && | :5 \\
x &= \tfrac{8}{5} = 1{,}6
\end{aligned}
$$

Hinweis: Das Multiplizieren mit (x − 1) ist wegen $x \neq 1$ und damit $x - 1 \neq 0$ erlaubt.

L = {1,6}

Als Lösungsmenge erhalten wir L = {1,6}.
Wir überprüfen dies durch eine Probe:

(3) *Probe:*

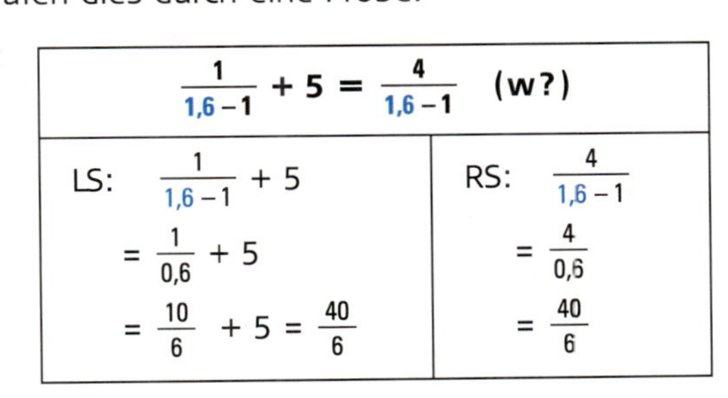

$\frac{1}{1{,}6-1} + 5 = \frac{4}{1{,}6-1}$ (w?)	
LS: $\frac{1}{1{,}6-1} + 5$	RS: $\frac{4}{1{,}6-1}$
$= \frac{1}{0{,}6} + 5$	$= \frac{4}{0{,}6}$
$= \frac{10}{6} + 5 = \frac{40}{6}$	$= \frac{40}{6}$

b) (1) *Bestimmen der Definitionsmenge der Bruchgleichung:*

Der linke Term der Bruchgleichung $\frac{4}{2x+3} = \frac{5}{x+6}$ ist definiert für alle x außer für $x = -\frac{3}{2}$, der rechte für alle x außer für $x = -6$. Wir erhalten die Definitionsmenge $D = \mathbb{Q} \setminus \left\{-6; -\frac{3}{2}\right\}$ der Bruchgleichung.

(2) *Bestimmen der Lösungsmenge:*

Auch hier beseitigen wir nun die Brüche, diesmal in zwei Schritten:

Wir formen nun für $x \neq -6$ und für $x \neq -\frac{3}{2}$ die Gleichung um:

$$\frac{4}{2x+3} = \frac{5}{x+6} \quad | \cdot (2x+3)$$

$$\frac{4 \cdot (2x+3)}{2x+3} = \frac{5 \cdot (2x+3)}{x+6} \quad | \text{ Kürzen mit } (2x+3)$$

$$4 = \frac{5 \cdot (2x+3)}{x+6} \quad | \cdot (x+6)$$

$$4 \cdot (x+6) = \frac{5 \cdot (2x+3) \cdot (x+6)}{x+6} \quad | \text{ Kürzen mit } (x+6)$$

$$4 \cdot (x+6) = 5 \cdot (2x+3) \quad | \text{ Klammer auflösen}$$

$$4x + 24 = 10x + 15 \quad | -10x - 24$$

$$-6x = -9 \quad | : (-6)$$

$$x = \frac{-9}{-6} = \frac{3}{2} = 1{,}5$$

$L = \{1{,}5\}$

Das Multiplizieren und das Kürzen mit $2x + 3$ sind wegen $x \neq -\frac{3}{2}$ und damit $2x + 3 \neq 0$ erlaubt.
Das Gleiche gilt wegen $x \neq -6$ für das Multiplizieren und Kürzen mit $x + 6$.

(3) *Probe:*

$\frac{4}{2 \cdot 1{,}5 + 3} = \frac{5}{1{,}5 + 6}$ (w?)	
LS: $\frac{4}{2 \cdot 1{,}5 + 3} = \frac{4}{6} = \frac{2}{3}$	RS: $\frac{5}{1{,}5 + 6} = \frac{5}{7{,}5} = \frac{2}{3}$

Information

(1) Bruchgleichungen

Bei **Bruchgleichungen** kommt die Variable im Nenner vor. Sie kann zusätzlich auch im Zähler vorkommen.
Man überprüft zunächst, welche Zahlen von vornherein als Lösungen ausscheiden, weil dann einer der Nenner 0 wäre. Danach kann man die Lösung der Bruchgleichung ermitteln.
Umformungen führt man dann stets unter der Bedingung durch, dass alle Nenner ungleich 0 sind.

(2) Definitionsmenge einer Bruchgleichung

Die **Definitionsmenge** einer Bruchgleichung enthält alle Zahlen, für die man nach Einsetzung für die Variable in alle vorkommenden Terme den Termwert berechnen kann.
Zur Bestimmung der Definitionsmenge betrachtet man zunächst alle rationalen Zahlen; dann schließt man die Zahlen aus, für die zumindest einer der Nenner 0 wird.

Zum Festigen und Weiterarbeiten

2. Gib die Zahlen an, die von vornherein nicht Lösung der Bruchgleichung sein können.

a) $\frac{2}{x-1} = \frac{4}{x+1}$ **b)** $\frac{2}{x} = \frac{7}{x-5}$ **c)** $\frac{5}{2x+6} = \frac{3}{x}$ **d)** $\frac{4}{2x+5} = \frac{12}{5+x}$

3. Multipliziere wie im Beispiel.

a) $\frac{17}{x} \cdot x$ **b)** $\frac{4-x}{x} \cdot 12$ **c)** $\frac{2}{x+5} \cdot (2x-1)$

$\frac{7}{x} \cdot x = \frac{7x}{x} = 7;\ x \neq 0$
$\frac{3}{x-1} \cdot (x+2) = \frac{3 \cdot (x+2)}{x-1};\ x \neq 1$

4. Bestimme die Lösungsmenge.
Gib zuerst die Definitionsmenge an.

a) $\frac{3}{x} + 6 = \frac{9}{x}$ **b)** $\frac{4}{x-2} + 8 = \frac{12}{x-2}$ **c)** $\frac{8}{2x} - \frac{3}{2} = \frac{1}{x}$ **d)** $\frac{5}{x+5} = \frac{45}{3x+15} - 10$

5. *Sonderfälle bei der Lösung einer Bruchgleichung*

a) Begründe: $\frac{3}{x-2} = \frac{3}{x-2}$ hat die Lösungsmenge $L = \mathbb{Q} \setminus \{2\}$.

b) Begründe: $\frac{3x-8}{x-4} = \frac{x}{x-4}$ hat die Lösungsmenge $L = \{\ \}$.

Übungen

6. Löse die Gleichung im Kopf. Gib zunächst die Definitionsmenge an.

a) $\frac{20}{x} = 4$ **b)** $\frac{25}{5x} = 1$ **c)** $\frac{32}{2x} = 4$ **d)** $\frac{36}{4x} = -3$ **e)** $\frac{30}{x} + 20 = 30$

7. Bestimme die Definitionsmenge und die Lösungsmenge.

a) $\frac{7}{x} = 5$ **c)** $\frac{15}{x+10} = 5$ **e)** $\frac{3-x}{5x+2} = \frac{1}{12}$ **g)** $\frac{8x+10}{2x+11} = -30$

b) $\frac{8}{x-1} = 4$ **d)** $\frac{15}{12x-7} = 3$ **f)** $\frac{2x-1}{4x-2} = \frac{1}{2}$ **h)** $\frac{50-10y}{2-y} = -20$

8. **a)** $\frac{1}{x} + 2 = \frac{4}{x}$ **c)** $\frac{4}{x} - 2 = \frac{10x+2}{x}$ **e)** $\frac{8-x}{x} - 2 = \frac{16-x}{x}$

b) $\frac{1}{x-1} + 4 = \frac{3}{x-1}$ **d)** $\frac{4-x}{x} + 10 = \frac{5-x}{x}$ **f)** $\frac{2}{x-2} + 5 = \frac{2x+3}{x-2}$

9. **a)** $\frac{4}{x-1} = \frac{2}{x-2}$ **c)** $\frac{8}{x+4} = \frac{12}{1-x}$ **e)** $\frac{8}{3x+1} = \frac{5}{x-1}$ **g)** $\frac{8}{6-2x} = \frac{9}{4-3x}$

b) $\frac{4}{x+5} = \frac{1}{x-1}$ **d)** $\frac{3}{x-4} = \frac{15}{x+1}$ **f)** $\frac{2}{4x-1} = \frac{-3}{2x+5}$ **h)** $\frac{7}{2x+1} = \frac{1}{1-x}$

10. Wo steckt der Fehler? Berichtige, wenn nötig.

a) $\frac{3x-1}{x-2} = \frac{5}{x-2}$ $|\cdot(x-2)$
$3x - 1 = 5$ $|+1$
$3x = 6$ $|:3$
$x = 2$
$L = \{2\}$

b) $\frac{2}{x+2} - 1 = 0$ $|\cdot(x+2)$
$2 - x + 2 = 0$ $|+x$
$4 = x$
$L = \{4\}$

△ c) $\frac{x}{x^2-3x} = \frac{2}{2x-6}$
$x(2x-6) = 2(x^2-3x)$
$2x^2 - 6x = 2x^2 - 6x$ (wahr)
$L = \mathbb{Q}$

11. Eine Rotationsmaschine benötigt zum Ausdrucken einer Zeitung (48 000 Exemplare) 40 Minuten, eine andere 30 Minuten.

a) Wie viel Minuten werden zum Ausdrucken der Zeitung benötigt, wenn beide gleichzeitig arbeiten?

b) Wie viele Exemplare hat dann jede Maschine gedruckt?

VERHÄLTNISGLEICHUNGEN

Unterschied und Verhältnis als Hilfsmittel beim Vergleich zweier Größen – Verhältnisgleichung

Einstieg

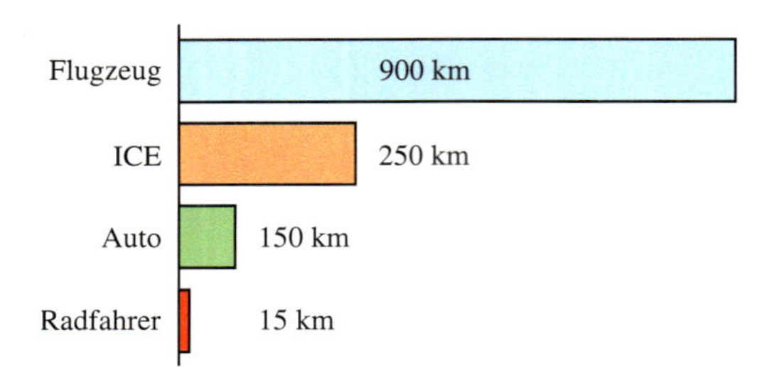

Links sind Entfernungen angegeben, die in einer Stunde zurückgelegt werden können.

→ Vergleicht die Angaben auf unterschiedliche Weise.

→ Präsentiert eure Ergebnisse.

Aufgabe

1. Im Jahre 1960 kostete eine Eintrittskarte in einem bestimmten Kino umgerechnet 0,80 €, das waren ca. 1,56 DM.
Im Jahre 2008 musste man an derselben Kinokasse 6,80 € für eine Eintrittskarte bezahlen. Vergleiche die Preise.

Lösung

1. Möglichkeit

Wir berechnen den Preisunterschied (die Preisdifferenz):
6,80 € – 0,80 € = 6,00 €

Ergebnis: Der Preis erhöhte sich um 6 €.

2. Möglichkeit

Wir berechnen, in welchem Verhältnis die Preise zueinander stehen.
Wir schätzen: Der Preis hat sich ungefähr verachtfacht.
Das kann man genauer berechnen:

$$x = \frac{6{,}80\ €}{0{,}80\ €} = \frac{680}{80} = \frac{17}{2} = 8\frac{1}{2}$$

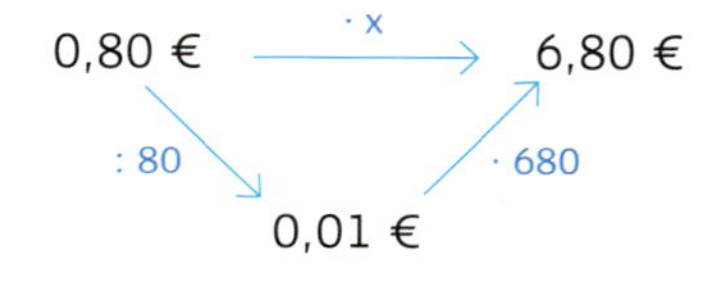

Ergebnis: Der Preis im Jahre 2008 ist das $8\frac{1}{2}$fache des Preises von 1960.
Man sagt auch:
Das Verhältnis des Preises von 2008 zum Preis von 1960 ist $8\frac{1}{2}$ *(bzw.* $\frac{17}{2}$*)* oder
Der Preis von 2008 verhält sich zum Preis von 1960 wie 17 zu 2.
Man schreibt:

Preis von 2008 : Preis von 1960 = 17 : 2 oder $\frac{\text{Preis von 2008}}{\text{Preis von 1960}} = \frac{17}{2}$

Information

(1) Verhältnis zweier Größen bzw. Zahlen

Beim Vergleich zweier Größen a und b bezeichnet man den Quotienten a : b bzw. den Bruch $\frac{a}{b}$ auch als **Verhältnis**.
Den Term a : b bzw. $\frac{a}{b}$ liest man dann *a zu b*.

(2) Verhältnisgleichung

Beim Lösen der Aufgabe 1 auf Seite 46 (2. Möglichkeit) erhalten wir zwei gleich große Verhältnisse, nämlich $\frac{6{,}80\ €}{0{,}80\ €}$ und $\frac{17}{2}$ (bzw. 6,80 € zu 0,80 € und 17 zu 2).

Es gilt: $\frac{6{,}80\ €}{0{,}80\ €} = \frac{17}{2}$. Eine solche Gleichung heißt *Verhältnisgleichung* (*Proportion*).

Proportion ⟨lat.⟩ entsprechendes Verhältnis

> Eine Gleichung der Form $\frac{a}{b} = \frac{c}{d}$ heißt **Verhältnisgleichung** (*Proportion*).
> Man schreibt auch: a : b = c : d und liest: *a verhält sich zu b wie c zu d.*

Zum Festigen und Weiterarbeiten

2. a) Mark rechnet das Verhältnis der Preise einer Kinokarte aus Aufgabe 1 von Seite 46 auf folgende Weise aus:

> Das Achtfache des Preises von 1960 ergibt 6,40 €. Es bleiben 0,40 € Differenz zu 6,80 €. 0,40 € ist die Hälfte $\left(\frac{1}{2}\right)$ von 0,80 €.
> Das ergibt zusammen: 6,80 € ist das $8\frac{1}{2}$fache von 0,80 €.

Vergleiche und bewerte die Lösungswege aus Aufgabe 1 und Aufgabe 2.

b) Im Jahre 1963 kostete 1 Liter Superbenzin an einer bestimmten Tankstelle umgerechnet 0,22 €.
Im Jahr 2008 zahlt man an dieser Tankstelle für 1 Liter Superbenzin 1,51 €.
(1) Vergleiche die Preise auf unterschiedliche Art.
(2) Gib den Preisunterschied in Prozent der Preise von 1963 an.
(3) Gib das Verhältnis der Preise von 2008 und 1963 in Prozent an.

3. Welche der folgenden Gleichungen sind Verhältnisgleichungen? Lies diese auch laut.
(1) $\frac{3}{4} = \frac{15}{20}$ (2) $\frac{3}{4} \cdot \frac{2}{3} = \frac{3}{10}$ (3) $\frac{3}{4} = \frac{x}{5}$ (4) $\frac{x-2}{x+1} = \frac{2}{x+2}$ (5) $\frac{x}{y} + \frac{y}{x} = 1$

4. Welche der Verhältnisgleichungen sind wahre Aussagen?
Korrigiere gegebenenfalls die rechte Seite der Gleichung.

a) $\frac{60\text{ Cent}}{80\text{ Cent}} = \frac{3}{4}$ b) $\frac{120\text{ km}}{720\text{ km}} = \frac{1}{6}$ c) $\frac{2}{7} = \frac{120\text{ kg}}{300\text{ kg}}$ d) $\frac{7}{5} = \frac{126}{85}$ e) $\frac{4}{3} = \frac{5}{4}$

Übungen

5. Vergleiche den Anstieg der Geldwerte (alte Bundesländer) auf zwei Weisen.

a) Durchschnittlicher Bruttostundenlohn eines Arbeiters

Jahr	Preis
1960	1,48 €
2008	18,21 €

b) 1 Liter Normalbenzin

Jahr	Preis
1960	0,31 €
2008	1,51 €

c) 1 Liter Vollmilch

Jahr	Preis
1960	0,34 €
2008	0,99 €

d) 1 Kilogramm Roggenbrot

Jahr	Preis
1960	0,39 €
2008	2,95 €

6. Eine Straße steigt auf 75 m waagerecht um 5,70 m an. An der Straße steht das abgebildete Schild.
Stimmt die Angabe?

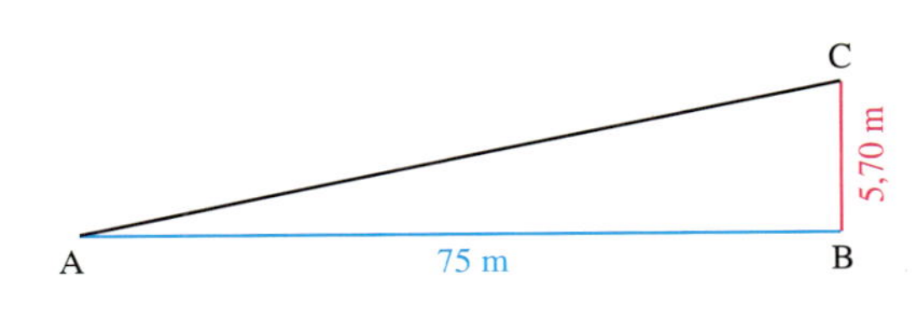

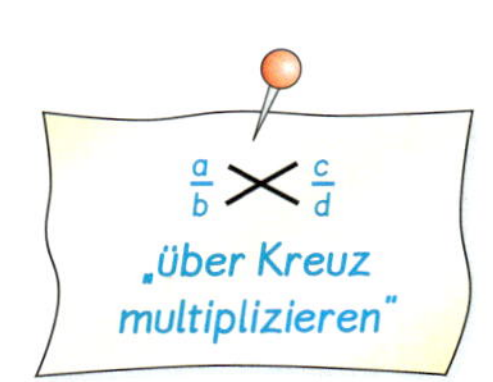

7. Gegeben ist die Verhältnisgleichung $\frac{a}{b} = \frac{c}{d}$.
Zeige, dass man „über Kreuz" multiplizieren darf: $a \cdot d = b \cdot c$.
Das heißt: Aus $\frac{a}{b} = \frac{c}{d}$ folgt $a \cdot d = b \cdot c$ für $b \neq 0,\ d \neq 0$.

Anwenden von Verhältnissen und Verhältnisgleichungen

Einstieg

Lara hat einen Roller. Sie braucht dafür ein Gemisch 1 : 50 (Öl- zu Benzinvolumen).

→ Sie tankt 3,4 *l* Benzin.
Wie viel Öl muss zugegeben werden?

→ Ein anderes Mal kauft sie eine Dose mit 60 ml Öl.
Wie viel *l* Benzin muss sie tanken?

Aufgabe

1. Zwei Nachbarn, Andreas und Bernd, spielen gemeinsam Lotto. Andreas zahlt 3 €, Bernd 5 € ein. Sie gewinnen zusammen 720 €.
Wie viel erhält jeder, wenn der Gewinn im Verhältnis der Einsätze verteilt wird?
Rechne auf zwei Wegen.

Lösung

1. Weg

Weil Andreas 3 € und Bernd 5 € eingezahlt haben, muss der Gewinn im Verhältnis 3 : 5 verteilt werden.
Andreas erhält also 3 Teile, Bernd 5 Teile des Gewinns. Das sind zusammen 8 Teile, die verteilt werden müssen. Auf jeden Teil entfallen: 720 € : 8 = 90 €
Andreas erhält: 90 € · 3 = 270 €
Bernd erhält: 90 € · 5 = 450 €

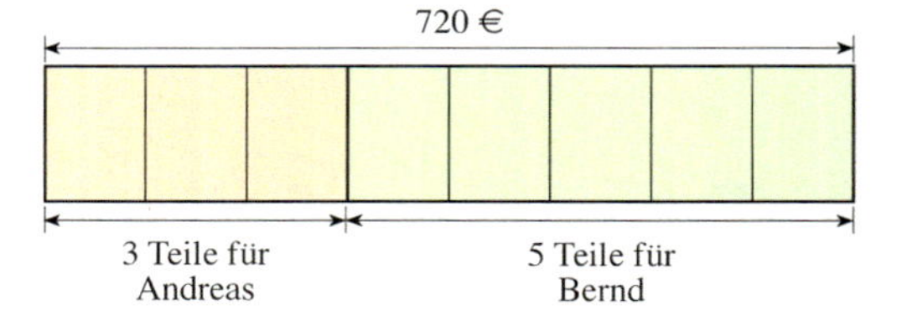

2. Weg

(1) *Aufstellen einer Verhältnisgleichung*

Andreas, der 3 € eingezahlt hat, erhält x €. Dann erhält Bernd (720 − x) €.

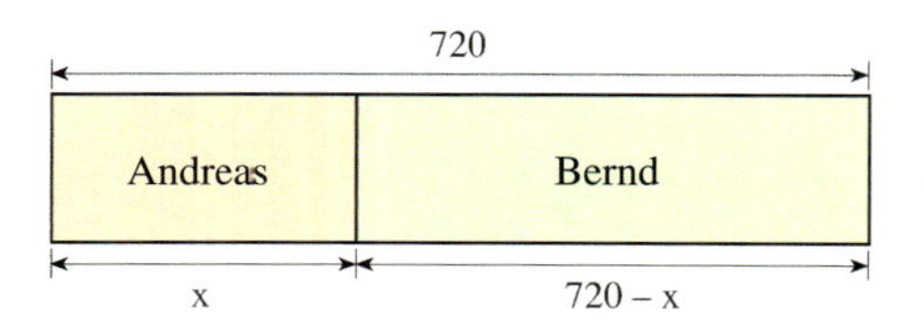

Es gilt: $\frac{720 - x}{x} = \frac{5}{3}$

(2) *Bestimmen der Lösung*

$D = \mathbb{Q} \setminus \{0\}$

0 musst du für x ausschließen, da du sonst durch 0 dividieren würdest.

Wir formen um für $x \neq 0$:

$$\frac{720 - x}{x} = \frac{5}{3} \quad | \cdot x$$
$$\frac{720 - x}{x} \cdot x = \frac{5}{3} \cdot x \quad | \cdot 3$$
$$(720 - x) \cdot 3 = 5 \cdot x$$
$$2\,160 - 3x = 5x$$
$$-8x = -2\,160$$
$$x = 270$$

Bernd erhält dann: (720 − 270) € = 450 €

(3) *Ergebnis:* Andreas erhält 270 €, Bernd 450 €.

Zum Festigen und Weiterarbeiten

2. **a)** Zwei Personen A und B teilen sich einen Gewinn von 1 200 € im Verhältnis 2 : 3. Wie viel Euro erhält jede Person?

b) Eine Erbschaft von 1 800 € wird unter zwei Geschwistern im Verhältnis 5 : 7 verteilt. Wie viel Euro erhält jeder von der Erbschaft?

Übungen

Vergiss die Probe nicht.

3. Bestimme die Lösungsmenge. Gib auch die Definitionsmenge an.

a) $\frac{3}{2} = \frac{x}{4}$ **c)** $\frac{16}{7} = \frac{8}{x}$ **e)** $\frac{x-9}{8} = \frac{5}{2}$ **g)** $\frac{12x}{9} = \frac{28-x}{12}$ **i)** $\frac{17}{24} = \frac{49+a}{36a}$

b) $\frac{2}{x} = \frac{5}{11}$ **d)** $\frac{x+2}{4} = \frac{3}{5}$ **f)** $\frac{6}{x+2} = \frac{4}{9}$ **h)** $\frac{2}{5} = \frac{4x}{6+x}$ **j)** $\frac{\frac{1}{2}y+1}{-2y} = \frac{3}{4}$

4. Die Kosten für einen Zivilprozess betragen 665 €. Sie werden von den streitenden Parteien im Verhältnis 4 : 3 getragen. Wie viel Euro hat jede Partei zu zahlen?

5. In einem Zweifamilienhaus betrugen in einem Jahr die Kosten für die gemeinsame Ölheizung 1 026 €. Die Heizkosten der Familien werden nach der Größe der Wohnungen (80 m^2 bzw. 110 m^2) berechnet.
Wie viel Euro muss jede Familie für die Heizung bezahlen?

6. Die Kühlflüssigkeit des Kühlsystems eines Pkw besteht bei Frostsicherheit bis – 27° aus 2 Teilen Frostschutzmittel und 3 Teilen Wasser. Das Kühlsystem fasst 7,5 *l*.
Wie viel *l* Frostschutzmittel und wie viel *l* Wasser braucht man?

7. *Verhältnis von drei bzw. vier Größen*

a) Ein Gewinn von 13 500 € wird unter drei Personen A, B, C im Verhältnis 4 : 3 : 2 verteilt.
Wie viele Teile erhält jeder?
Welche Anteile am Gewinn sind das?
Wie viel Euro erhält jeder?

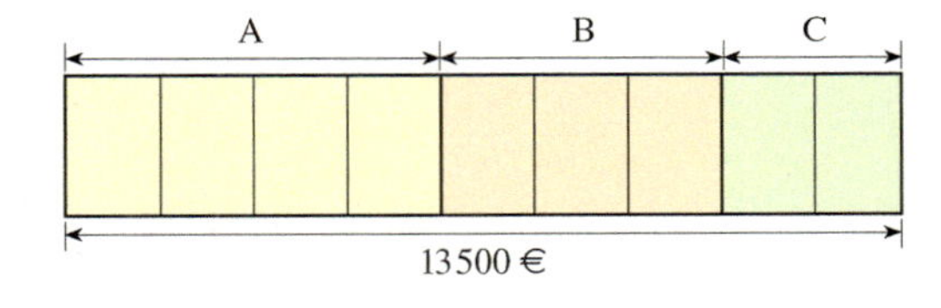

Anleitung: Entnimm der Zeichnung, in wie viele gleich große Teile man sich den Gewinn aufgeteilt denken kann.

b) Ein Gewinn von 8 700 € wird im Verhältnis 1 : 2 : 3 : 4 verteilt.

8. Durch Anzupfen einer Saite kann man einen Ton erzeugen. Verkürzt man die Saite (z. B. durch Fingerdruck), so erhält man einen höheren Ton. Grundton und höhere Töne bilden zusammen ein Tonintervall. Bestimmte Tonintervalle haben eigene Namen:
Sekunde (10 : 9), Terz (5 : 4), Quarte (4 : 3), Quinte (3 : 2), Sexte (5 : 3), Septime (15 : 8), Oktave (2 : 1) usw.
In Klammern steht jeweils das Längenverhältnis der langen zur verkürzten Saite.

a) Eine Saite ist 60 cm lang. Wie lang muss jeweils die verkürzte Saite sein, damit man die einzelnen Intervalle erhält?

b) Die verkürzte Saite ist 36 cm lang. Wie lang muss die längere Saite sein, damit man die angegebenen Intervalle erhält?

3 Ähnlichkeit

Nicole will im Unterricht ein Referat über Zerlegungen eines Quadrates in Quadrate halten. Als Vorlage dient ihr eine Briefmarke. Nicole zeichnet die Zerlegung des Quadrats mit einem Geometrieprogramm ab.

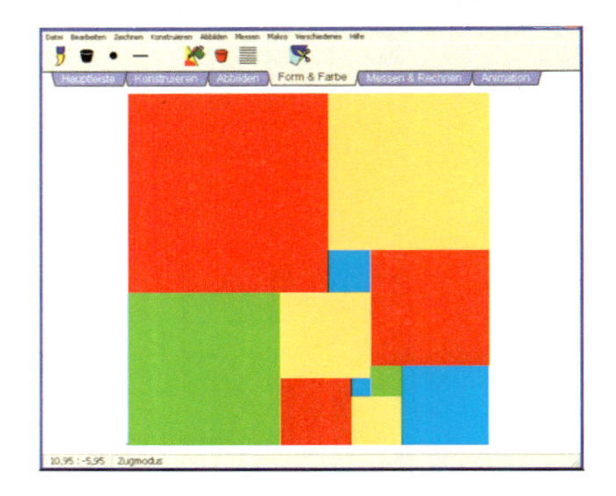

Bei der Projektion der Zeichnung mithilfe eines Beamers erhält Nicole zunächst das linke Bild. Nachdem sie den Beamer anders aufgestellt hat, erhält sie das Bild rechts.

- ➜ Was hat Nicole bei der linken Projektion falsch gemacht?
- ➜ Vergleiche die Zerlegung des Quadrats in der Zeichnung rechts oben mit den Projektionen auf der Wand.

Das projizierte Bild rechts ist eine maßstäbliche Vergrößerung der Zeichnung oben rechts. Man sagt dann auch: Beide Bilder sind *ähnlich* zueinander.

In diesem Kapitel lernst du ...

... wie du zueinander ähnliche Figuren konstruieren und wie du ihre Eigenschaften in Sachsituationen anwenden kannst.

MASSSTÄBLICHES VERGRÖSSERN UND VERKLEINERN

Einstieg

Digitalkameras nehmen Bilder im Format 27 mm x 36 mm auf. Das Bild rechts soll in einem Buch auf volle Textbreite (144 mm) unverzerrt abgebildet werden.

→ Wie hoch wird das Bild?
Präsentiere dein Ergebnis.

Aufgabe

1. Kleinbildkameras liefern Bilder (so genannte Negative) der Größe 24 mm mal 36 mm. Es werden maßstäblich vergrößerte Abzüge hergestellt. Die größere Seite ist 18 cm lang. Wie lang ist dann die andere Seite?

Lösung

Beim maßstäblichen Vergrößern werden beide Seiten des Negativs mit demselben Faktor k vergrößert.
Für die längere Seite des Abzugs gilt: $k \cdot 36\text{ mm} = 180\text{ mm}$
Der Vergrößerungsfaktor ist 5, denn $5 \cdot 36\text{ mm} = 180\text{ mm} = 18\text{ cm}$.
Für die kürzere Seite des Abzugs gilt dann entsprechend:
$5 \cdot 24\text{ mm} = 120\text{ mm} = 12\text{ cm}$

Ergebnis: Die kürzere Seite des Abzugs ist 12 cm lang.

Zum Festigen und Weiterarbeiten

2. *Verkleinern einer Figur*

Tanjas Eltern wollen eine neue Wohnung beziehen. Dort erhält Tanja ein Zimmer, das 4,50 m lang und 3,50 m breit ist. Um die Aufstellung ihrer Möbel zu planen, zeichnet sie ein Rechteck für den Grundriss des Zimmers. Für die Länge wählt sie 9 cm.
Gib den Verkleinerungsfaktor an.
Finde selbst weitere geeignete Möglichkeiten, den Grundriss maßstäblich verkleinert zu zeichnen. Gib jeweils auch den Verkleinerungsfaktor an. Präsentiere dein Ergebnis.

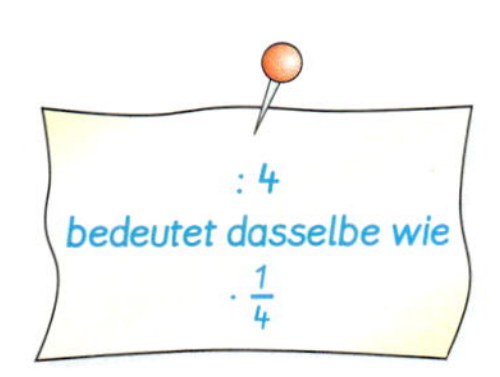

3. Vergrößere die Figur mit dem Faktor 2 durch
(1) Verdopplung der Anzahl der Karos; (2) Verdopplung der Seitenlänge eines Karos.

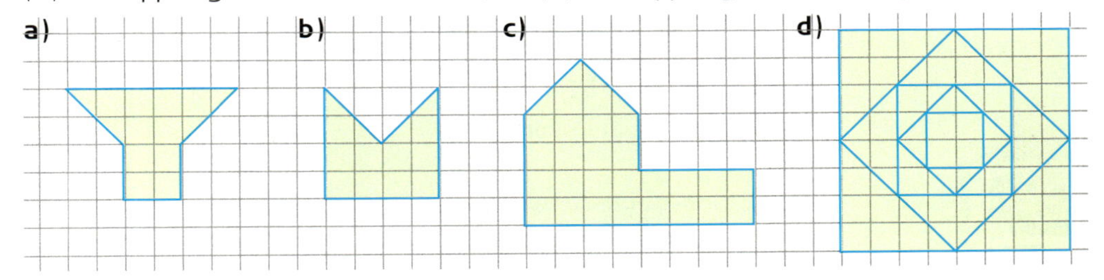

4. Wähle eine Figur aus Aufgabe 3. Verkleinere sie mit dem Faktor $\frac{1}{2}$.

Information

Ein Beamer vergrößert; ebenso kann man mit einem Fotokopiergerät vergrößern, aber auch verkleinern.

Beim **maßstäblichen Vergrößern** einer Figur ist der Faktor k größer als 1, beim **maßstäblichen Verkleinern** liegt der Faktor zwischen 0 und 1.

verkleinern vergrößern
$k = \frac{2}{3}$ $k = 2$
α α α
2 cm 3 cm 6 cm

Das maßstäbliche Vergrößern bzw. Verkleinern bedeutet:

- Die Größen entsprechender Winkel bleiben erhalten.
- Die Längen von Strecken werden mit *demselben* positiven Faktor multipliziert.

Man sagt: Originalfigur und maßstäbliche Vergrößerung bzw. Verkleinerung sind **ähnlich** zueinander. Den Vergrößerungs- bzw. Verkleinerungsfaktor nennt man auch einheitlich **Ähnlichkeitsfaktor**.

Übungen

5.

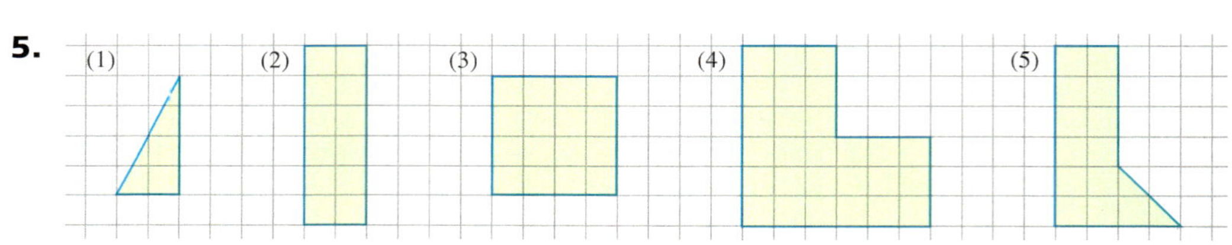

Vergrößere bzw. verkleinere die Figur maßstäblich mit dem angegebenen Faktor:

a) k = 2 **b)** k = 1,5 **c)** k = 0,5 **d)** k = 2,5

6. Konstruiere zunächst die Figur. Vergrößere bzw. verkleinere dann die Figur maßstäblich mit dem Faktor: (1) 2; (2) 0,5; (3) 2,5; (4) $\frac{1}{4}$; (5) 0,8.
Untersuche auch, ob die Symmetrie der Figur erhalten bleibt. Erkläre.

a) Rechteck ABCD mit den Seitenlängen a = 6 cm und b = 4 cm

b) Quadrat ABCD mit der Seitenlänge a = 4 cm

c) Raute ABCD mit a = 4,4 cm und $\alpha = 30°$

d) Parallelogramm ABCD mit a = 6 cm, b = 4 cm und $\beta = 125°$

e) Gleichseitiges Dreieck ABC mit der Seitenlänge a = 4,8 cm

f) Gleichschenkliges Dreieck ABC mit der Basis $|AB| = 5{,}3$ cm und $\alpha = 65°$.

7. Um eine Figur abzuzeichnen, kann man sie mit einem Quadratraster „überziehen".
Vergrößere die Figur mit dem Faktor

a) 1,5; **b)** 2.

Beschreibe dein Vorgehen.

8. *Erkundet eure Umwelt:* Sucht Geräte in eurer Umgebung, die ähnliche Bilder erzeugen. Beschreibt die Geräte und ihre Funktionsweise. Präsentiert eure Ergebnisse.

ÄHNLICHE VIELECKE – EIGENSCHAFTEN

Zueinander ähnliche Vielecke – Längenverhältnisse

Einstieg

Fotogeschäfte bieten für die Abzüge von Negativen verschiedene Größen an.

→ Ist auf den Abzügen der vollständige Inhalt des Negativs (24 mm x 36 mm) wiedergegeben?
Begründet.

→ Ändert gegebenenfalls die Maße der Abzüge so, dass alles darauf passt.

Bearbeitet die Aufgabenstellungen arbeitsteilig und berichtet darüber.

SPARBILD

FORMAT	PREIS	FORMAT	PREIS
9 x 13 cm	0,15 €	18 x 27 cm	0,99 €
10 x 15 cm	0,25 €	21 x 30 cm	1,79 €
13 x 18 cm	0,39 €	20 x 25 cm	1,79 €
15 x 21 cm	0,79 €	25 x 38 cm	1,99 €

SONDERGRÖSSEN APS.

10 x 18 cm (H-FORMAT)	0,29 €
10 x 25 cm (P-FORMAT)	0,39 €

Aufgabe

1. Das Bild des Künstlers ist eingerahmt worden. Das Bild allein ist ein Rechteck, das 55 cm lang und 40 cm breit ist. Ebenso ist das Bild zusammen mit dem Rahmen ein Rechteck mit den Maßen 65 cm und 50 cm.
Vergleiche beide Rechtecke.
Welche Bedingung muss erfüllt sein, damit das eine Rechteck eine maßstäbliche Vergrößerung des anderen Rechtecks ist?

Lösung

Wenn das Bild zusammen mit dem Rahmen (Rechteck A'B'C'D') eine maßstäbliche Vergrößerung des Bildes (Rechteck ABCD) sein soll, so muss sowohl die Seitenlänge |AB| als auch die Seitenlänge |BC| mit *demselben* Faktor vergrößert werden.

Es muss also gelten:

$k \cdot |AB| = |A'B'|$ und $k \cdot |BC| = |B'C'|$

also:

$k = \frac{|A'B'|}{|AB|}$ *und* $k = \frac{|B'C'|}{|BC|}$

Für die Maße der beiden Rechtecke gilt:

$|A'B'| = 65$ cm; $|B'C'| = 50$ cm; $|AB| = 55$ cm; $|BC| = 40$ cm

Damit erhält man:

$\frac{|A'B'|}{|AB|} = \frac{65 \text{ cm}}{55 \text{ cm}} = 1\frac{2}{11}$ und $\frac{|B'C'|}{|BC|} = \frac{50 \text{ cm}}{40 \text{ cm}} = 1\frac{1}{4}$

Die beiden Quotienten stimmen wegen $1\frac{2}{11} \neq 1\frac{1}{4}$ nicht überein.

Ergebnis: Das eine Rechteck ist *nicht* die maßstäbliche Vergrößerung des anderen.

Information

(1) Verhältnisse zweier Längen

In Aufgabe 1 haben wir zur Bestimmung des Vergrößerungs- bzw. Verkleinerungsfaktors Längen verglichen und dabei den Quotienten der Längen gebildet.

Beim Vergleich zweier Längen a und b bezeichnet man den Bruch $\frac{a}{b}$ bzw. den Quotienten a : b auch als **Längenverhältnis** oder kurz als **Verhältnis**.
Den Bruch $\frac{a}{b}$ bzw. den Quotienten a : b liest man dann: *a (verhält sich) zu b.*

Beispiel:

$|AB| = 0{,}9$ cm und $|CD| = 1{,}5$ cm. Dann gilt:

$\frac{|AB|}{|CD|} = \frac{0{,}9\text{ cm}}{1{,}5\text{ cm}} = \frac{9}{15} = \frac{3}{5} = 0{,}6$ bzw. anders geschrieben:

$|AB| : |CD| = 0{,}9 : 1{,}5 = 9 : 15 = 3 : 5 = 0{,}6$

Das bedeutet auch: Die Strecke $\overline{AB}$ ist 0,6-mal so lang wie die Strecke $\overline{CD}$.

Eine Gleichung wie a : b = 3 : 5 (*Verhältnisgleichung* oder *Proportion* genannt) liest man auch: *a (verhält sich) zu b wie 3 zu 5.*

Beachte: Das Verhältnis zweier Längen ist eine Zahl.

Proportion (lat.) entsprechendes Verhältnis

(2) Ähnliche Vielecke – Längenverhältnis entsprechender Seiten

Die Einstiegsaufgabe zeigt uns, dass beim Vergrößern mit demselben Faktor k das Längenverhältnis entsprechender Seiten erhalten bleibt. Dies macht noch einmal das folgende Beispiel deutlich:

Das Rechteck A'B'C'D' ist das mit dem Faktor k vergrößerte Bild des Rechtecks ABCD, also:

$k = \frac{|A'B'|}{|AB|} = \frac{|B'C'|}{|BC|}$

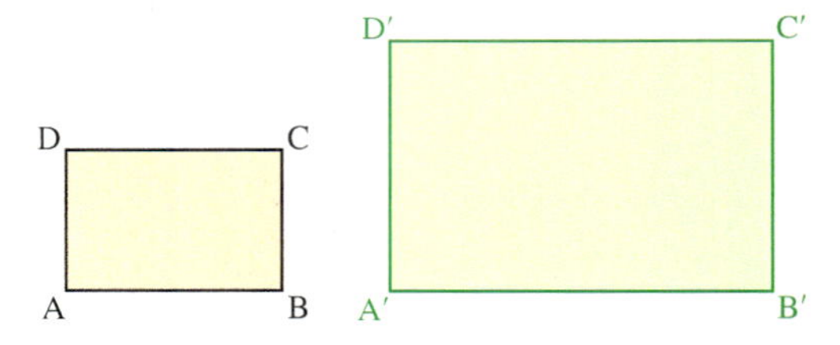

d.h., die Längenverhältnisse entsprechender Seiten stimmen überein.
Entsprechendes gilt auch für das maßstäbliche Verkleinern.
Beim maßstäblichen Vergrößern bzw. Verkleinern wird die Größe von Winkeln *nicht* verändert (siehe dazu auch das Beispiel in der Information auf Seite 52).

Originalfigur und maßstäbliche Vergrößerung bzw. Verkleinerung heißen **ähnlich zueinander**.
Den Vergrößerungs- bzw. Verkleinerungsfaktor nennt man auch einheitlich **Ähnlichkeitsfaktor**.
Zwei Vielecke F und G sind genau dann ähnlich zueinander, wenn
(1) die Längenverhältnisse einander-entsprechender Seiten der Vielecke übereinstimmen und
(2) entsprechende Winkel gleich groß sind.
Das gemeinsame Längenverhältnis ist der Ähnlichkeitsfaktor k.

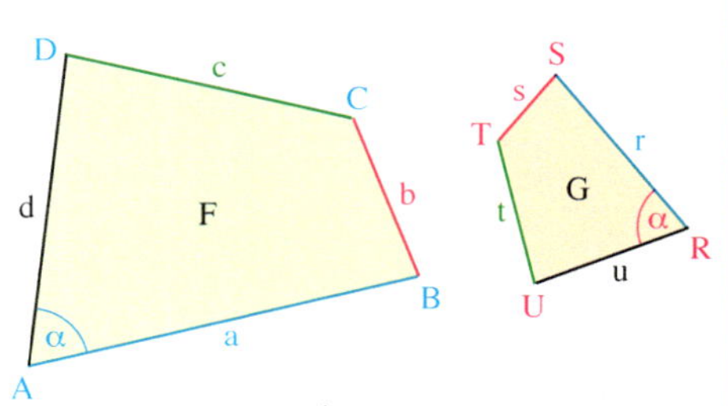

$\frac{r}{a} = \frac{s}{b} = \frac{t}{c} = \frac{u}{d} = k$

bzw. $r : a = s : b = t : c = u : d = k$

Zum Festigen und Weiterarbeiten

2. **a)** Zeichne auf zwei verschiedene Weisen zwei Streckenpaare $\overline{AB}$ und $\overline{CD}$ mit dem Längenverhältnis:
(1) $\frac{|AB|}{|CD|} = \frac{3}{2}$ (2) $\frac{|AB|}{|CD|} = 2$ (3) $\frac{|AB|}{|CD|} = 0{,}4$ (4) $\frac{|AB|}{|CD|} = 1{,}2$

b) Das Verhältnis $|PQ| : |RS|$ beträgt 3 : 4 [4 : 3]. Bestimme die fehlende Länge.
(1) $|RS| = 120$ cm (2) $|RS| = 72$ mm (3) $|PQ| = 84$ mm (4) $|PQ| = 48$ mm

3. Die Rechtecke ABCD und A′B′C′D′ sollen ähnlich zueinander sein. Es gilt dann nach der Information auf Seite 54:

$$\frac{|A'B'|}{|AB|} = \frac{|B'C'|}{|BC|}$$

Zeige durch Umformen:
Das Verhältnis der Seitenlängen $|A'B'|$ und $|B'C'|$ des Rechtecks A′B′C′D′ stimmt mit dem Verhältnis der Seitenlängen $|AB|$ und $|BC|$ des Rechtecks ABCD überein, also:

$$\frac{|A'B'|}{|B'C'|} = \frac{|AB|}{|BC|}$$

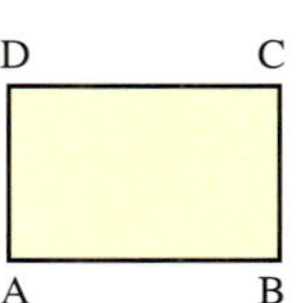

Längenverhältnisse zweier Seiten derselben Figur bei zueinander ähnlichen Vielecken

Zwei Vielecke F und G sind genau dann zueinander ähnlich, wenn
(1) das Längenverhältnis je zweier Seiten des Vielecks F und das Längenverhältnis der entsprechenden Seiten des Vielecks G übereinstimmen sowie
(2) entsprechende Winkel gleich groß sind.

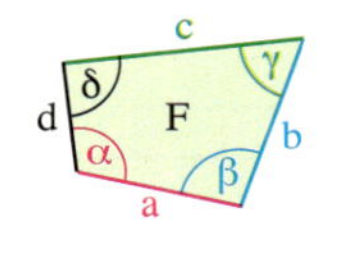

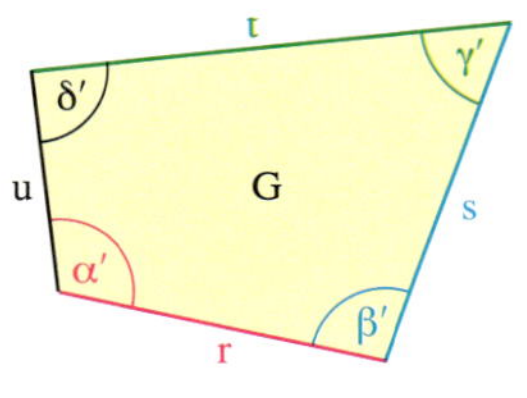

z. B.: $\frac{b}{a} = \frac{s}{r}$; $\frac{a}{c} = \frac{r}{t}$; $\frac{c}{b} = \frac{t}{s}$; $\alpha = \alpha'$

4. *Prüfen auf Ähnlichkeit*

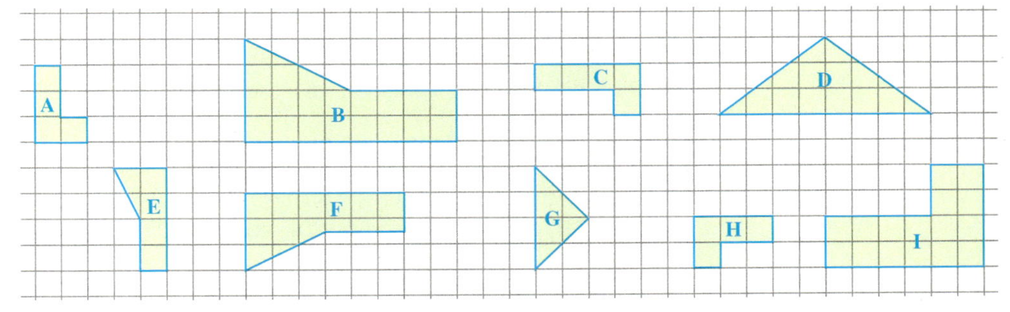

a) Übertrage die Figuren ins Heft. Welche Punkte, welche Winkel, welche Strecken entsprechen einander? Markiere farbig im Heft.
Welche der Figuren sind jeweils ähnlich zueinander? Beschreibe dein Vorgehen.

b) Betrachte jeweils zwei zueinander ähnliche Figuren aus Teilaufgabe a).
Mit welchem Faktor muss man die Länge einer Seite der kleineren [größeren] Figur multiplizieren, um die Länge der entsprechenden Seite der anderen Figur zu erhalten?

5. Auf dem Foto links siehst du eine Mutter mit ihrer Tochter.
Man sagt im Alltag: Beide sehen sich ähnlich.
Vergleiche diesen Begriff „ähnlich" mit dem aus der Mathematik.

6. Begründe: Wenn zwei Vielecke kongruent zueinander sind, dann sind sie auch ähnlich zueinander. Wie lautet in diesem Fall der Ähnlichkeitsfaktor?

7. Der **Maßstab** bei einer Zeichnung oder Landkarte im Atlas gibt das Längenverhältnis einer Strecke in der Zeichnung zu der Strecke in der Wirklichkeit an.

a) Auf einer Landkarte mit dem Maßstab 1 : 25 000 ist der Wanderweg zwischen zwei Burgen 32 cm lang. Wie lang ist der Wanderweg in der Wirklichkeit?

b) Auf einer Hinweistafel wird ein Rundwanderweg mit 12,5 km angegeben.
Wie lang ist er auf der Wanderkarte mit dem Maßstab 1 : 50 000?

Information

Der Ähnlichkeitsfaktor k ist das Verhältnis aus der Länge einer Strecke des verkleinerten bzw. vergrößerten Bildes und der Länge der zugehörigen Originalstrecke.
Man nennt den Ähnlichkeitsfaktor auch **Ähnlichkeitsmaßstab** (kurz **Maßstab**) und schreibt ihn häufig in der Form 1 : x bzw. x : 1.

Beispiele: $k = \frac{2}{10} = 1 : 5$ $\quad k = 3 = 3 : 1$

Übungen

8. Entnimm der Zeichnung das Verhältnis $\frac{|PQ|}{|UV|}$ ohne zu messen. Kürze so weit wie möglich.

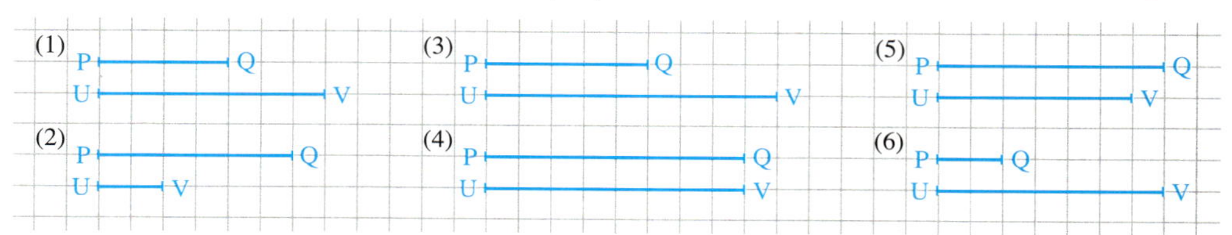

9. Berechne die Längenverhältnisse $\frac{a}{b}$ und $\frac{b}{a}$. Kürze so weit wie möglich.

a) a = 72 cm, b = 90 cm **b)** a = 30 m, b = 75 m **c)** a = 6 cm, b = 2,9 cm **d)** a = 36 mm, b = 4 cm **e)** a = 240 dm, b = 1,5 m

10. Das Längenverhältnis |UV| : |XY| beträgt 2 : 3 [3 : 2].
Berechne die fehlende Länge: **a)** |XY| = 18 cm **b)** |UV| = 42 cm

11. Zeichne zwei Strecken $\overline{AB}$ und $\overline{CD}$ mit dem Längenverhältnis:

a) |AB| : |CD| = 3 : 4 **b)** |AB| : |CD| = 3 : 2 **c)** |AB| : |CD| = 2 : 5

Schreibe |AB| als Vielfaches von |CD|, ebenso |CD| als Vielfaches von |AB|.

12. Bestimme das Verhältnis der Streckenlängen |AB| zu |CD|.

a) $|AB| = \frac{5}{2} \cdot |CD|$ **b)** $2 \cdot |CD| = 5 \cdot |AB|$ **c)** $|AB| = |CD|$ **d)** $10 \cdot |AB| = 7 \cdot |CD|$

13. Das Längenverhältnis |UV| : |XY| zweier Strecken beträgt:
(1) 4 : 5 (2) 1 : 3 (3) 3 : 1 (4) 1 : 0,5 (5) 2,5 : 3
Berechne die fehlende Länge.

a) |UV| = 1,2 m **b)** |XY| = 16 cm **c)** |UV| = 36 m **d)** |XY| = 15 cm

14. **a)** Gib fünf selbstgewählte Streckenpaare an, die im Längenverhältnis 4 : 5 stehen.
b) Was besagt die Verhältnisangabe 1 : 1?

15. Für ein Rechteck ABCD mit den Seitenlängen a und b gilt: $a = 6$ cm und $\frac{b}{a} = \frac{2}{3}$.
Zeichne das Rechteck.

16. Rechts siehst du eine maßstabsgerechte Zeichnung eines 2 m x 3 m großen Teppichs für ein Jugendzimmer. Tim hat den Maßstab mit 1 : 1 000 angegeben.
Was meinst du dazu?

17. Prüfe, ob die beiden Vielecke ähnlich zueinander sind.
Gib gegebenenfalls den Maßstab an.

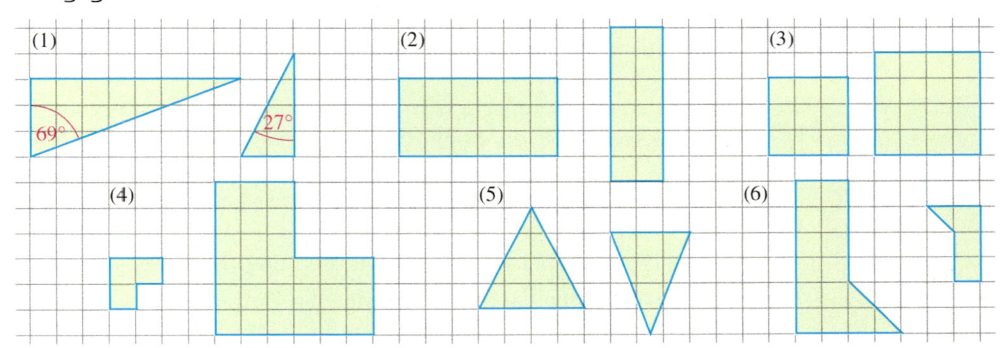

18. Gegeben ist ein Rechteck mit den Seitenlängen 4 cm und 6 cm.
Zeichne ein dazu ähnliches Rechteck, dessen eine Seitenlänge
a) 12 cm, **b)** 2 cm, **c)** 5 cm, **d)** 3,6 cm beträgt.

19. Digitalfotos können folgende Auflösungen haben:

160 x 120 Pixel	1 360 x 1 020 Pixel	2 112 x 1 584 Pixel
320 x 240 Pixel	1 783 x 1 314 Pixel	2 670 x 2 346 Pixel
640 x 480 Pixel	2 048 x 1 536 Pixel	4 082 x 2 718 Pixel

a) Welche dieser Auflösungen können verlustfrei auf Fotopapier mit dem Format 10 cm x 15 cm belichtet werden?
b) Wie viele verschiedene Längenverhältnisse kannst du feststellen?
c) Welche Formate könnten Fotopapiere entsprechender Größe wie die in Teilaufgabe a) haben, die für die anderen Längenverhältnisse geeignet sind?
d) Berechne die Gesamtzahl der Bildpunkte der einzelnen Digitalfotos.
Überlege: Was bedeutet 160 x 120 Pixel?
e) Untersuche die linke Spalte bezüglich folgender Fragen:
- Mit welchem Faktor verändern sich die Pixelzahlen von Auflösung zu Auflösung?
- Mit welchem Faktor verändern sich die Gesamtzahlen der Bildpunkte von Auflösung zu Auflösung?

Begründe jeweils deine Antworten.

20. Zeichne (1) zwei Parallelogramme, (2) zwei Rauten, die nicht zueinander ähnlich sind. Begründe.

21. ABC und A'B'C' sind zwei zueinander ähnliche Dreiecke. Bestimme die fehlenden Seitenlängen.

a) a = 3 cm, b = 4 cm, c = 6 cm, a' = 9 cm

b) a = 4 cm, b = 6 cm, c = 8 cm, c' = 2 cm

c) a = 5,0 cm, b = 7,0 cm, c = 9,0 cm, a' = 7,5 cm

d) a = 6,0 cm, a' = 4,5 cm, b' = 6,0 cm, c' = 9,0 cm

22. Fenja hat eine Aufgabe zu zwei zueinander ähnlichen Dreiecken ABC und DEF bearbeitet. Kontrolliere.

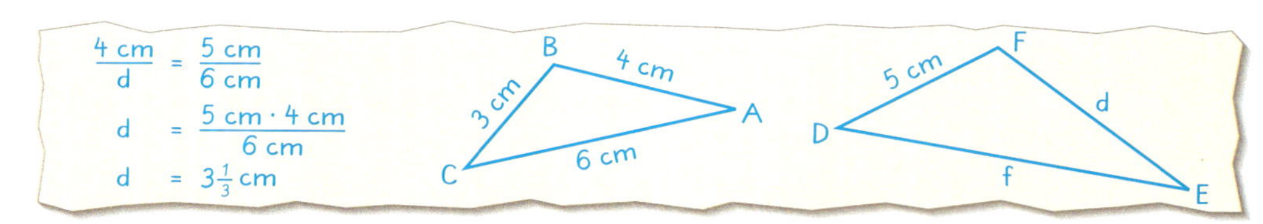

23. Der Kölner Dom ist 157 m hoch, der Eiffelturm in Paris 320 m. Welchen Maßstab musst du jeweils wählen, damit du diese Gebäude in dein Heft (DIN A4) zeichnen kannst?

24. a) Auf einer Wanderkarte mit dem Maßstab 1 : 35 000 beträgt die Entfernung zweier Kirchen 6 cm.
Wie groß ist die wirkliche Entfernung (Luftlinie)?

b) Auf einer Landkarte beträgt die Entfernung zweier Orte 5 cm; in der Wirklichkeit liegen sie 12,5 km voneinander entfernt.
Welchen Maßstab hat die Karte?

25. Der Kartenausschnitt ist im Maßstab 1 : 2 600 000 gezeichnet. Gib die Luftlinienentfernung der beiden Orte an.

a) Mainz – Koblenz

b) Trier – Kaiserslautern

c) Koblenz – Ludwigshafen

d) Trier – Mainz

e) Koblenz – Trier

26. a) Ein rechteckiges Grundstück ist 23,90 m breit und 29,60 m lang. Zeichne das Grundstück im Maßstab 1 : 300.

b) Ein Verkehrskreisel hat den Durchmesser d = 53 m. Die Straße ist 12 m breit. Zeichne den Verkehrskreisel im Maßstab 1 : 2 000.

27. a) Messt euren Schulhof aus und zeichnet den Grundriss des Schulhofs. Wählt einen geeigneten Maßstab.
Präsentiert euer Ergebnis.

b) *Erkundigt euch:* In welchen Berufen verwendet man maßstäbliche Vergrößerungen oder Verkleinerungen?
Berichtet darüber in einem kleinen Vortrag.

28.

Spur	Maßstab
H0	1 : 87
N	1 : 160
Z	1 : 220

a) Das Modell eines ICE-Wagens für die Spur H0 hat eine Länge von 285 mm. Wie lang ist der Wagen in der Wirklichkeit?

b) Berechne die Länge des ICE-Wagens für die Spur N [für die Spur Z].

c) Eine Tür des ICE-Wagens ist 1 050 mm breit. Berechne das Maß im Modell für Spur N [Spur H0; Spur Z].

d) Das Modell des Endwagens eines ICE 3 hat bei der Spur H0 die Länge 295 mm. Berechne die Länge eines entsprechenden Endwagens bei der Spur N [Spur Z].

Flächeninhalt bei zueinander ähnlichen Vielecken

Einstieg

Im Juli 2003 kostete 1 t Rohkaffee 1 250 US-Dollar, im Juli 2005 doppelt so viel.
Ein Grafiker hat diese Preisentwicklung durch nebenstehende Grafik veranschaulicht.

➜ Beurteilt die Darstellung. Was meint ihr dazu?

2003

2005

Aufgabe

1.

a) Von einem Fotonegativ soll ein Poster hergestellt werden. Ein Fotolabor hat nebenstehendes Angebot. Bei dem größeren Poster benötigt man mehr Material.
Ist der Preis für das größere Poster gegenüber dem kleineren Poster durch den erhöhten Materialverbrauch gerechtfertigt?

b) Gegeben ist ein Rechteck ABCD mit den Seitenlängen a und b. Das Rechteck A'B'C'D' entsteht aus ABCD durch maßstäbliches Vergrößern bzw. Verkleinern mit dem Faktor k.
Welche Beziehung besteht zwischen dem Flächeninhalt des Rechtecks ABCD und dem Flächeninhalt des Rechtecks A'B'C'D'?

Lösung

a) Länge und Breite des größeren Posters sind jeweils doppelt so groß wie beim kleineren. Wir vergleichen zunächst den Materialverbrauch für das Fotopapier.
Das 20 cm x 30 cm große Poster ist 600 cm^2 groß, das 40 cm x 60 cm große Poster 2 400 cm^2, d. h. der Materialverbrauch beim größeren Poster ist viermal so groß.
Wir vergleichen nun die Preise der beiden Poster:
Der Preis für das größere Poster ist aber nur etwa dreimal so hoch, genauer: etwa 2,9-mal so hoch.

Ergebnis: Berücksichtigt man nur den Materialverbrauch, so ist der Preis für das größere Poster eher zu niedrig.

b) Das Rechteck ABCD besitzt den Flächeninhalt $A_R = a \cdot b$. Es gilt:
$a' = k \cdot a$ und $b' = k \cdot b$

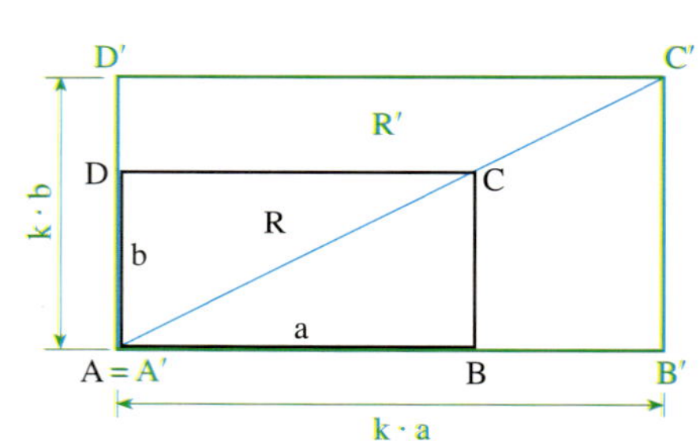

Für den Flächeninhalt des Bildrechtecks A'B'C'D' gilt:
$A_{R'} = a' \cdot b'$
$A_{R'} = k \cdot a \cdot k \cdot b$
$A_{R'} = k^2 \cdot a \cdot b$
$A_{R'} = k^2 \cdot A_R$

Ergebnis: Der Flächeninhalt des Rechtecks A'B'C'D' ist k^2-mal so groß wie der Flächeninhalt des Rechtecks ABCD.

Zum Festigen und Weiterarbeiten

2. a) Vergleiche in Aufgabe 1a), Seite 59, den Umfang des größeren Posters mit dem Umfang des kleineren Posters.

b) Begründe: Wird ein Rechteck ABCD mit dem Ähnlichkeitsfaktor k vergrößert oder verkleinert, so ist der Umfang des Rechtecks A'B'C'D' k-mal so groß wie der Umfang des Rechtecks ABCD.

3. Das rechtwinklige Dreieck A'B'C' soll zum Dreieck ABC ähnlich sein. Der Ähnlichkeitsfaktor soll k sein.

a) Begründe: Der Flächeninhalt des Dreiecks A'B'C' ist k^2-mal so groß wie der des gegebenen Dreiecks ABC.

b) Leite einen entsprechenden Satz über den Umfang beider Dreiecke her.

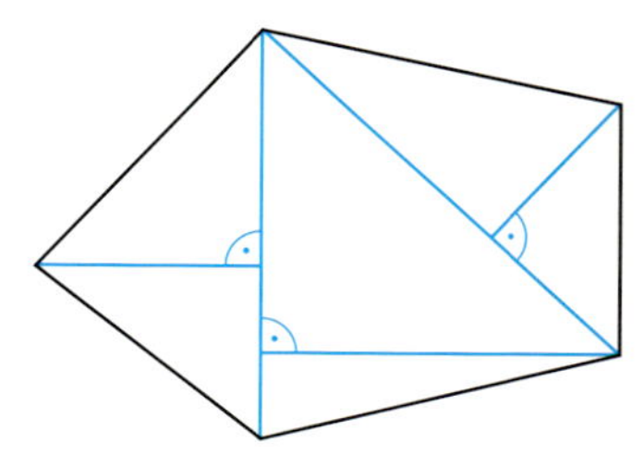

△ **4.** Jedes Vieleck kann man in rechtwinklige Teildreiecke zerlegen. Was kann man daraus über den Flächeninhalt des Bildvielecks eines beliebigen Vielecks bei einer maßstäblichen Vergrößerung bzw. Verkleinerung folgern?

Information

Ist das Vieleck F ähnlich zum Vieleck G und entsteht G aus F durch Vergrößern oder Verkleinern mit dem Ähnlichkeitsfaktor k, so ist der Flächeninhalt A_G des Vielecks G genau k^2-mal so groß wie der Flächeninhalt A_F des Vielecks F: $\mathbf{A_G = k^2 \cdot A_F}$

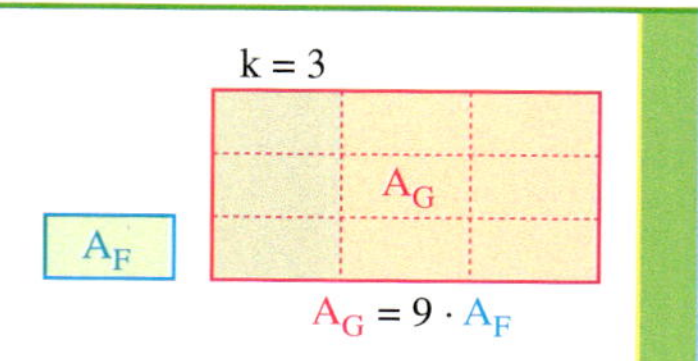

Längenverhältnis k,
Flächeninhaltsverhältnis k^2

Übungen

5. Ein Fotogeschäft bietet nebenstehende Vergrößerungen von Negativen zu den angegebenen Preisen an.

MeisterFOTO Aktionswoche

Vergrößerung	Preis
9 x 13	0,30 €
10 x 15	0,35 €
13 x 18	0,51 €

6. Das Rechteck ABCD besitzt die Seitenlängen a = 6,6 cm und b = 3,9 cm. Ein dazu ähnliches Rechteck A'B'C'D' entsteht aus ABCD mit dem Ähnlichkeitsfaktor

a) $k = 4$; **b)** $k = \frac{1}{2}$; **c)** $k = \frac{2}{3}$; **d)** $k = \frac{3}{2}$.

Berechne auf zweierlei Weise
(1) den Flächeninhalt, (2) den Umfang des Rechtecks A'B'C'D'.

7. In einem Dreieck ABC ist c = 6 cm und die zu $\overline{AB}$ gehörende Höhe h_c = 4 cm. Das dazu ähnliche Dreieck A'B'C' entsteht aus ABC durch den Ähnlichkeitsfaktor k. Berechne auf zweierlei Weise den Flächeninhalt des Dreiecks A'B'C'.

a) $k = 2$ **b)** $k = \frac{1}{2}$ **c)** $k = \frac{3}{4}$ **d)** $k = \frac{5}{2}$

8. Das rechtwinklige Dreieck ABC mit $\gamma = 90°$ besitzt folgende Seitenlängen: a = 4,5 cm, b = 6 cm.
Von einem ähnlichen Dreieck A'B'C' kennt man a' = 3,6 cm.
Berechne auf zweierlei Weise den Flächeninhalt des Dreiecks A'B'C'.

9. Ein Viereck ABCD hat den Flächeninhalt 60 cm^2. Berechne den Flächeninhalt eines dazu ähnlichen Vierecks A'B'C'D' mit dem Ähnlichkeitsfaktor k.

a) $k = 3$ **b)** $k = \frac{5}{2}$ **c)** $k = \frac{4}{5}$ **d)** $k = \frac{9}{4}$ **e)** $k = 0{,}5$ **f)** $k = 2{,}5$

10. Ein Quadrat ABCD besitzt den Flächeninhalt 144 cm^2. Ein dazu ähnliches Quadrat hat den angegebenen Flächeninhalt. Berechne den Ähnlichkeitsfaktor.

a) 81 cm^2 **b)** 64 cm^2 **c)** 36 cm^2 **d)** 576 cm^2 **e)** 289 cm^2 **f)** 49 cm^2

11. Die Quadrate ABCD und A'B'C'D' sind ähnlich zueinander; der Ähnlichkeitsfaktor beträgt k = 2. Das Quadrat A'B'C'D' besitzt den Flächeninhalt 484 cm^2.
Welchen Flächeninhalt besitzt das Quadrat ABCD?

12. a) Stadtpläne sind in „Planquadrate" eingeteilt. Ein Stadtplan von Koblenz ist im Maßstab 1 : 19 000 gezeichnet. Auf dem Plan beträgt die Seitenlänge eines solchen Quadrates 4,1 cm.
Wie groß ist die Seitenlänge des Planquadrates in der Wirklichkeit?

b) Nimm einen Plan deiner Heimatgemeinde oder deiner Heimatstadt. Wie groß ist ein Planquadrat?

13. a) Die Seitenlängen eines Rechtecks werden um 20% verlängert.
Um wie viel Prozent vergrößert sich sein Flächeninhalt?

b) Der Flächeninhalt eines Rechtecks soll verdoppelt [halbiert] werden.
Welcher Ähnlichkeitsfaktor ist zu wählen?

14. Papierformate sind genormt. Bei den Schulheften kennst du die Formate DIN A4 (großes Schulheft), DIN A5 (kleines Schulheft) und DIN A 6 (Vokabelheft).

Für die DIN-A-Formate gelten folgende Bedingungen:

(1) Die Rechtecke sind ähnlich zueinander.

(2) Durch Halbieren der längeren Seite eines Rechtecks erhält man das nächstkleinere DIN A-Format, z. B. aus DIN A4 entsteht DIN A5.

(3) Ein Rechteck des Formats DIN A0 ist 1 m^2 groß.

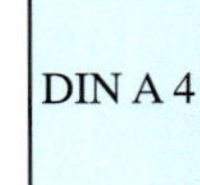

DIN A 5

DIN A 5

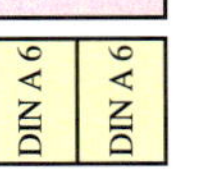

a) In der Tabelle unten fehlen einige Werte. Versuche, sie wieder herzustellen. Du kannst unterschiedlich rechnen.

b) Beschreibe dein Vorgehen.

DIN A-Reihe

Name	Bezeichnung	Format	Fläche [m^2]
DIN A0	Vierfachbogen	1 189 x 841 mm	1,000
DIN A1	Doppelbogen	x 594 mm	0,500
DIN A2	Bogen	594 x 420 mm	0,250
DIN A3	Halbbogen	420 x mm	0,125
DIN A4	Viertelbogen/Brief	297 x 210 mm	0,063
DIN A5	Achtelbogen/Blatt	210 x 148 mm	0,032
DIN A6	Halbblatt/Postkarte	148 x mm	0,016
DIN A7	Viertelblatt	105 x 74 mm	0,008
DIN A8	Achtelblatt	74 x 52 mm	0,004
DIN A9		x 52 mm	0,002
DIN A10		26 x 37 mm	0,001

15. Mit einem Fotokopiergerät kann man von Bildvorlagen verschiedene Vergrößerungen und Verkleinerungen herstellen. Dazu gibt man den gewünschten Vergrößerungs- bzw. Verkleinerungsfaktor k für die Seitenlängen auf dem Tastenfeld in Prozent ein.

Ein Quadrat mit der Seitenlänge a = 8 cm wird mit dem Faktor 141% [64%; 71%; 200%] kopiert.

a) Berechne die neue Seitenlänge des Quadrates.

b) Um welchen Faktor wird der Flächeninhalt des Quadrates vergrößert bzw. verkleinert?

c) Eine DIN-A4-Vorlage soll im DIN-A5-Format erscheinen.
Welcher Faktor (in %) ist zu wählen?

IM BLICKPUNKT: VOLUMEN BEI ZUEINANDER ÄHNLICHEN QUADERN

Nicht nur ebene Figuren, sondern auch Körper kann man maßstäblich vergrößern oder verkleinern. Wir wollen untersuchen, wie sich hierdurch Volumen und Oberflächeninhalt eines Quaders verändern.

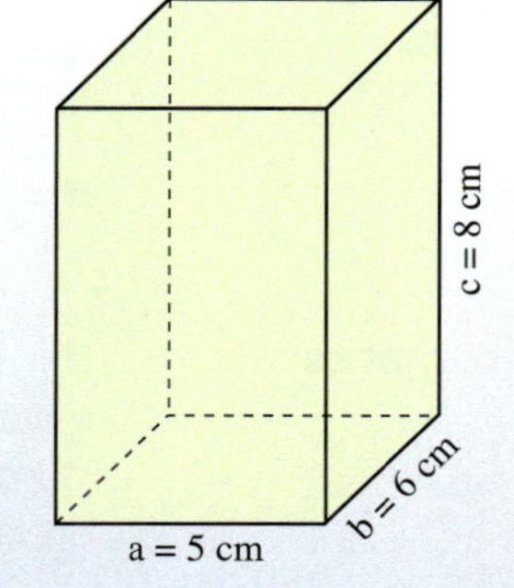

1. **a)** Zeichne das Schrägbild des Quaders und bestimme das Volumen.

b) Verdopple nun die Kantenlängen des Quaders. Zeichne das Schrägbild.
Wievielmal lässt sich der Ausgangsquader in den vergrößerten Quader zeichnen?

c) Vergleiche das Volumen des Quaders, den du in Teilaufgabe a) dargestellt hast, mit dem Volumen in der Teilaufgabe b).

2. Max: „Wenn ich die Kantenlängen verdreifache, dann verdreifacht sich auch das Volumen des Quaders".
Lena: „Das stimmt nicht! Das Volumen wird neunmal so groß."
Nimm Stellung und begründe deine Antwort.

3. Wie ändert sich das Volumen eines Quaders beim maßstäblichen Vergrößern und Verkleinern mit dem Ähnlichkeitsfaktor k? Stelle eine Formel auf.

4. **a)** Die Baufirma *Haus hoch* hat im Jahre 2007 den Bau von Häusern im Bungalowstil gegenüber dem Vorjahr verdoppelt. In der Zeitung einer Bausparkasse wird der Zuwachs wie im Bild rechts dargestellt.
Wird die Verdopplung der gebauten Häuser in der Abbildung richtig dargestellt?

b) Eine andere Baufirma erzielt beim Bau von Häusern eine Steigerung von 64%. Erstellt eine Werbeprospektseite, die die Steigerung richtig wiedergibt.

c) Sucht nach grafischen Darstellungen in Zeitungen oder Prospekten, in denen Größenverhältnisse durch ähnliche Körper dargestellt werden.
Überprüft, ob die Größenverhältnisse „richtig" sind.

5. Ein Tetrapack der Firma *Glückskuh* fasst 1 Liter Milch. Das Unternehmen möchte eine Kleinpackung auf den Markt bringen. Die Kleinpackung soll 0,5 Liter Milch fassen und dem Literpack ähnlich sehen.
Wie könnten die Abmessungen von Literpack und Kleinpackung gewählt werden?
Diskutiert in der Gruppe über sinnvolle Maße.

ZENTRISCHE STRECKUNG

Zentrische Streckung – Konstruktion der Bildfigur

Einstieg

Rechts seht ihr ein Geobrett, auf dem mit einem Gummiring ein Rechteck ABCD gespannt ist. Spannt mit einem zweiten Gummiring ein zu ABCD maßstäblich vergrößertes, also ähnliches Rechteck A′B′C′D′ mit dem Vergrößerungsfaktor 2.

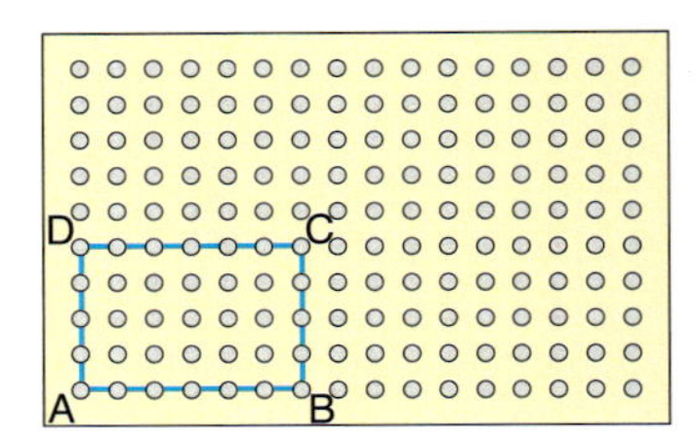

- → Beschreibt, wie ihr vorgehen könnt. Vielleicht findet ihr mehrere Möglichkeiten.
- → Wie ändert sich dabei die Länge einer Diagonale?

Information

Um zu einer Figur ein kongruentes Bild zu erzeugen, kennen wir mehrere Verfahren: die Spiegelung an einer Achse oder an einem Punkt, die Verschiebung und die Drehung.
Wir suchen nun eine Abbildung, bei der man z. B. zu einem Dreieck ABC ein dazu ähnliches Bilddreieck A′B′C′ punktweise erhält. Dabei kann uns das Geobrett helfen.

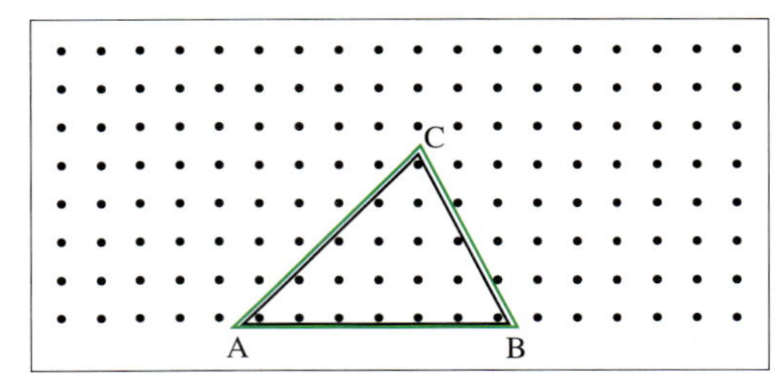

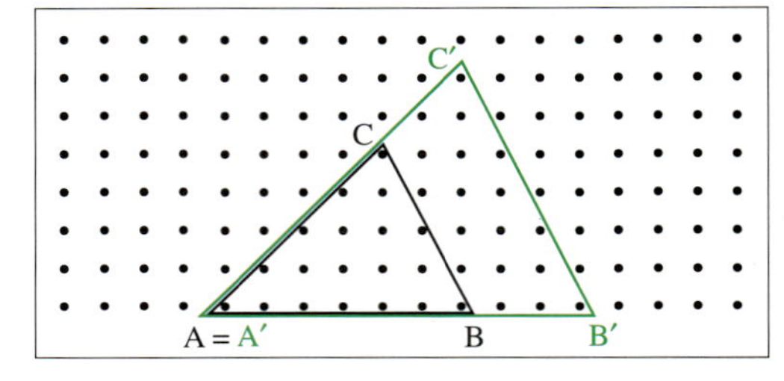

Mit einem schwarzen und einem grünen Gummiring ist ein Dreieck gespannt.
Wir halten das grüne Dreieck bei A fest und ziehen bei B und bei C so weit nach rechts bzw. nach schräg oben, bis die Seiten $\overline{A'B'}$ und $\overline{A'C'}$ des Dreiecks A′B′C′ $1\frac{1}{2}$-mal so lang sind wie die Seiten $\overline{AB}$ und $\overline{AC}$ des schwarzen Dreiecks ABC.
Wir fassen das grüne Dreieck A′B′C′ als Bild des schwarzen Dreiecks ABC bei einer *Streckung* auf; dabei ist A das *Streckzentrum* und $\frac{3}{2}$ der *Streckfaktor*.

Aufgabe

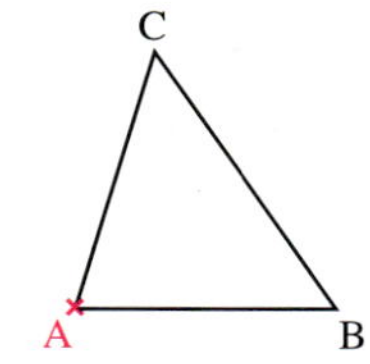

1. Gegeben ist ein Dreieck ABC. Konstruiere durch *Streckung* ein dazu maßstäblich vergrößertes Bilddreieck A′B′C′ mit dem Streckfaktor (Vergrößerungsfaktor) $\frac{3}{2}$.
Wähle als Streckzentrum

a) den Eckpunkt A, **b)** einen Punkt Z außerhalb des Dreiecks.

Beschreibe, wie du die Bildpunkte A′, B′, C′ erhältst.

Lösung

a) *Konstruktionsbeschreibung:*

(1) Der Eckpunkt A ist das Zentrum der Streckung. A und A′ stimmen überein.
(2) Zeichne die Halbgerade $\overrightarrow{AB}$ und markiere auf ihr den Punkt B′ so, dass die Strecke $\overline{A'B'}$ $\frac{3}{2}$-mal so lang ist wie die Strecke $\overline{AB}$.
(3) Konstruiere entsprechend den Punkt C′.
(4) Verbinde die Punkte B′ und C′.

A′B′C′ ist das gewünschte Dreieck.

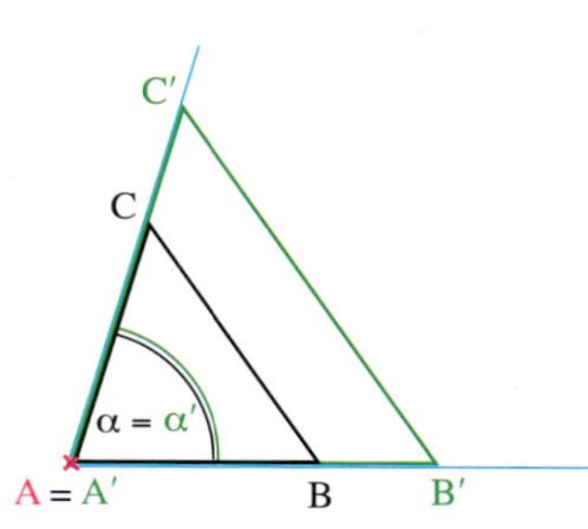

b) *Konstruktionsbeschreibung:*

(1) Zeichne die Halbgerade $\overrightarrow{ZA}$ und markiere auf ihr den Punkt A′ so, dass die Strecke $\overline{ZA'}$ $\frac{3}{2}$-mal so lang ist wie die Strecke $\overline{ZA}$.
(2) Konstruiere entsprechend die Punkte B′ und C′.
(3) Verbinde die Punkte A′ und B′, B′ und C′ sowie A′ und C′.

A′B′C′ ist das gewünschte Dreieck.

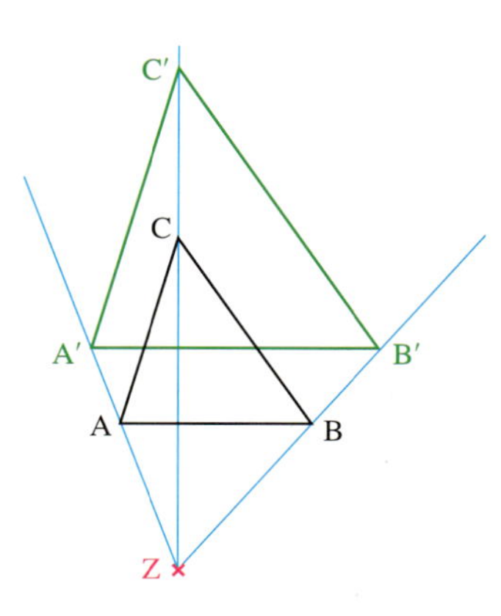

Information

Konstruktionsvorschrift für die zentrische Streckung

Wir fassen die Punkte A′, B′ C′ als Bildpunkte von A, B, C bei einer neuen Abbildung auf. Diese Abbildung heißt *zentrische Streckung* mit dem *Streckzentrum* Z und dem *Streckfaktor* $\frac{3}{2}$. Das Dreieck A′B′C′ ist das Bilddreieck von Dreieck ABC bei dieser zentrischen Streckung. Der Streckfaktor $\frac{3}{2}$ ist hier größer als 1; wir erhalten ein vergrößertes Bild.
Nach demselben Verfahren wie in der Lösung zur Teilaufgabe 1 a) kann man zum Dreieck ABC ein verkleinertes Dreieck A′B′C′ zeichnen.
Im Beispiel links sind die Seiten des verkleinerten Dreiecks A′B′C′ nur halb so lang wie die des gegebenen Dreiecks ABC. Man spricht auch in diesem Fall von einer zentrischen Streckung; der Streckfaktor ist dann kleiner als 1, aber positiv (im Beispiel: $\frac{1}{2}$). Führe das selbst aus.
Wir erklären allgemein, wie man bei einer zentrischen Streckung mit dem Streckzentrum Z und dem positiven Streckfaktor k zu jedem Punkt P den Bildpunkt P′ erhält:

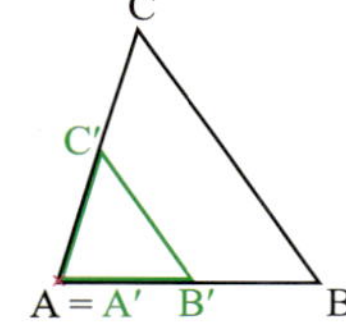
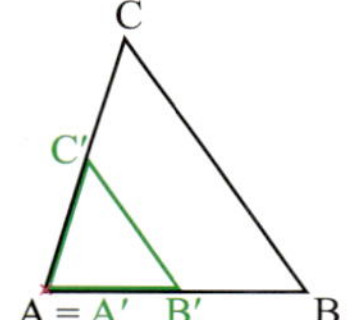

Eine **zentrische Streckung** wird festgelegt durch das **Streckzentrum Z** und den positiven **Streckfaktor k**.

Konstruktionsvorschrift:
Den Bildpunkt P′ eines Punktes P konstruiert man bei einer zentrischen Streckung so:

1. Fall: P fällt *nicht* mit dem Streckzentrum Z zusammen.
(1) Zeichne die Halbgerade $\overrightarrow{ZP}$.
(2) Zeichne den Punkt P′ auf der Halbgeraden $\overrightarrow{ZP}$ so, dass gilt: $|ZP'| = k \cdot |ZP|$.

$|ZP'| = k \cdot |ZP|$ — Z, P, P′

2. Fall: P fällt mit dem Streckzentrum Z zusammen.
Der Bildpunkt P′ fällt dann auch mit Z zusammen.

Für $k > 1$ erhalten wir ein vergrößertes, für $0 < k < 1$ ein verkleinertes Bild der Figur.
Für $k = 1$ stimmen Figur und Bildfigur überein.

Zum Festigen und Weiterarbeiten

2. Übertrage die Figur in dein Heft. Konstruiere die Bildfigur bei der zentrischen Streckung mit dem Streckzentrum Z und dem Streckfaktor k = 2. Beschreibe, wie du vorgehst.

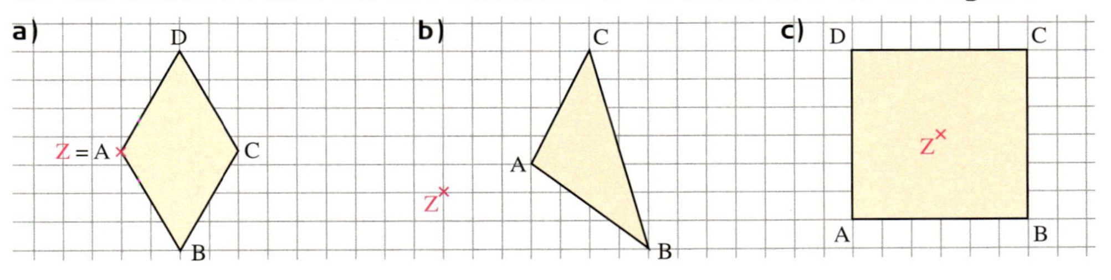

3. Konstruiere die Bildfigur bei der zentrischen Streckung mit dem Streckfaktor $k = \frac{1}{2}$.

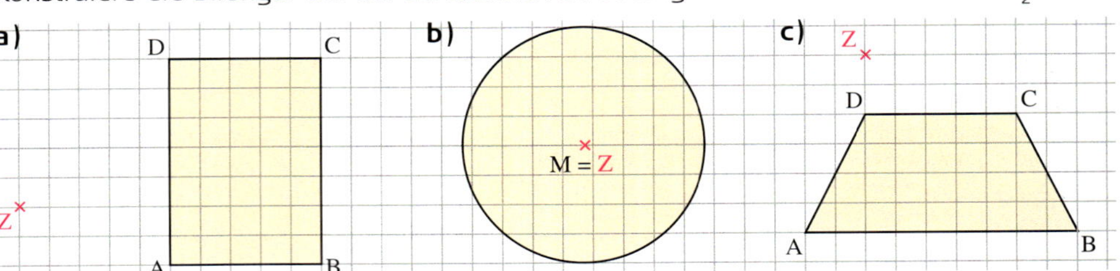

4. Bestimme den Streckfaktor durch Messen und Rechnen.

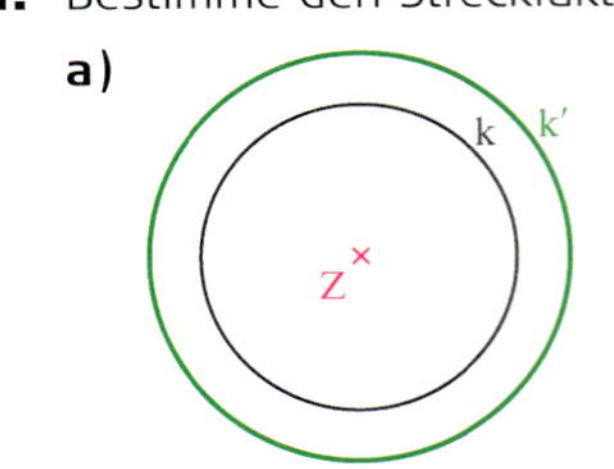

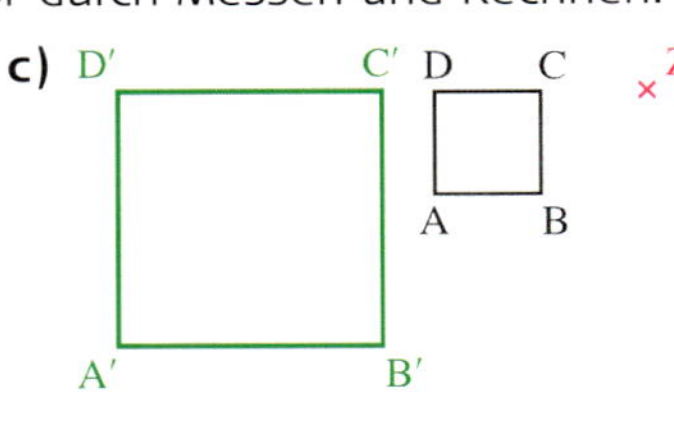

b) D′ C′ D C Z B B′

d) P P′ Z

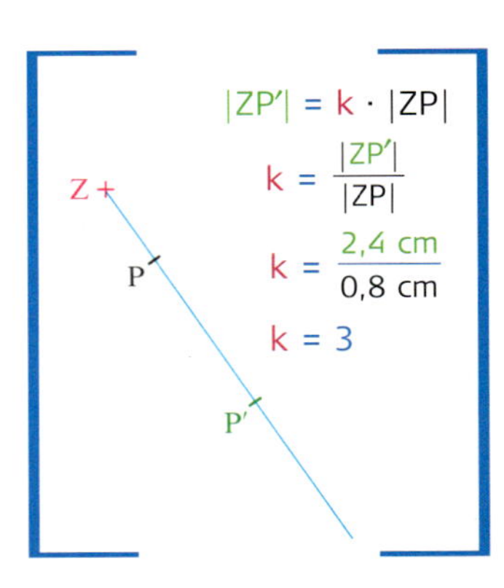

5. Übertrage Figur und Bildfigur in dein Heft und bestimme das Streckzentrum.

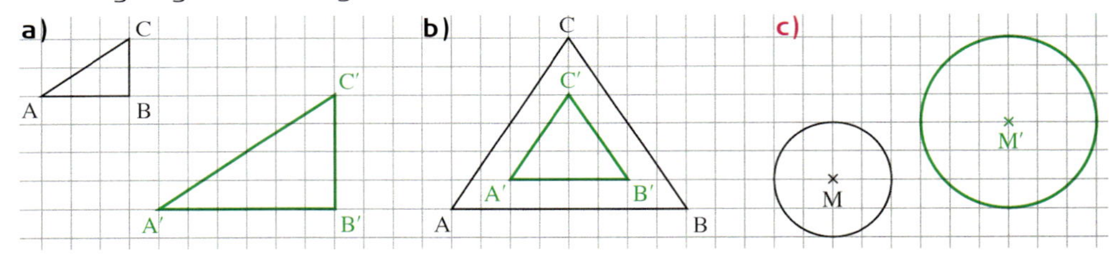

6. Gegeben sind das Viereck ABCD und der Punkt Z.

a) Konstruiere das Bild des Vierecks ABCD bei der zentrischen Streckung mit dem Streckzentrum Z und dem Streckfaktor $\frac{3}{2}$.

b) Wähle weitere Punkte innerhalb und außerhalb des Vierecks ABCD und konstruiere auch ihre Bildpunkte bei der zentrischen Streckung aus Teilaufgabe a).

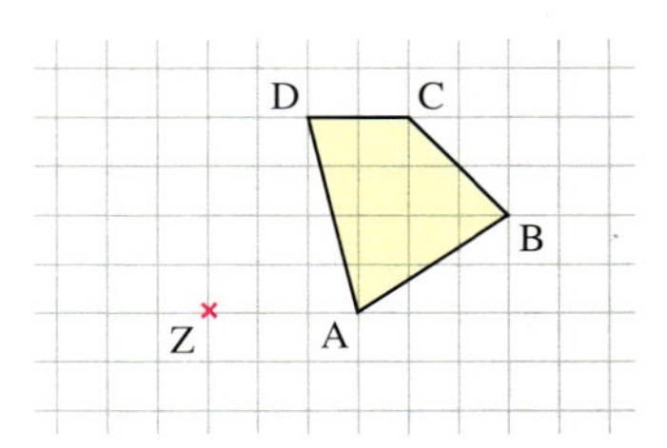

Übungen

7. Zeichne die Figur ins Heft. Konstruiere die Bildfigur bei der zentrischen Streckung mit dem Streckfaktor (1) $k = 2$, (2) $k = \frac{1}{2}$ und dem Streckzentrum Z. Beschreibe die Konstruktion.

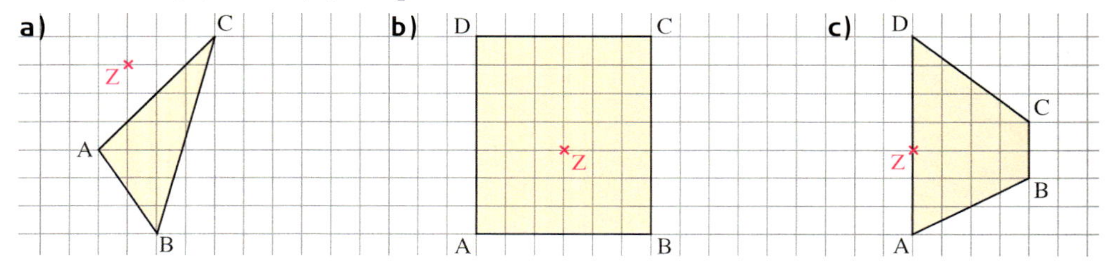

8. Zeichne in ein Koordinatensystem (Einheit 1 cm) das Dreieck ABC mit A(− 2 | − 1), B(4 | 1) und C(− 1 | 3).
Konstruiere dann die Bildfigur des Dreiecks ABC bei der zentrischen Streckung
a) mit dem Zentrum Z(0 | 1) und dem Streckfaktor $k = \frac{1}{2}$;
b) mit dem Zentrum Z(− 2 | − 1) und dem Streckfaktor $k = \frac{3}{2}$;
c) mit dem Zentrum Z(1 | 0) und dem Streckfaktor k = 2;
d) mit dem Zentrum Z(− 4 | 2) und dem Streckfaktor $k = \frac{3}{4}$.

9. Zeichne in ein Koordinatensystem (Einheit 1 cm) das Viereck ABCD mit A(− 2 | 0), B(4 | 0), C(4 | 2) und D(0 | 4). Ferner ist der Punkt Z(0 | − 2) gegeben.
Konstruiere dann die Bildfigur des Vierecks ABCD bei der zentrischen Streckung
(1) mit A, (2) mit Z als Zentrum und k als Streckfaktor.
a) k = 2 **b)** k = 3 **c)** $k = \frac{1}{2}$ **d)** $k = \frac{3}{2}$ **e)** $k = \frac{5}{2}$

10. Bestimme den Streckfaktor k. Der Punkt Z soll das Streckzentrum sein.

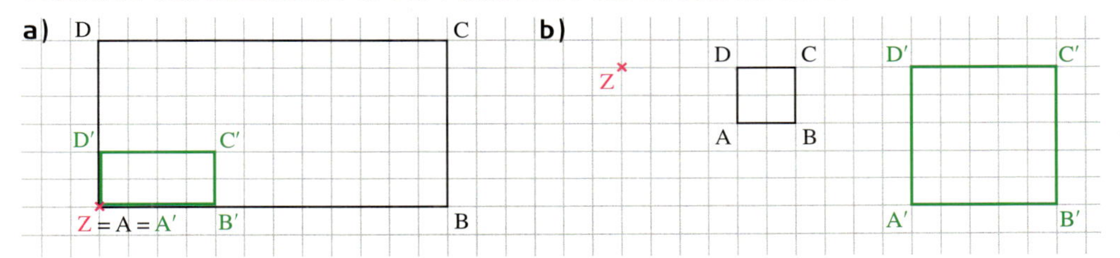

11. Q ist der Bildpunkt von P bei der zentrischen Streckung mit dem Streckzentrum Z und dem Streckfaktor k.
a) Bestimme jeweils den Streckfaktor k.

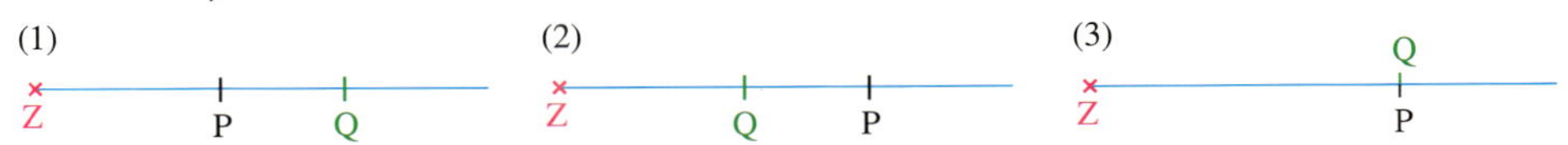

b) Wie ändert sich der Streckfaktor k, wenn der Punkt Q auf P zuwandert?
c) Wie ändert sich der Streckfaktor k, wenn der Punkt Q von P wegwandert?
d) Welche zentrische Streckung mit dem Zentrum Z bildet umgekehrt Q auf P ab?

12. Der Punkt P′(4 | 6) ist das Bild des Punktes P(6 | 9) bei der zentrischen Streckung mit dem Zentrum Z(0 | 0). Bestimme den Streckfaktor k.

13. Im Koordinatensystem (Einheit 1 cm) sind die Dreiecke ABC und PQR gegeben.
Untersuche, ob das Dreieck PQR das Bilddreieck von Dreieck ABC bei einer zentrischen Streckung ist. Falls ja, gib Streckzentrum und Streckfaktor an.
a) A(− 6 | 0), B(6 | 0) C(− 2 | 8), P(5 | − 3), Q(0 | 1), R(− 2 | − 3)
b) A(0 | 0), B(8 | 0), C(4 | 8), P(2 | 1), Q(4 | 5), R(6 | 1)
c) A(− 2 | − 2), B(6 | 0), C(0 | 0), P(4 | − 3), Q(6 | − 1), R(0 | 4)

14. Gegeben sind im Koordinatensystem (Einheit 1 cm) die Punkte A(4 | 6), B(2 | 5), C(3 | −4), D(−5 | 8) und E(−3 | −7). Arbeitet in Gruppen. Konstruiert die Bildpunkte bei der zentrischen Streckung mit dem Streckzentrum O(0 | 0) und einem selbst gewählten Streckfaktor. Lest die Koordinaten der Bildpunkte ab.
Was fällt euch auf? Überprüft euer Ergebnis bei einem anderen Streckzentrum.

Eigenschaften der zentrischen Streckung

Aufgabe

1. Entscheide, ob die grüne Figur die Bildfigur der schwarzen Figur bei einer zentrischen Streckung sein kann. Begründe.

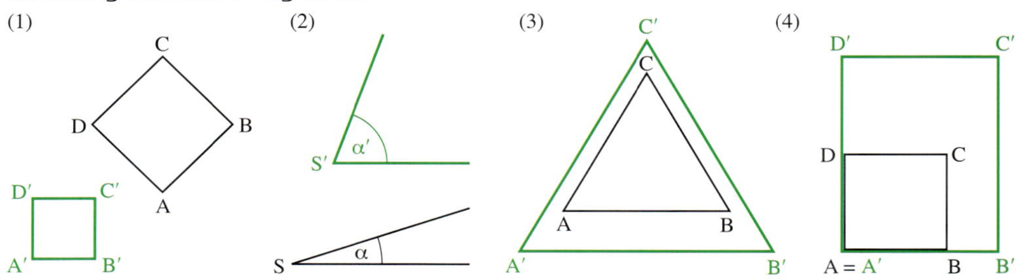

Lösung

Bei (1) handelt es sich *nicht* um eine zentrische Streckung, da z. B. die Seite $\overline{AB}$ und die Seite $\overline{A'B'}$ nicht parallel zueinander sind. Bei einer zentrischen Streckung sind eine Strecke und ihre Bildstrecke bzw. eine Gerade und ihre Bildgerade stets parallel zueinander.

Bei (2) liegt ebenso *keine* zentrische Streckung vor, da z. B. α und α' verschieden groß sind. Bei einer zentrischen Streckung ändert sich die Größe eines Winkels nicht. Die entsprechenden Schenkel von α und α' müssen nämlich paarweise parallel zueinander sein.

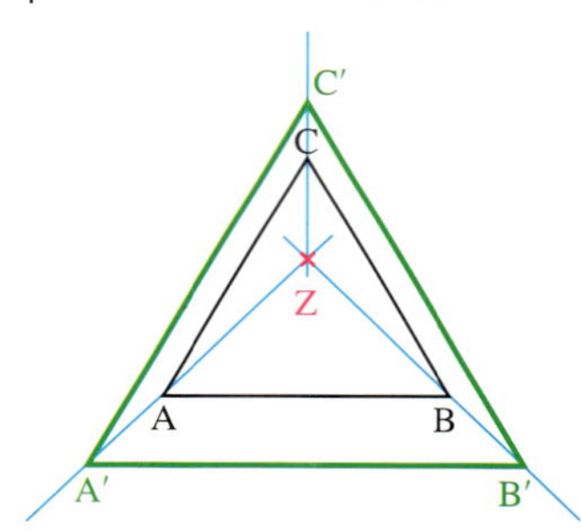

Bei (3) liegt offenbar eine zentrische Streckung vor (siehe Bild rechts). Der gemeinsame Schnittpunkt Z von A'A, B'B und C'C ist das Streckzentrum, der Streckfaktor beträgt etwa $\frac{3}{2}$.

Bei (4) liegt auch *keine* zentrische Streckung vor, denn: Die Strecke $\overline{A'B'}$ ist $\frac{3}{2}$-mal so lang wie die Strecke $\overline{AB}$, aber $\overline{A'D'}$ ist doppelt so lang wie $\overline{AD}$. Bei einer zentrischen Streckung mit dem Streckfaktor k ist das Bild einer Strecke stets k-mal so lang wie die Strecke selbst.

Information

(1) Eigenschaften der zentrischen Streckung

Für jede *zentrische Streckung* mit einem positiven Streckfaktor k gilt:
(1) Gerade und Bildgerade sind zueinander parallel.
(2) Winkel und Bildwinkel sind gleich groß.
(3) Die Bildstrecke $\overline{A'B'}$ ist k-mal so lang wie die Strecke $\overline{AB}$.

(2) Bei einer zentrischen Streckung sind Figur und Bildfigur ähnlich zueinander

Wir betrachten noch einmal die Lösung von Aufgabe 1a) auf Seite 64. Nach Konstruktion ist $\alpha' = \alpha$. Aufgrund der Eigenschaft (2) ist auch: $\beta' = \beta$ und $\gamma' = \gamma$.
Ferner ist nach Konstruktion:

$|A'B'| = \frac{3}{2} \cdot |AB|$ und $|A'C'| = \frac{3}{2} \cdot |AC|$ bzw.

$\frac{|A'B'|}{|AB|} = \frac{3}{2}$ und $\frac{|A'C'|}{|AC|} = \frac{3}{2}$

Nach der Eigenschaft (3) ist auch: $|B'C'| = \frac{3}{2} \cdot |BC|$ bzw.

$\frac{|B'C'|}{|BC|} = \frac{3}{2}$

Also ist das Dreieck ABC ähnlich zum Bilddreieck A'B'C'.

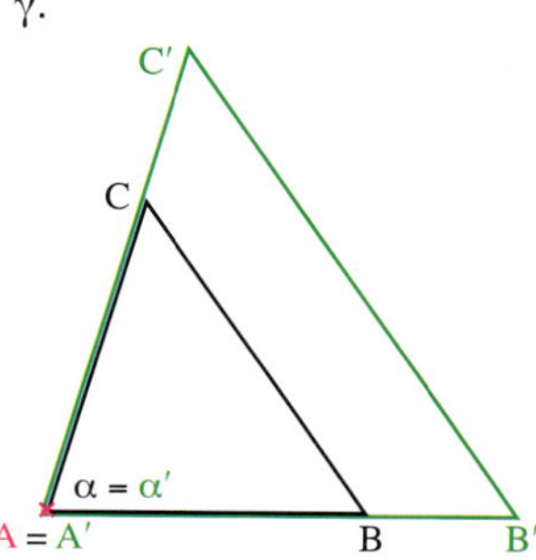

Zum Festigen und Weiterarbeiten

2. Konstruiere – ohne zu messen – den Bildpunkt B′.
Beschreibe, wie du vorgehst.
Hinweis: Strecke und Bildstrecke sind parallel zueinander.

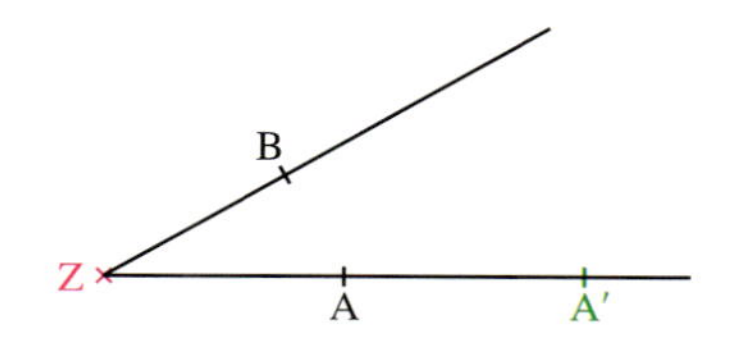

3. Konstruiere ein Dreieck ABC aus c = 4,4 cm, β = 55°, a = 3,2 cm.
Konstruiere die Bildfigur des Dreiecks ABC bei der zentrischen Streckung mit dem Streckfaktor (1) k = 1,5, (2) k = 0,5 möglichst einfach. Das Zentrum soll

a) der Eckpunkt A,
b) die Mitte der Seite $\overline{BC}$,
c) der Schnittpunkt der Mittelsenkrechten sein.

Konstruiere zunächst das Bild eines Eckpunktes des Dreiecks und benutze dann Eigenschaften der zentrischen Streckung. Beschreibe die Konstruktion.

4. Das Dreieck RST hat die Seitenlängen |RS| = 3,8 cm, |RT| = 4,6 cm und |ST| = 6,2 cm.

a) Überprüfe, ob ein Dreieck UVW mit den Seitenlängen |UV| = 4,75 cm und |UW| = 5,75 cm ein Bild von Dreieck RST bei einer zentrischen Streckung sein kann.

b) Wenn ja, berechne die Länge der Seite $\overline{VW}$.

Für jede beliebige Strecke |P′Q′| gilt:
|P′Q′| = k · |PQ|
$k = \frac{|P'Q'|}{|PQ|}$

5. *Der Storchschnabel als zentrischer Strecker*

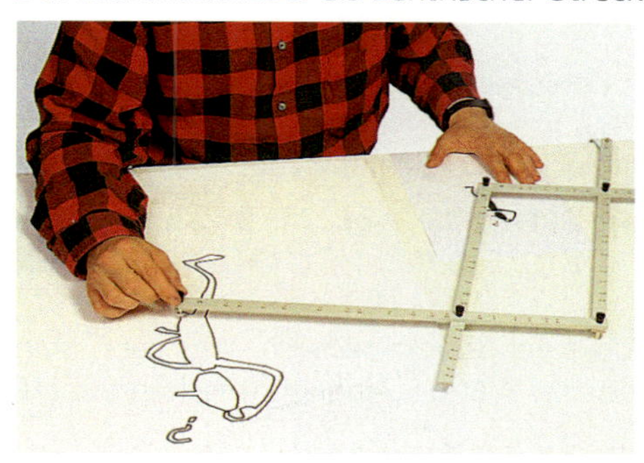

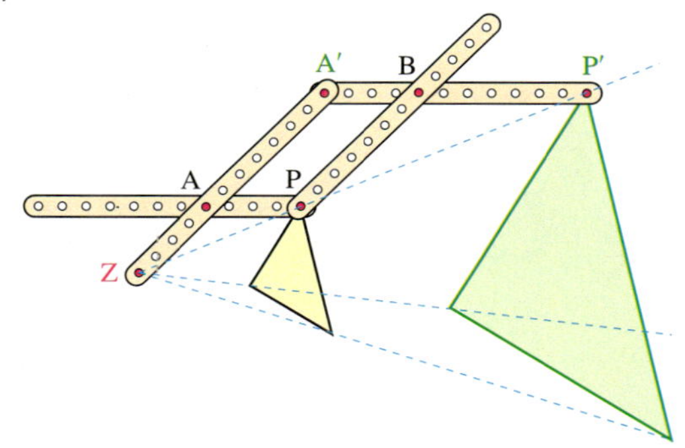

Das Gerät auf dem Foto heißt *Storchschnabel* (auch Panthograph). Mit seiner Hilfe kann man zu einer Figur die Bildfigur bei einer zentrischen Streckung zeichnen.
Das Bild rechts zeigt den Aufbau eines Storchschnabels. Erkläre sein Wirkungsweise.
Welcher Streckfaktor ist eingestellt? Fasse A′ als Bild von A auf.
Welche weiteren Streckfaktoren lassen sich einstellen?

Übungen

6. Gegeben ist in einem Koordinatensystem (Einheit 1 cm) die Gerade PQ sowie das Zentrum Z und der Streckfaktor k einer zentrischen Streckung.

a) P(− 6 | 3), Q(3 | 9), Z(0 | 0), $k = \frac{1}{2}$
b) P(− 4 | − 2), Q(6 | 2), Z(− 2 | 3), k = 1,5
c) P(− 4 | 2), Q(6 | − 1), Z(− 2 | − 2), $k = \frac{1}{4}$

Konstruiere mithilfe einer Eigenschaft der zentrischen Streckung (Seite 68) die Bildgerade. Beschreibe die Konstruktion und begründe.

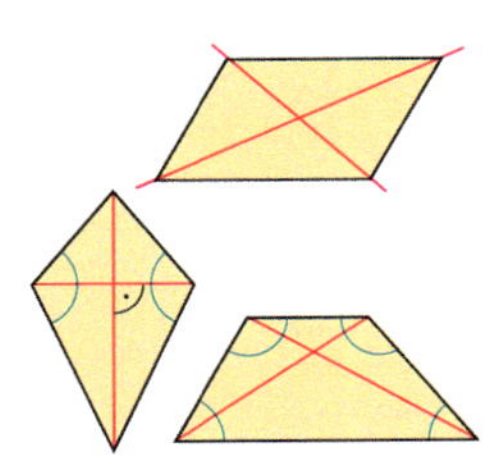

7. **a)** Konstruiere ein Parallelogramm ABCD aus a = 4,9 cm, d = 2,4 cm, α = 50°.
Konstruiere dann das Bildparallelogramm bei der zentrischen Streckung mit dem Schnittpunkt M der Diagonalen als Zentrum und dem Streckfaktor k = 2,5.
Beschreibe und begründe dein Vorgehen.

b) Konstruiere ein Trapez ABCD (AB ∥ CD) aus a = 5,2 cm, d = 3,5 cm, α = 70°, β = 50°.
Konstruiere dann das Bildtrapez bei der zentrischen Streckung mit dem Zentrum D und dem Streckfaktor k = $\frac{1}{2}$.
Beschreibe und begründe dein Vorgehen.

c) Konstruiere ein Drachenviereck ABCD mit AC als Symmetrieachse aus a = 5,8 cm, b = 3,4 cm und β = 150°.
Konstruiere dann die Bildfigur bei der zentrischen Streckung mit dem Schnittpunkt M der Diagonalen als Zentrum und dem Streckfaktor k = 1,5.
Beschreibe und begründe dein Vorgehen.

8. Konstruiere einen Kreis mit dem Radius r = 2 cm.
Konstruiere dann den Bildkreis bei der zentrischen Streckung mit dem Streckfaktor k = 2,5. Das Streckzentrum Z soll (1) im Mittelpunkt, (2) auf dem Kreis, (3) außerhalb des Kreises, (4) innerhalb des Kreises liegen.
Welche Eigenschaft der zentrischen Streckung hast du verwendet?

Verwende bei Konstruktionen die Eigenschaften der zentrischen Streckung.

9. Auf einer Halbgeraden mit dem Anfangspunkt Z sind zwei Punkte P und Q gegeben (wähle z. B. |ZP| = 3 cm und |ZQ| = 7 cm). Zeichne ein beliebiges Viereck ABCD.
Konstruiere (ohne zu messen) das Bildviereck bei derjenigen zentrischen Streckung, die Z als Streckzentrum hat und die P auf Q abbildet.

10. Gegeben ist in einem Koordinatensystem (Einheit 1 cm) das Dreieck ABC mit A(– 3 | – 2), B(2 | – 1) und C(– 1 | 3).
Konstruiere das Bilddreieck bei der zentrischen Streckung (Zentrum Z) mit:

a) Z(– 1,5 | – 1), A′(– 6 | – 4) **b)** Z(1 | 2), B′(1,5 | 0,5) **c)** Z(– 3 | 1,5), C′(3 | 6) **d)** A′(– 6 | – 4), B′(4 | – 2) **e)** B′(0 | – 2), C′(– 1,5 | 0)

11. Es soll M der Mittelpunkt der Strecke $\overline{AB}$ sein. Was kann man über den Bildpunkt M′ von M bezüglich der Bildstrecke $\overline{A'B'}$ bei einer zentrischen Streckung aussagen? Begründe.

12. Ein Dreieck ABC hat die Seitenlängen a = 9 cm, b = 12 cm und c = 5 cm.
Berechne die Seitenlängen des Bilddreiecks A′B′C′ bei einer zentrischen Streckung mit dem Streckfaktor k.
Welche Eigenschaften der zentrischen Streckung verwendest du?

a) k = 3 **b)** k = $\frac{1}{2}$ **c)** k = $\frac{5}{3}$ **d)** k = $\frac{4}{5}$ **e)** k = $\frac{10}{9}$ **f)** k = $\frac{5}{12}$

13. Ein Dreieck ABC hat die Seitenlängen |AB| = 3,6 cm, |BC| = 6 cm und |CA| = 4,2 cm.
Entscheide, ob das Dreieck PQR das Bilddreieck von Dreieck ABC bei einer zentrischen Streckung sein kann. Falls ja, gib den Streckfaktor an.

a) |PQ| = 2,4 cm, |QR| = 4 cm, |RP| = 2,8 cm
b) |PQ| = 9 cm, |QR| = 15 cm, |RP| = 10 cm
c) |PQ| = 3 cm, |QR| = 2,1 cm, |RP| = 1,8 cm
d) |PQ| = 6,6 cm, |QR| = 11 cm, |RP| = 7,7 cm

14. Zeichne in einen Kreis mit dem Mittelpunkt M und dem Radius r = 3,4 cm ein regelmäßiges Sechseck ABCDEF. Konstruiere dann die Bildfigur dieses Sechsecks bei der zentrischen Streckung (1) mit M als Zentrum und dem Streckfaktor k = 2,5; (2) mit dem Eckpunkt A als Zentrum und dem Streckfaktor k = 1,5.

IM BLICKPUNKT: ZENTRISCH STRECKEN – MIT MAUS UND MONITOR

Viele Geometrieprogramme bieten die Möglichkeit, auch zentrische Streckungen auszuführen. Im Unterschied zur Bleistiftzeichnung im Heft kann man Computerfiguren auch nach der Konstruktion noch verändern.

1. Strecke ein beliebiges Dreieck mit dem Streckfaktor k = 2.
Führe dazu folgende Einzelschritte aus:

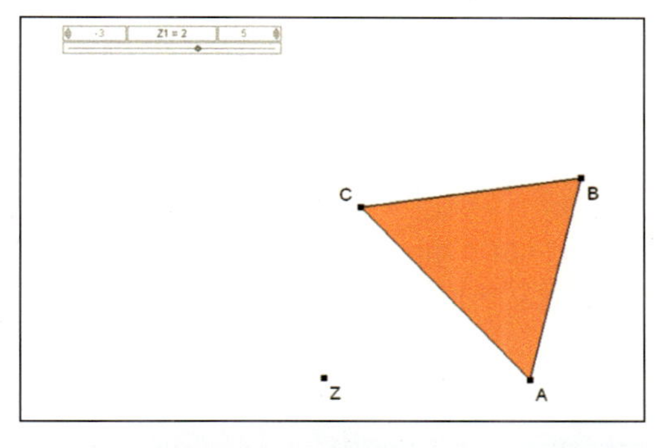

- Zeichne ein Dreieck ABC und lege das Zentrum Z fest.
- Gib den Streckfaktor ein (je nach Programm z. B. als numerische Eingabe).
- Führe die zentrische Streckung aus, indem du nach der Menüauswahl nacheinander auf das Dreieck, das Zentrum und den Streckfaktor klickst.

Du kannst überprüfen, ob das Programm die zentrische Streckung korrekt ausführt. Vergleiche dazu die Seitenlängen des Ausgangsdreiecks mit denen des Bilddreiecks.

2. Zeichne ein Dreieck ABC und einen Punkt Z außerhalb des Dreiecks.

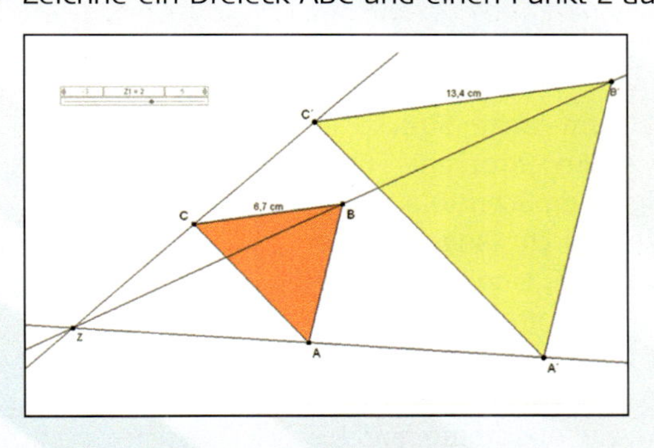

a) Strecke das Dreieck von Z aus mit dem Streckfaktor k = 2.
Tipp: Zeichne das Bilddreieck in einer anderen Farbe.

b) Miss die Seitenlängen des Dreiecks ABC und die des Bilddreiecks. Vergleiche.

c) Wähle einen anderen Streckfaktor und bearbeite damit nochmals die Teilaufgaben a) und b).

3. Zeichne ein rechtwinkliges Dreieck. Bestimme die Seitenlängen und die Winkelgrößen.

a) Strecke die Figur zentrisch mit dem Streckfaktor k = 3.
Wie ändert sich die Winkelgröße, wie der Umfang und wie der Flächeninhalt? Stelle Vermutungen auf und prüfe sie.

b) Verändere nun die Ausgangsfigur. Überprüfe deine Vermutungen aus Teilaufgabe a).

c) Stimmen deine Vermutungen auch dann noch, wenn du einen anderen Streckfaktor wählst? Zeichne.

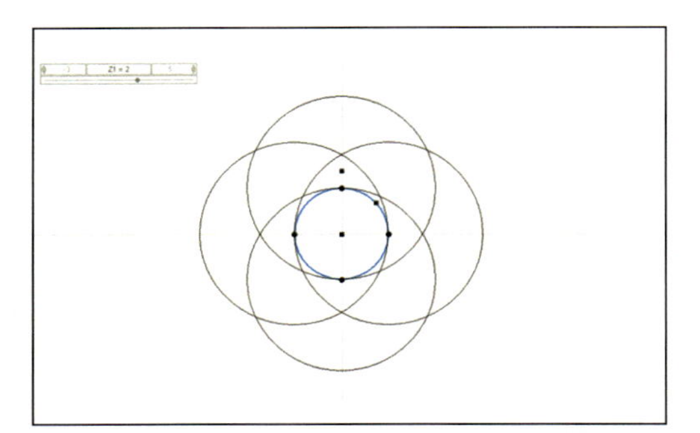

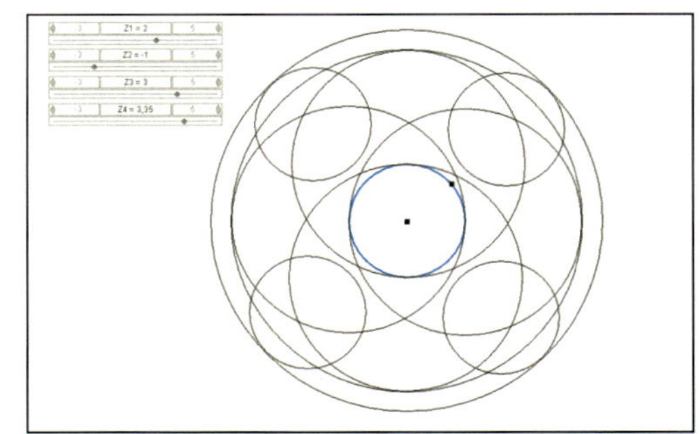

4. Aus einem Kreis kannst du durch zentrische Streckungen ein Kreismuster erzeugen. Die dargestellten Abbildungen zeigen dir Beispiele. Versuche eines der beiden Kreismuster nachzuzeichnen.
Beachte: Die benutzten Streckfaktoren sind bereits in der Zeichnung angegeben.

5. Zeichne ein Dreieck ABC mit den Seitenlängen a = 3 cm, b = 4 cm und c = 5 cm.
Strecke nun das Dreieck von A aus mit einem geeigneten Streckfaktor k, sodass der Umfang des entstandenen Dreiecks A′B′C′ 30 cm beträgt.
Wie groß muss k gewählt werden?

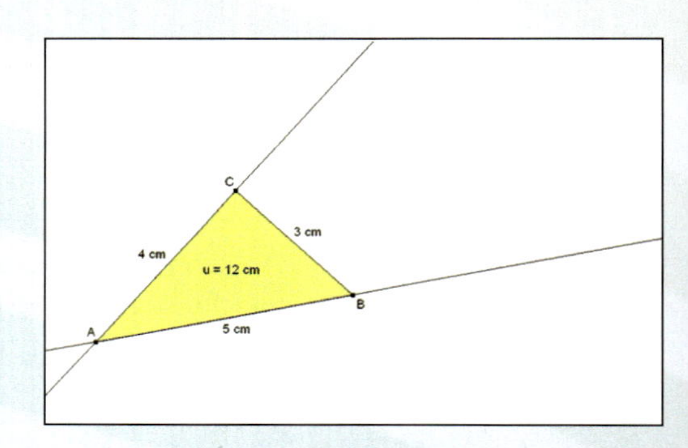

6. **a)** Teile eine 10 cm lange Strecke in drei gleich große Strecken. Führe dazu die folgenden Schritte aus.
- Zeichne die 10 cm lange Strecke und parallel dazu eine Strecke, die leicht in 3 gleich große Abschnitte unterteilt werden kann.
  Dies zeigt die Abbildung rechts.
- Bilde nun die Abschnitte auf $\overline{PS}$ durch zentrische Streckung auf $\overline{AB}$ ab.
- Kontrolliere dein Verfahren durch Messung.

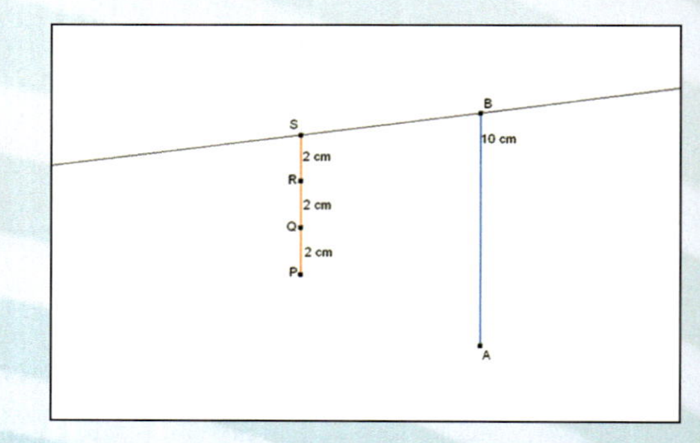

b) Teile ebenso eine 17 cm lange Strecke in 6 gleich große Teile.

7. **a)** Zeichne eine 4 cm lange Strecke und markiere die Endpunkte mit A und B.
Suche dann einen Punkt T auf $\overline{AB}$, sodass T die Strecke im Verhältnis 2 : 3 teilt.
Beachte: Bei einer 5 cm langen Strecke wäre T von A 2 cm und von B 3 cm entfernt.

b) Entwickle mithilfe von Aufgabe 6 a) ein Verfahren, um den Aufgabenteil a) ohne Probieren zu lösen.

c) Teile eine 11 cm lange Strecke im Verhältnis 4 : 3.

STRAHLENSÄTZE

Erster Strahlensatz

Einstieg

Tim steht unter einer freistehenden, hohen Tanne, deren Schatten 12,50 m lang ist. Tim weiß, er selbst ist 1,55 m groß. Ferner hat er ausgemessen, dass bei diesem Sonnenstand sein Schatten 2,50 m lang ist.

→ Wie hoch ist die Tanne?

→ Beschreibe, wie du vorgegangen bist.

Aufgabe

1. Zwischen zwei Balken auf einem Dachboden soll ein Ablagebrett im Abstand von 1,50 m von der Spitze Z waagerecht angebracht werden. Es steht aber keine Wasserwaage zur Verfügung.
An welcher Stelle des schrägen Balkens muss das Brett befestigt werden?
Berechne die Länge, die du abmessen musst.
Stelle zunächst eine Gleichung auf.

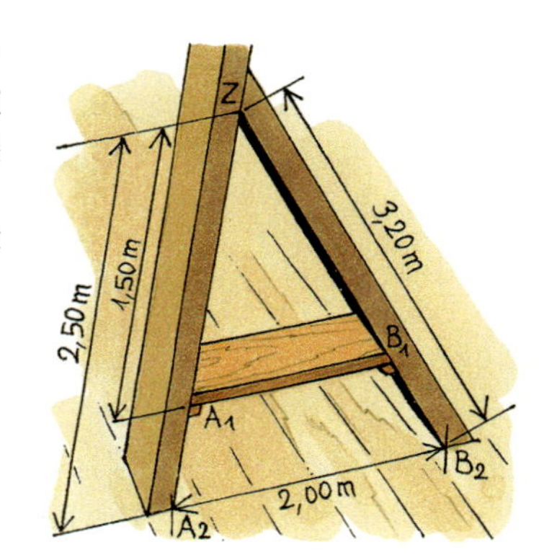

Lösung

Gesucht ist der Auflagepunkt B_1.
In der Figur rechts kannst du die Punkte A_1 und B_1 als Bildpunkte von A_2 bzw. B_2 bei einer zentrischen Streckung mit dem Streckzentrum Z auffassen, denn

(1) die Punkte A_1 und A_2 liegen auf einer Halbgeraden mit dem Anfangspunkt Z, ebenso B_1 und B_2;

(2) die Geraden A_1B_1 und A_2B_2 sollen parallel zueinander sein.

Der positive Streckfaktor ist hier kleiner als 1.

Zur Bestimmung des Auflagepunktes B_1 gibt es zwei Möglichkeiten.

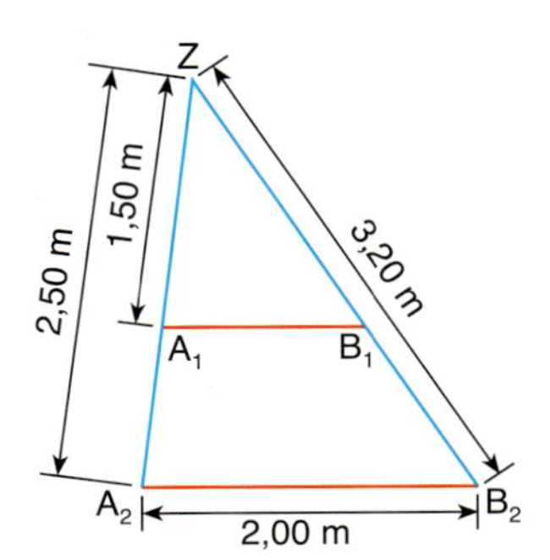

1. Möglichkeit: Wir bestimmen die Länge $|ZB_1|$. Da A_1 der Bildpunkt von A_2 und B_1 der Bildpunkt von B_2 ist, gilt: $k = \frac{|ZA_1|}{|ZA_2|}$ und $k = \frac{|ZB_1|}{|ZB_2|}$.

Wir erhalten damit die Gleichung: $\frac{|ZB_1|}{|ZB_2|} = \frac{|ZA_1|}{|ZA_2|}$,

eingesetzt: $\frac{|ZB_1|}{3{,}20\text{ m}} = \frac{1{,}50\text{ m}}{2{,}50\text{ m}} = 0{,}6$, also: $|ZB_1| = 0{,}6 \cdot 3{,}20\text{ m} = 1{,}92\text{ m}$

Ergebnis: Der Auflagepunkt B_1 auf dem schrägen Balken ist 1,92 m von der Spitze Z entfernt.

2. Möglichkeit: Wir bestimmen die Länge $|B_1B_2|$. Es gilt offenbar:

(1) $|B_1B_2| = |ZB_2| - |ZB_1|$ und damit $\frac{|B_1B_2|}{|ZB_2|} = \frac{|ZB_2|}{|ZB_2|} - \frac{|ZB_1|}{|ZB_2|} = 1 - k.$

(2) $|A_1A_2| = |ZA_2| - |ZA_1|$ und damit $\frac{|A_1A_2|}{|ZA_2|} = \frac{|ZA_2|}{|ZA_2|} - \frac{|ZA_1|}{|ZA_2|} = 1 - k.$

Wir erhalten damit die Gleichung: $\frac{|B_1B_2|}{|ZB_2|} = \frac{|A_1A_2|}{|ZA_2|}$,

eingesetzt: $\frac{|B_1B_2|}{3{,}20\text{ m}} = \frac{1{,}00\text{ m}}{2{,}50\text{ m}} = 0{,}4$, also: $|B_1B_2| = 0{,}4 \cdot 3{,}20\text{ m} = 1{,}28\text{ m}$

Ergebnis: Der Auflagepunkt B_1 auf dem schrägen Balken ist 1,28 m von B_2 entfernt.

Information

(1) Strahlensatzfigur

In Anwendungen findet man, wie in der Aufgabe 1, immer wieder geometrische Figuren, in denen zwei Halbgeraden a und b von zwei zueinander parallelen Geraden g und h in vier Punkten geschnitten werden. Eine solche Figur nennt man *Strahlensatzfigur*.
In einer Strahlensatzfigur kann man aus gegebenen Längen andere Längen berechnen.
Dazu haben wir in der Lösung der Aufgabe 1 Gleichungen aufgestellt.

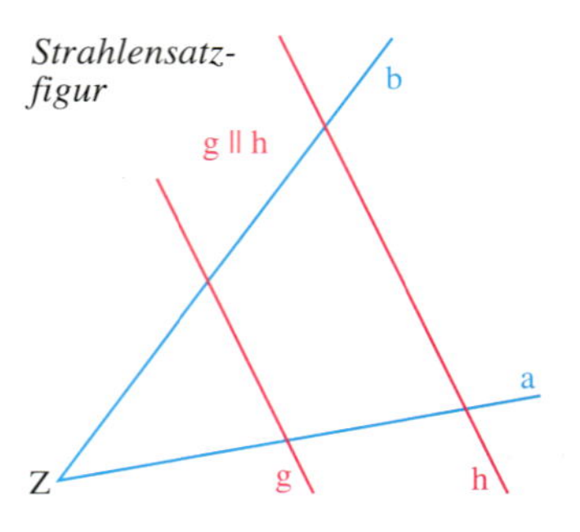

(2) 1. Strahlensatz

Die Lösung der Aufgabe 1 auf Seite 73 führt zu folgendem Satz an der Strahlensatzfigur.

1. Strahlensatz

Gegeben sind zwei Halbgeraden a und b mit gemeinsamem Anfangspunkt Z, ferner zwei zueinander parallele Geraden g und h, welche die Halbgeraden a und b in vier Punkten schneiden (*Strahlensatzfigur*).
Dann gilt:

(a) $\frac{|ZA_1|}{|ZA_2|} = \frac{|ZB_1|}{|ZB_2|}$; (c) $\frac{|ZA_2|}{|A_1A_2|} = \frac{|ZB_2|}{|B_1B_2|}$.

(b) $\frac{|ZA_1|}{|A_1A_2|} = \frac{|ZB_1|}{|B_1B_2|}$;

Das Längenverhältnis zweier Strecken auf der einen Halbgeraden ist gleich dem Längenverhältnis der entsprechenden Strecken auf der anderen Halbgeraden.

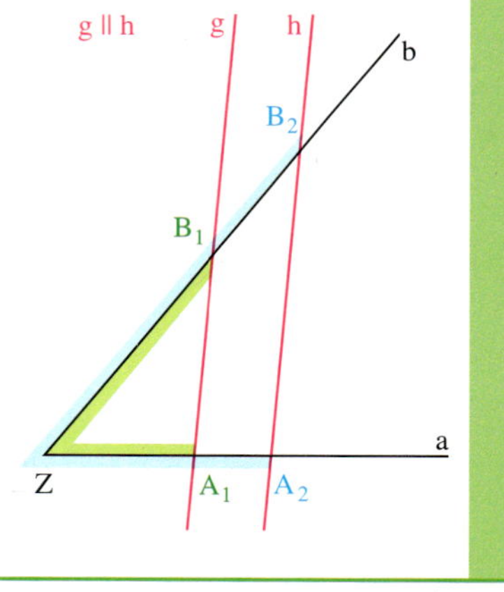

Dieser Satz erlaubt es uns, sofort – also ohne eine zentrische Streckung – eine Gleichung für eine gesuchte Länge aufzustellen und diese dann zu berechnen.

Zum Festigen und Weiterarbeiten

2. Löse die Einstiegsaufgabe und die Aufgabe 1 auf Seite 73, indem du direkt den 1. Strahlensatz anwendest. Löse dann die Gleichung nach der gesuchten Länge auf.

3. Zeichne mit deinem dynamischen Geometrie-System zwei Geraden, die sich in einem Punkt Z schneiden.
Erzeuge auf einer Geraden auf einer Seite von Z zwei Punkte A und B und auf der anderen Geraden einen Punkt C. Zeichne die Gerade AC. Zeichne dann die Parallele zu AC durch B. Nenne ihren Schnittpunkt mit der anderen Geraden D.

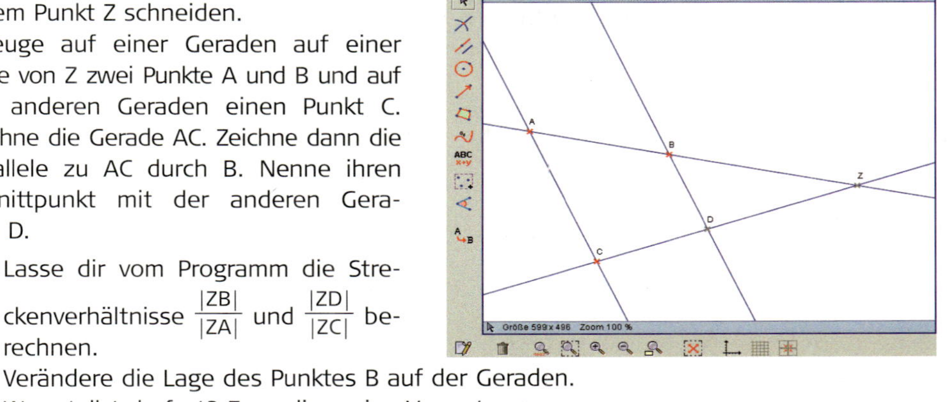

a) Lasse dir vom Programm die Streckenverhältnisse $\frac{|ZB|}{|ZA|}$ und $\frac{|ZD|}{|ZC|}$ berechnen.
Verändere die Lage des Punktes B auf der Geraden.
Was stellst du fest? Formuliere eine Vermutung.

b) Versuche, deine Vermutung zu begründen.

4.

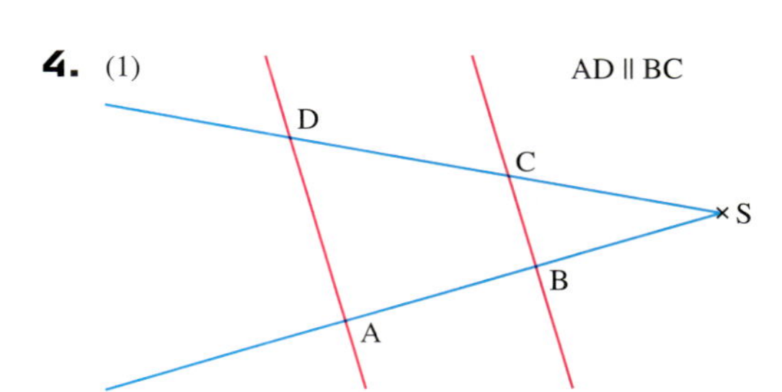

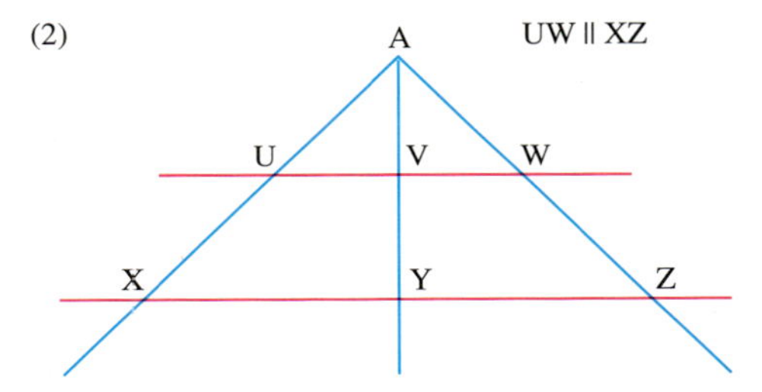

a) Betrachte die Figur (1). Ergänze aufgrund des 1. Strahlensatzes:
$\frac{|SB|}{|SA|} = \frac{\square}{\square}$; $\frac{|SB|}{|AB|} = \frac{\square}{\square}$; $\frac{|AB|}{|SA|} = \frac{\square}{\square}$; $\frac{|SC|}{|CD|} = \frac{\square}{\square}$.

b) Betrachte die Figur (2). Erstelle Gleichungen mit Längenverhältnissen.
Benutze den 1. Strahlensatz.

5. Erläutere folgende Gleichungen an einer Strahlensatzfigur.
Begründe sie durch Umformungen der Gleichungen (a) bis (c) des 1. Strahlensatzes:

(1) $\frac{|ZA_2|}{|ZA_1|} = \frac{|ZB_2|}{|ZB_1|}$ (2) $\frac{|A_1A_2|}{|ZA_1|} = \frac{|B_1B_2|}{|ZB_1|}$ (3) $\frac{|A_1A_2|}{|ZA_2|} = \frac{|B_1B_2|}{|ZB_2|}$

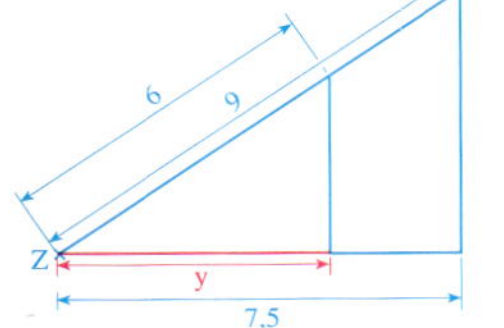

6. Lena, Tom und Dirk haben die Länge y der roten Strecke (Maße in cm) unterschiedlich berechnet.
Beschreibe die Lösungswege und vergleiche sie.

Lena

$\frac{y}{7{,}50} = \frac{6}{9}$

$y = \frac{2}{3} \cdot 7{,}5$

$y = 5$

Ergebnis: Die rote Strecke ist 5 cm lang.

Tom

$\frac{7{,}50}{y} = \frac{9}{6}$

$7{,}50 \cdot 6 = 9 \cdot y$

$5 = y$

Ergebnis: Die rote Strecke ist 5 cm lang.

Dirk

$\frac{6}{3} = \frac{y}{7{,}5 - y}$

$2\,(7{,}5 - y) = y$

$15 - 2y = y$

$15 = 3y$

$5 = y$

Ergebnis: Die rote Strecke ist 5 cm lang.

7. Rechts siehst du eine fehlerhafte Lösung der Gleichung $\frac{3}{x} = \frac{6}{7}$.
Wo steckt der Fehler?
Löse die Gleichung korrekt.

$\frac{3}{x} = \frac{6}{7} \quad | : 3$

$x = \frac{6 : 3}{7} = \frac{2}{7}$

8. Berechne die Länge d der roten Strecke (Maße in m).

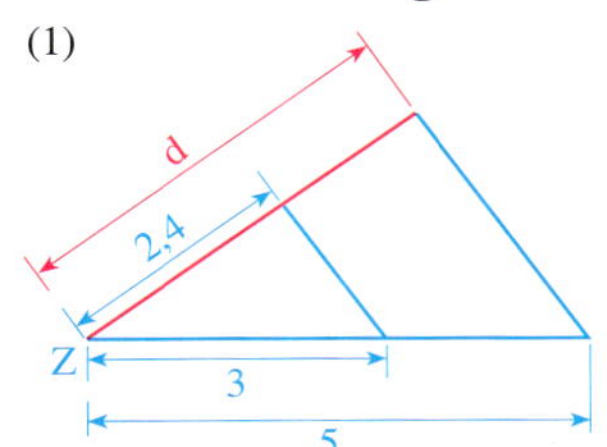

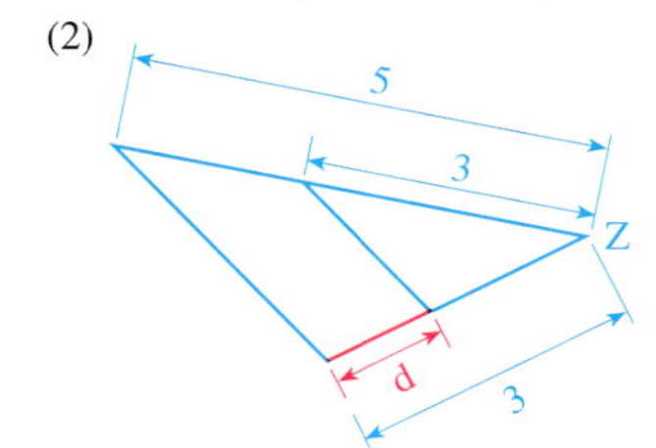

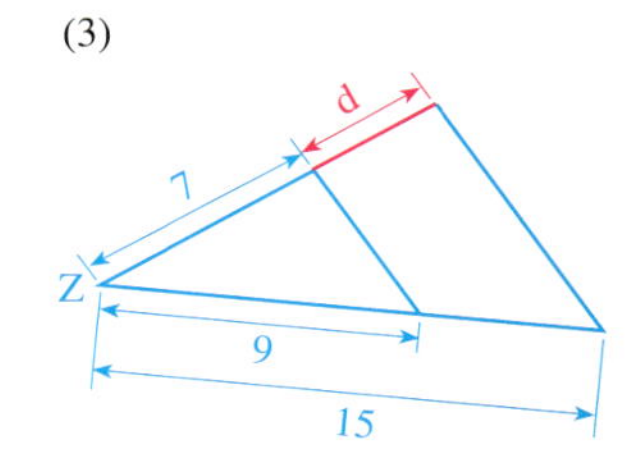

9. Rechts findest du eine Strahlensatzfigur.
Zeige, dass die Dreiecke ABC und AB'C' ähnlich zueinander sind.

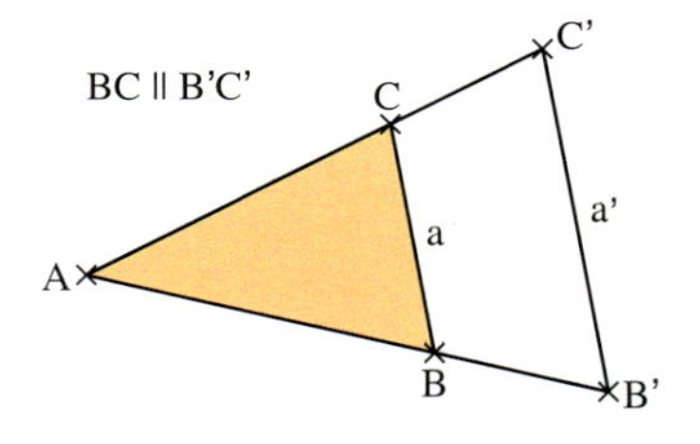

△ **10.** *Zerlegen einer Strecke in gleich lange Teilstrecken*

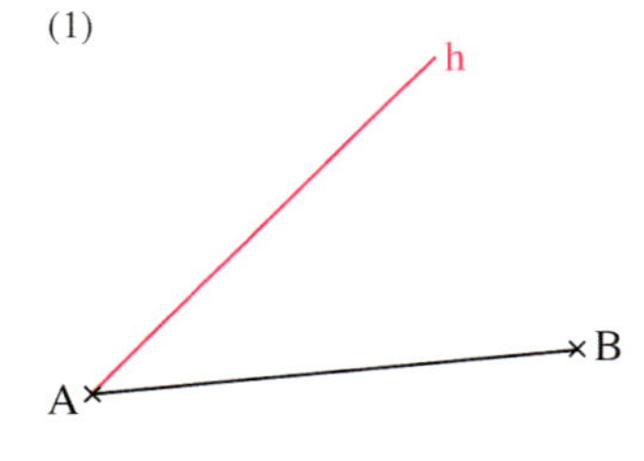

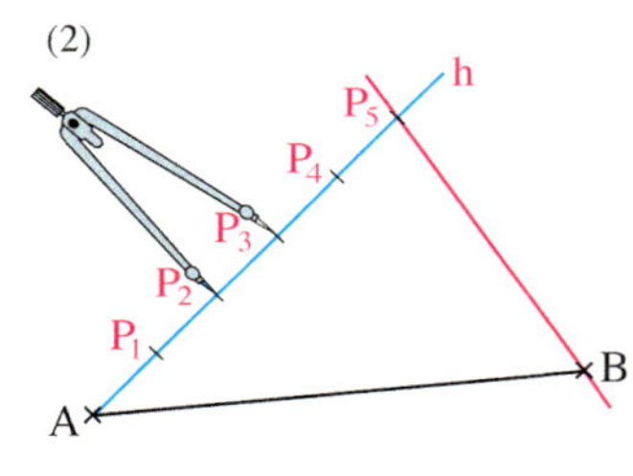

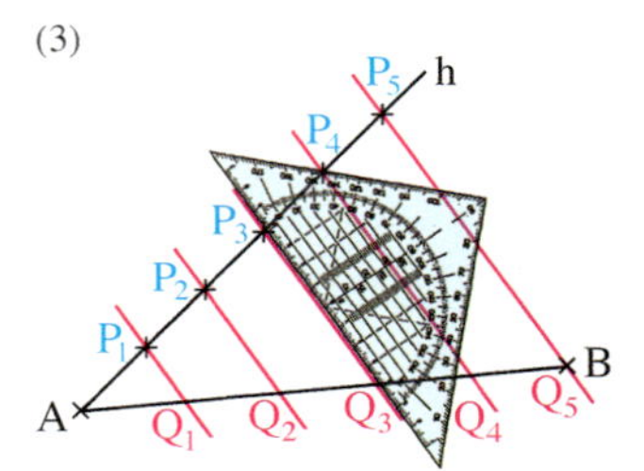

a) In der Bildleiste siehst du, wie eine Strecke $\overline{AB}$ in 5 gleich lange Teile zerlegt wird. Erkläre und begründe.

b) Gegeben ist eine 7 cm lange Strecke $\overline{AB}$. Zerlege (ohne zu messen) die Strecke in fünf gleich lange Teilstrecken.

c) Gegeben ist eine 6 cm lange Strecke $\overline{AB}$. Konstruiere einen Punkt T auf der Strecke $\overline{AB}$, für den das Längenverhältnis $|AT| : |TB|$ den Wert $\frac{3}{7}$ hat.

Übungen

11. Von den vier Längen s_1, s_2, t_1 und t_2 sind drei gegeben. Berechne die vierte Länge.

a) $s_1 = 3{,}0$ cm
$s_2 = 7{,}0$ cm
$t_1 = 4{,}2$ cm

b) $s_1 = 2{,}5$ cm
$t_2 = 3{,}5$ cm
$s_2 = 4{,}0$ cm

c) $s_1 = 4{,}8$ cm
$t_1 = 5{,}4$ cm
$t_2 = 7{,}5$ cm

d) $t_1 = 5{,}2$ cm
$t_2 = 9{,}1$ cm
$s_2 = 6{,}3$ cm

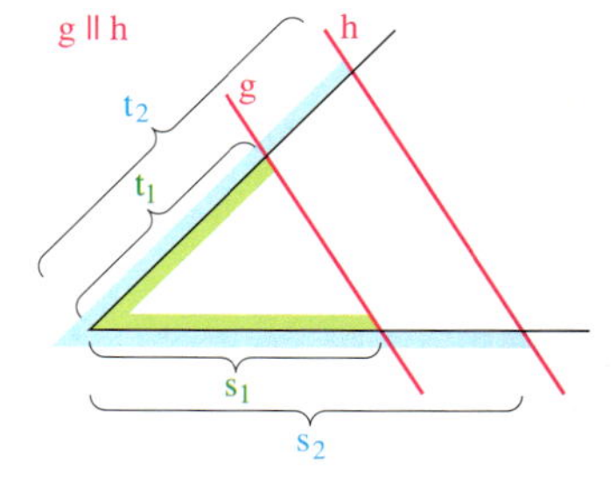

12. **a)** Berechne den Streckfaktor (Bild rechts). Es gibt zwei Möglichkeiten. Überlege dazu, welcher Punkt auf welchen abgebildet werden soll.

b) Gib Längenverhältnisse an, die nach dem 1. Strahlensatz zu demselben Rechenergebnis wie bei Teilaufgabe a) führen.

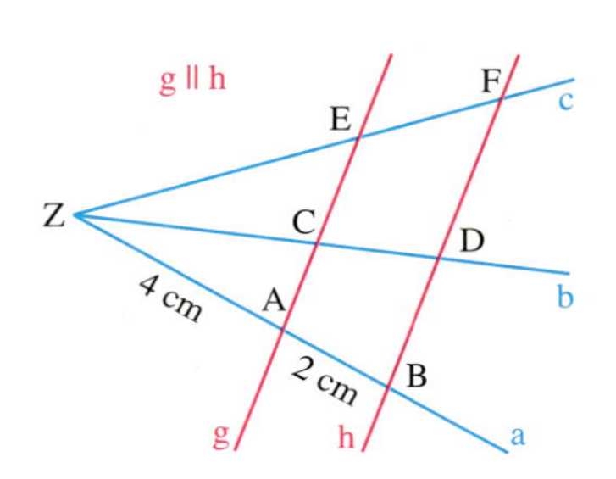

13. Kontrolliere Merles Hausaufgabe.

(1) $\frac{|KL|}{|KM|} = \frac{|MO|}{|MN|}$ (3) $\frac{|ML|}{|MK|} = \frac{|MN|}{|MO|}$

(2) $\frac{|ML|}{|MN|} = \frac{|MO|}{|MK|}$ (4) $\frac{|LK|}{|ML|} = \frac{|ON|}{|NM|}$

KO ∥ LN

14. Ergänze aufgrund des 1. Strahlensatzes.

a) $\frac{|ZB|}{|ZA|} = \frac{\square}{\square}$ **d)** $\frac{\square}{|ZQ|} = \frac{|ZC|}{|\square|}$ **g)** $\frac{|ZP|}{|PQ|} = \frac{\square}{\square}$

b) $\frac{|ZP|}{|ZR|} = \frac{\square}{\square}$ **e)** $\frac{\square}{\square} = \frac{|ZC|}{|ZB|}$ **h)** $\frac{|ZQ|}{\square} = \frac{\square}{|BC|}$

c) $\frac{|ZC|}{\square} = \frac{\square}{|ZP|}$ **f)** $\frac{\square}{\square} = \frac{|ZQ|}{|ZP|}$ **i)** $\frac{|AB|}{\square} = \frac{\square}{|ZQ|}$

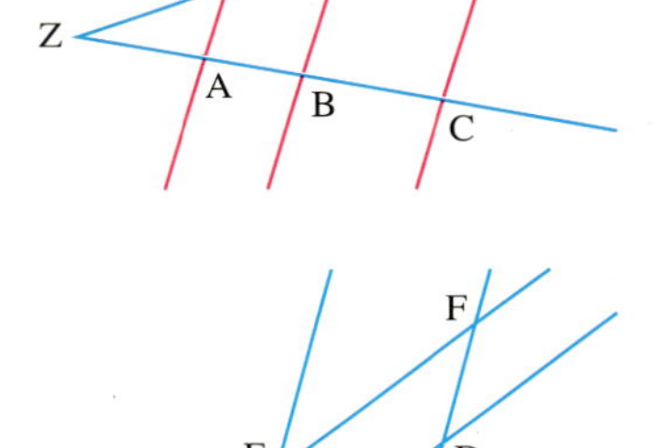

15. Für die nebenstehende Figur gilt:
BD ∥ EF und BE ∥ DF.
Sie enthält zwei Strahlensatzfiguren.

a) Versuche die Strahlensatzfiguren zu entdecken. Zeichne die Figur zweimal in dein Heft und trage jeweils eine Strahlensatzfigur farbig ein.

b) Ergänze durch Anwenden des 1. Strahlensatzes:

(1) $\frac{|AB|}{|AC|} = \frac{\square}{\square}$; (3) $\frac{|AF|}{\square} = \frac{\square}{|AB|}$;

(2) $\frac{|CD|}{|CF|} = \frac{\square}{\square}$; (4) $\frac{|AC|}{\square} = \frac{\square}{|CD|}$.

16. Stelle eine Gleichung mithilfe des 1. Strahlensatzes auf und berechne x (Maße in cm).

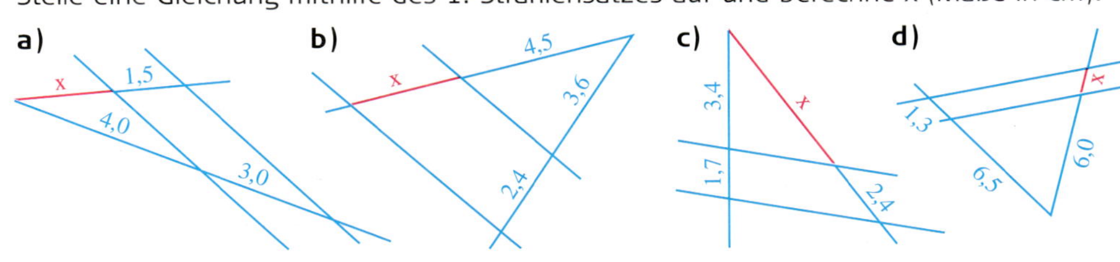

△ **17.** Zeichne eine Strecke von 10 cm [12,8 cm] Länge, zerlege die Strecke (ohne zu messen)

a) in 3, **b)** in 9, **c)** in 11 gleich lange Teilstrecken.

△ **18.** Zeichne eine Strecke $\overline{AB}$ von (1) 7 cm, (2) 13,4 cm Länge. Konstruiere nun einen Punkt C auf $\overline{AB}$, für den das Längenverhältnis $\frac{|AC|}{|AB|}$ den angegebenen Wert hat:

a) $\frac{2}{3}$ **b)** $\frac{5}{11}$

△ **19.** Zeichne eine (1) 9,4 cm, (2) 6,3 cm lange Strecke $\overline{AB}$. Konstruiere nun einen Punkt T auf der Strecke $\overline{AB}$, für den das Längenverhältnis $|AT| : |TB|$ den folgenden Wert hat:

a) 2 : 5 **b)** 5 : 2 **c)** 3 : 4 **d)** 4 : 3 **e)** 3 : 8 **f)** 8 : 3

△ **20.** Markiere auf einem Zahlenstrahl mithilfe des Zirkels zunächst die Punkte zu den Zahlen 0; 1; 2; 3; ... Konstruiere nun die Punkte zu den Bruchzahlen

a) $\frac{2}{3}$ **b)** $\frac{3}{5}$ **c)** $\frac{4}{7}$ **d)** $\frac{7}{3}$

Zweiter Strahlensatz

Einstieg

Anne will die Höhe einer Buche bestimmen. Sie stellt wie im Bild einen 1,80 m hohen Stab so auf, dass sich die Schatten der Spitzen vom Stab und Baum decken. Der Baum wirft einen 9,60 m, der Stab einen 2,45 m langen Schatten.

→ Wie hoch ist der Baum?

→ Beschreibe, wie du vorgegangen bist.

Aufgabe

1. Betrachte noch einmal das Bild der Ablage zwischen zwei Balken in der Aufgabe 1 auf Seite 73.
Berechne nun die Länge des Bretts; stelle dazu zunächst eine Gleichung auf.

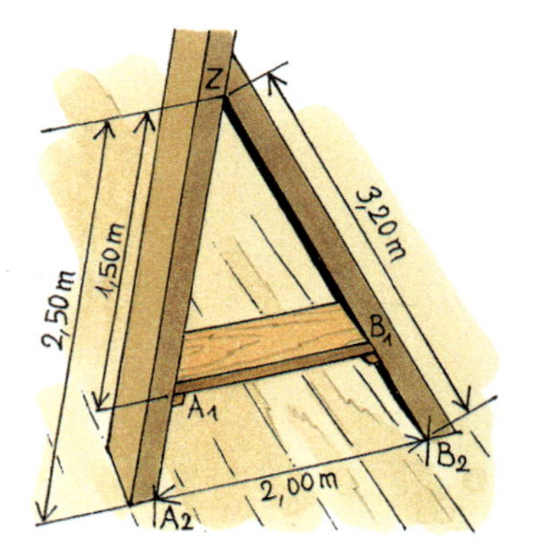

Lösung

Wir fassen die Strecke $\overline{A_1B_1}$ als Bild der Strecke $\overline{A_2B_2}$ bei einer zentrischen Streckung mit dem Streckzentrum Z auf. Für den Streckfaktor gilt:

$|ZA_1| = k \cdot |ZA_2|$, also: $k = \frac{|ZA_1|}{|ZA_2|}$

Nach der Eigenschaft (3) der zentrischen Streckung (Seite 68) gilt für die Längen von Strecke $|A_2B_2|$ und Bildstrecke $|A_1B_1|$:

$|A_1B_1| = k \cdot |A_2B_2|$, also: $k = \frac{|A_1B_1|}{|A_2B_2|}$

Folglich gilt: $\frac{|A_1B_1|}{|A_2B_2|} = \frac{|ZA_1|}{|ZA_2|}$

eingesetzt: $\frac{|A_1B_1|}{3{,}20\text{ m}} = \frac{1{,}50\text{ m}}{2{,}50\text{ m}} = 0{,}6$,

also: $|A_1B_1| = 0{,}6 \cdot 2\text{ m} = 1{,}20\text{ m}$

Ergebnis: Das Brett muss 1,20 m lang sein.

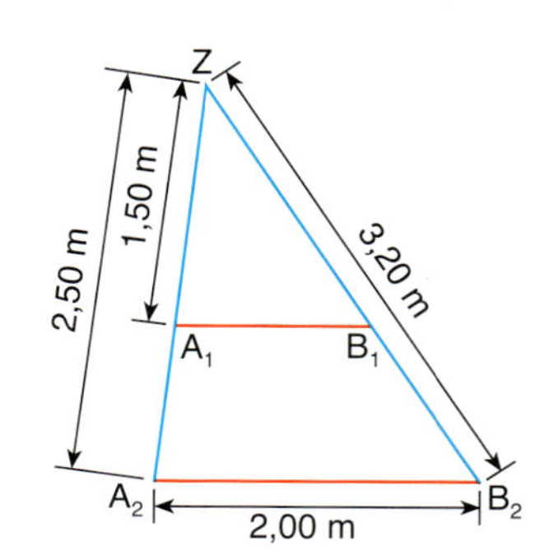

Information

Die Lösung der Aufgabe 1 führt uns auf eine neue Gleichung zwischen Längenverhältnissen an der Strahlensatzfigur.

2. Strahlensatz

Gegeben sind zwei Halbgeraden a und b mit gemeinsamem Anfangspunkt Z, ferner zwei zueinander parallele Geraden g und h, welche die Halbgeraden a und b in vier Punkten schneiden (*Strahlensatzfigur*). Dann gilt:

$$\frac{|ZA_1|}{|ZA_2|} = \frac{|A_1B_1|}{|A_2B_2|} \quad \text{und} \quad \frac{|ZB_1|}{|ZB_2|} = \frac{|A_1B_1|}{|A_2B_2|}$$

Das Längenverhältnis der beiden Strecken auf den zueinander parallelen Geraden ist jeweils gleich dem Längenverhältnis der beiden von Z ausgehenden zugehörigen Strecken auf den Halbgeraden.

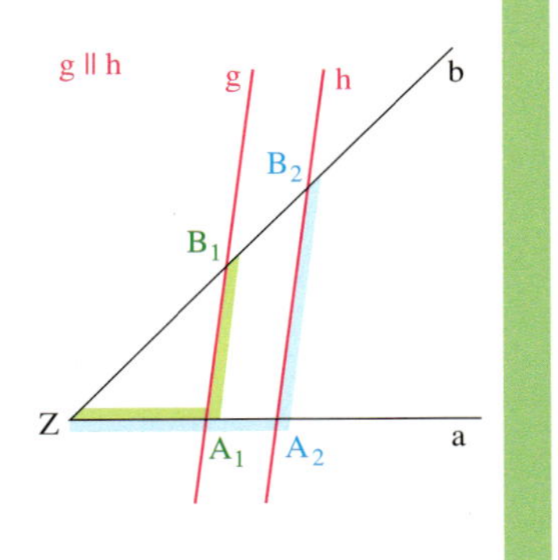

Auch mit dem 2. Strahlensatz kann man Längen in einer Strahlensatzfigur berechnen.

Zum Festigen und Weiterarbeiten

2. Löse die Einstiegsaufgabe und die Aufgabe 1 auf Seite 78, indem du direkt den 2. Strahlensatz anwendest.

3. Zeichne mit deinem dynamischen Geometrie-System zwei Geraden, die sich in einem Punkt S schneiden.
Erzeuge auf einer Geraden auf einer Seite des Schnittpunkts S zwei Punkte A und B und auf der anderen Geraden einen Punkt C. Zeichne die Gerade AC. Zeichne dann die Parallele zu AC durch B. Nenne ihren Schnittpunkt mit der anderen Geraden D. Lasse dir vom Programm die Streckenverhältnisse $\frac{|SB|}{|SA|}$ und $\frac{|BD|}{|AC|}$ berechnen.
Verändere die Lage des Punktes B auf der Geraden.
Was stellst du fest?
Formuliere eine Vermutung.

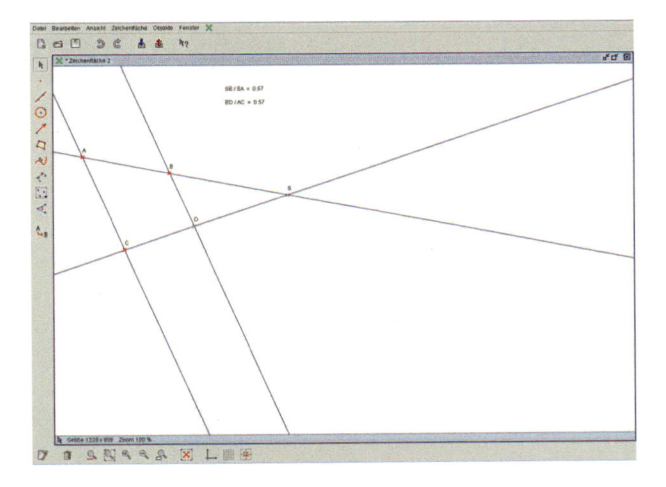

4. Erläutere die Gleichungen (1) und (2) an einer Strahlensatzfigur.
Begründe sie durch Umformen der Gleichungen des 2. Strahlensatzes.

(1) $\frac{|ZA_2|}{|ZA_1|} = \frac{|A_2B_2|}{|A_1B_1|}$; (2) $\frac{|ZB_2|}{|ZB_1|} = \frac{|A_2B_2|}{|A_1B_1|}$

5. **a)** Berechne den Streckfaktor in der Figur rechts.

b) Gib Längenverhältnisse an, die nach dem 2. Strahlensatz zu demselben Rechenergebnis wie bei Teilaufgabe a) führen.

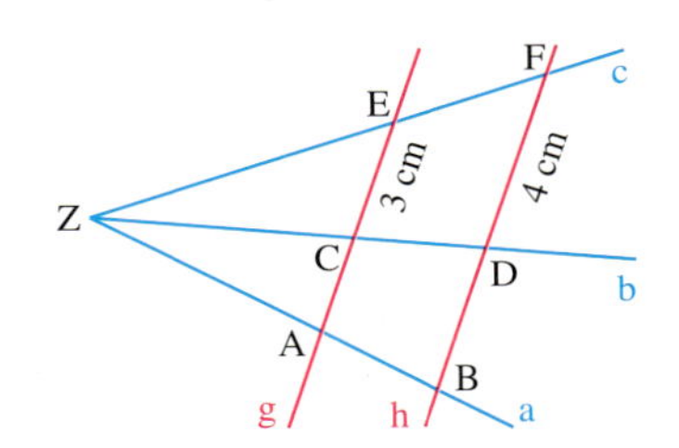

6. (1)

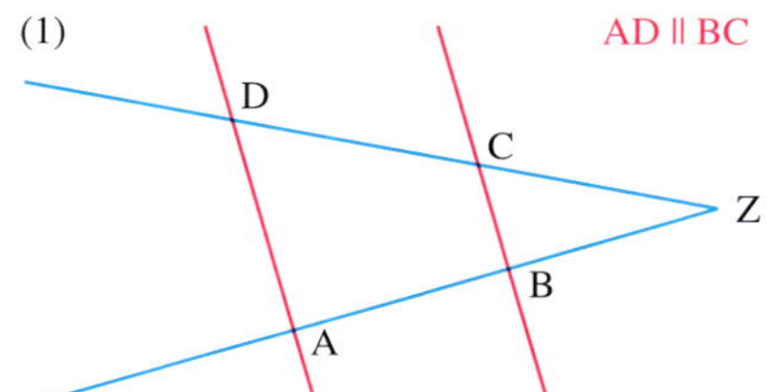

(2) A UW ∥ XZ

U V W

X Y Z

a) Betrachte die Figur (1); ergänze aufgrund des 2. Strahlensatzes:

$\frac{|AD|}{\square} = \frac{\square}{\square}$; $\frac{|ZB|}{\square} = \frac{\square}{\square}$; $\frac{\square}{\square} = \frac{|ZD|}{\square}$.

b) Betrachte die Figur (2). Erstelle Gleichungen mit Längenverhältnissen.

7. a) Erkläre am Beispiel die Berechnung der Länge y der roten Strecke (Maße in cm).

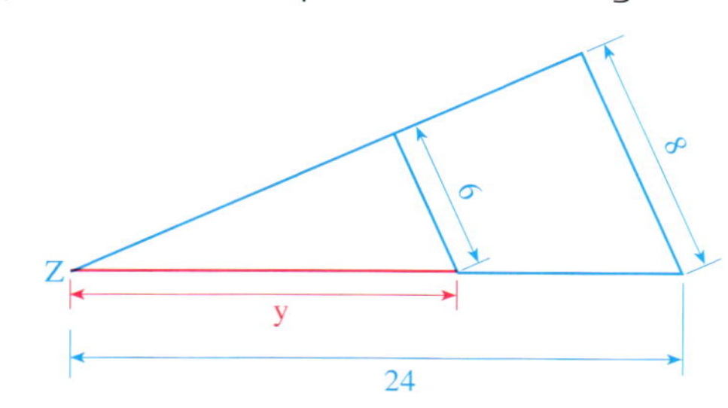

$\frac{y}{24} = \frac{6}{8}$ | $\cdot 24$

$y = \frac{6 \cdot 24}{8}$

$y = 18$

Ergebnis: Die rote Strecke ist 18 cm lang.

Beginne die Gleichung mit der gesuchten Länge.

b) Berechne die Länge d der roten Strecke (Maße in m).

(1)

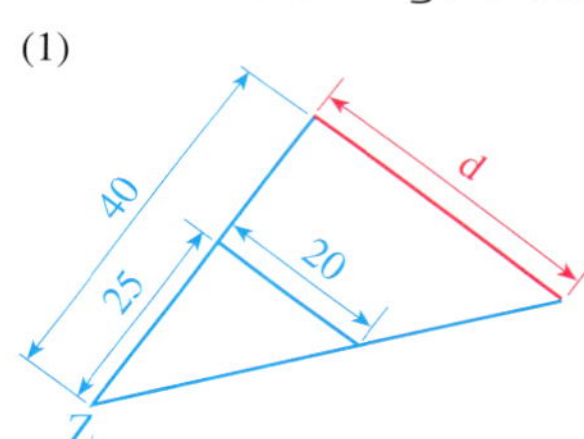

(2)

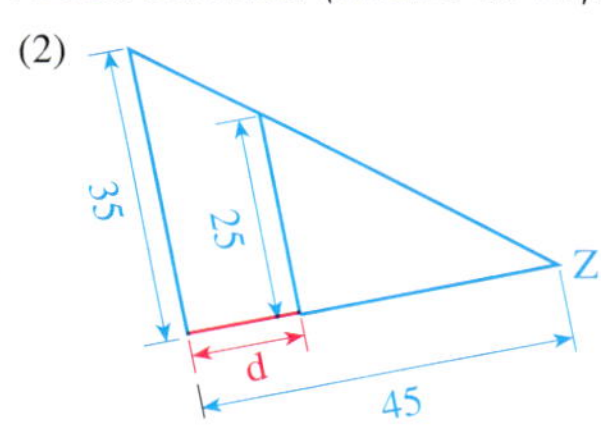

(3)

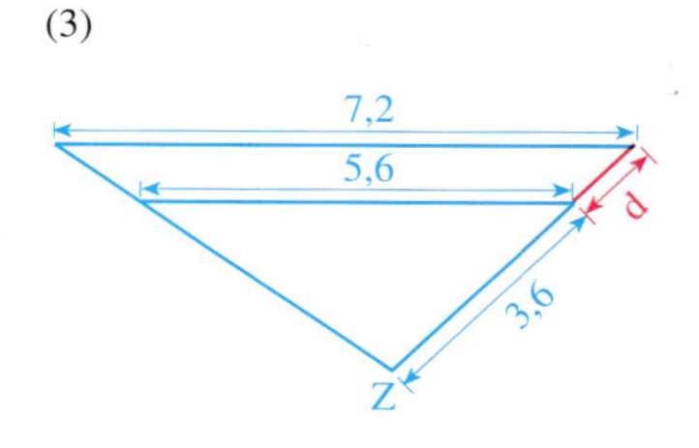

Übungen

8. Von den sechs Längen s_1, s_2, t_1, t_2, p_1 und p_2 sind vier gegeben. Berechne die übrigen Längen.

a) $s_1 = 7{,}2$ cm
$t_1 = 6{,}8$ cm
$t_2 = 10{,}2$ cm
$p_1 = 5{,}4$ cm

b) $s_1 = 4{,}8$ cm
$t_2 = 11{,}0$ cm
$p_1 = 5{,}4$ cm
$p_2 = 9{,}9$ cm

c) $s_2 = 6{,}0$ cm
$t_2 = 7{,}2$ cm
$p_1 = 4{,}9$ cm
$p_2 = 8{,}4$ cm

d) $s_1 = 7{,}7$ cm
$s_2 = 13{,}1$ cm
$t_1 = 4{,}6$ cm
$p_2 = 8{,}2$ cm

t_2 g h t_1 p_1 p_2 s_1 s_2

9. Kontrolliere Lennarts Hausaufgabe.

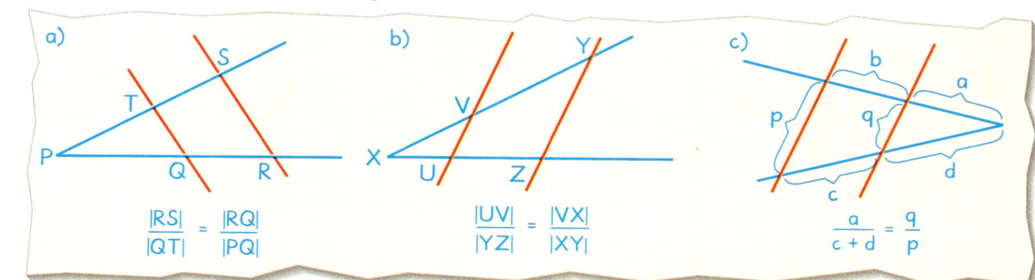

10. Betrachte das Bild zu Aufgabe 14 auf Seite 77. Ergänze aufgrund des 2. Strahlensatzes:

a) $\frac{|AP|}{|BQ|} = \frac{\square}{\square}$ b) $\frac{|BQ|}{|CR|} = \frac{\square}{\square}$ c) $\frac{|AP|}{\square} = \frac{\square}{|ZR|}$ d) $\frac{|ZP|}{\square} = \frac{\square}{|CR|}$

11. Stelle eine Gleichung auf und berechne x.

a) b) c) d)

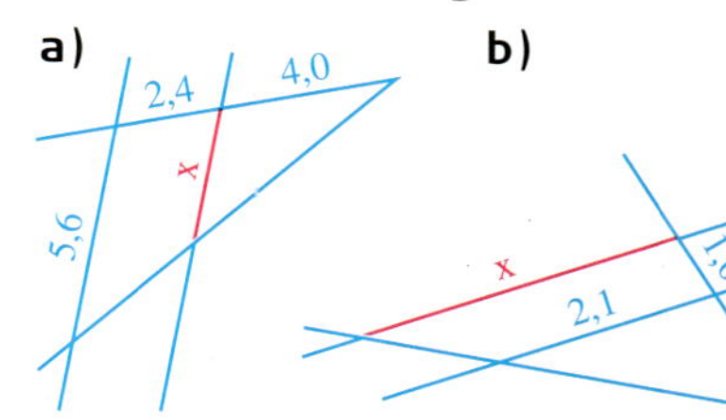

x 2,2 5,2 7,8

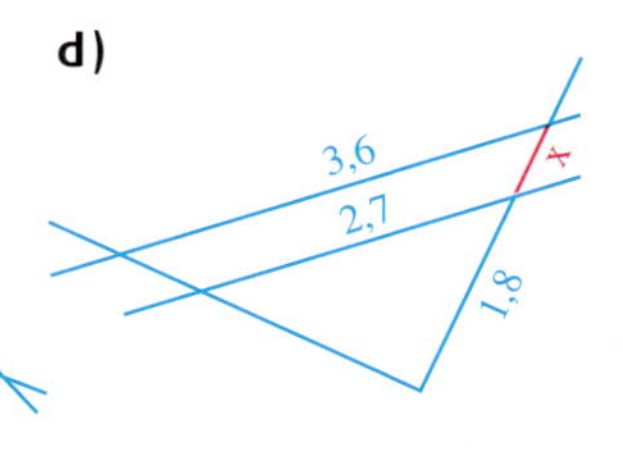

12. Für die Figur rechts gilt BD || EF und BE || DF.
(Siehe auch Aufgabe 15 auf Seite 77.)
Ergänze durch Anwendung des 2. Strahlensatzes:

$\frac{|AB|}{|AC|} = \frac{\square}{\square}$; $\frac{|CD|}{|CF|} = \frac{\square}{\square}$;

$\frac{|BD|}{|AF|} = \frac{\square}{\square}$; $\frac{|BE|}{\square} = \frac{|AB|}{\square}$.

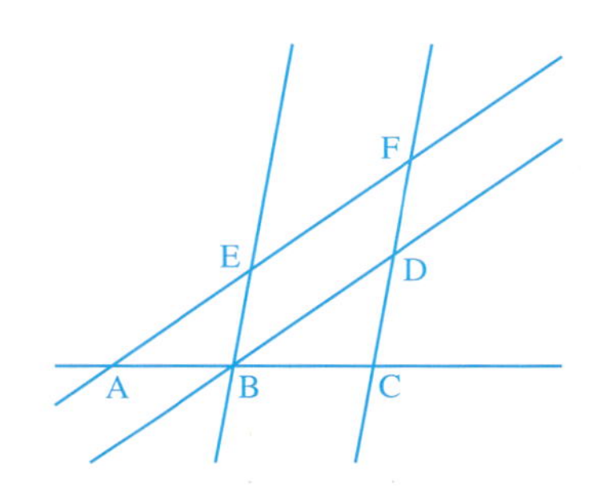

Vermischte Übungen zum 1. und 2. Strahlensatz

1. Berechne das Längenverhältnis (siehe Bild).

a) $\frac{|ZC|}{|ZD|}$ c) $\frac{|AC|}{|BD|}$ e) $\frac{|EF|}{|ZE|}$ g) $\frac{|CD|}{|ZD|}$ i) $\frac{|BF|}{|AE|}$

b) $\frac{|ZE|}{|ZF|}$ d) $\frac{|CE|}{|DF|}$ f) $\frac{|ZC|}{|CD|}$ h) $\frac{|FZ|}{|EZ|}$ j) $\frac{|BD|}{|AC|}$

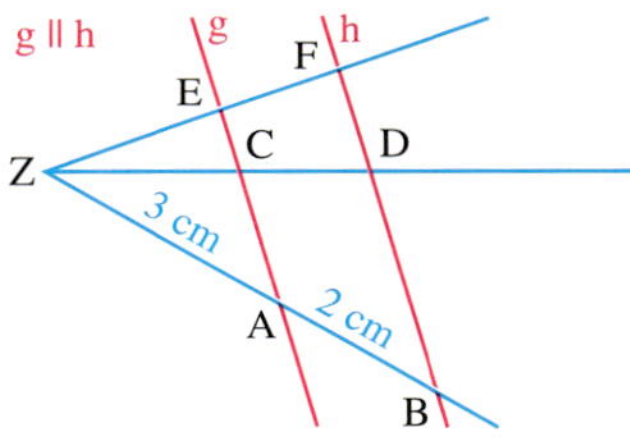

2. a) Bestätige für die Figur mithilfe der Strahlensätze:

(1) $\frac{|AB|}{|BC|} = \frac{|DE|}{|EF|}$ (2) $\frac{|AB|}{|AC|} = \frac{|DE|}{|DF|}$

b) Es sollen |ZA| = 3 cm, |ZD| = 4,5 cm, |ZB| = 2,4 cm, |BC| = 2 cm, |DE| = 1,8 cm und |ZF| = 3,9 cm sein.
Berechne die Längen: |AB|, |ZE|, |EF|, |ZC|.
Überlege eine günstige Reihenfolge für die Berechnung.

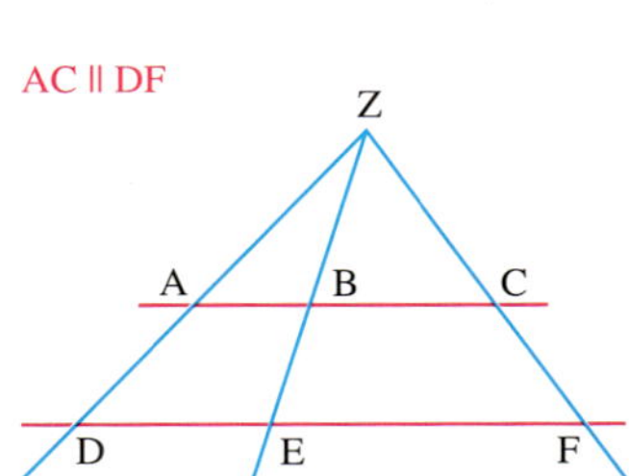

3. a) Bestätige für die Figur mithilfe der Strahlensätze:

(1) $\frac{|ZP|}{|QR|} = \frac{|ZA|}{|BC|}$ (2) $\frac{|PQ|}{|QR|} = \frac{|AB|}{|BC|}$

b) Es sollen |ZP| = 2,7 cm, |QR| = 1,9 cm, |ZA| = 3,5 cm, |PQ| = 2,3 cm, |AP| = 1,8 cm sein.
Berechne die Längen: |BC|, |AB|, |BQ|, |RC|.

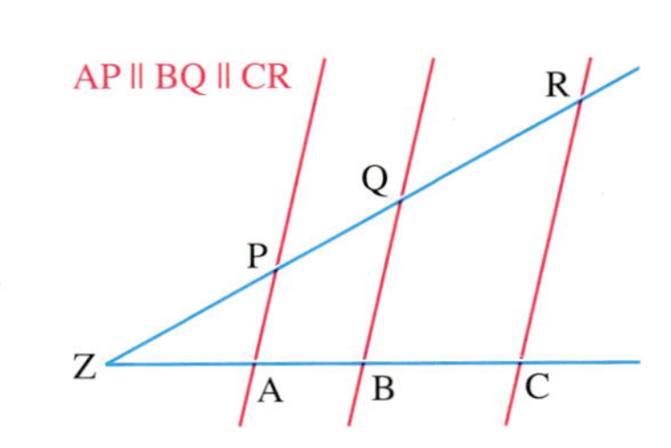

4. Kontrolliere Annas Hausaufgaben.

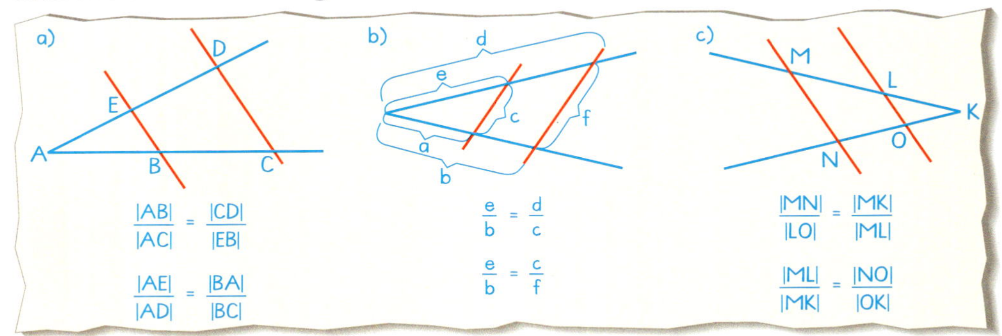

5. In der Figur rechts soll gelten:

(1) AD || HE
(2) HB || GC || FD
(3) m = |AB| = 4,50 cm
n = |BC| = 2,75 cm
r = |BH| = 3,50 cm

Berechne die Länge der roten Strecke $\overline{FD}$.

Findest du verschiedene Wege? Beschreibe sie.

Hinweis: Du kannst auch mit mehr als einer Gleichung arbeiten. Überlege dir dazu unterschiedliche Strahlensatzfiguren.

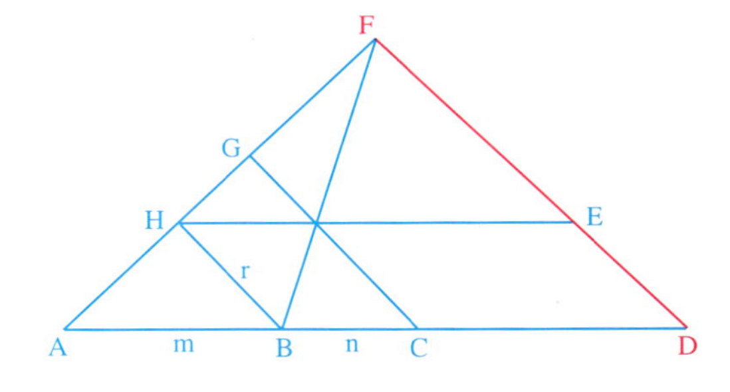

6. Suche in der Figur rechts verschiedene Strahlensatzfiguren. Stelle möglichst viele Gleichungen mithilfe der Strahlensätze auf.

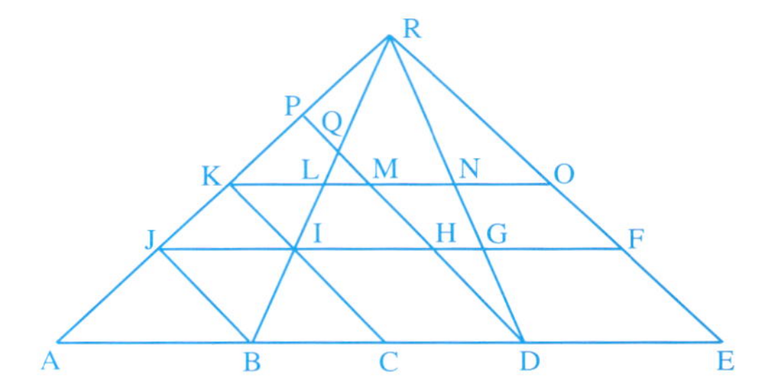

△ Strahlensätze für sich schneidende Geraden

Aufgabe

△ **1.**

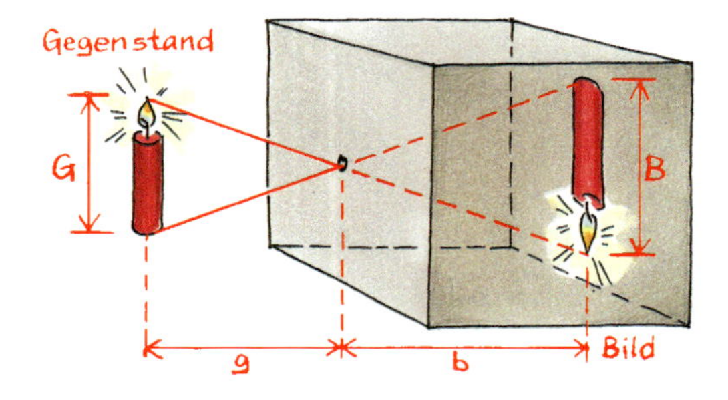

Die Lochkamera ist ein geschlossener Kasten mit einer kleinen Öffnung. Ein Gegenstand, hier eine Kerze, steht vor dem Kasten.

Von dem Gegenstand gehen Lichtstrahlen aus und fallen durch die kleine Öffnung in den Kasten. Auf der Rückwand des Kastens wird ein (umgekehrtes) Bild der Kerze erzeugt.

Die Kerze ist 8 cm groß und steht 20 cm vor der Kamera. Die Rückwand ist 30 cm von der gegenüberliegenden Öffnung entfernt.

Wie groß ist das Bild der Kerze?

Lösung

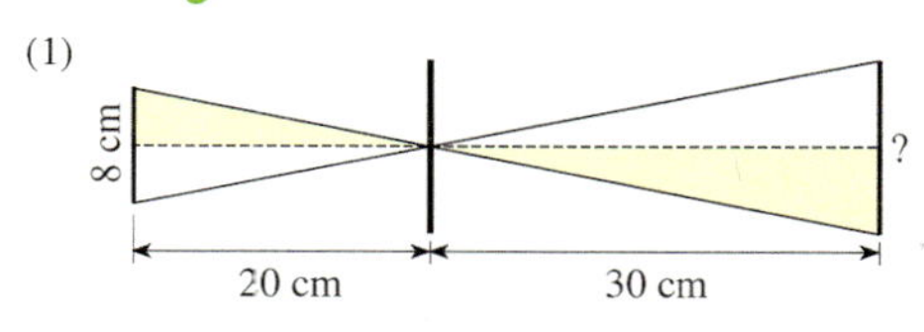

Betrachte die Figuren (1) und (2) links. Die Figur (2) ist nur ein Teil der Figur (1).
In der Figur (2) erkennen wir eine Strahlensatzfigur. Dabei soll x die halbe Höhe des Bildes der Kerze sein.
Nach dem 2. Strahlensatz gilt:

$\frac{x}{4\text{ cm}} = \frac{30\text{ cm}}{20\text{ cm}}$, also

$x = \frac{30\text{ cm}}{20\text{ cm}} \cdot \frac{8\text{ cm}}{2} = 6\text{ cm}$

Ergebnis: Das Bild der Kerze ist 12 cm hoch.

Information

Strahlensätze für sich schneidende Geraden

Die Geraden a und b schneiden sich im Punkt Z. Sie werden von den parallelen Geraden g und h auf verschiedenen Seiten von Z geschnitten. Dann gilt:

$\frac{|ZA_1|}{|ZA_2|} = \frac{|ZB_1|}{|ZB_2|}$ (*1. Strahlensatz*) $\frac{|ZA_1|}{|ZA_2|} = \frac{|A_1B_1|}{|A_2B_2|}$ (*2. Strahlensatz*)

1. Strahlensatz

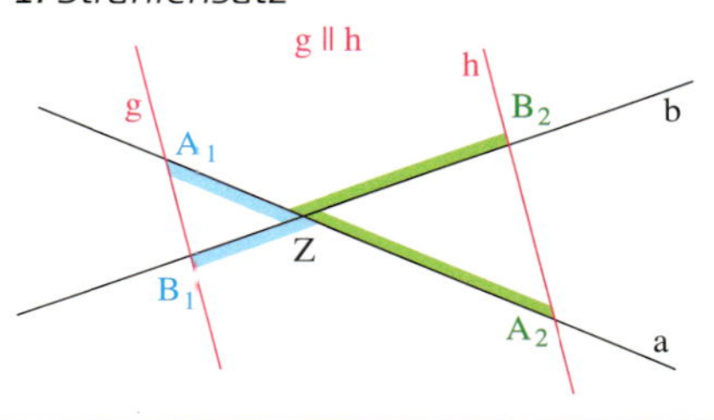

2. Strahlensatz

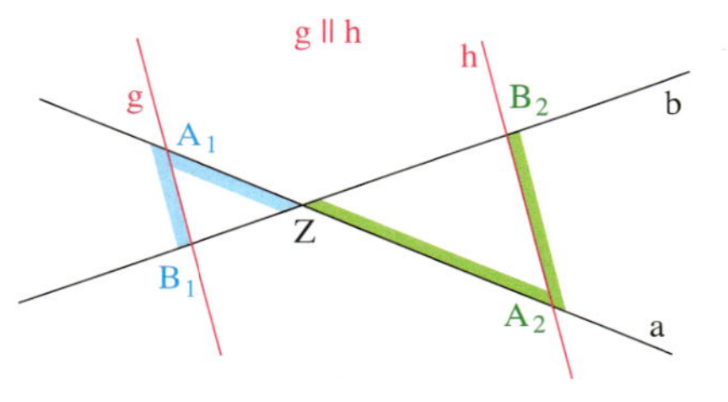

Begründung: Durch eine Halbdrehung um Z wird A_1 auf A'_1, B_1 auf B'_1 und die Gerade g auf g' abgebildet.
Es gilt dann:
(1) g' ∥ g
(2) $|ZA_1| = |ZA'_1|$, $|ZB_1| = |ZB'_1|$ und $|A_1B_1| = |A'_1B'_1|$

Wegen g' ∥ h folgt aus den beiden Strahlensätzen: $\frac{|ZA'_1|}{|ZA_2|} = \frac{|ZB'_1|}{|ZB_2|}$ und $\frac{|ZA'_1|}{|ZA_2|} = \frac{|A'_1B'_1|}{|A_2B_2|}$

Wegen $|ZA'_1| = |ZA_1|$ und $|ZB'_1| = |ZB_1|$ folgt hieraus: $\frac{|ZA_1|}{|ZA_2|} = \frac{|ZB_1|}{|ZB_2|}$ und $\frac{|ZA_1|}{|ZA_2|} = \frac{|A_1B_1|}{|A_2B_2|}$

Übungen

△ **2.** Berechne x (Maße in cm).

a)

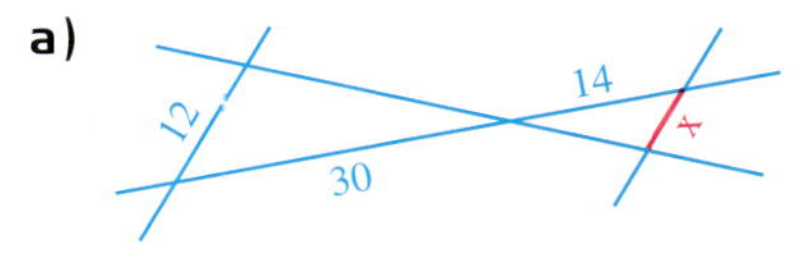

c)

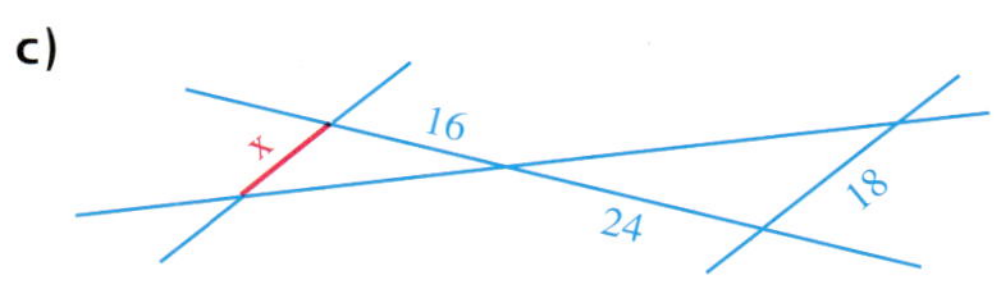

b)

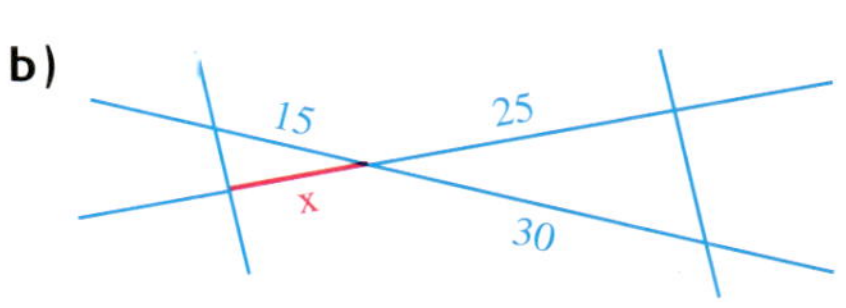

d)

ANWENDEN DER STRAHLENSÄTZE IN EBENEN UND RÄUMLICHEN FIGUREN

Einstieg

Es soll die Entfernung zwischen den beiden Punkten A und D bestimmt werden. Zwischen ihnen liegt jedoch ein See.
Dazu werden bei den Punkten A, B, C, D und E Fluchtstäbe so aufgestellt, dass BC parallel zu DE ist. Es wird gemessen:

$|AC| = 63$ m; $|CE| = 14$ m; $|BD| = 10$ m

→ Bestimme die Entfernung von A und D.

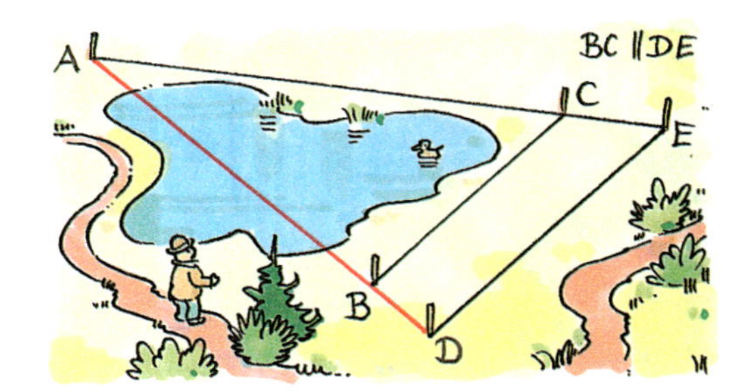

Aufgabe

1. Schon im Altertum hat man die Höhen von Pyramiden durch Messen der Schattenlänge eines Stabes bestimmt.

a) Erläutere die Zeichnung rechts und gib ein Verfahren zur Berechnung der Pyramidenhöhe h an.

b) Berechne die Pyramidenhöhe für folgende Angaben:

Länge der Grundseite: $a = 230$ m
Entfernung des Stabes von der Pyramide: $d = 125$ m
Höhe des Stabes: $h^* = 3$ m
Länge des Schattens des Stabes: $s = 5$ m

Lösung

a) Der Stab wird senkrecht so aufgestellt, dass das Ende seines Schattens mit dem Ende des Pyramidenschattens zusammenfällt. Die Längen a, d, h* und s werden gemessen. Nach dem 2. Strahlensatz gilt:

$$\frac{h}{h^*} = \frac{s + d + \frac{a}{2}}{s}$$

Durch Multiplikation auf beiden Seiten mit h* ergibt sich: $h = h^* \cdot \frac{s + d + \frac{a}{2}}{s}$

b) Wir setzen die gegebenen Werte in die Formel für die Höhe ein, die wir in Teilaufgabe a) aufgestellt haben:

$$h = 3\text{ m} \cdot \frac{5\text{ m} + 125\text{ m} + 115\text{ m}}{5\text{ m}} = 3\text{ m} \cdot \frac{245\text{ m}}{5\text{ m}} = 3\text{ m} \cdot 49 = 147\text{ m}$$

Ergebnis: Die Pyramide ist ungefähr 147 m hoch.

Information

Mithilfe der Strahlensätze kann man in ebenen und räumlichen Figuren die Länge von Strecken berechnen.
Strategie: Man muss eine Strahlensatzfigur auffinden bzw. einzeichnen.

Zum Festigen und Weiterarbeiten

2. Erläutere, wie man bei Sonnenschein mithilfe eines Stabes und eines Maßbandes die Höhe eines freistehenden Turmes bestimmen kann.
Berechne die Turmhöhe für das Beispiel:
s = 2,0 m; b = 3,61 m; d = 28 m
Beschreibe, wie du vorgegangen bist.

Übungen

3. Ein Waldarbeiter bestimmt mithilfe eines *Försterdreiecks* die Höhe eines Baumes.

a) Warum wurde ein Winkel von 45° gewählt?

b) Die Entfernung zum Baum beträgt 21 m.
Wie hoch ist der Baum ungefähr?

Theodolit
Winkelmessgerät

4. Eine Schülergruppe soll während eines Landschulheim-Aufenthaltes die Breite eines Flusses bestimmen. Sie haben weder ein Messband noch einen Theodoliten zur Verfügung. Die Schüler(innen) stellen bei den Punkten A, B, C und D Stäbe auf (siehe Zeichnung). Dazu peilen sie einen Baum am Flussufer an; ferner visieren sie einen sehr weit entfernten, markanten Punkt im Gelände an, um BC||AD zu erreichen.
Die Entfernungen a, b und d ermitteln sie durch Abschreiten:
a = d = 20 Schritte; b = 28 Schritte
Bestimme die Breite des Flusses in Metern. Äußere dich zur Genauigkeit.

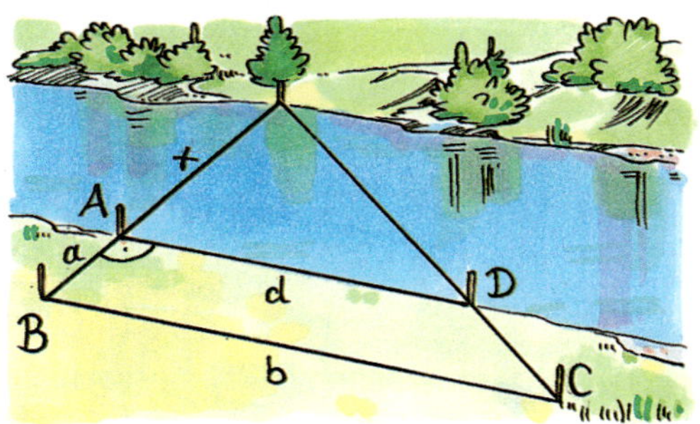

5. Um die Entfernung |AB| zu bestimmen, wurden die Längen |PE| = 96 m, |EA| = 58 m und |EF| = 66 m gemessen.
Berechne die Entfernung von A und B.

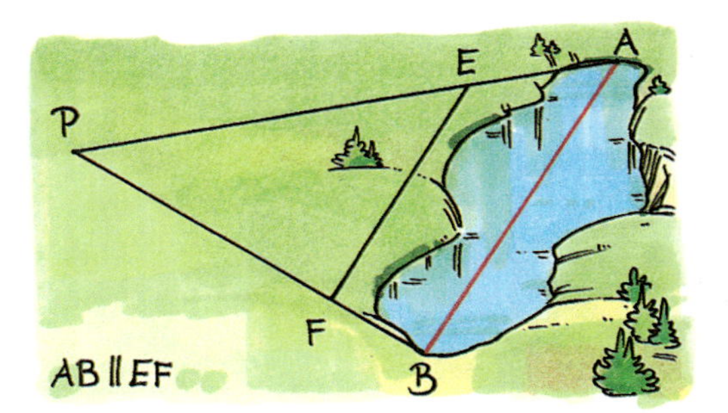

6. Ein senkrecht aufgestellter Stab von 2 m Länge wirft einen 95 cm langen Schatten. Zur gleichen Zeit wirft ein Turm einen Schatten von 10 m Länge.
Wie hoch ist der Turm?

7. In einem 1,20 m hohen Dachstuhl soll eine 80 cm hohe Stütze aufgestellt werden. In welchem Abstand vom Dachstuhlende E ist diese Stütze einzufügen?

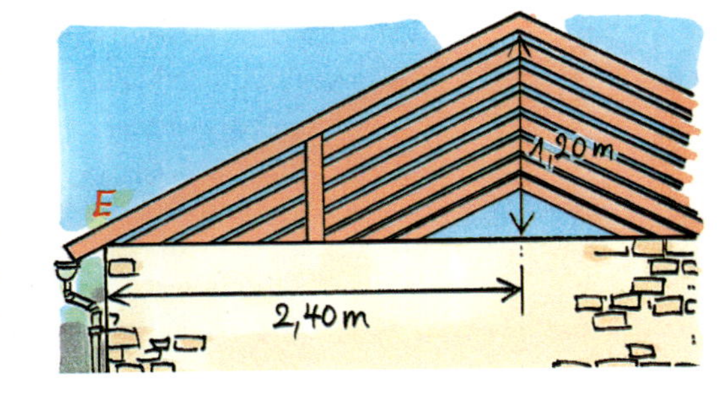

8. Der Mond ist 60 Erdradien (R = 6 370 km) von der Erde entfernt. Hält man einen Bleistift (Durchmesser 7 mm) im Abstand von etwa 78 cm vor das Auge, so ist der Mond gerade verdeckt.
Welchen Durchmesser hat der Mond etwa?
Lege zunächst eine Zeichnung an.

9. Zur Messung einer kleinen Öffnung (z. B. einer Flasche oder des inneren Durchmessers eines Ringes) und zur Messung z. B. einer dünnen Holzplatte verwendet man einen *Messkeil* bzw. einen *Keilausschnitt.*

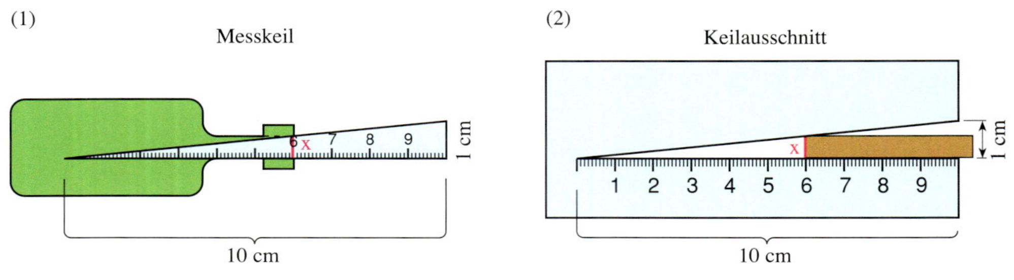

a) Berechne jeweils die Länge x. Erläutere auch die Wirkungsweise der Instrumente.

b) Baue die Instrumente nach und führe Messungen mit ihnen durch.

10. Paul möchte die Höhe eines unzugänglichen Wasserschlosses bestimmen. Dazu stellt er einen 3,50 m langen Stab so auf, dass die Schattenspitzen des Turms und die des Stabes zusammenfallen (siehe Skizze). Er misst die einzige Strecke, die zugänglich ist und trägt sie in seiner Planfigur ein.
Beim Nachdenken über eine mögliche Lösung wandert der Schatten des Schlosses. Plötzlich fällt er genau auf den Punkt, an dem der Stab im Boden steckt. Paul muss nun den Stab genau um 12,30 m versetzen, um die ursprüngliche Situation wiederzuerhalten. (Beide Schatten fallen aufeinander.)

a) Zeichne eine Planfigur, die diesen Sachverhalt beschreibt und trage alle bekannten Streckenlängen ein.

b) In welcher Tageshälfte hat Paul seine Messungen vorgenommen?
Wie musste Paul vorgehen, wenn er das Problem in der anderen Tageshälfte lösen wollte?

c) Berechne die Höhe des Wasserschlosses.

▲ **11.** Die Abbildung zeigt einen Proportionalzirkel. Er wird zum Verkleinern oder Vergrößern einer Strecke verwendet.
Erläutere seine Wirkungsweise.

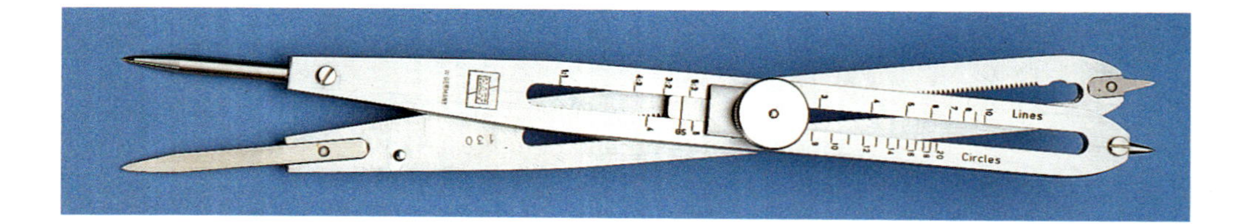

VERMISCHTE UND KOMPLEXE ÜBUNGEN

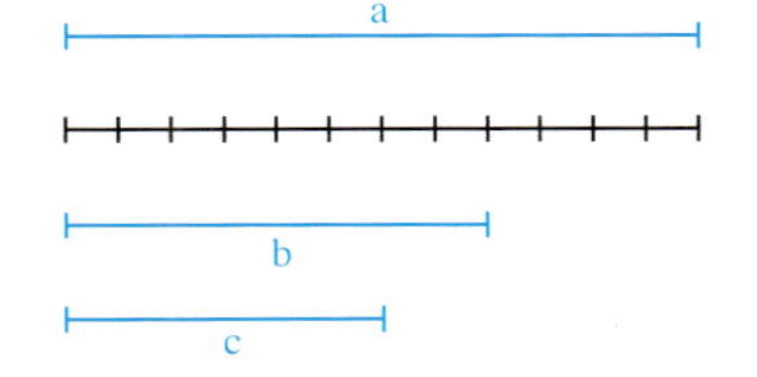

1. Entnimm der Zeichnung das Längenverhältnis.

a) $\frac{b}{a}$ **c)** $\frac{c}{a}$ **e)** $\frac{b+c}{a}$ **g)** $\frac{b}{a+c}$

b) $\frac{a}{b}$ **d)** $\frac{b}{c}$ **f)** $\frac{b-c}{a}$ **h)** $\frac{b}{a-c}$

2. Zeichne zwei Strecken $\overline{AB}$ und $\overline{CD}$, für deren Längenverhältnis $\frac{|AB|}{|CD|}$ gilt:

a) 4 : 3 **b)** 3 : 5

3. Für das Längenverhältnis zweier Strecken gilt: b : a = 4 : 7.
Berechne die Länge a für:

a) b = 12 cm **b)** b = 36 cm **c)** b = 44 mm **d)** b = 60 m

4. Je nach Verwendungszweck wählt man bei der Herstellung von Zeichnungen oder Karten einen geeigneten Maßstab (siehe Tabelle).

Maßstab	Verwendung
1 : 10	Möbelzeichnung
1 : 100	Bauplan
1 : 2500	Flurkarte
1 : 10 000	Stadtplan
1 : 25 000	Wanderkarte
1 : 35 000	Wanderkarte
1 : 100 000	Fahrradkarte
1 : 200 000	Autokarte

a) Auf einer Autokarte beträgt die Entfernung zwischen Hassloch und Weingarten (Pfalz) 6,5 cm.
Wie groß ist diese Entfernung auf einer Fahrradkarte?

b) Der Grundriss eines Hauses ist auf einem Bauplan 17,4 cm lang und 10,5 cm breit.
Welche Maße hat das Haus auf einer Flurkarte?

c) Stelle selbst geeignete Aufgaben und löse sie.

5. a) Durch die Punkte A(−5|0) und A′(−8|−9) sowie B(1|3) und B′(4|−3) im Koordinatensystem (Einheit 1 cm) ist eine zentrische Streckung festgelegt.
Konstruiere das Bild von C(−2|5); zeichne die beiden Dreiecke ABC und A′B′C′.

b) Das Viereck ABCD mit A(4|−6), B(6|−6), C(6|−4) und D(4|−4) wird durch eine zentrische Streckung abgebildet auf das Viereck A′B′C′D′ mit A′(1|−9) und D′(1|−1). Gib die Koordinaten von Z an. Ermittle den Streckfaktor k und konstruiere die Bildfigur.

6. Zeichne zu einem beliebigen Dreieck ABC das Mittendreieck PQR (P, Q und R sind die Mittelpunkte der Seiten $\overline{BC}$, $\overline{CA}$ und $\overline{AB}$). Bestimme in der Figur Paare von Dreiecken, die man durch eine zentrische Streckung aufeinander abbilden kann.

7. Untersuche, ob es eine zentrische Streckung gibt, die die Figur F auf die Figur G abbildet. Falls ja, zeichne das Streckzentrum ein und bestimme den Streckfaktor.

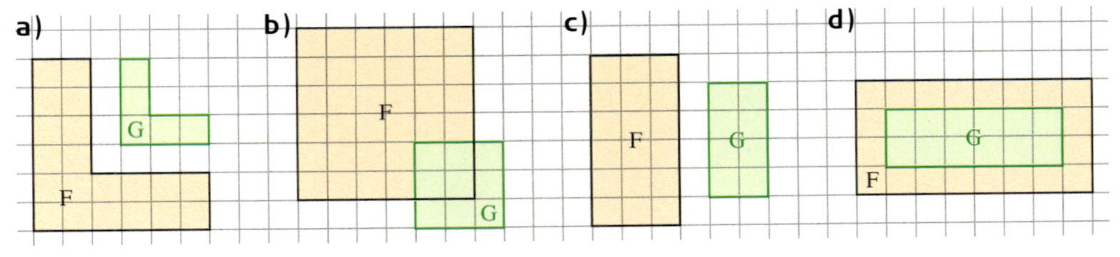

8. Gib folgendes Längenverhältnis an; miss dazu.

a) $\frac{a}{c}$ **c)** $\frac{g}{h}$ **e)** $\frac{e}{c}$ **g)** $\frac{j}{i}$

b) $\frac{d}{f}$ **d)** $\frac{e}{e+f}$ **f)** $\frac{a+b}{c+d}$ **h)** $\frac{c+d}{d}$

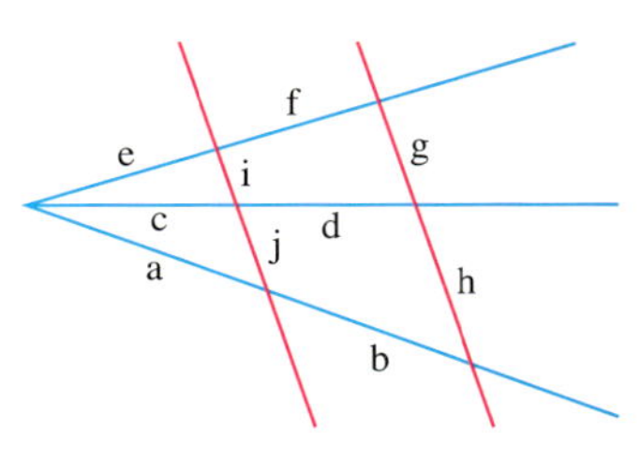

9. Ergänze aufgrund eines Strahlensatzes zu einer wahren Aussage.

a) $\frac{|ZD|}{|ZE|} = \frac{\square}{\square}$ **d)** $\frac{|ZA|}{|AB|} = \frac{\square}{\square}$ **g)** $\frac{|FC|}{\square} = \frac{\square}{|ZB|}$

b) $\frac{|ZA|}{|ZB|} = \frac{\square}{\square}$ **e)** $\frac{|ZC|}{\square} = \frac{\square}{|ZD|}$ **h)** $\frac{|ZC|}{\square} = \frac{\square}{|DF|}$

c) $\frac{|AD|}{|EB|} = \frac{\square}{\square}$ **f)** $\frac{\square}{|ZB|} = \frac{|ZF|}{\square}$ **i)** $\frac{|DA|}{|CF|} = \frac{\square}{\square}$

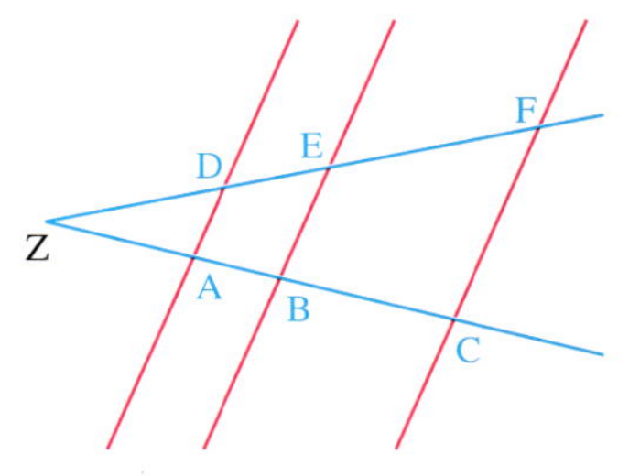

10. Gegeben ist ein Dreieck ABC mit a = 4 cm, b = 3 cm und c = 5,5 cm. Ein zu ABC ähnliches Dreieck A′B′C′ hat den Umfang u′ = 25 cm.
Wie lang sind die Seiten von A′B′C′?
Gib das Verhältnis der Flächeninhalte der Dreiecke ABC und A′B′C′ an.

11. Berechne die Längen der rot markierten Strecken (Maße in cm).

a)

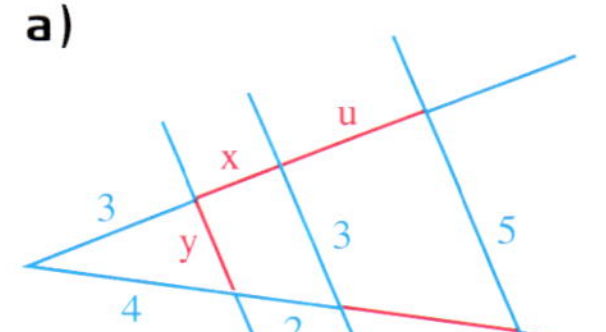

b)

△ **c)**

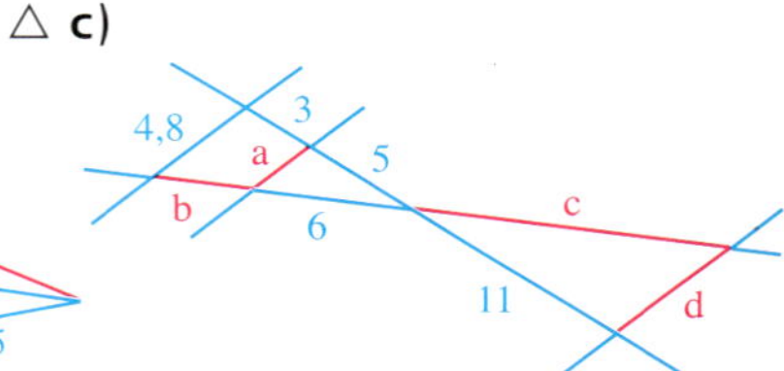

12. Die Flächeninhalte zweier zueinander ähnlicher Vielecke verhalten sich wie

a) 4 : 1; **b)** 16 : 9; **c)** 4 : 5.

In welchem Verhältnis stehen die Seiten zueinander?

△ **13.** Die Seite $\overline{AB}$ des Dreiecks ABC ist 6 cm lang, die Seite $\overline{A'B'}$ von Dreieck A′B′C′ 4 cm. Der Flächeninhalt des Dreiecks A′B′C′ beträgt 12 cm^2.
Wie groß ist der Flächeninhalt des Dreiecks ABC?

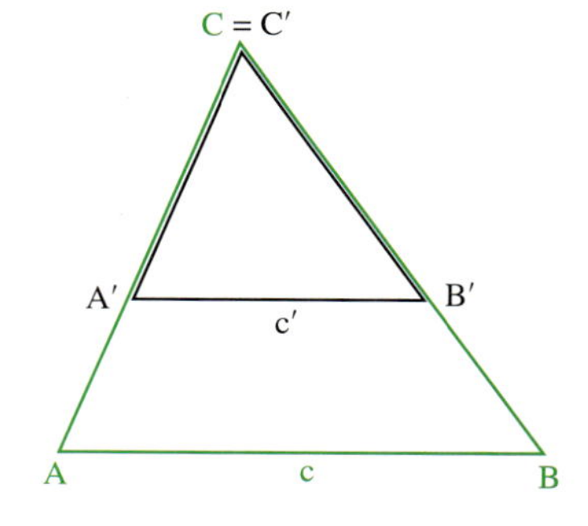

△ **14.**

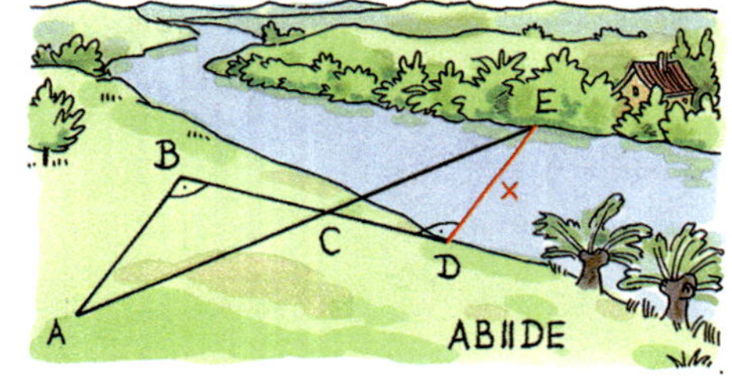

Um die Breite |DE| eines Flusses zu bestimmen, werden die Punkte A, B, C, D und E wie im Bild abgesteckt ($\overline{AB} \| \overline{DE}$) und folgende Strecken gemessen:

|BC| = 48 m; |AB| = 84 m; |CD| = 43 m

Wie breit ist der Fluss?

15. In einer Bauzeichnung mit dem Maßstab 1 : 50 ist ein Zimmer 66 cm^2 groß. Wie groß ist es in Wirklichkeit?

16. 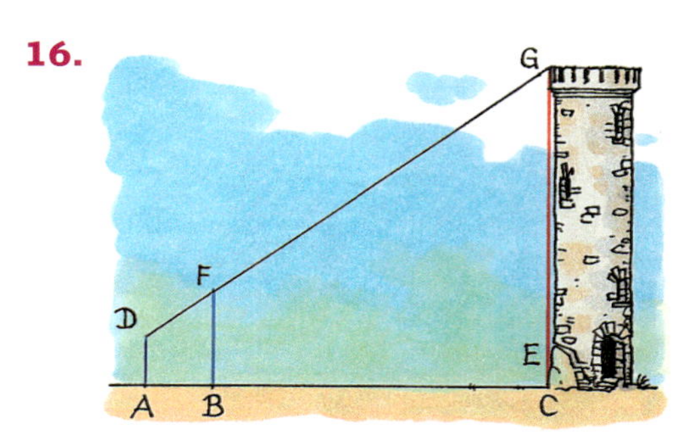

Um die Höhe eines Turmes zu bestimmen, werden ein 1,60 m langer und ein 2,40 m langer Stab so aufgestellt, dass man über sie den oberen Rand des Turmes anpeilen kann.
Man misst dann den Abstand der beiden Stäbe und den Abstand des längeren Stabes vom Turm und erhält:

$|AB| = 1{,}60$ m; $|BC| = 98$ m

Berechne die Höhe des Turmes.

17. In dem Trapez ABCD ist $DC \| FE \| AB$, ferner $|AB| = 7$ cm, $|DC| = 4$ cm, $|BE| = 2$ cm und $|EC| = 1$ cm.
Wie lang ist die Strecke $\overline{EF}$?

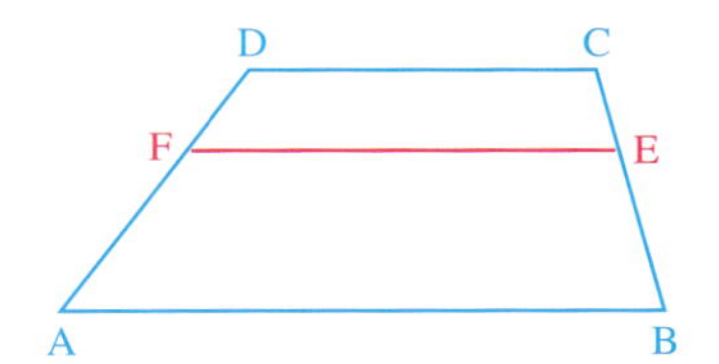

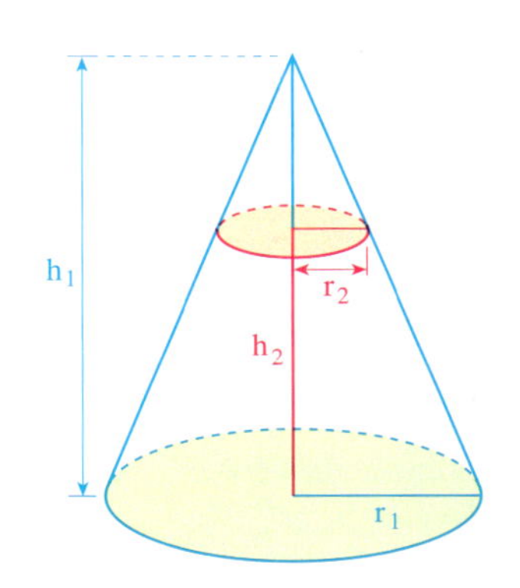

18. Gegeben ist ein Kegel mit dem Radius $r_1 = 5$ cm der Grundfläche und der Höhe $h_1 = 12$ cm.
In welcher Höhe h_2 (von der Grundfläche) muss der Kegel abgeschnitten werden, damit die Schnittfläche den Radius

a) $r_2 = 2$ cm, **b)** $r_2 = 1$ cm, **c)** $r_2 = 4$ cm hat?

19. Von zwei zueinander ähnlichen Dreiecken ABC und A'B'C' sind die Seitenlängen $c = 4$ cm und $c' = 6$ cm bekannt. Der Flächeninhalt von Dreieck A'B'C' beträgt 36 cm^2.
Wie groß ist der Flächeninhalt des Dreiecks ABC?

20. Auf einer Insel in einem See steht ein Turm T. Es soll die Entfernung des Turmes von einem Punkt C des Ufers bestimmt werden. Dazu werden die Längen $|RS| = 36$ m, $|RC| = 40$ m und $|CD| = 24$ m gemessen.
Berechne die Entfernung von C und T.

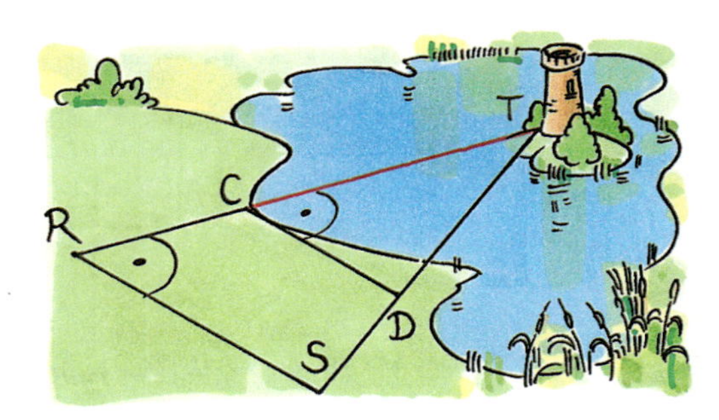

21. Beim Bau freispannender Hallen verwendet man für die Dachkonstruktion so genannte Fachwerkträger. Die senkrechten Stützstäbe stehen im gleichen Abstand. Stelle selbst geeignete Aufgaben und löse sie.

22. Ein im Bau befindliches Hochhaus ist von einem 5,50 m hohen Bretterzaun umgeben. Dieser ist 45,50 m vom Bauwerk entfernt. Julian steht 10,50 m vor dem Zaun und sieht die oberen vier Etagen. Wenn er 1,50 m näher an den Zaun rückt sieht er nur noch die oberen drei Etagen des Hochhauses. Julian's Augenhöhe beträgt 1,70 m.
Wie hoch ist das Hochhaus?

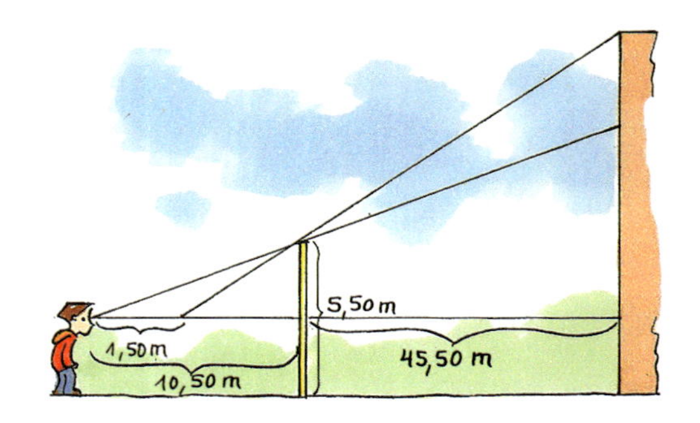

23. Das gleichschenklige Trapez ABCD hat die folgenden Maße:
$|AB| = 4{,}5$ cm; $|AM| = 2{,}8$ cm;
$|DM| = 1{,}6$ cm

a) Berechne die Seitenlänge $|DC|$.

b) Zeichne die Höhe des Trapezes durch den Punkt M ein. In welchem Verhältnis teilt M diese Höhe?

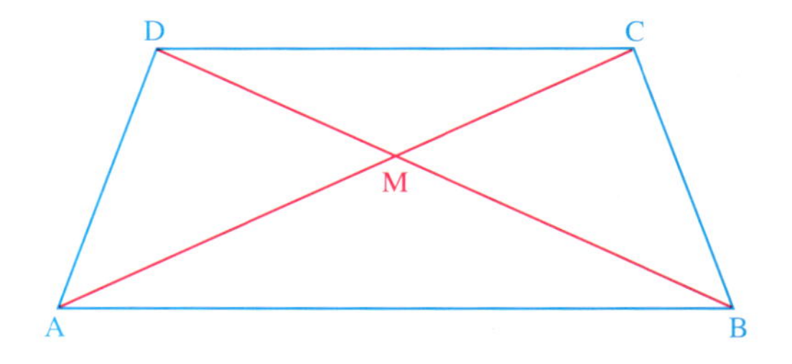

24. Konstruiere, ohne zu rechnen, ein Dreieck ABC aus:

a) $\alpha = 65°$; $a = 3$ cm; $b : c = 3 : 2$

b) $\alpha = 125°$; $\gamma = 37°$; $c = 6{,}4$ cm

c) $b : c = 9 : 7$; $\beta = 128°$; $c = 6{,}4$ cm

d) $b : c = 9 : 7$; $\alpha = 128°$; $h_b = 3$ cm

e) $c : a = 2 : 3$; $\alpha = 100°$; $h_b = 5$ cm

f) $\alpha = 125°$; $\gamma = 37°$; $h_b = 5$ cm

25. **a)** Konstruiere ein rechtwinkliges Dreieck ABC ($\gamma = 90°$) mit $a : b = 2 : 3$; $h_c = 2{,}5$ cm.

b) Konstruiere ein gleichschenkliges Dreieck ABC ($a = b$) aus $a : c = 5 : 3$; $h_c = 3$ cm.

26. Strecke einen Arm aus und visiere den Daumen zunächst mit dem linken Auge, dann mit dem rechten Auge an. Du bemerkst, dass der Daumen einen „Sprung" macht. Diese Tatsache benutzt man, um Entfernungen in der Landschaft zu schätzen (*Daumensprungmethode*).
Verwende in den folgenden Aufgaben als Armlänge $a = 64$ cm und als Pupillenabstand $p = 6$ cm.

a) Ein Wanderer sieht ein Schloss. Er weiß, es ist 65 m breit. Der Daumen springt gerade von einer zur anderen Seite. Wie weit ist er vom Schloss entfernt?

b) Eine Wanderin sieht in der Ferne zwei Burgen, die auf gleicher Höhe liegen. Sie ist von der einen Burg 15 km entfernt. Der Daumen springt gerade von der einen zur anderen Burg.
Wie weit liegen beide Burgen auseinander?

c) Sucht Gebäude o. Ä. in eurer Umgebung und bestimmt mit der Daumensprungmethode die Entfernungen. Berichtet über eure Ergebnisse.

27. Tanjas Daumen ist 2 cm breit. Hält sie den Daumen 45 cm von einem Auge entfernt (das andere Auge geschlossen), so ist gerade ein Fußballtor (7,32 m breit) verdeckt.
Wie weit ist Tanja vom Tor entfernt? Zeichne.

BIST DU FIT?

1. Gib die Luftlinienentfernung der beiden Orte an (Maßstab 1 : 17 500 000).

a) Hannover – Köln
b) Brüssel – Bremen
c) Wien – Berlin
d) Frankfurt/Main – Straßburg
e) Bonn – Berlin
f) Dortmund – Stettin
g) Köln – Zürich
h) Stuttgart – Dresden
i) München – Prag

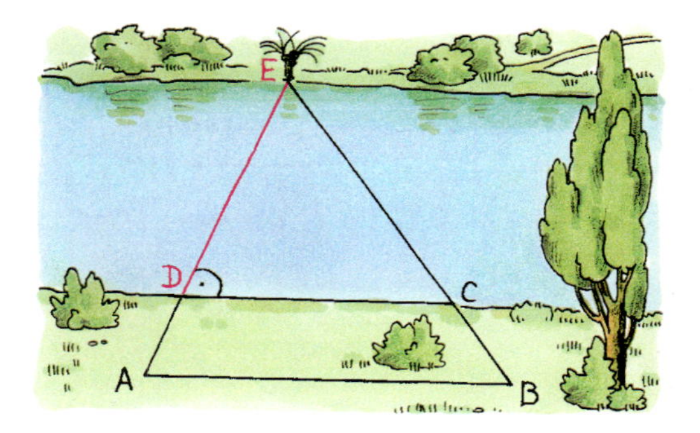

2. Um die Breite eines Flusses zu bestimmen, werden die Punkte D, C, A und B wie im Bild abgesteckt. Es wird gemessen: $|DC| = 25$ m; $|AB| = 35$ m; $|AD| = 21$ m
Wie breit ist der Fluss?

3. Gegeben ist ein Parallelogramm ABCD mit $a = 3{,}6$ cm; $d = 2{,}4$ cm; $\alpha = 55°$. Zeichne ein dazu ähnliches Parallelogramm, dessen längere Seite beträgt:

a) 7,2 cm **b)** 4,2 cm **c)** 2,4 cm

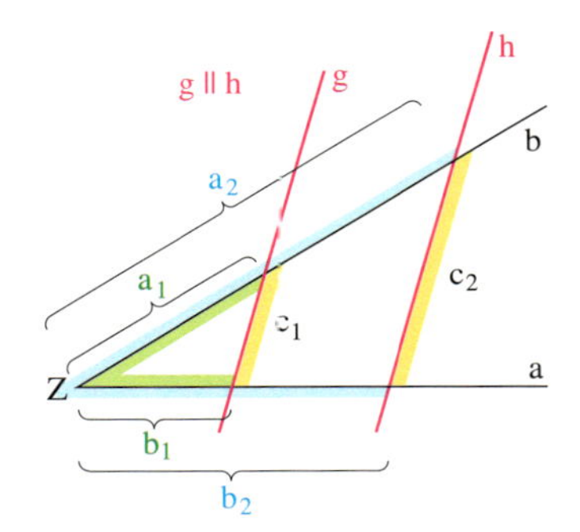

4. Von den sechs Längen a_1, a_2, b_1, b_2, c_1 und c_2 sind vier gegeben. Berechne die beiden fehlenden Längen.

a) $a_1 = 13{,}8$ cm; $b_1 = 4{,}6$ cm; $b_2 = 5{,}1$ cm; $c_1 = 2{,}3$ cm
b) $a_2 = 18{,}0$ cm; $b_2 = 0{,}9$ cm; $c_1 = 6{,}3$ cm; $c_2 = 4{,}5$ cm
c) $a_2 = 3{,}0$ m; $b_1 = 6{,}4$ m; $b_2 = 2{,}4$ m; $c_2 = 0{,}9$ m
d) $a_1 = 10{,}4$ km; $b_2 = 2{,}4$ km; $c_1 = 5{,}6$ km; $a_2 = 2{,}8$ km
e) $a_1 = 5{,}4$ mm; $a_2 = 3{,}6$ mm; $b_1 = 6{,}3$ mm; $c_2 = 8{,}4$ mm
f) $a_1 = 7{,}2$ dm; $a_2 = 1{,}8$ dm; $b_2 = 4{,}6$ dm; $c_1 = 13{,}6$ dm

5. Gegeben ist ein Dreieck ABC mit den angegebenen Größen. Konstruiere ein dazu ähnliches Dreieck A'B'C' mit $a' = 6$ cm. Gib auch den Ähnlichkeitsfaktor an.

a) $\beta = 25°$; $\gamma = 70°$; $a = 5$ cm
b) $a = 7$ cm; $b = 5$ cm; $c = 4$ cm
c) $a = 4$ cm; $c = 6$ cm; $\beta = 75°$
d) $a = 5$ cm; $b = 3$ cm; $\alpha = 39°$

6. Der Schatten eines 1,30 m hohen senkrecht aufgestellten Stabes ist 1,56 m lang. Ein Baum wirft zur selben Zeit einen 12,75 m langen Schatten. Wie hoch ist der Baum?

7. Zeichne im Koordinatensystem (Einheit 1 cm) das Dreieck ABC mit A(–3|1), B(5|2) und C(0|5). Konstruiere das Bilddreieck bei der zentrischen Streckung mit Z(0|1) und $k = \frac{1}{2}$.

4 Zufällige Ereignisse und ihre Wahrscheinlichkeiten

Maximilian muss auf seinem Weg zur Schule zwei Straßen überqueren und dabei das Ampelsignal beachten.

Manchmal, wenn er es besonders eilig hat, zeigen beide Ampeln Rot. An anderen Tagen lässt er sich Zeit, weil es viel zu sehen gibt, und trotzdem zeigen beide Ampeln Grün.
Es scheint also vom Zufall abzuhängen, ob Maximilian bei Grün oder bei Rot an einer Ampel ankommt.

- → Was kommt öfter vor: *Beide Ampeln zeigen Rot* oder *Beide Ampeln zeigen Grün*?
- → Vermute, wie oft es vorkommt, dass er zweimal hintereinander Rot hat.
- → Wie kannst du mit einem Würfel den Vorgang mit den unterschiedlich eingestellten Ampeln simulieren?

Maximilian muss zweimal nacheinander die Ampel beachten; dabei hängt es vom Zufall ab, ob sie Rot oder Grün für ihn zeigt. Hier liegt ein mehrstufiges Zufallsexperiment vor.

In diesem Kapitel lernst du ...
... wie man Wahrscheinlichkeiten für zufällige Ereignisse auch bei mehrstufigen Zufallsexperimenten berechnen kann.

ZUFALL UND WAHRSCHEINLICHKEIT

Wahrscheinlichkeit von Ereignissen

Zum Wiederholen

1. a) Der abgebildete Zylinder besteht aus Holz. Die Grundflächen sind rot und gelb, der Mantel ist weiß. Mit dem Zylinder kannst du wie mit einem normalen Würfel würfeln.
In einer Versuchsreihe von 250 Würfen wurde 94mal **Weiß** gewürfelt.
Gib sinnvolle Schätzwerte für die Wahrscheinlichkeiten aller Ergebnisse an.
Begründe die Schätzwerte.

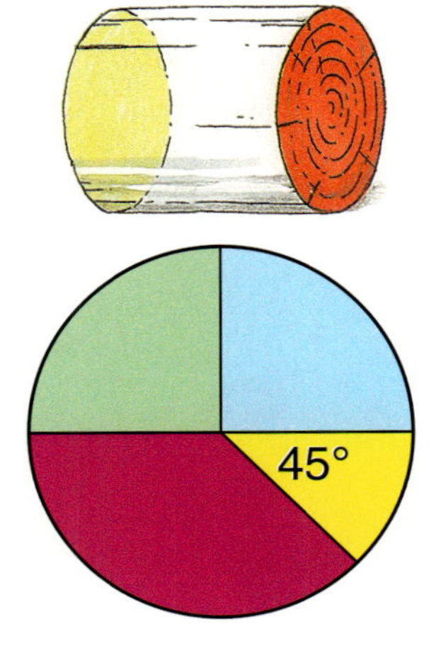

b) Wie groß ist die Wahrscheinlichkeit, mit einem Würfel
(1) eine *Sechs*, (2) eine *Primzahl* zu werfen?

c) Das Glücksrad rechts wird gedreht.
Wie groß ist die Wahrscheinlichkeit für das Ereignis **Blau** oder **Rot**?

Lösung

a) Der Versuchsreihe entnehmen wir:
relative Häufigkeit für **Weiß** = $\frac{94}{250}$ = 0,376 = 37,6 %

Da sich bei langen Versuchsreihen die relative Häufigkeit eines Ergebnisses seiner Wahrscheinlichkeit annähert und aus Symmetriegründen die Wahrscheinlichkeiten für **Rot** und **Gelb** gleich groß sein müssen, sind für die Wahrscheinlichkeiten die folgenden Schätzwerte gerechtfertigt:

(1) P(Weiß) ≈ 0,38 = 38 % (2) P(**Rot**) = P(**Gelb**) = [100 % − P(**Weiß**)] : 2 ≈ 31 %

*P (**Weiß**) = Wahrscheinlichkeit für **Weiß***

b) S = {1; 2; 3; 4; 5; 6} ist die Menge aller möglichen Ergebnisse beim Werfen eines Würfels.
Da alle Ergebnisse gleichwahrscheinlich sind, gilt: P(Sechs) = $\frac{1}{6}$ ≈ 17 %.
Zu dem Ereignis *Primzahl* gehört die Menge E = {2; 3; 5}.
Wir erhalten: $P(\textit{Primzahl}) = \frac{\text{Anzahl der günstigen Ergebnisse}}{\text{Anzahl der möglichen Ergebnisse}} = \frac{3}{6} = 0{,}5 = 50\,\%$.

c) Der Anteil des Kreissektors am Vollkreis bzw. des entsprechenden Mittelpunktswinkels am Vollwinkel gibt die Wahrscheinlichkeit für die entsprechende Farbe an. Somit gilt:
P(**Blau**) = $\frac{90°}{360°}$ = 0,25 = 25 % und P(**Rot**) = $\frac{135°}{360°}$ = 0,375 = 37,5 %
Mit der Summenregel für Ereignisse erhalten wir:
P(**Blau** oder **Rot**) = P(**Blau**) + P(**Rot**) = 25 % + 37,5 % = 62,5 %

Wiederholung

(1) Zufallsexperimente

Bei einem **Zufallsexperiment** kann man nicht vorhersagen, welches **Ergebnis** eintritt; es hängt vom Zufall ab. Alle **möglichen Ergebnisse** werden zu der **Ergebnismenge S** des Zufallsexperiments zusammengefasst.

Beispiele: Werfen eines Würfels: S = {1; 2; 3; 4; 5; 6}
Werfen einer Münze: S = {Wappen, Zahl}

(2) Laplace-Experiment

Zufallsexperimente, bei denen alle möglichen Ergebnisse die gleiche Chance haben, heißen **Laplace-Experimente**. Besitzt solch ein Laplace-Experiment n mögliche Ergebnisse, so gilt:

Wahrscheinlichkeit eines Ergebnisses = $\frac{1}{n}$

So beträgt z.B. die Wahrscheinlichkeit, mit einem Würfel eine bestimmte Zahl zu würfeln: $\frac{1}{6}$.

(3) Wahrscheinlichkeit und relative Häufigkeit

Die **Wahrscheinlichkeit** eines Ergebnisses gibt an, welche **relative Häufigkeit** man bei häufiger Versuchsdurchführung für dieses Ergebnis erwarten kann.
Ist ein Zufallsexperiment kein Laplace-Experiment, so kann man die Wahrscheinlichkeit eines Ergebnisses mit langen Versuchsreihen einigermaßen genau abschätzen. Dabei gilt:

Wahrscheinlichkeit ≈ relative Häufigkeit

(4) Wahrscheinlichkeit bei Glücksrädern

Bei Glücksrädern gibt der Anteil des Kreissektors am Vollkreis die Wahrscheinlichkeit des zugehörigen Ergebnisses an. Für das Glücksrad links gilt:
Wahrscheinlichkeit für Rot = $\frac{1}{4}$ = 25 %.

Dies bedeutet: Wird das Glücksrad häufig gedreht, so erwartet man in etwa einem Viertel der Fälle das Ergebnis Rot.

(5) Wahrscheinlichkeit von Ereignissen, Summenregel

Ergebnisse eines Zufallsexperiments kann man zu **Ereignissen** zusammenfassen und durch die **Ereignismenge E** angeben. Beim Werfen eines Würfels wird das Ereignis *ungerade Augenzahl* z.B. durch die Ereignismenge E = {1; 3; 5} angegeben.

Die **Wahrscheinlichkeit eines Ereignisses E** kürzen wir mit P(E) ab. P(E) erhält man, indem man die Summe der Wahrscheinlichkeiten der zugehörigen Ergebnisse bildet.
Diese Summenregel führt bei Laplace-Experimenten zu der **Laplace-Regel**:

$$P(E) = \frac{\text{Anzahl der für das Ereignis günstigen Ergebnisse}}{\text{Anzahl der möglichen Ergebnisse}}$$

Diese Regel wendet man z.B. auch beim Ziehen einer Kugel aus einem Gefäß an. Für die Wahrscheinlichkeit, aus dem abgebildeten Gefäß eine rote Kugel zu ziehen, gilt:

$$P(\textit{rote Kugel}) = \frac{\text{Anzahl der roten Kugeln}}{\text{Anzahl aller Kugeln}} = \frac{3}{10} = 30\,\%$$

Übungen

2. Was ist sicher, was ist sehr wahrscheinlich, was ist weniger wahrscheinlich, was ist Können? Begründe.

(1) Thilo würfelt 3mal hintereinander eine Sechs.
(2) Vera räumt beim Kegeln mit einem Wurf alle Neun ab.
(3) Daniels Vater gewinnt nicht im Lotto.
(4) Wasser gefriert bei 0 °C.
(5) Mechthild schreibt eine gute Deutscharbeit.
(6) Der 1. FC Köln gewinnt gegen Schalke 04.

3. Gib jeweils die Menge an, die beim Werfen eines regelmäßigen Würfels zu den folgenden Ereignissen gehören, und bestimme die zugehörige Wahrscheinlichkeit.
(1) Die Augenzahl ist gerade.
(2) Die Augenzahl ist durch 3 teilbar.
(3) Die Augenzahl ist kleiner als 4.
(4) Die Augenzahl ist durch 2 und 3 teilbar.
(5) Die Augenzahl ist durch 2 oder 3 teilbar.
(6) Die Augenzahl ist durch 2 und 5 teilbar.

4. Aus einem Gefäß mit 5 weißen, 4 gelben und 7 roten Kugeln wird [mit verbundenen Augen] eine Kugel gezogen.

a) Wie groß ist die Wahrscheinlichkeit, dass diese Kugel
(1) gelb ist; (2) rot oder weiß ist; (3) nicht rot ist?

b) Zeichne ein Glücksrad mit den gleichen Wahrscheinlichkeiten.

5. Aus einem Behälter mit insgesamt 20 roten, blauen und grünen Kugeln wird verdeckt eine Kugel gezogen und wieder zurückgelegt. Dieses Zufallsexperiment wurde mehrmals wiederholt. In der Tabelle siehst du die Ergebnisse. Schätze, wie viele Kugeln von jeder Farbe in dem Behälter sind. Begründe deine Schätzwerte.

rot	blau	grün
54	28	68

6. Ein Elektromarkt erhält eine Lieferung von 1 200 Energie-Sparlampen. Bei einer Qualitätskontrolle wurden 400 Lampen aus dieser Produktserie nach dem Zufallsprinzip ausgesucht und überprüft. 5 Lampen der Stichprobe waren defekt.

a) Wie viele defekte Lampen sind schätzungsweise in der Lieferung? Beschreibe deine Überlegungen.

b) Herr Kubitza kauft eine Lampe in dem Elektromarkt. Wie groß ist die Wahrscheinlichkeit, dass die Lampe defekt ist?

7. Mit einem Lego-Sechser (s. Bild rechts) kann man wie mit einem normalen Würfel würfeln. Besorgt euch mehrere Lego-Sechser und beschriftet die Seitenflächen mit den Zahlen 1, 3, 4 und 5.
Bestimmt mit einer langen Versuchsreihe Näherungswerte für die Wahrscheinlichkeiten.

Berechnet dazu die relativen Häufigkeiten jeweils nach 100, 200, ..., 1 000 Würfen und stellt ihre Entwicklungen in einem Koordinatensystem grafisch dar.

Ihr könnt dazu auch ein Tabellenkalkulationsprogramm benutzen.
Überlegt euch, wie ihr eure Arbeit aufteilen könnt.
Gebt für die relativen Häufigkeiten bzw. Wahrscheinlichkeiten vorher Prognosen ab.
Welche Zahlen treten mit der gleichen Wahrscheinlichkeit auf? Begründet.
Präsentiert eure Ergebnisse in verschiedenen Diagrammen; vergleicht sie mit den Ergebnissen der anderen Gruppen.

8. Beim Lotto *6 aus 49* sind 49 Kugeln in der Trommel.
Wie groß ist die Wahrscheinlichkeit, dass die zuerst gezogene Kugel eine Zahl mit zwei gleichen Ziffern trägt?

Wahrscheinlichkeit von Gegenereignissen

Einstieg

David und Lena berechnen für das Glücksrad links auf verschiedenen Weisen die Wahrscheinlichkeit für folgende Ereignisse:

E_1: *Die Zahl ist nicht durch 4 teilbar.*

E_2: *Die Zahl ist größer als 5.*

→ Erkläre und vergleiche die unterschiedlichen Lösungswege.

David:

(1) $P(E_1) = \frac{9}{12} = 0{,}75 = 75\%$

(2) $P(E_2) = \frac{7}{12} \approx 0{,}583 = 58{,}3\%$

Lena:

(1) $P(E_1) = 1 - \frac{3}{12} = \frac{9}{12} = 0{,}75 = 75\%$

(2) $P(E_2) = 1 - \frac{5}{12} = \frac{7}{12} \approx 0{,}583 = 58{,}3\%$

Aufgabe

1. Die Wahrscheinlichkeit für den Defekt einer Festplatte ist durch die Tabelle angegeben.

Defekt im Jahr	Wahrscheinlichkeit
1	0,02
2	0,05
3	0,12
4	0,23
5	0,21
6 oder später	0,37

a) Berechne auf verschiedene Weisen die Wahrscheinlichkeit dafür, dass die Festplatte mindestens 1 Jahr funktioniert. Vergleiche und bewerte die Lösungswege.

b) Berechne möglichst vorteilhaft die Wahrscheinlichkeit dafür, dass die Festplatte nicht länger als 5 Jahre funktioniert.

Lösung

a) Ereignis E: *Die Festplatte funktioniert mindestens 1 Jahr.*

1. Möglichkeit:
Das Ereignis E tritt bei einem Defekt der Festplatte im Jahr 2, 3, 4, 5, 6 oder später ein. Mit den Wahrscheinlichkeiten aus der Tabelle erhalten wir:
$P(E) = 0{,}05 + 0{,}12 + 0{,}23 + 0{,}21 + 0{,}37 = 0{,}98 = 98\%$

2. Möglichkeit:
Wir berechnen die Wahrscheinlichkeit des so genannten Gegenereignisses $\bar{E}$, das besagt, dass E *nicht* eintritt.
Gegenereignis $\bar{E}$: *Die Festplatte funktioniert nicht mindestens 1 Jahr, d.h. es tritt im 1. Jahr ein Defekt ein.*
Der Tabelle entnehmen wir: $P(\bar{E}) = 0{,}02 = 2\%$
Die Summe der beiden Wahrscheinlichkeiten von Ereignis und Gegenereignis muss gerade 1 bzw. 100% ergeben. Somit gilt:
$P(E) = 1 - P(\bar{E}) = 1 - 0{,}02 = 0{,}98 = 98\%$

Ergebnis: Die Wahrscheinlichkeit, dass die Festplatte mindestens 1 Jahr funktioniert, beträgt 98%.
Der Rechenaufwand ist hier geringer, wenn wir die Wahrscheinlichkeit über das Gegenereignis berechnen.

b) Ereignis E: *Die Festplatte funktioniert nicht länger als 5 Jahre.*
Gegenereignis $\bar{E}$: *Defekt der Festplatte im Jahr 6 oder später.*
Der Tabelle entnehmen wir: $P(\bar{E}) = 0{,}37$
Somit erhalten wir: $P(E) = 1 - P(\bar{E}) = 1 - 0{,}37 = 0{,}63 = 63\%$

Ergebnis: Die Wahrscheinlichkeit, dass die Festplatte nicht länger als 5 Jahre funktioniert, beträgt 63%.

Information

Ist ein Ereignis E gegeben, so besagt das **Gegenereignis $\bar{E}$**, dass E *nicht* eintritt.

Manchmal ist es einfacher, die Wahrscheinlichkeit eines Ereignisses E über das Gegenereignis $\bar{E}$ zu berechnen.

Es gilt: $P(E) + P(\bar{E}) = 1$ bzw. $P(E) = 1 - P(\bar{E})$

Zum Festigen und Weiterarbeiten

2. Ein Würfel wird geworfen. Gib für das Ereignis und das zugehörige Gegenereignis jeweils die Ereignismenge an. Beschreibe das Gegenereignis auch mit Worten.
Berechne die Wahrscheinlichkeit des Ereignisses mithilfe des Gegenereignisses.
Die Augenzahl

a) ist ungerade;
b) ist größer als 3;
c) ist kleiner als 5;
d) ist eine Primzahl;
e) ist nicht durch 5 teilbar;
f) ist durch 2 oder durch 3 teilbar;
g) ist kleiner als 3 oder größer als 5;
h) ist eine Primzahl und gerade.

Übungen

3. a) Das Wetteramt gibt die Regenwahrscheinlichkeit für den nächsten Tag mit 25% an. Wie groß ist die Wahrscheinlichkeit, dass es am nächsten Tag nicht regnen wird?

b) Bei einer Produktion von Tongefäßen sind erfahrungsgemäß 20% Ausschuss.
Wie groß ist die Wahrscheinlichkeit, dass ein zufällig aus der Produktion herausgenommenes Tongefäß brauchbar ist?

4. Aus einem Skatblatt wird verdeckt eine Karte gezogen.

Beschreibe das Gegenereignis jeweils mit Worten und berechne mithilfe des Gegenereignisses die Wahrscheinlichkeit dafür, dass die gezogene Karte
(1) kein Bube ist;
(2) Karo, Herz oder Pik ist;
(3) kein Herz ist;
(4) schwarz oder ein As ist;
(5) rot und kein König ist;
(6) weder Kreuz noch Dame noch Bube ist.

5. Berechne für das Glücksrad die Wahrscheinlichkeit der angegebenen Ereignisse mithilfe der Wahrscheinlichkeit des Gegenereignisses. Gib das Gegenereignis vorher durch eine Menge an.
(1) Die Zahl ist gerade.
(2) Die Zahl ist nicht durch 4 teilbar.
(3) Die Zahl ist größer als 2.
(4) Die Zahl ist kleiner als 5.
(5) Die Zahl ist gerade und keine Primzahl.
(6) Die Zahl ist durch 2 oder durch 3 teilbar.

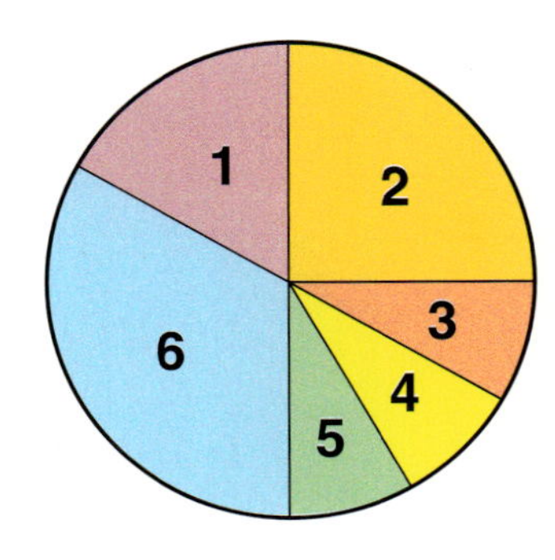

WAHRSCHEINLICHKEIT BEI MEHRSTUFIGEN ZUFALLSEXPERIMENTEN

Mehrstufige Zufallsexperimente und Baumdiagramme

Einstieg

Eine Münze und ein Würfel werden gleichzeitig geworfen. Das Ergebnis (Z|4) bedeutet, dass mit der Münze *Zahl* und mit dem Würfel eine *Vier* geworfen wurde.

➜ Welche möglichen Ergebnisse hat dieses *zweistufige Zufallsexperiment?* Schreibe die Ergebnisse möglichst systematisch auf.

Aufgabe

1. Bei einem Schulfest kann man an einem Stand mit den beiden Glücksrädern spielen. Gewinner ist, wer für beide Glücksräder richtig vorhersagt, auf welchen Feldern die Zeiger stehen bleiben.

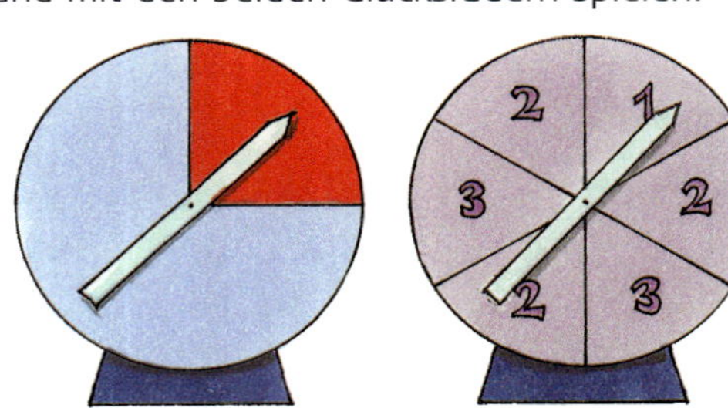

a) Welche Ergebnisse sind bei diesem *zweistufigen Zufallsexperiment* möglich? Stelle sie systematisch dar.

b) Auf welches Ergebnis würdest du setzen? Begründe.

Lösung

a) Bleibt das linke Glücksrad z. B. auf **Blau** stehen und das rechte Rad auf 1, so kürzen wir dies mit (B|1) ab.
Für das linke Glücksrad gibt es zwei Möglichkeiten, **Rot** oder **Blau**.
Bleibt es auf **Rot** stehen, so sind beim rechten Glücksrad drei Ergebnisse möglich: **1**, **2** oder **3**. Ebenso sind beim rechten Rad drei Ergebnisse möglich, wenn das linke auf **Blau** stehen bleibt. Diese Überlegungen kann man durch ein *Baumdiagramm* oder eine *Tabelle* veranschaulichen.

Baumdiagramm:

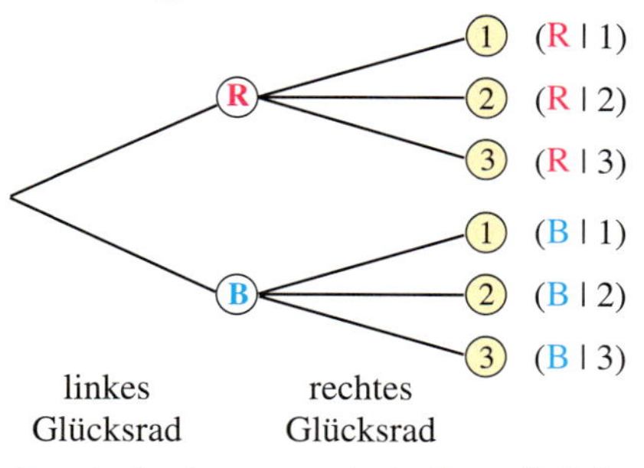

Tabelle:

	1	2	3
R	(R|1)	(R|2)	(R|3)
B	(B|1)	(B|2)	(B|3)

Ergebnis: Insgesamt sind somit folgende sechs Ergebnisse möglich:
S = {(**R**|1); (**R**|2); (**R**|3); (**B**|1); (**B**|2); (**B**|3)}.

b) Dieses zweistufige Zufallsexperiment ist *kein* Laplace-Experiment, da bei beiden Glücksrädern die möglichen Ergebnisse (Rot oder Blau bzw. 1, 2 oder 3) nicht gleichwahrscheinlich sind. Beim linken Glücksrad wird am häufigsten **Blau** und beim rechten Rad am häufigsten **2** auftreten. Man sollte also auf das Ergebnis (B|2) setzen.

Zum Festigen und Weiterarbeiten

2. Bei der Aufgabe 1 (Seite 98) ist nicht beschrieben, ob zunächst das linke und dann das rechte Glücksrad gedreht wird. Deshalb ist es auch möglich, das Zufallsexperiment durch ein Baumdiagramm zu beschreiben, bei dem zunächst die möglichen Ergebnisse des rechten Glücksrades und dann die des linken Glücksrades erfasst werden.
Zeichne ein solches Baumdiagramm.

3. Eine Münze wird dreimal nacheinander geworfen. Bei jedem Wurf erhältst du entweder W (Wappen) oder Z (Zahl). Rechts findest du zwei mögliche Ergebnisse dieses dreistufigen Zufallsexperimentes.

(WWZ)

(WZZ)

a) Stelle die möglichen Ergebnisse in einem Baumdiagramm dar und schreibe die Ergebnismenge S auf.

b) Kannst du die Ergebnisse auch in einer Tabelle wie in Aufgabe 1a) darstellen? Begründe.

4. *Doppelter Münzwurf – nacheinander bzw. gleichzeitig*

a) Eine Münze wird zweimal hintereinander geworfen. Stelle die möglichen Ergebnisse des Zufallsexperiments in einem Baumdiagramm dar.

b) Eine 5-Cent- und eine 10-Cent-Münze werden gleichzeitig geworfen. Überlege, wie sich auch dieses Zufallsexperiment in einem Baumdiagramm darstellen lässt.

c) Zwei gleichartige Münzen werden (1) gleichzeitig, (2) nacheinander geworfen. Zeichne Baumdiagramme. Vergleiche mit den Baumdiagrammen aus den Teilaufgaben a) und b).

Information

Mehrstufiges Zufallsexperiment

Ein Zufallsexperiment, das in zwei oder mehr Schritten nacheinander durchgeführt wird, heißt **mehrstufiges Zufallsexperiment**. Die Ergebnisse eines mehrstufigen Zufallsexperiments können übersichtlich in einem Baumdiagramm dargestellt werden.

Beispiel:

- Eine Münze wird zweimal hintereinander geworfen.
- Eine Münze wird geworfen und ein Glücksrad wird gedreht.

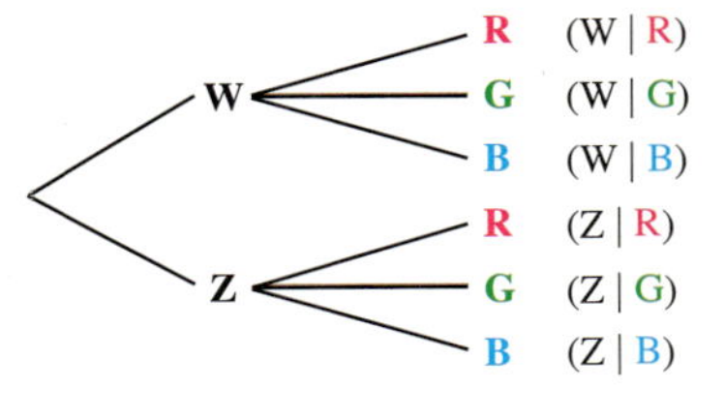

Häufig kann man Zufallsexperimente, bei denen mehrere Vorgänge gleichzeitig erfolgen, als mehrstufige Experimente auffassen.

Übungen

5. Das Glücksrad rechts wird zweimal nacheinander gedreht.

a) Stelle die möglichen Ergebnisse dieses zweistufigen Zufallsexperiments dar
(1) durch ein Baumdiagramm;
(2) in einer Tabelle.

b) Welches Ergebnis ist am wahrscheinlichsten? Begründe.

6. Das Tetraeder rechts wird zweimal nacheinander geworfen.

Tetraeder (Vier-Flächen-Körper)

a) Wie viele mögliche Ergebnisse hat dieses Experiment? Gib sie an.

b) Sind die Ergebnisse dieses zweistufigen Zufallsexperiments gleichwahrscheinlich oder nicht? Begründe.

7. a) Das Glücksrad aus Aufgabe 5 (Seite 99) wird gedreht und danach ein Tetraeder geworfen. Zeichne ein Baumdiagramm.

b) Nun wird zuerst das Tetraeder geworfen und dann das Glücksrad gedreht. Zeichne wiederum ein Baumdiagramm und vergleiche mit dem Baumdiagramm aus Teilaufgabe a).

c) Sind die Ergebnisse dieser Zufallsexperimente gleichwahrscheinlich? Begründe.

Wahrscheinlichkeit bei mehrstufigen Laplace-Experimenten

Einstieg

In einem Gefäß befinden sich je eine rote, eine blaue, eine gelbe und eine schwarze Kugel. Nacheinander werden zwei Kugeln blindlings herausgezogen, wobei die gezogene Kugel vor dem zweiten Zug wieder in das Gefäß zurückgelegt wird.

→ Welche möglichen Ergebnisse hat dieser *zweistufige Zufallsversuch?*

→ Was kannst du über die Wahrscheinlichkeit der einzelnen Ergebnisse aussagen? Begründe.

→ Spielregel: *Wer zweimal die gleiche Farbe zieht, gewinnt.*

Aufgabe

1. Vergleiche die Gewinnchancen der beiden Spielregeln.

Lösung

Um die Gewinnwahrscheinlichkeiten bestimmen zu können, schreiben wir zunächst alle möglichen Ergebnisse dieses zweistufigen Zufallsexperiments in einer Tabelle auf:

Roter Würfel (Spalten), Blauer Würfel (Zeilen)

	⚀	⚁	⚂	⚃	⚄	⚅
⚀	(1|1)	(1|2)	(1|3)	(1|4)	(1|5)	(1|6)
⚁	(2|1)	(2|2)	(2|3)	(2|4)	(2|5)	(2|6)
⚂	(3|1)	(3|2)	(3|3)	(3|4)	(3|5)	(3|6)
⚃	(4|1)	(4|2)	(4|3)	(4|4)	(4|5)	(4|6)
⚄	(5|1)	(5|2)	(5|3)	(5|4)	(5|5)	(5|6)
⚅	(6|1)	(6|2)	(6|3)	(6|4)	(6|5)	(6|6)

Beachte: (2|1) und (1|2) sind verschiedene Ergebnisse. Denke daran, dass ein Würfel rot und der andere blau ist.

Da bei beiden Würfeln die Augenzahlen mit der gleichen Wahrscheinlichkeit geworfen werden, sind alle 36 Ergebnisse gleich wahrscheinlich. Das zweistufige Zufallsexperiment ist ein Laplace-Experiment.

Bei Julian gewinnt man mit einem Pasch. Zu diesem Ereignis gehören 6 verschiedene Ergebnisse: (1|1), (2|2), (3|3), (4|4), (5|5), (6|6).

Wir erhalten: $P(\text{Pasch}) = \frac{\text{Anzahl der günstigen Ergebnisse}}{\text{Anzahl der möglichen Ergebnisse}} = \frac{6}{36} = \frac{1}{6} \approx 17\%$

Bei Jannis gewinnt man, wenn die Differenz der Augenzahlen 2 ist. Zu diesem Ereignis gehören die Ergebnisse (1|3), (3|1), (2|4), (4|2), (3|5), (5|3), (4|6), (6|4).

Wir erhalten: $P(\text{Differenz } 2) = \frac{\text{Anzahl der günstigen Ergebnisse}}{\text{Anzahl der möglichen Ergebnisse}} = \frac{8}{36} = \frac{2}{9} \approx 22\%$

Ergebnis: Bei Jannis Spielregel sind die Gewinnchancen größer.

Information

Sind bei einem mehrstufigen Zufallsexperiment die Wahrscheinlichkeiten auf jeder Stufe gleich groß, so ist das Experiment ein **mehrstufiges Laplace-Experiment**.

Beispiel:
Aus dem Gefäß links werden nacheinander zwei Kugeln verdeckt gezogen, ohne die zuerst gezogene Kugel zurückzulegen.
Auf der 1. Stufe beträgt die Wahrscheinlichkeit jeweils $\frac{1}{3}$, auf der 2. Stufe jeweils $\frac{1}{2}$.
Es liegt somit ein zweistufiges Laplace-Experiment mit 6 möglichen Ergebnissen vor. Jedes Ergebnis tritt mit der Wahrscheinlichkeit $\frac{1}{6}$ ein.

(b | r)
(b | g)
(r | b)
(r | g)
(g | b)
(g | r)

Zum Festigen und Weiterarbeiten

2. Zwei Tetraeder werden gleichzeitig geworfen.

a) Stelle die möglichen Ergebnisse in einer Tabelle dar.

b) Berechne die Wahrscheinlichkeit für:
(1) einen Pasch
(2) Augensumme 5
(3) Augendifferenz kleiner als 4
(4) mindestens eine 4
(5) keine 3
(6) höchstens eine 1
Gib vorher jeweils die Menge E der für das Ereignis günstigen Wurfkombinationen an.

3. Das Glücksrad (Bild rechts) wird zweimal gedreht.

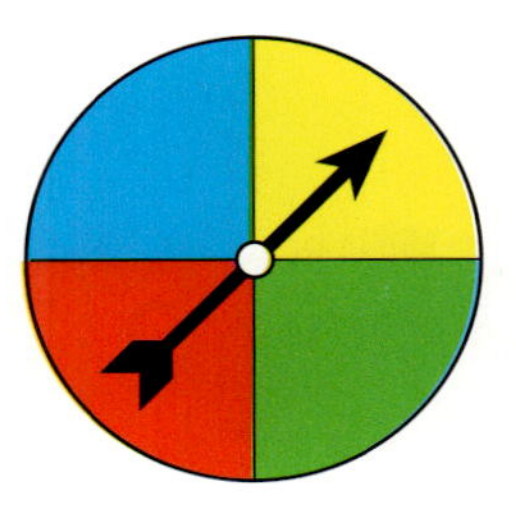

a) Zeichne ein Baumdiagramm.

b) Wie viele Ergebnisse sind möglich?
Gib die Wahrscheinlichkeit für jedes Ergebnis an.
Begründe.

c) Wie groß ist die Wahrscheinlichkeit dafür, dass das Glücksrad beide Male die gleiche Farbe zeigt?

Übungen

4. Ein Würfel und eine Münze werden nacheinander geworfen.

a) Stelle die möglichen Ergebnisse in einem Baumdiagramm dar.

b) Wie groß ist die Wahrscheinlichkeit, dass (1) eine Sechs und Wappen, (2) eine ungerade Zahl und Wappen geworfen werden?
Begründe.

5. Berechne beim Wurf mit zwei Würfeln die Wahrscheinlichkeit für folgende Ereignisse:
(1) Die Differenz der Augenzahlen ist größer als 2.
(2) Die Summe der Augenzahlen beträgt 8.
(3) Die Summe der Augenzahlen ist kleiner als 5.
(4) Das Produkt der Augenzahlen beträgt 6.
(5) Die Summe der Augenzahlen ist ein Vielfaches von 3.
(6) Das Produkt der Augenzahlen ist durch 4 teilbar.
Gib jeweils vorher die Menge E der für das Ereignis günstigen Wurfkombinationen an.

6. In einem Gefäß rechts sind wie im Einstieg auf Seite 100 je eine rote, eine blaue, eine gelbe und eine schwarze Kugel. Zwei Kugeln werden nacheinander gezogen. Die zuerst gezogene Kugel soll jetzt aber nicht wieder in das Gefäß zurückgelegt werden.

a) Stelle die möglichen Ergebnisse in einem Baumdiagramm dar und schreibe die Ergebnismenge S auf.

b) Wie groß ist die Wahrscheinlichkeit für jedes einzelne Ergebnis? Begründe.

c) Schreibe zu folgenden Ereignissen die Ereignismenge E auf und gib die zugehörige Wahrscheinlichkeit an.
E_1: zweimal die gleiche Farbe
E_2: keinmal rot
E_3: beim zweiten Zug gelb
E_4: mindestens einmal gelb

d) Wie ändern sich die Wahrscheinlichkeiten, wenn beide Kugeln gleichzeitig gezogen werden? Begründe.

Pfadregeln zur Berechnung von Wahrscheinlichkeiten bei mehrstufigen Zufallsexperimenten

Einstieg

Eine Fabrik stellt Keramikbecher her. In Qualitätskontrollen werden die Becher nacheinander auf Form und Farbe geprüft und in Güteklassen eingeteilt. Bei der Form gibt es die Bewertungen gut, mittelmäßig und schlecht, bei der Farbe die Bewertungen gleichmäßig und ungleichmäßig. Die Kontrolle von 600 Bechern hatte folgende Ergebnisse:

Kontrolle der Form	
Bewertung	Anzahl der Becher
gut	519
mittelmäßig	69
schlecht	12

Kontrolle der Farbe	
Bewertung	Anzahl der Becher
gleichmäßig	563
ungleichmäßig	37

→ Welchen Näherungswert würdet ihr für die Wahrscheinlichkeit angeben, dass bei einer Kontrolle die Form eines zufällig ausgesuchten Bechers mittelmäßig ist?

→ Zeichnet für das zweistufige Zufallsexperiment *Kontrolle der Form und Farbe eines Bechers* ein Baumdiagramm mit den zugehörigen Wahrscheinlichkeiten.

→ Eine große Warenhauskette kauft 15 000 unsortierte Becher. Mit wie vielen Bechern, die weder bei der Form noch bei der Farbe irgendwelche Mängel aufweisen, kann sie rechnen?

→ Präsentiert eure Ergebnisse. Ihr könnt auch eine Folie vorbereiten.

Aufgabe

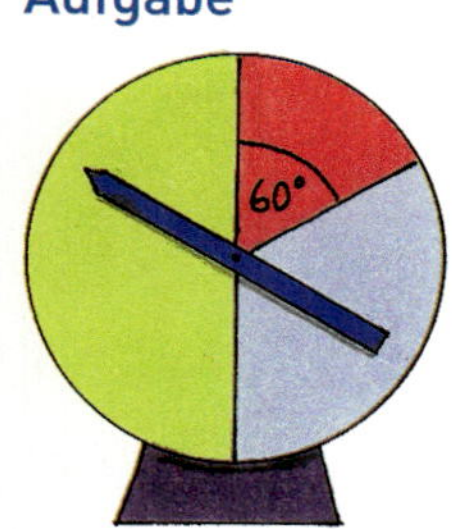

1. Das abgebildete Glücksrad wird zweimal gedreht.

a) Zeichne ein Baumdiagramm und schreibe an die einzelnen Zweige die zugehörigen Wahrscheinlichkeiten. Untersuche, ob ein Laplace-Experiment vorliegt.

b) Angenommen, das zweistufige Zufallsexperiment wird 360-mal ausgeführt. Wie oft kann man dabei das Ergebnis (**Rot**|**Grün**) erwarten?

c) Welche Wahrscheinlichkeit hat daher das Ergebnis (**Rot**|**Grün**)? Wie kann man diese Wahrscheinlichkeit direkt berechnen?

d) Wie groß ist die Wahrscheinlichkeit, dass das Glücksrad zweimal auf der gleichen Farbe stehen bleibt?

Lösung

a)

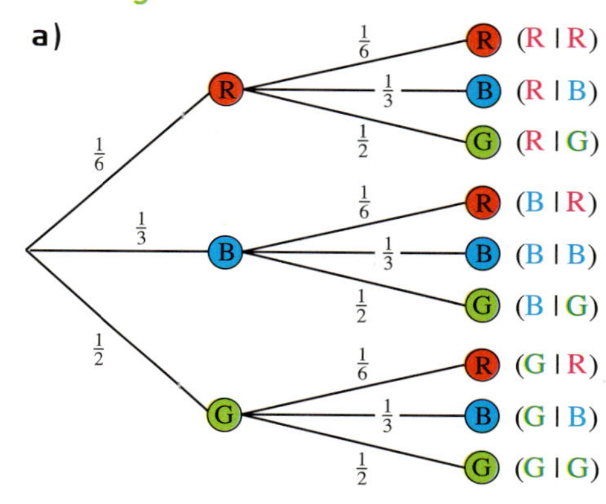

Hier liegt kein Laplace-Experiment vor. Die Laplace-Regel ist also nicht anwendbar.

b) Bei ungefähr $\frac{1}{6}$ aller Drehungen des Glücksrades bleibt der Zeiger auf *Rot* stehen, d. h. bei ungefähr 60 der 360 Versuchsdurchführungen. Bei ungefähr der Hälfte aller Drehungen des Glücksrades hält der Zeiger auf dem *grünen* Feld an; also auch bei der Hälfte der 60 Versuchsdurchführungen, bei denen er zuvor auf *Rot* stehen blieb.
Das Ergebnis (**Rot**|**Grün**) wird also bei ungefähr 30 der 360 Doppeldrehungen vorkommen.

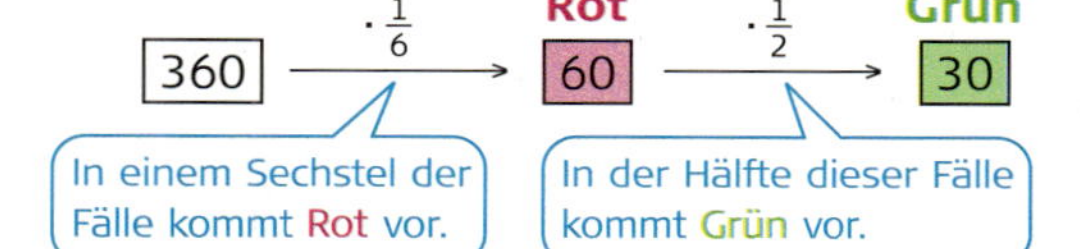

c) Bei ungefähr 30 von 360 Doppeldrehungen kommt (**Rot**|**Grün**) vor. Die Wahrscheinlichkeit für dieses Ergebnis ist also $\frac{30}{360} = \frac{1}{12}$.
Die Wahrscheinlichkeit für das Ergebnis (**Rot**|**Grün**) kann auch als Produkt der Wahrscheinlichkeiten $\frac{1}{6}$ und $\frac{1}{2}$ längs des zugehörigen Pfades berechnet werden, denn bei einem Sechstel der Versuchsdurchführungen erscheint **Rot** und bei der Hälfte davon **Grün**. Die Hälfte von einem Sechstel ist ein Zwölftel: $\frac{1}{6} \cdot \frac{1}{2} = \frac{1}{12}$.

d) Von den 9 Ergebnissen (Pfaden) interessieren uns nur die drei Pfade, die zu dem Ereignis *zweimal die gleiche Farbe* gehören. Die Wahrscheinlichkeiten für die einzelnen Ergebnisse berechnen wir wie in Teilaufgabe c) jeweils als Produkte der Wahrscheinlichkeiten des zugehörigen Pfades.

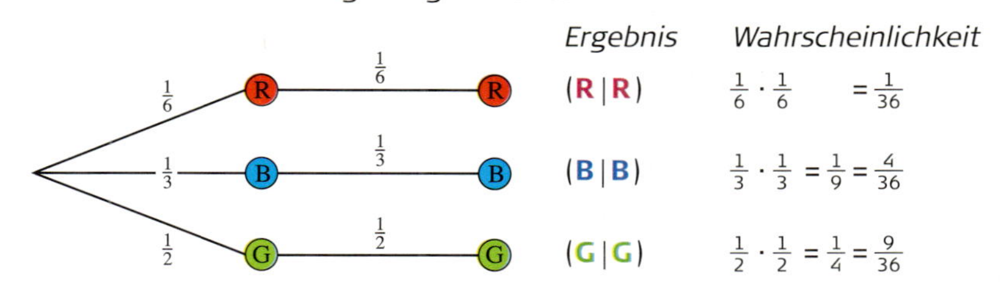

Ergebnis	*Wahrscheinlichkeit*
(R|R)	$\frac{1}{6} \cdot \frac{1}{6} = \frac{1}{36}$
(B|B)	$\frac{1}{3} \cdot \frac{1}{3} = \frac{1}{9} = \frac{4}{36}$
(G|G)	$\frac{1}{2} \cdot \frac{1}{2} = \frac{1}{4} = \frac{9}{36}$

Die Wahrscheinlichkeit, dass das Glücksrad zweimal auf der gleichen Farbe stehen bleibt, beträgt nach der Summenregel:
$\frac{1}{36} + \frac{4}{36} + \frac{9}{36} = \frac{14}{36} = \frac{7}{18} \approx 39\%$

Information

Regeln zur Berechnung von Wahrscheinlichkeiten bei zwei- oder mehrstufigen Zufallsexperimenten

Beispiel:
Aus einem Behälter mit 4 blauen und 2 roten Kugeln werden nacheinander zwei Kugeln gezogen, ohne sie zurückzulegen.

(1) *Multiplikationsregel*
Man erhält die Wahrscheinlichkeit für ein Ergebnis, indem man die Wahrscheinlichkeiten entlang dem zugehörigen Pfad multipliziert.
P (**rot**|**blau**) = $\frac{2}{6} \cdot \frac{4}{5} = \frac{4}{15}$

(2) *Additionsregel*
Besteht ein Ereignis aus mehreren Ergebnissen, so berechnet man für jedes zugehörige Ergebnis die Wahrscheinlichkeit nach der Pfadregel und addiert diese Wahrscheinlichkeiten.
P (zwei gleichfarbige Kugeln) = $\frac{2}{5} + \frac{1}{15} = \frac{7}{15}$

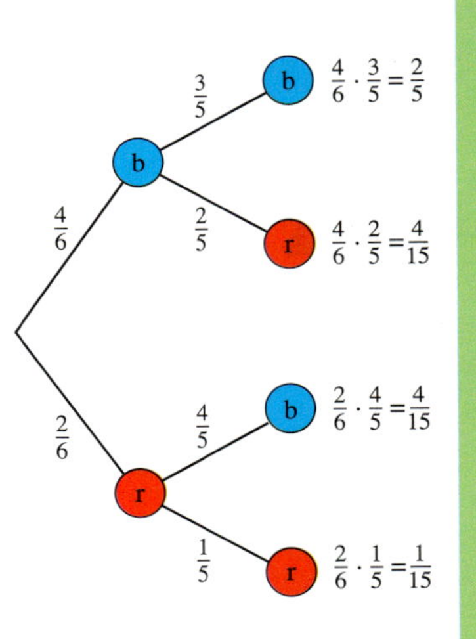

Zum Festigen und Weiterarbeiten

2. **a)** Eine 50-Cent-Münze wird zweimal geworfen. Wie groß ist die Wahrscheinlichkeit, dass beidemal
(1) dieselbe Seite oben liegt; (2) unterschiedliche Seiten oben liegen?

b) Nun wird mit einer Spielmünze geworfen, bei der mit einer 70-prozentigen Wahrscheinlichkeit *Zahl* geworfen wird.

3. Zwei Würfel werden gleichzeitig geworfen. Es ist hier nur wichtig, ob eine Sechs gewürfelt wird oder nicht.

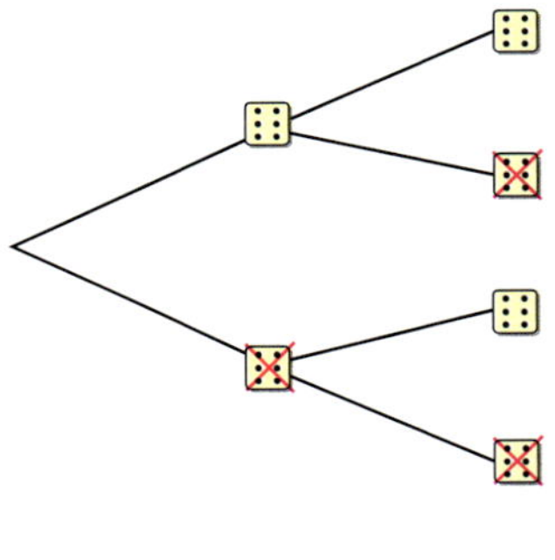

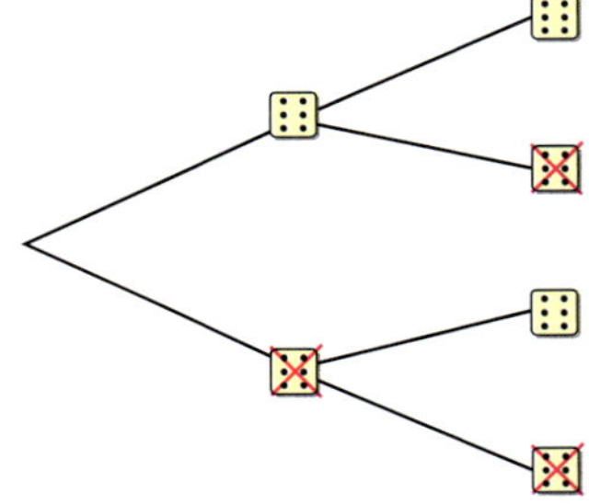

a) Erkläre das Baumdiagramm. Welche Wahrscheinlichkeiten sind an die Pfade zu schreiben?

b) Berechne die Wahrscheinlichkeiten für folgende Ereignisse:
(1) Es wird keine Sechs gewürfelt.
(2) Es wird genau eine Sechs gewürfelt.
(3) Es werden genau zwei Sechsen gewürfelt.
(4) Es wird mindestens eine Sechs gewürfelt.
(5) Es wird höchstens eine Sechs gewürfelt.

Manchmal ist es einfacher, die Wahrscheinlichkeit des Gegenereignisses zu bestimmen.

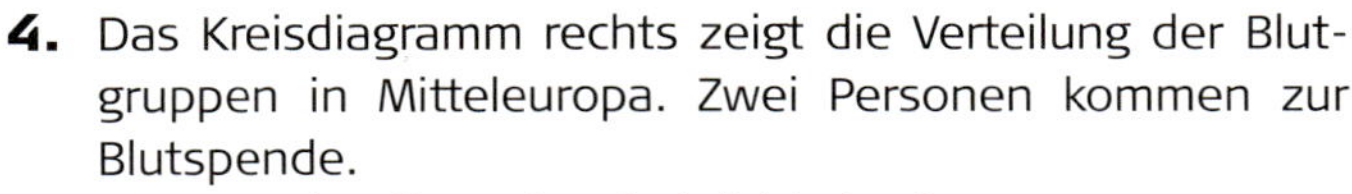

4. Das Kreisdiagramm rechts zeigt die Verteilung der Blutgruppen in Mitteleuropa. Zwei Personen kommen zur Blutspende.
Wie groß ist die Wahrscheinlichkeit, dass
(1) die erste Person Blutgruppe A, die zweite Blutgruppe B hat;
(2) die erste Person Blutgruppe 0, die zweite eine andere hat;
(3) die beiden Personen verschiedene Blutgruppen haben?

5. Gib ein Zufallsexperiment an, das durch das folgende Baumdiagramm beschrieben wird.
Ergänze die fehlenden Wahrscheinlichkeiten.
Beschreibe dein Vorgehen.

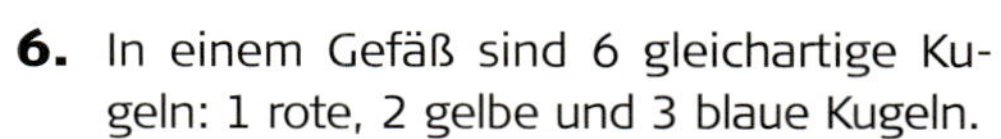

6. In einem Gefäß sind 6 gleichartige Kugeln: 1 rote, 2 gelbe und 3 blaue Kugeln.

a) Nacheinander zieht man verdeckt zweimal je eine Kugel, wobei vor dem zweiten Zug die zuerst gezogene Kugel wieder in das Gefäß zurückgelegt wird. Man gewinnt, wenn beide Kugeln verschiedene Farben haben.

b) Nun wird vor dem zweiten Zug die zuerst gezogene Kugel nicht wieder in das Gefäß zurückgelegt.
Wie groß ist jetzt die Gewinnwahrscheinlichkeit?

c) Ändert sich die Gewinnwahrscheinlichkeit aus Teilaufgabe b), wenn man beide Kugeln auf einen Griff aus dem Gefäß zieht?
Begründe.

Information

Urne
Gefäß

Ziehvorgänge mit dem Urnenmodell

In der Stochastik betrachtet man häufig Ziehvorgänge, wie das Ziehen eines Loses oder die Auswahl von Personen für Umfragen. Solche Ziehvorgänge können mit dem Urnenmodell simuliert werden:
Aus einem Gefäß, der so genannten Ziehungsurne, werden gleichartige, aber z.B. durch Färbung oder Nummerierung unterscheidbare Kugeln gezogen.
Dabei unterscheidet man folgende drei Fälle:

(1) Beim **Ziehen mit Zurücklegen** legt man die gezogene Kugel vor dem nächsten Zug wieder in das Gefäß zurück. Damit stellt man den ursprünglichen Zustand der Urne wieder her, sodass die Wahrscheinlichkeiten auf jeder Stufe übereinstimmen.

(2) Beim **Ziehen ohne Zurücklegen** ändern sich dagegen bei der nächsten Ziehung die Wahrscheinlichkeiten für das Ziehen der Kugeln. Man sagt, die Wahrscheinlichkeit ist *abhängig* vom Ergebnis der vorangegangenen Ziehung.

(3) Das **Ziehen auf einen Griff** kann in gewisser Weise als ein Ziehen ohne Zurücklegen betrachtet werden. Der Unterschied besteht darin, dass man auf die Reihenfolge nicht achtet.

Beispiel:
Wie groß ist die Wahrscheinlichkeit, aus der Ziehungsurne links mit einem Griff eine rote und eine blaue Kugel zu ziehen?

Der Baum beschreibt das Ziehen ohne Zurücklegen. Wir berechnen die Wahrscheinlichkeiten für die Ergebnisse (**rot**|**blau**) und (**blau**|**rot**) und addieren sie.

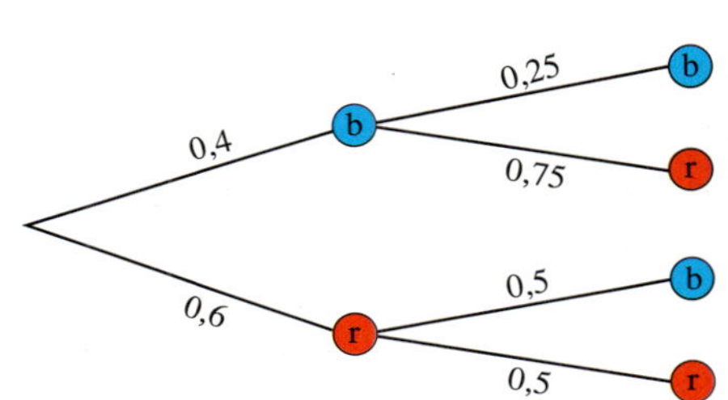

Ergebnis:
P(blau und rot) $= 0{,}4 \cdot 0{,}75 + 0{,}6 \cdot 0{,}5$
$= 0{,}6 = 60\%$

Übungen

7. Ein Glücksrad wird 2mal gedreht. Bei welchem Rad ist es günstig, auf das Ereignis

a) zweimal dieselbe Farbe, **b)** verschiedene Farben zu setzen?

(1) (2)

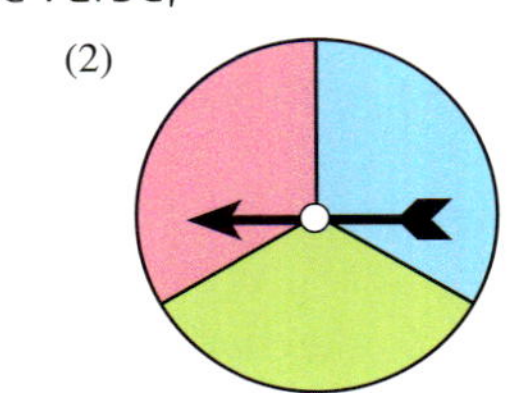

(3)

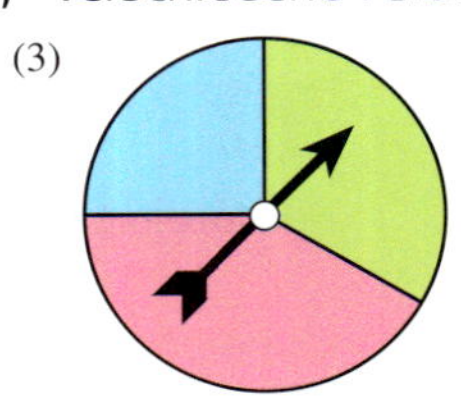

(4)

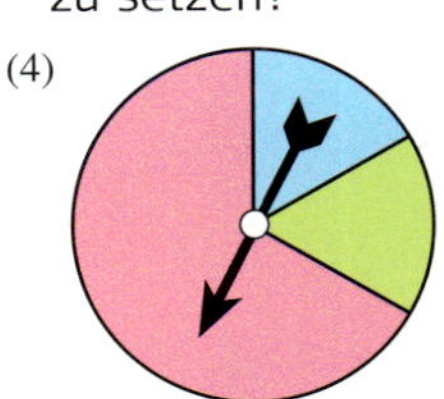

8. Anne hat in ihrem Mäppchen drei rote und zwei blaue Farbstifte. Sie nimmt ohne hinzusehen zwei Stifte heraus. Zeichne ein Baumdiagramm und bestimme, mit welcher Wahrscheinlichkeit sie

a) zwei verschieden farbige Stifte, **b)** zwei rote Stifte herausgenommen hat?

9. Maximilians Schulweg auf der Seite 92 kann als zweistufiges Zufallsexperiment betrachtet werden.
Zeichne ein Baumdiagramm und berechne die Wahrscheinlichkeiten für folgende Ereignisse auf Maximilians Schulweg.

E_1: Beide Ampeln zeigen für Maximilian grün.
E_2: Keine Ampel zeigt für ihn grün.
E_3: Mindestens eine Ampel zeigt grün.
E_4: Genau eine Ampel zeigt grün.

10. In einem Gefäß sind 4 rote, 3 weiße und 2 grüne Kugeln. Nacheinander werden 2 Kugeln gezogen

(1) mit Zurücklegen; (2) ohne Zurücklegen.

a) Zeichne jeweils ein Baumdiagramm.

b) Berechne die Wahrscheinlichkeiten für folgende Ereignisse:
(1) Beide Kugeln sind rot.
(2) Die erste Kugel ist grün.
(3) Genau eine Kugel ist grün.
(4) Beide Kugeln sind verschiedenfarbig.

c) Jetzt werden zwei Kugeln auf einen Griff gezogen.
Wie groß ist die Wahrscheinlichkeit, dass zwei gleichfarbige Kugeln gezogen werden?

11. Gib ein geeignetes Urnenmodell an, um das folgende Zufallsexperiment zu simulieren.

(1) Eine Münze soll dreimal geworfen werden.
(2) Bei einer Tombola mit 100 Losen sollen die drei Gewinner ermittelt werden.
(3) In jedem 7. Überraschungsei ist eine besondere Figur versteckt. Man kauft vier Überraschungseier.
(4) Man weiß, dass in 80% der Haushalte ein Tiefkühlschrank vorhanden ist.
Welche Ergebnisse erhält man, wenn man eine Stichprobe vom Umfang 10 nimmt?

12. In einem Behälter sind 3 rote und einige blaue Kugeln.
Lena schlägt Maria das folgende Spiel vor:
„Du darfst 2 Kugeln nacheinander ziehen, ohne die erste zurückzulegen. Du gewinnst, wenn sie die gleichen Farben haben, sonst gewinne ich."

a) Nimm an, dass in dem Behälter 4 blaue Kugeln sind.
Ist das Spiel fair, d. h. haben Maria und Lena gleich große Gewinnchancen? Begründe.

b) Versuche herauszubekommen, wie viele blaue Kugeln im Behälter sein müssen, damit das Spiel fair ist.

c) *Änderung der Spielregel:* Vor dem zweiten Zug wird die zuerst gezogene Kugel wieder in den Behälter zurückgelegt.

13. Julia und Maria spielen mit zwei Würfeln, einem weißen und einem roten. Sie erhalten bei 100 Würfen folgende Ergebnisse:

	Augenzahl	1	2	3	4	5	6
absolute Häufigkeit	weißer Würfel	6	17	17	16	18	26
	roter Würfel	15	18	16	17	18	16

Maria vermutet: „Der weiße Würfel ist nicht in Ordnung".

a) Woran erkennt Maria, dass der weiße Würfel nicht in Ordnung ist?

b) Schätze die Wahrscheinlichkeit für das Werfen einer 6 mit dem weißen Würfel.

c) Maria würfelt zweimal mit dem roten Würfel.
Stelle die Menge aller möglichen Ergebnisse mit einem Baumdiagramm dar und berechne die Wahrscheinlichkeit für:

(1) einen Pasch
(2) die Augensumme 8
(3) die Augendifferenz 2
(4) keine Drei
(5) mindestens eine Drei
(6) höchstens eine Sechs

d) Julia würfelt gleichzeitig mit dem weißen und dem roten Würfel.
Berechne die Wahrscheinlichkeiten der Ereignisse aus Teilaufgabe c).
Erläutere dein Vorgehen.

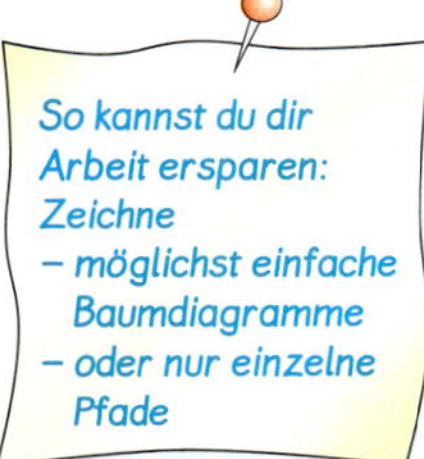

14. Ein Kartenspiel besteht aus 32 Karten. Paul zieht aus einem gut gemischten Kartenspiel zwei Karten.
Wie groß ist die Wahrscheinlichkeit dafür, dass er folgende Karten zieht:

a) zwei Herzkarten;

b) zwei schwarze Karten (Kreuz, Pik);

c) zwei Asse;

d) zwei Bildkarten (König, Dame, Bube);

e) einen Buben und ein As;

f) den Kreuzbuben und den Pikbuben?

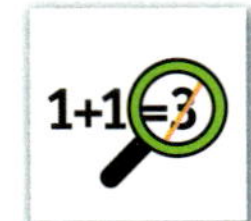

15. In einem Betrieb werden quadratische Tonfliesen gebrannt. Dabei treten bei einer bestimmten rustikalen Fliesensorte erfahrungsgemäß folgende Mängel auf:

- Bei 12% der Fliesen ist die Oberfläche nicht eben genug.
- 7% der Fliesen weisen zu große Abweichungen bei der Seitenlänge auf.

Was hältst du von folgenden Aussagen? Korrigiere ggf. die Prozentangaben.

(1) „Bei 19% der Fliesen sind Seitenlänge und Oberfläche nicht in Ordnung."
(2) „19% der Fliesen sind fehlerhaft."

16. Die Wahrscheinlichkeit für „*Augenzahl 5 oder 6*" beträgt beim einmaligen Würfeln $\frac{1}{3}$.
Wie groß ist beim zweimaligen Würfeln die Wahrscheinlichkeit für

a) genau einmal „Augenzahl 5 oder 6";

b) mindestens einmal „Augenzahl 5 oder 6"?

VERMISCHTE UND KOMPLEXE ÜBUNGEN

1. In einer Lostrommel liegen Lose, die von 1 bis 1 000 nummeriert sind.
Bestimme die Wahrscheinlichkeit für das Eintreten folgender Ereignisse:
(1) Die Zahl auf dem Los endet auf 00.
(2) Die Zahl ist ein Vielfaches von 25.
(3) Die Zahl ist durch 8 teilbar.
(4) Die Zahl hat zwei gleiche Ziffern.

2. Bevor ein Buch gedruckt wird, werden alle Seiten auf Fehler durchgesehen. Der erste Korrekturleser findet erfahrungsgemäß 75% der Fehler und korrigiert sie. Dann bekommt alle Seiten ein zweiter Korrekturleser, der von den übrig gebliebenen Fehlern noch ca. 60% entdeckt und korrigiert.

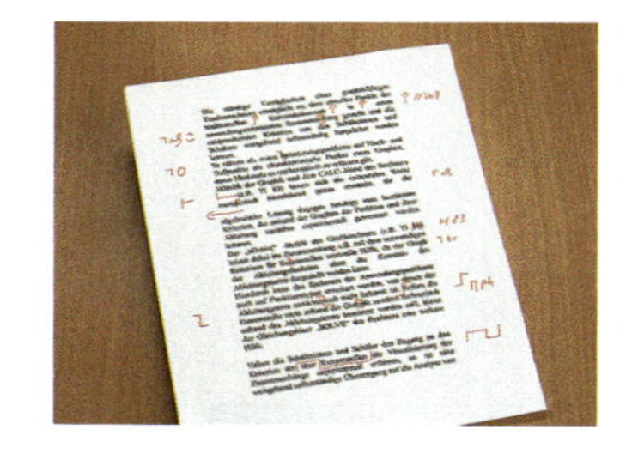

a) Mit welcher Wahrscheinlichkeit ist ein Fehler, der ursprünglich in einem Drucktext vorhanden war, nach beiden Korrekturen noch nicht entdeckt worden?

b) In zwei Korrekturen wurden 194 Fehler entdeckt. Wie viele Fehler sind schätzungsweise nach der zweiten Korrektur noch im Drucktext?

3. a) Erkundigt euch im Internet oder in Nachschlagewerken, was man unter *Regenwahrscheinlichkeit* versteht.

b) Vor dem Formel-1-Rennen auf dem Nürburgring erfährt Nick Heidfeld, dass die Regenwahrscheinlichkeit für das Rennen 35% beträgt.
Beurteilt folgende Kommentare:

(1) 35% ist weniger als die Hälfte, also wird es nicht regnen.
(2) Das Rennen dauert ca. 100 Minuten, d.h. während des Rennens wird es ungefähr 35 Minuten lang regnen.
(3) Die Wahrscheinlichkeit, dass es während des Rennens irgendwann regnet, beträgt 35%. Darüber, wie lange und wie viel es regnen kann, wird nichts ausgesagt.
(4) Es ist wahrscheinlicher, dass es während des Rennens nicht regnet, als dass es regnet.
(5) Das Rennen dauert ca. 100 Minuten, d.h. ca. 35 Minuten nach dem Start wird es regnen.
(6) Bei vergleichbaren Wetterlagen hat es in 35 von 100 Fällen während des Rennens geregnet.

c)

7. Mai 2008	Morgens	Nachmittags	Abends	Nachts
Wetterlage in Trier				
Temperatur Min/Max	9 °C / 13 °C	13 °C / 20 °C	14 °C / 9 °C	9 °C / 5 °C
Regen	90 %	45 %	20 %	5 %

Welche Informationen könnt ihr der Schautafel entnehmen?
Schreibt eine Wettervorhersage und präsentiert sie der Klasse.

4. Rechts siehst du das Netz eines Holzquaders. Die Flächen mit den Zahlen 5 und 6 sind Quadrate.
Mit dem Quader wurde wie mit einem normalen Würfel 800mal gewürfelt.
Dabei wurde 121mal die Eins geworfen.

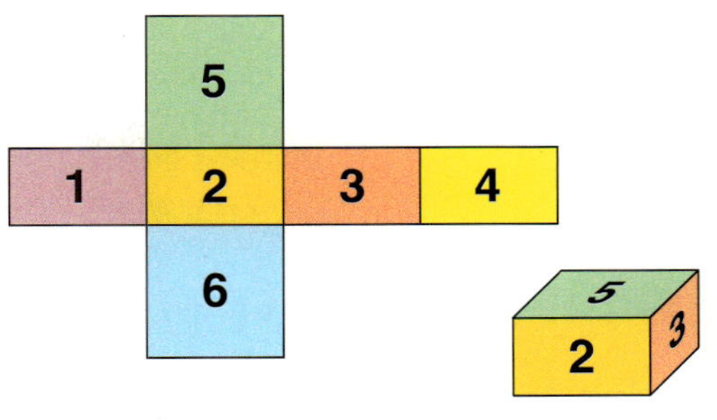

a) Gib einen Näherungswert für die Wahrscheinlichkeit an, eine Eins zu würfeln.

b) Kannst du auch für die übrigen Augenzahlen Näherungswerte für die Wahrscheinlichkeiten angeben? Erläutere deine Überlegungen.

5. Die Tabelle gibt die Wahrscheinlichkeit für das Reißen des Zahnriemens eines bestimmten Automodells an.

Reißen des Zahnriemens	Wahrscheinlichkeit
0 km – 30 000 km	0,02
über 30 000 km – 60 000 km	0,09
über 60 000 km – 90 000 km	0,14
über 90 000 km – 120 000 km	0,25
über 120 000 km – 150 000 km	0,21
über 150 000 km	

a) Mit welcher Wahrscheinlichkeit reißt der Zahnriemen erst bei einer Laufleistung von über 150 000 km?

b) Berechne die Wahrscheinlichkeit dafür, dass der Zahnriemen
(1) mindestens 60 000 km hält; (2) höchstens 120 000 km hält;
(3) mindestens 60 000 km und höchstens 120 000 km hält.

6. In einer Fabrik wird Porzellangeschirr hergestellt. Jedes Teil wird nacheinander in verschiedenen Kontrollgängen auf Form, Farbe und Oberflächenbeschaffenheit geprüft.
Erfahrungsgemäß muss bei 25% die Form beanstandet werden.
85% der Teile passieren die Farbkontrolle ohne Beanstandungen.
20% haben eine Oberfläche, die den Ansprüchen der 1. Wahl nicht genügt.
Wenn ein Teil alle drei Kontrollen ohne Beanstandungen durchlaufen hat, wird es als 1. Wahl verkauft.

Wenn ein Teil nur an einer Kontrollstelle beanstandet wurde, wird es als 2. Wahl verkauft.
Alle übrigen Porzellanteile gelten als Ausschussware.

a) Stelle die dreifache Kontrolle in einem Baumdiagramm dar. Wie groß ist die Wahrscheinlichkeit dafür, dass ein Gefäß 1. oder 2. Wahl ist?

b) Es werden 1 200 Gefäße hergestellt. Wie viele Gefäße 1. Wahl, wie viele Gefäße 2. Wahl kann man darunter erwarten?

7. Lukas hat ein Paar braune und ein Paar schwarze Schuhe im Schrank. Da er meist nicht aufräumt, stehen die Schuhe unsortiert nebeneinander.
Lukas greift nacheinander im Dunkeln zwei Schuhe heraus.
Wie groß ist die Wahrscheinlichkeit, dass er dabei

a) einen linken und einen rechten Schuh,

b) ein richtiges Paar,

c) das schwarze Paar Schuhe gegriffen hat?

8. An der Gutenbergrealschule sind 55% aller Schülerinnen und Schüler Jungen. 35% der Jungen kommen mit dem Fahrrad zur Schule. Insgesamt fahren 30% mit dem Fahrrad zur Schule.

a) Stelle die Angaben in einem Baumdiagramm dar.

b) Wie viel Prozent der Mädchen fahren mit dem Fahrrad zur Schule?

9. Die Wahrscheinlichkeit, dass sich bei einem neuen Auto innerhalb der ersten drei Monate ein Mangel herausstellt, liegt für Fahrzeuge, die an einem Montag hergestellt werden, bei ca. 1,5%. Bei den anderen Arbeitstagen (Dienstag bis Samstag) liegt diese Wahrscheinlichkeit bei durchschnittlich 0,8%.
Mit welcher Wahrscheinlichkeit wird sich bei einem zufällig ausgesuchten Auto ein Mangel herausstellen? Schätze vorher.

10. Welche der folgenden Schlussfolgerungen ist richtig? Diskutiert untereinander und stellt euer Ergebnis vor.

(1) Ungefähr 40% der Deutschen haben Blutgruppe A; 30% der Blutspender beim Deutschen Roten Kreuz sind unter 30 Jahre alt. Ein Blutspender beim DRK wird ausgelost. Der Leiter der Blutspendeaktion vermutet, dass die Wahrscheinlichkeit, dass diese Person unter 30 Jahre alt ist und Blutgruppe A hat, ungefähr 12% beträgt.

(2) 40% der Schülerinnen und Schüler einer Klasse haben im Fach Deutsch eine gute Note (1 oder 2); im Fach Englisch sind es 30%. Hieraus folgt, dass der Anteil derer, die in beiden Fächern eine gute Note haben, ungefähr 12% beträgt.

11. Aus dem Gefäß wird eine Kugel gezogen, der Buchstabe wird notiert und die Kugel wieder in das Gefäß zurückgelegt.

a) Zeichne ein Baumdiagramm für das Zufallsexperiment, dass 3-mal nacheinander gezogen und wieder zurückgelegt wird.
Wie groß ist die Wahrscheinlichkeit, dass TIM gezogen wird?
Wie groß ist die Wahrscheinlichkeit, dass TIM oder MIT gezogen wird?

b) Zeichne einen Baum dafür, dass 3-mal ohne Zurücklegen gezogen wird.
Wie groß sind dann die Wahrscheinlichkeiten für TIM bzw. TIM oder MIT?

12. Jemand hat in der Tasche 4 Schlüssel, die er blindlings einen nach dem anderen herauszieht, von denen aber nur einer passt. Mit welcher Wahrscheinlichkeit hat er
(1) gleich beim 1. Griff,
(2) spätestens beim 2. Griff, d. h. beim 1. oder 2. Griff,
(3) frühestens beim 3. Griff
den richtigen Schlüssel erfasst?
Stellt eure Überlegungen der Klasse vor.

BIST DU FIT?

1. **a)** Beschreibe das nebenstehende Diagramm.
Welcher Zusammenhang wird verdeutlicht?

b) Zwei Reißzwecken werden gleichzeitig geworfen. Berechne die Wahrscheinlichkeit für
(1) zweimal *„Seite"*;
(2) höchstens einmal *„Kopf"*;
(3) mindestens einmal *„Kopf"*.

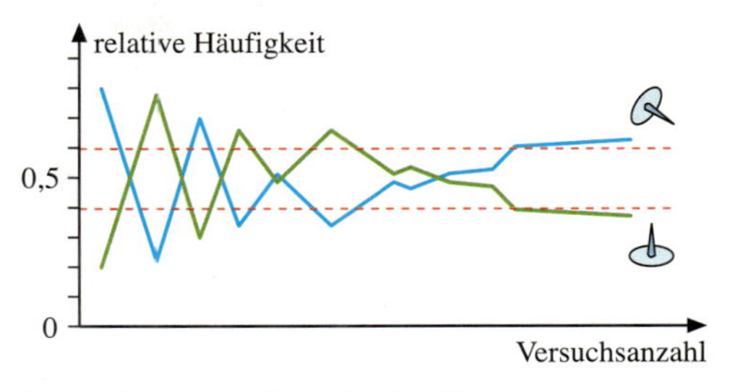

2. **a)** Beschreibe wie man herausfinden kann, ob ein Würfel gezinkt ist, d. h. ob die Ergebnisse 1 bis 6 nicht gleichwahrscheinlich sind.

b) Ein nicht gezinkter Würfel wird einmal geworfen. Wie groß ist die Wahrscheinlichkeit, dass die Augenzahl
(1) größer als 2, (2) keine Primzahl, (3) weder durch 2 noch durch 3 teilbar ist?

c) Ein nicht gezinkter Würfel wird zweimal geworfen. Wie groß ist die Wahrscheinlichkeit
(1) zwei verschiedene Zahlen, (2) die Augensumme 6 zu werfen?

3. In einer Lostrommel sind 200 Lose mit den Nummern 1 bis 200. Man zieht zufällig ein Los. Bestimme die Wahrscheinlichkeit für folgende Ereignisse:
(1) Die Zahl ist durch 5 teilbar.
(2) Die Zahl endet auf 2 oder 3.
(3) Die Zahl ist weder durch 5 noch durch 10 teilbar.
(4) Die Zahl hat genau zwei gleiche Ziffern.

4. Zwei Glücksräder werden gedreht. Ergänze die Eintragungen am Baumdiagramm.
Gib an, wie groß die verschiedenen Sektoren des Glücksrades sind.

60 %
R: 25 % R, G, W
B: R, G, 20 % W

5. In einem Behälter sind 5 rote und 3 blaue Kugeln.

a) Torsten zieht zwei Kugeln ohne Zurücklegen.
Zeichne für den Versuch ein Baumdiagramm. Berechne die Wahrscheinlichkeit dafür, dass zwei gleichfarbige Kugeln gezogen werden.

b) Katharina zieht ebenfalls zwei Kugeln; sie legt aber die erste Kugel in den Behälter zurück, bevor sie die zweite Kugel zieht. Wie ändert sich die Wahrscheinlichkeit?

6. Frau Schulz kauft 3 Glühlampen. Beim Kauf kann sie kontrollieren, ob sie leuchten oder defekt sind. Erfahrungsgemäß sind 4 % der Glühlampen aus dieser Produktionsserie defekt.

a) Berechne mithilfe eines Baumdiagramms die Wahrscheinlichkeit dafür, dass
(1) keine Glühlampe defekt ist;
(2) genau eine Glühlampe defekt ist;
(3) alle Glühlampen defekt sind.

b) Schätze ab, wie viele Glühlampen bei einer Produktion von 7 500 Lampen defekt sind.

5 Wurzeln – Reelle Zahlen

Familie Müller und Familie Jess haben zwei Grundstücke, die an dieselbe Straße angrenzen. Am Jahresende bekommen beide Familien eine Rechnung von der Stadtverwaltung; die Kosten für Straßenreinigung sollen bezahlt werden.
Familie Jess wundert sich:
Obwohl ihr Grundstück kleiner ist als das der Familie Müller, soll sie einen höheren Betrag bezahlen!
Wie ist das zu erklären?

Die Stadtverwaltung berechnet die Kosten nach der Länge der Grundstücksseite, die an die Straße angrenzt, also nach der Länge der „Straßenfront".
Man nennt dieses Abrechnungsverfahren *„Straßenfront-Maßstab"*.
Im nächsten Jahr soll ein neues Berechnungsverfahren eingeführt werden, das für mehr Gerechtigkeit sorgen soll:
Man denkt sich jedes Grundstück in ein quadratisches Grundstück verwandelt, wobei der Flächeninhalt gleich bleiben soll.
Nach der Seitenlänge dieses quadratischen Grundstücks sollen dann die Gebühren berechnet werden.
Das neue Berechnungsverfahren heißt *„Quadratwurzel-Maßstab"*.

→ Welches der beiden Verfahren findest du gerechter?
Denke z. B. auch an Eckgrundstücke.

In diesem Kapitel lernst du ...
... was Quadrat- und Kubikwurzeln sind, wie man sie bestimmen kann und wie man dadurch zu einer neuen Art von Zahlen gelangt.

QUADRATWURZELN

Berechnen von Quadratwurzeln

Einstieg

Der USA-Staat Wyoming hat eine Größe von ca. 250 000 km^2. Seine Fläche kann näherungsweise als Quadrat betrachtet werden.

→ Versucht, die Länge der Grenze von Wyoming möglichst genau zu bestimmen.

→ Berichtet, wie ihr vorgegangen seid.

Aufgabe

1. Berechne die Seitenlänge a des quadratischen Grundstücks der Familie Müller aus dem Einführungsbeispiel auf Seite 112. Berechne anschließend auch die Seitenlänge b des entsprechenden quadratischen Grundstücks der Familie Jess.

Lösung

Wir rechnen nur mit Maßzahlen. Man erhält den Flächeninhalt eines Quadrats, indem man die Seitenlänge mit sich selbst multipliziert. Für die quadratischen Grundstücke der Familien Müller und Jess muss gelten:

Grundstück Familie Müller
$A_M = a \cdot a = 900$
Wir finden: $a = 30$, denn $30 \cdot 30 = 900$

Grundstück Familie Jess
$A_J = b \cdot b = 729$
Wir finden: $b = 27$, denn $27 \cdot 27 = 729$

Ergebnis: Das quadratische Grundstück von Familie Müller hat die Seitenlänge 30 m, das der Familie Jess 27 m.

Information

(1) Erklärung der Quadratwurzel

In der Lösung der Aufgabe 1 haben wir zu positiven Zahlen A positive Zahlen x gesucht, für die gilt: $x \cdot x = x^2 = A$.
Bei $x^2 = 900$ war $x = 30$. Die Zahl 30 nennt man *Quadratwurzel* aus 900.
Bei $x^2 = 729$ war $x = 27$. Die Zahl 27 nennt man *Quadratwurzel* aus 729.

Unter der **Quadratwurzel** aus einer positiven Zahl a versteht man diejenige positive Zahl, die mit sich selbst multipliziert a ergibt.

Wurzelzeichen
$\sqrt{a}$
Radikand

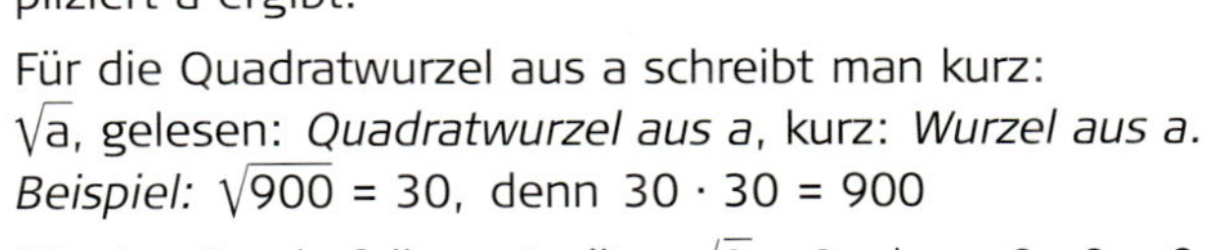

Für die Quadratwurzel aus a schreibt man kurz:
$\sqrt{a}$, gelesen: *Quadratwurzel aus a*, kurz: *Wurzel aus a.*
Beispiel: $\sqrt{900} = 30$, denn $30 \cdot 30 = 900$

Für den Sonderfall a = 0 gilt: $\sqrt{0} = 0$, denn $0 \cdot 0 = 0$

Die Zahl a unter dem Wurzelzeichen heißt *Radikand.* Das Bestimmen der Quadratwurzel heißt Wurzelziehen (*Radizieren*).

(2) Weitere Beispiele für Quadratwurzeln

$\sqrt{625} = 25$, denn $25^2 = 25 \cdot 25 = 625$; $\sqrt{0{,}64} = 0{,}8$, denn $0{,}8^2 = 0{,}8 \cdot 0{,}8 = 0{,}64$;

$\sqrt{\frac{1}{100}} = \frac{1}{10}$, denn $\left(\frac{1}{10}\right)^2 = \frac{1}{10} \cdot \frac{1}{10} = \frac{1}{100}$; $\sqrt{\frac{49}{9}} = \frac{7}{3}$, denn $\left(\frac{7}{3}\right)^2 = \frac{7}{3} \cdot \frac{7}{3} = \frac{49}{9}$;

$\sqrt{1} = 1$, denn $1^2 = 1 \cdot 1 = 1$.

Zum Bestimmen von Quadratwurzeln ist es nützlich, gewisse Quadratzahlen zu kennen. Präge dir die folgenden Quadratzahlen ein: $1^2 = 1$; $2^2 = 4$; $3^2 = 9$; ...; $25^2 = 625$

Zum Festigen und Weiterarbeiten

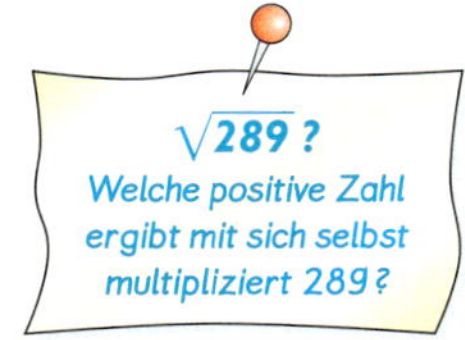

2. Bestimme die zugehörige Quadratzahl: 7; 15; 25; 40; $\frac{1}{2}$; $\frac{2}{3}$; 0,5; 2,1.

3. Bestimme die Quadratwurzel im Kopf: $\sqrt{25}$; $\sqrt{36}$; $\sqrt{121}$; $\sqrt{144}$; $\sqrt{400}$; $\sqrt{625}$.

4. a) Bestimme im Kopf: (1) $\sqrt{3\,600}$ (2) $\sqrt{2{,}89}$ (3) $\sqrt{0{,}04}$ (4) $\sqrt{\frac{4}{25}}$ (5) $\sqrt{\frac{625}{441}}$

b) Schreibe als Quadratwurzel aus einer Zahl:
(1) 7 (2) 23 (3) 0,3 (4) 0,16 (5) $\frac{16}{9}$

$9 = \sqrt{9 \cdot 9} = \sqrt{81}$

5. Bestimme die Seitenlänge eines Quadrates mit dem Flächeninhalt 576 m² [2,25 m²].

Übungen

6. Bestimme die zugehörige Quadratzahl.
a) 13 **b)** 21 **c)** 800 **d)** $\frac{1}{3}$ **e)** $\frac{9}{10}$ **f)** 0,1 **g)** 0,05 **h)** 1,5

7. Ziehe die Quadratwurzeln im Kopf.
a) $\sqrt{225}$ **b)** $\sqrt{324}$ **c)** $\sqrt{196}$ **d)** $\sqrt{169}$ **e)** $\sqrt{1\,600}$ **f)** $\sqrt{14\,400}$ **g)** $\sqrt{1\,000\,000}$

8. a) $\sqrt{\frac{1}{9}}$ **b)** $\sqrt{\frac{16}{100}}$ **c)** $\sqrt{\frac{25}{144}}$ **d)** $\sqrt{\frac{169}{196}}$ **e)** $\sqrt{\frac{361}{324}}$ **f)** $\sqrt{\frac{324}{121}}$ **g)** $\sqrt{\frac{484}{64}}$

9. a) $\sqrt{0{,}16}$ **b)** $\sqrt{0{,}01}$ **c)** $\sqrt{6{,}25}$ **d)** $\sqrt{3{,}24}$ **e)** $\sqrt{0{,}0049}$ **f)** $\sqrt{0{,}0289}$

10. a) $\sqrt{144}$; $\sqrt{14\,400}$; $\sqrt{1{,}44}$; $\sqrt{0{,}0144}$ **b)** $\sqrt{324}$; $\sqrt{3{,}24}$; $\sqrt{32\,400}$; $\sqrt{0{,}0324}$

11. Schreibe wie in Aufgabe 4 b) als Quadratwurzel aus einer Zahl.
a) 12 **b)** 17 **c)** 32 **d)** 300 **e)** 0,7 **f)** 3,5 **g)** 0,17 **h)** $\frac{5}{7}$ **i)** $\frac{13}{25}$ **j)** $\frac{1}{18}$

1+1=3

12. Kontrolliere die Lösung der Hausaufgaben:

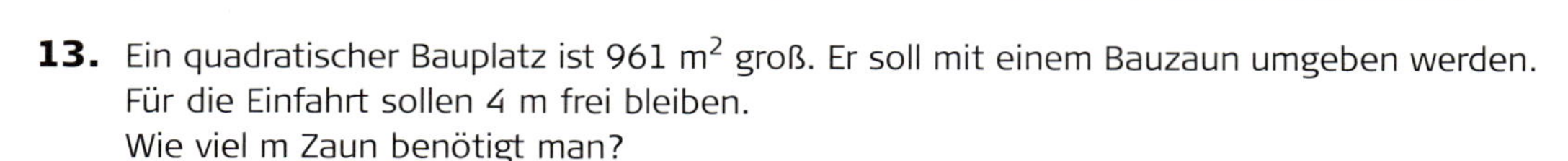
a) $\sqrt{256} = 16$ b) $\sqrt{-1\,024} = 32$ c) $\sqrt{1\,024} = 32$ d) $\sqrt{1\,000} = 33{,}4$ e) $\sqrt{0{,}04} = -0{,}2$

13. Ein quadratischer Bauplatz ist 961 m² groß. Er soll mit einem Bauzaun umgeben werden. Für die Einfahrt sollen 4 m frei bleiben.
Wie viel m Zaun benötigt man?

14. Die Oberfläche eines Würfels ist 54 dm² [294 cm²] groß. Wie lang sind seine Kanten?

15. Richtig oder falsch? Begründe.

(1) $\sqrt{-36} = -6$ (2) $\sqrt{36} = -6$ (3) $\sqrt{-36} = 6$ (4) $\sqrt{36} = 6$

Zusammenhang von Wurzelziehen und Quadrieren

Einstieg

Marina hat einen längeren Term mit dem Taschenrechner berechnet. Nachdem das Ergebnis schon in der Anzeige erschienen war, ist sie versehentlich auf die x^2-Taste gekommen.

→ Muss sie den ganzen Term noch einmal neu berechnen?
Beschreibe dein Vorgehen und berichte darüber.

Aufgabe

1. a) Führe mit den Zahlen 9; 1,21; $\frac{1}{4}$; 0; – 1; – 4; $-\frac{25}{4}$ folgende Rechenanweisungen durch, sofern möglich.

(1) Ziehe zuerst die Wurzel aus der Zahl und quadriere dann das Ergebnis.

$9 \xrightarrow{\sqrt{\ }} \square \xrightarrow{\text{hoch } 2} \square$

(2) Quadriere zuerst die Zahl und ziehe dann die Wurzel aus dem Ergebnis.

$9 \xrightarrow{\text{hoch } 2} \square \xrightarrow{\sqrt{\ }} \square$

Notiere deine Ergebnisse jeweils in Form einer Tabelle.

b) Was fällt auf?
Formuliere sowohl für (1) als auch für (2) eine Regel.

Lösung

a) (1) $\sqrt{\ }$ → hoch 2 →

a	$\sqrt{a}$	$(\sqrt{a})^2$
9	3	9
1,21	1,1	1,21
$\frac{1}{4}$	$\frac{1}{2}$	$\frac{1}{4}$
0	0	0
– 1	nicht möglich	–
– 4	nicht möglich	–
$-\frac{25}{4}$	nicht möglich	–

(2) hoch 2 → $\sqrt{\ }$ →

a	a^2	$\sqrt{a^2}$
9	81	9
1,21	1,4641	1,21
$\frac{1}{4}$	$\frac{1}{16}$	$\frac{1}{4}$
0	0	0
– 1	1	1
– 4	16	4
$-\frac{25}{4}$	$\frac{625}{16}$	$\frac{25}{4}$

b) (1) Die Rechen-Anweisungen sind nur für positive Zahlen a und die Zahl 0 durchführbar. Sie liefern wieder die Ausgangszahl als Endergebnis.
Bei negativen Zahlen erhalten wir kein Ergebnis, da man aus negativen Zahlen keine Wurzeln ziehen kann.

(2) Die Rechen-Anweisungen sind auch für negative Zahlen a durchführbar. Für positive Zahlen und für die 0 liefern sie wieder die Ausgangszahl als Endergebnis.
Für negative Zahlen liefern sie deren Gegenzahl.

Betrachten wir nur die positiven Zahlen und die 0, so können wir sagen:
Wurzelziehen und Quadrieren heben sich gegenseitig auf.

Information

Zusammenhang zwischen Quadrieren und Wurzelziehen

Für alle Zahlen $a \geq 0$ gilt:

(1) Das Ziehen der Quadratwurzel wird durch das Quadrieren rückgängig gemacht.
$(\sqrt{a})^2 = a$

(2) Das Quadrieren wird durch das Ziehen der Quadratwurzel rückgängig gemacht.
$\sqrt{a^2} = a$

Beispiel:

$a \xrightarrow{\sqrt{\ }} \sqrt{a}$, $\sqrt{a} \xrightarrow{\text{hoch 2}} a$ $\qquad$ $16 \xrightarrow{\sqrt{\ }} 4$, $4 \xrightarrow{\text{hoch 2}} 16$

$a \xrightarrow{\text{hoch 2}} a^2$, $a^2 \xrightarrow{\sqrt{\ }} a$ $\qquad$ $4 \xrightarrow{\text{hoch 2}} 16$, $16 \xrightarrow{\sqrt{\ }} 4$

Zum Festigen und Weiterarbeiten

2. Bestimme. Begründe dein Vorgehen.

a) $(\sqrt{3})^2$ **b)** $(\sqrt{121})^2$ **c)** $\sqrt{5^2}$ **d)** $\sqrt{1{,}5^2}$ **e)** $\left(\sqrt{\frac{1}{81}}\right)^2$ **f)** $\sqrt{225^2}$

3. Berechnet, falls möglich, und vergleicht. Präsentiert eure Ergebnisse.

a) $(\sqrt{-4})^2$, $\sqrt{(-4)^2}$ und $\sqrt{-4^2}$ **b)** $(\sqrt{-0{,}25})^2$, $\sqrt{(-0{,}25)^2}$ und $\sqrt{-0{,}25^2}$

△ **4.** Berechne ohne Taschenrechner.

a) $\sqrt{\sqrt{625}}$ **b)** $\sqrt{\sqrt{1}}$ **c)** $\sqrt{\sqrt{0{,}0081}}$ **d)** $\sqrt{\sqrt{\frac{1}{16}}}$

Übungen

5. Übertrage in dein Heft und fülle die Lücke aus. Ist das immer möglich? Wenn ja, gibt es mehrere Möglichkeiten? Rechne im Kopf.

a) $14 \xrightarrow{\text{hoch 2}} \square$ **c)** $\square \xrightarrow{\text{hoch 2}} 36$ **e)** $-0{,}2 \xrightarrow{\text{hoch 2}} \square$ **g)** $\square \xrightarrow{\text{hoch 2}} -196$

b) $25 \xrightarrow{\sqrt{\ }} \square$ **d)** $\square \xrightarrow{\sqrt{\ }} 10$ **f)** $-\frac{1}{4} \xrightarrow{\sqrt{\ }} \square$ **h)** $\square \xrightarrow{\sqrt{\ }} -5$

6. Übertrage in dein Heft und fülle aus. Vergleiche jeweils die Zahl in der ersten Spalte mit der Zahl in der dritten Spalte.
Ist die Ausfüllung möglich? Wenn ja, gibt es mehrere Möglichkeiten? Rechne im Kopf.

a) (1. Spalte $\xrightarrow{\sqrt{\ }}$ 2. Spalte $\xrightarrow{\text{hoch 2}}$ 3. Spalte)

16		
100		
– 256		
0,01		
	1	
	$-\frac{1}{3}$	
		– 0,25
		$\frac{4}{9}$

b) (1. Spalte $\xrightarrow{\text{hoch 2}}$ 2. Spalte $\xrightarrow{\sqrt{\ }}$ 3. Spalte)

6		
– 9		
1,5		
– 2,2		
	– 625	
	1	
		$\frac{9}{16}$
		– 100

7. Tim behauptet: „Beim Quadrieren werden alle Zahlen vergrößert; beim Wurzelziehen werden die Zahlen verkleinert." Was meinst du dazu?

8. Bestimme ohne Taschenrechner.

a) $(\sqrt{125})^2$
b) $(\sqrt{0{,}0016})^2$
c) $(-\sqrt{33})^2$
d) $-(\sqrt{37})^2$
e) $\left(\sqrt{\frac{1}{168}}\right)^2$
f) $\sqrt{325^2}$
g) $\sqrt{17{,}5^2}$
h) $-\sqrt{17{,}5^2}$
i) $\sqrt{\left(\frac{13}{99}\right)^2}$
j) $\sqrt{\left(-\frac{25}{144}\right)^2}$
k) $(2\sqrt{5})^2$
l) $(-3\sqrt{5})^2$
m) $(\sqrt{2})^2$
n) $(\sqrt{2^2})^2$
o) $(\sqrt{(-3)^2})^2$
△ p) $\sqrt{\sqrt{16}}$
△ q) $\sqrt{\sqrt{81}}$
△ r) $\sqrt{\sqrt{256}}$
△ s) $\sqrt{\sqrt{\frac{16}{625}}}$
△ t) $\sqrt{\sqrt{2^2}}$

Näherungsweises Ermitteln von Quadratwurzeln

Einstieg

Zeichnet ein Quadrat mit der Seitenlänge 1 dm und um dieses Quadrat ein zweites Quadrat wie in der Abbildung rechts.

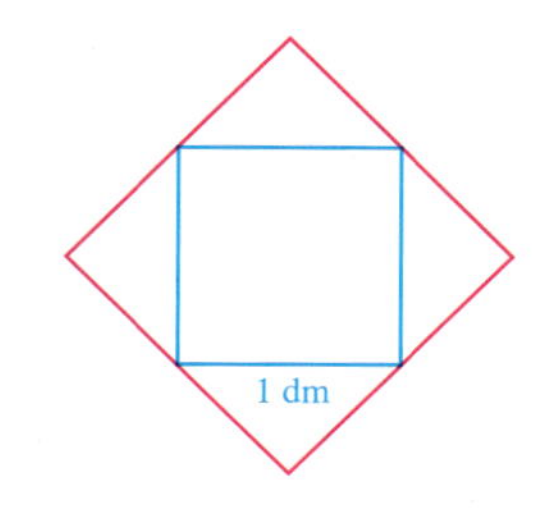

➜ Vergleicht die Flächeninhalte; zeichnet gegebenenfalls Hilfslinien ein.

➜ Was kann man über die Seitenlänge des äußeren Quadrats sagen?
Wie kann man diese Länge möglichst genau bestimmen?

➜ Stellt eure Überlegungen und Ergebnisse vor.

Aufgabe

1. 

Die Straßenreinigungsgebühren eines 660 m² großen Grundstücks sollen nach dem Quadratwurzelmaßstab berechnet werden (vgl. Seite 112).
Welche Seitenlänge hat ein 660 m² großes Quadrat?

Lösung

Wir suchen die Zahl $a = \sqrt{660}$, es muss also gelten: $a \cdot a = 660$.
Durch Probieren finden wir: Die gesuchte Länge a muss zwischen 25 m und 26 m liegen, denn $25^2 = 625 < 660$ und $26^2 = 676 > 660$.
Wir probieren es nun mit den Maßzahlen 25,1; 25,2; 25,3; 25,4; 25,5; 25,6 usw.:
$25{,}1^2 = 630{,}01$; $25{,}2^2 = 635{,}04$; $25{,}3^2 = 640{,}09$; $25{,}4^2 = 645{,}16$; $25{,}5^2 = 650{,}25$; $25{,}6^2 = 655{,}36$; $25{,}7^2 = 660{,}49$.
Also liegt die gesuchte Seitenlänge zwischen 25,6 m und 25,7 m.
Dies notieren wir in einer Tabelle und rechnen eine weitere Stelle aus.

Anzahl der Stellen nach dem Komma	untere Näherungszahl	Probe (hoch 2)	obere Näherungszahl
0	25	625 < 660 < 676	26
1	25,6	655,36 < 660 < 660,49	25,7
2	25,69	659,9761 < 660 < 660,4900	25,70

Die untere Näherungszahl wählen wir so groß wie möglich, die obere so klein wie möglich. Das als quadratisch angenommene Grundstück würde eine Straßenfront zwischen 25,69 m und 25,70 m besitzen.

Ergebnis: Das quadratische Grundstück hat eine Seitenlänge von ca. 25,70 m.

Zum Festigen und Weiterarbeiten

2. Fülle die nächste Zeile der Tabelle von Aufgabe 1 aus (3 Stellen nach dem Komma).
Überlege vorher: Womit beginnt man am besten beim Ausprobieren?
Beachte: 660 liegt näher an $25{,}69^2$ als an $25{,}70^2$.

3. Zwischen welchen natürlichen Zahlen liegt:

a) $\sqrt{10}$ **c)** $\sqrt{60}$ **e)** $\sqrt{200}$
b) $\sqrt{40}$ **d)** $\sqrt{80}$ **f)** $\sqrt{1000}$

$4 < \sqrt{20} < 5$, denn
$4^2 < 20 < 5^2$

4. Bestimme wie in Aufgabe 1 durch Probieren auf zwei Stellen nach dem Komma.

a) $\sqrt{30}$ **b)** $\sqrt{5}$ **c)** $\sqrt{50}$ **d)** $\sqrt{500}$ **e)** $\sqrt{0{,}8}$

Information

(1) Bestimmen von Quadratwurzeln mit dem Taschenrechner

Es ist mühsam, durch Probieren eine Quadratwurzel zu bestimmen. Mit dem Taschenrechner kannst du Wurzeln schnell und recht genau bestimmen. Dies funktioniert von Taschenrechner zu Taschenrechner unterschiedlich. Erkundige dich, mit welcher Tastenfolge man auf deinem Taschenrechner die Quadratwurzel bestimmt oder schlage in der Gebrauchsanweisung nach.

(2) Wie genau kann man Wurzeln bestimmen?

Bei $\sqrt{729} = 27$ erhalten wir mit dem Taschenrechner ein genaues Ergebnis.
Bei $\sqrt{2}$ erhalten wir nur einen Näherungswert, nämlich 1,414213562. Dies kann man nachprüfen, indem man 1,414213562 mit sich selbst multipliziert. Dabei reicht es, die letzte Stelle zu betrachten:

Man erhält einen Dezimalbruch mit 18 Stellen nach dem Komma, der als letzte Stelle eine 4 hat. Daher gilt: $1{,}414213562 \cdot 1{,}414213562 \neq 2$
Die Zahl 1,414213562 ist somit nur ein Näherungswert für $\sqrt{2}$.
Könnte ein Taschenrechner, der mehr als 10 Ziffern anzeigt, den genauen Wert für $\sqrt{2}$ angeben?
Wir überlegen: Als Endziffern eines abbrechenden Dezimalbruches kommen 1, 2, 3, 4, 5, 6, 7, 8, 9 in Frage; durch Quadrieren erhält man die Endziffern 1, 4, 9, 6, 5, 6, 9, 4, 1, also nie 0.
Ebenso erhalten wir bei $\sqrt{660}$ (vergleiche Seite 117) nur einen Näherungswert.
Wir stellen fest:
$\sqrt{2}$ und $\sqrt{660}$ kann man *nicht* durch einen abbrechenden Dezimalbruch darstellen.

(3) $\sqrt{2}$ ist keine rationale Zahl

Wir haben festgestellt:
$\sqrt{2}$ kann man nicht durch einen abbrechenden Dezimalbruch angeben.
Kann man $\sqrt{2}$ durch einen gewöhnlichen Bruch angeben?
Man kann zeigen:
Jede Bruchzahl $\frac{m}{n}$ ist ungleich $\sqrt{2}$. Dabei sind m und n natürliche Zahlen.
$\sqrt{2}$ ist daher nicht durch einen Bruch darstellbar, ist also keine rationale Zahl.

Begründung
Der Bruch $\frac{m}{n}$ soll vollständig gekürzt sein.
$\frac{m}{n} = \sqrt{2}$ würde bedeuten, dass $\frac{m}{n} \cdot \frac{m}{n} = 2$ und damit $\frac{m^2}{n^2} = 2$, also auch $m^2 = 2n^2$ ist.
Betrachte nun die Tabellen rechts. Darin sind nur die Endziffern notiert.
Die Zahlen m^2 und $2n^2$ können höchstens dann übereinstimmen, wenn beide als letzte Ziffer 0 haben.
Dann müsste aber m als letzte Ziffer 0 haben und zugleich n als letzte Ziffer 0 oder 5 haben; dann wäre aber der Bruch $\frac{m}{n}$ mit 5 kürzbar. Wir sind jedoch davon ausgegangen, dass $\frac{m}{n}$ vollständig gekürzt ist.
Folglich kann $\frac{m}{n}$ nicht genau $\sqrt{2}$ sein.

Letzte Ziffer	
von m	von m^2
0	0
1	1
2	4
3	9
4	6
5	5
6	6
7	9
8	4
9	1

Letzte Ziffer		
von n	von n^2	von $2n^2$
0	0	0
1	1	2
2	4	8
3	9	8
4	6	2
5	5	0
6	6	2
7	9	8
8	4	8
9	1	2

Es soll gelten: $m^2 = 2n^2$

Übungen

5. Welche der Wurzeln $\sqrt{100}$, $\sqrt{200}$, $\sqrt{300}$, ..., $\sqrt{1200}$ kannst du sofort angeben?
Grenze die anderen Wurzeln wie im Beispiel zwischen zwei aufeinanderfolgenden natürlichen Zahlen ein.

$\sqrt{100} = 10$
$14 < \sqrt{200} < 15$

6. Bestimme durch Probieren auf Hundertstel genau.
a) $\sqrt{6}$ **b)** $\sqrt{11}$ **c)** $\sqrt{17}$ **d)** $\sqrt{21}$ **e)** $\sqrt{71}$ **f)** $\sqrt{99}$

7. Bestimme mit dem Taschenrechner.
a) $\sqrt{1561}$ **b)** $\sqrt{10526}$ **c)** $\sqrt{85184}$ **d)** $\sqrt{1,525}$ **e)** $\sqrt{0,0938}$ **f)** $\sqrt{0,00195}$

8. Bestimme mit dem Taschenrechner und runde auf vier Stellen nach dem Komma.
a) $\sqrt{3}$ **c)** $\sqrt{30}$ **e)** $\sqrt{1025}$ **g)** $\sqrt{0,176}$
b) $\sqrt{13}$ **d)** $\sqrt{741}$ **f)** $\sqrt{20000}$ **h)** $\sqrt{0,00153}$

9. Ein rechteckiges Grundstück ist 35 m lang und 22 m breit. Es soll gegen ein gleich großes quadratisches Grundstück getauscht werden.
Bestimme die Seitenlänge des quadratischen Grundstücks.

10. a) Bestätige, dass nicht genau gilt: $\sqrt{3} = 1,732050808$.
b) Andere Rechner liefern für $\sqrt{3}$ den Wert 1,732050807569. Kann dies genau sein?
c) Vielleicht geht es mit mehr Stellen. Kann der genaue Wert von $\sqrt{3}$ ein Dezimalbruch mit 15 Stellen nach dem Komma oder mit 50 Stellen nach dem Komma sein?

IM BLICKPUNKT: DAS HERONVERFAHREN – WURZELBERECHNUNG MIT DEM COMPUTER

Um Näherungswerte für Wurzeln zu bestimmen verwenden Taschenrechner und Computer spezielle Rechenverfahren. Ein solches Rechenverfahren lernen wir jetzt kennen:
das Heron-Verfahren.

Es stammt aus der Zeit, als es noch keine Taschenrechner und Computer gab, und geht auf den griechischen Mathematiker *Heron von Alexandria* (ca. 60 n. Chr.) zurück.

Wir machen uns das Verfahren an einem Beispiel klar:

	rechnerisch	**geometrisch**
Problem	Gesucht ist ein Näherungswert für $\sqrt{6}$, also ein Dezimalbruch x, für den gilt: $x \cdot x = 6$	Wir suchen ein Quadrat mit dem Flächeninhalt 6 und der Seitenlänge x. 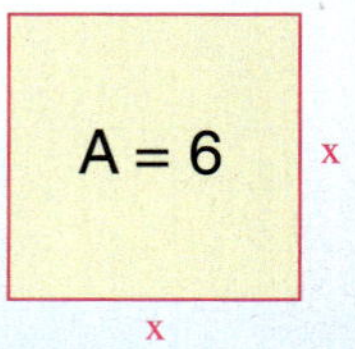
Idee	Wir nehmen zunächst zwei verschiedene Zahlen, deren Produkt 6 ergibt. Diese lassen sich leicht finden, z. B.: $3 \cdot 2 = 6$ Dann nähern wir die beiden Faktoren einander immer mehr an, bis sie fast gleich groß sind.	Wir nehmen zunächst ein Rechteck mit dem Flächeninhalt 6, z. B. mit den Seitenlängen 3 und 2. 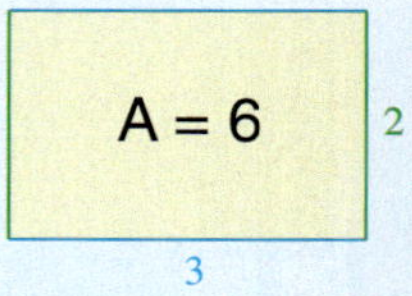 Wir verwandeln das Rechteck schrittweise immer mehr in ein Quadrat.

Systematische Durchführung des Verfahrens:

1. Schritt: (a) Wähle einen Startwert als ersten Faktor, z. B. $a_0 = 3$

(b) Berechne den zweiten Faktor: $b_0 = \frac{6}{a_0} = 2$

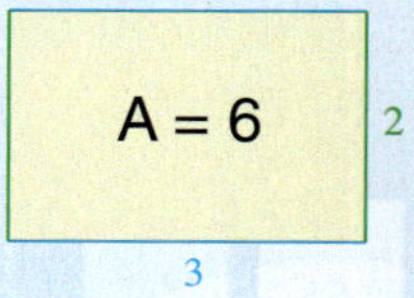

2. Schritt: (a) Wähle a_1 als Mittelwert von a_0 und b_0:

$$a_1 = \frac{(a_0 + b_0)}{2} = \frac{(3 + 2)}{2} = 2{,}5$$

(b) Berechne den zweiten Faktor: $b_1 = \frac{6}{a_1} = 2{,}4$

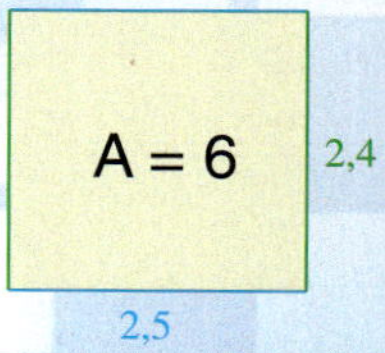

3. Schritt: (a) Wähle a_2 als Mittelwert von a_1 und b_1:

$$a_2 = \frac{(a_1 + b_1)}{2} = 2{,}45$$

(b) Berechne den zweiten Faktor: $b_2 = \frac{6}{a_2} \approx 2{,}448$

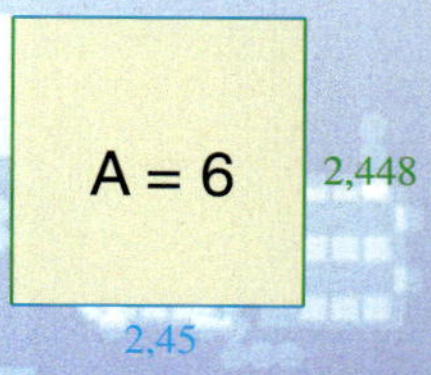

Mit jedem Schritt nähern sich die beiden Faktoren immer mehr einander an, ihre Differenz wird immer kleiner. Setzen wir das Verfahren fort, so erhalten wir immer bessere Näherungswerte für $\sqrt{6}$.

Die Ergebnisse unserer Rechnung fassen wir in einer Tabelle zusammen.

Faktor a	Faktor b = $\frac{6}{a}$	Mittelwert m = $\frac{a+b}{2}$	Kontrolle ($m^2 = 6$?)
3	2	2,5	6,2
2,5	2,4	2,45	6,0025
2,45	2,448979591 …	2,449489795	6,00000026
2,449489795	2,449489689 …	2,449489742 …	6,00000000 …

1. Führe die ersten drei Schritte des *Heron-Verfahrens* durch.
Prüfe den Näherungswert durch Quadrieren.

a) $\sqrt{30}$ (Startwert 5) **b)** $\sqrt{13}$ (Startwert 3).

Das *Heron-Verfahren* lässt sich leicht in ein Kalkulationsprogramm umsetzen.
Die Abbildung zeigt ein solches Programm am Beispiel der Berechnung von $\sqrt{10}$.

	A	B	C	D
1	Heron-Verfahren zur Wurzelberechnung			
2				
3		Radikand	10	
4		Startwert	3	
5	Faktor a	Faktor b	Mittelwert m	Kontrolle m²
6	3,0000000	3,3333333	3,1666667	10,0277778
7	3,1666667	3,1578947	3,1622807	10,0000192
8	3,1622807	3,1622746	3,1622777	10,0000000
9	3,1622777	3,1622777	3,1622777	10,0000000
10	3,1622777	3,1622777	3,1622777	10,0000000
11	3,1622777	3,1622777	3,1622777	10,0000000

In wenigen Schritten liefert das Verfahren einen sehr guten Näherungswert für $\sqrt{10}$.

Die Abbildung unten zeigt die Formeln, die in das Tabellenblatt eingegeben wurden. Vergleiche mit der Berechnung in der Abbildung links.

	A	B	C	D
1	Heron-Verfahren zur Wurzelberechnung			
2				
3		Radikand	10	
4		Startwert	3	
5	Faktor a	Faktor b	Mittelwert m	Kontrolle m²
6	=C4	=C3/A6	=(A6+B6)/2	=C6*C6
7	=C6	=C3/A7	=(A7+B7)/2	=C7*C7
8	=C7	=C3/A8	=(A8+B8)/2	=C8*C8
9	=C8	=C3/A9	=(A9+B9)/2	=C9*C9
10	=C9	=C3/A10	=(A10+B10)/2	=C10*C10
11	=C10	=C3/A11	=(A11+B11)/2	=C11*C11

Dividiere die Zahl aus Zelle C3 durch die Zahl aus Zelle A11

Berechne den Mittelwert der Zahlen aus den Zellen A11 und B11

2. a) Erstelle mit dem Kalkulationsprogramm ein Rechenblatt zur Berechnung von $\sqrt{10}$ mit dem Startwert 3.

b) Wähle weitere Startwerte (auch die Zahl 1 und die Zahl 2). Vergleiche.

3. Gib als Radikand 60 ein. Wähle als Startwert 6, dann 7, dann 8. Nach wie vielen Schritten stimmen die Faktoren a und b jeweils bis zur fünften Stelle nach dem Komma überein?

4. Gib verschiedene Radikanden ein. Untersuche, wie sich der Startwert auf die Schnelligkeit des Verfahrens auswirkt. Probiere verschiedene Startzahlen aus.
Wähle auch einen ganzzahligen Wert, der dicht am Wurzelwert liegt.

5. Vergleiche das *Heron-Verfahren* mit dem Näherungsverfahren auf Seite 117. Erstelle hierzu ein entsprechendes Tabellenblatt. Vergleiche beide Verfahren unter denselben Bedingungen.

REELLE ZAHLEN

Wir haben bereits gezeigt, dass $\sqrt{2}$ keine rationale Zahl ist (siehe Seite 119).
Allgemein kann man zeigen:

> Wenn a eine natürliche Zahl, aber keine Quadratzahl ist, dann ist $\sqrt{a}$ keine rationale Zahl.

Wir erhalten also beim Wurzelziehen auch Zahlen, die keine rationalen Zahlen sind. Daher müssen wir unseren Zahlbereich erweitern. Diesen neuen Zahlbereich lernen wir im Folgenden kennen. Wir betrachten jedoch zunächst noch einmal die Darstellung der Menge $\mathbb{Q}$ der rationalen Zahlen.

Rationale Zahlen und ihre Darstellung auf der Zahlengeraden

Einstieg

→ Was meint ihr dazu? Wer hat recht? Tragt eure Überlegungen vor.

Information

Die *rationalen* Zahlen kann man auf der *Zahlengeraden* darstellen. Das ist eine Gerade, auf der zwei Punkte als Darstellung der Zahlen 0 und 1 festgelegt sind. Meist zeichnet man die Zahlengerade waagerecht und so, dass 0 links von 1 liegt. Dann ist die Lage der weiteren Zahlen wie folgt festgelegt:
Um zum Beispiel die Zahl $\frac{8}{3}$ darzustellen, teilen wir die Strecke von 0 bis 1 in drei gleich lange Teilstrecken und tragen dann acht solcher Teilstrecken von 0 aus nach rechts ab.

Entsprechend kann man jede rationale Zahl $\frac{z}{n}$ darstellen (wobei z eine ganze Zahl und n eine natürliche Zahl ist). Hier ist das ausgeführt für $\frac{1}{3}$, $\frac{8}{3}$, $\frac{3}{2}$, $\frac{10}{7}$, $\frac{1}{5}$, $-\frac{5}{8}$, $-\frac{2}{1}$.

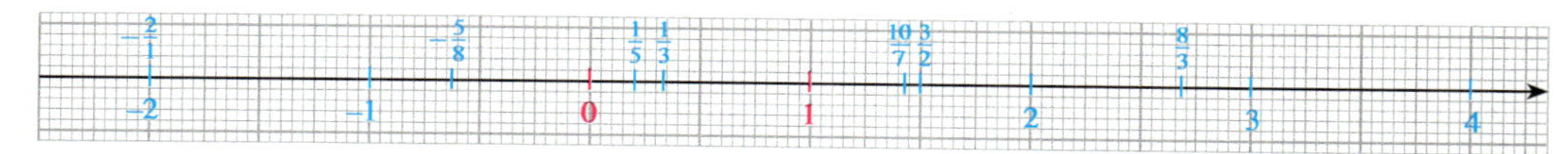

Aufgabe

1. a) Nenne eine rationale Zahl a, die zwischen $\frac{10}{7}$ und $\frac{3}{2}$ liegt.

b) Versuche eine rationale Zahl anzugeben, die *unmittelbar hinter* $\frac{10}{7}$ liegt, d. h. es soll keine andere Zahl dazwischen liegen.

Lösung

$\frac{10}{7}$; welches ist die nächstgrößere Zahl?

a) Wir können z. B. den Mittelwert der beiden Zahlen berechnen:

$a_1 = \frac{1}{2}\left(\frac{10}{7} + \frac{3}{2}\right)$

$= \frac{1}{2}\left(\frac{20}{14} + \frac{21}{14}\right)$

$= \frac{1}{2} \cdot \frac{41}{14} = \frac{41}{28}$

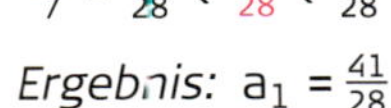

$\frac{10}{7} = \frac{40}{28} < \frac{41}{28} < \frac{42}{28} = \frac{3}{2}$

Ergebnis: $a_1 = \frac{41}{28}$

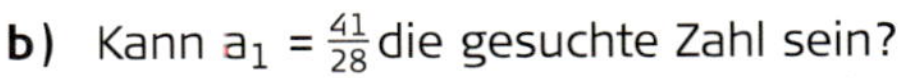

b) Kann $a_1 = \frac{41}{28}$ die gesuchte Zahl sein?

$\frac{41}{28}$ liegt nicht unmittelbar hinter $\frac{10}{7}$, denn man kann leicht eine weitere Zahl a_2 angeben, die zwischen $\frac{10}{7}$ und $\frac{41}{28}$ liegt, z. B. den Mittelwert dieser Zahlen:

$a_2 = \frac{1}{2}\left(\frac{10}{7} + \frac{41}{28}\right)$

$= \frac{1}{2}\left(\frac{40}{28} + \frac{41}{28}\right)$

$= \frac{1}{2} \cdot \frac{81}{28} = \frac{81}{56}$

Auch $\frac{81}{56}$ liegt nicht unmittelbar hinter $\frac{10}{7}$, denn man kann wiederum eine Zahl a_3 berechnen, die zwischen $\frac{10}{7}$ und $\frac{81}{56}$ liegt:
Man braucht nur wieder den Mittelwert zu bilden.
Auf diese Weise kann man zu jeder rationalen Zahl a hinter $\frac{10}{7}$ eine andere rationale Zahl finden, die noch zwischen $\frac{10}{7}$ und a liegt.
Daher gibt es keine Zahl, die unmittelbar hinter $\frac{10}{7}$ liegt.

Zum Festigen und Weiterarbeiten

2. a) Nenne eine rationale Zahl zwischen $\frac{80}{56}$ und $\frac{81}{56}$. Begründe dein Ergebnis.

b) *Begründe:*
Zwischen $\frac{80}{56}$ und $\frac{81}{56}$ liegen unendlich viele rationale Zahlen.
Beschreibe, wie man nacheinander immer neue rationale Zahlen mit dieser Eigenschaft finden kann.

Information

Jede rationale Zahl lässt sich als Punkt der Zahlengeraden darstellen.
Zu einer rationalen Zahl gibt es *keine Zahl, die unmittelbar nachfolgt.*
Vielmehr liegen zwischen zwei rationalen Zahlen auf der Zahlengeraden immer noch weitere, ja sogar unendlich viele rationale Zahlen.
Man sagt:
Die rationalen Zahlen liegen *dicht* auf der Zahlengeraden.

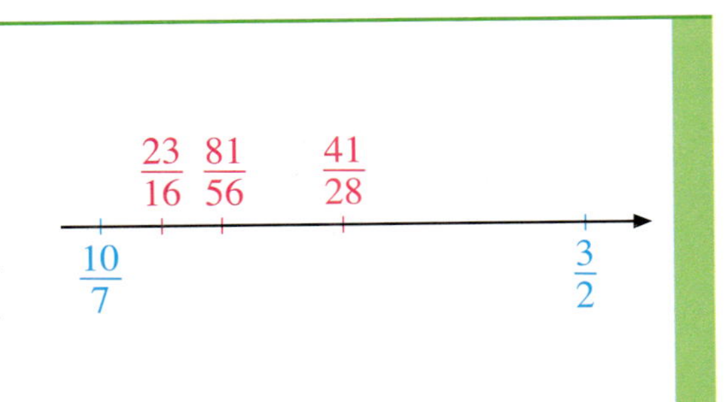

Übungen

3. Stelle die Zahlen $\frac{1}{2}$, $-\frac{1}{4}$, $\frac{5}{8}$ auf einer Zahlengeraden dar, ohne die Skala des Lineals zu benutzen.
Wähle die Einheitsstrecke von 0 bis 1 nicht zu klein (etwa halbe Blattbreite).
Beschreibe die ausgeführten geometrischen Konstruktionen.

4. Gib jeweils drei rationale Zahlen an zwischen

a) $\frac{7}{10}$ und $\frac{8}{10}$; **c)** $-\frac{3}{2}$ und $-\frac{10}{7}$;

b) 1 und 0,9; **d)** 1,414 und $\sqrt{2}$.

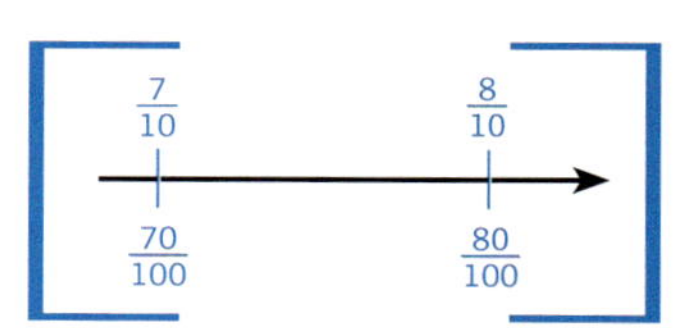

5. Durch $\frac{1}{2}, \frac{2}{3}, \frac{3}{4}, \frac{4}{5}, \frac{5}{6}, \ldots$ sind unendlich viele rationale Zahlen zwischen 0 und 1 gegeben.
Gib unendlich viele rationale Zahlen an zwischen

a) 1 und 2; **b)** 0 und 0,01; **c)** 1 und 1,01; **d)** 0,99 und 1.

Irrationale Zahlen und ihre Darstellung auf der Zahlengeraden

Einstieg

→ Wer hat recht? Nehmt Stellung zu den Schüleräußerungen.

Aufgabe

1. a) Begründe, dass das Quadrat im Bild rechts den Flächeninhalt 2 cm² hat.

b) Welche Zahl liegt auf der Zahlengeraden an der Stelle x?
Ist es eine rationale Zahl?
Begründe dein Ergebnis.

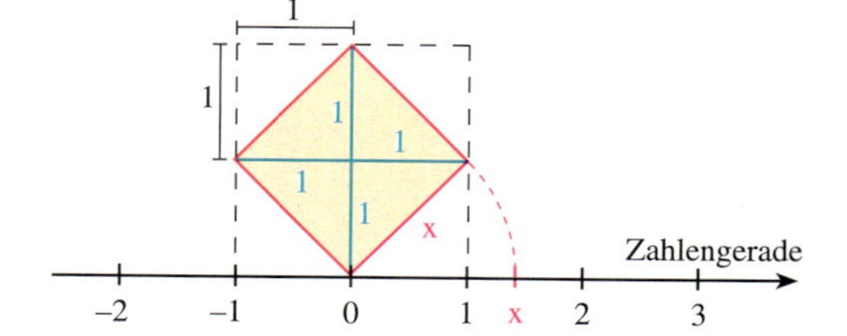

Lösung

a) Jedes der vier rechtwinkligen Dreiecke hat den Flächeninhalt
$\frac{1}{2} \cdot 1\text{ cm} \cdot 1\text{ cm} = \frac{1}{2}\text{cm}^2$.
Alle vier zusammen haben den Flächeninhalt 2 cm².

b) x ist die Maßzahl der Seitenlänge des Quadrates, also ist
$x^2 = 2$, d. h. $x = \sqrt{2}$.
Da $\sqrt{2}$ nicht rational (irrational) ist, liegt an dieser Stelle keine rationale Zahl.

Zum Festigen und Weiterarbeiten

2. Konstruiere auf der Zahlengeraden die Punkte für:

(1) $1 + \sqrt{2}$ (3) $1 - \sqrt{2}$ (5) $-\sqrt{2}$ (7) $-2 \cdot \sqrt{2}$

(2) $2 + \sqrt{2}$ (4) $2 - \sqrt{2}$ (6) $2 \cdot \sqrt{2}$ (8) $3 \cdot \sqrt{2}$

Beschreibe dein Vorgehen.

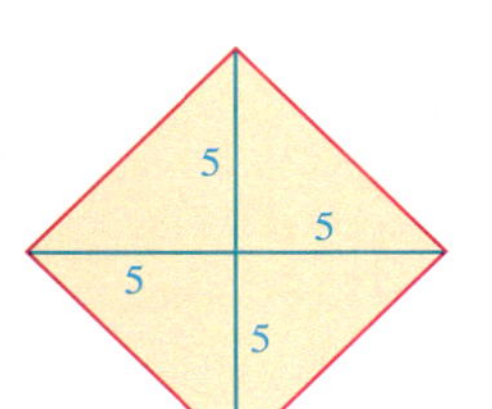

3. Zeige, dass man mit der Figur links $\sqrt{50}$ konstruieren kann.
Konstruiere ebenso:

(1) $\sqrt{8}$ (2) $\sqrt{32}$ (3) $\sqrt{72}$

Information

(1) Punkte auf der Zahlengeraden, die keine rationalen Zahlen darstellen

Durch Addieren, Subtrahieren oder Multiplizieren wie in Aufgabe 2 kann man beliebig viele Punkte finden, die nicht zu einer rationalen Zahl gehören.
Obwohl die rationalen Zahlen dicht liegen, gibt es noch unendlich viele andere Punkte dazwischen.

Auf der Zahlengeraden gibt es unendlich viele Punkte, die keine rationale Zahl darstellen.

(2) Zahlengerade und reelle Zahlen – Irrationale Zahlen

Will man jeden Punkt der Zahlengeraden durch eine Zahl erfassen, so benötigt man also die Menge $\mathbb{Q}$ der rationalen Zahlen und zusätzlich noch die Menge der *irrationalen* (nichtrationalen) Zahlen. Beide zusammen bezeichnet man als die Menge $\mathbb{R}$ der **reellen Zahlen**.

Jeder Punkt der Zahlengeraden stellt eine **reelle Zahl** dar. Umgekehrt gehört zu jeder reellen Zahl ein Punkt der Zahlengeraden.
Die Menge der reellen Zahlen besteht aus rationalen Zahlen und irrationalen Zahlen.

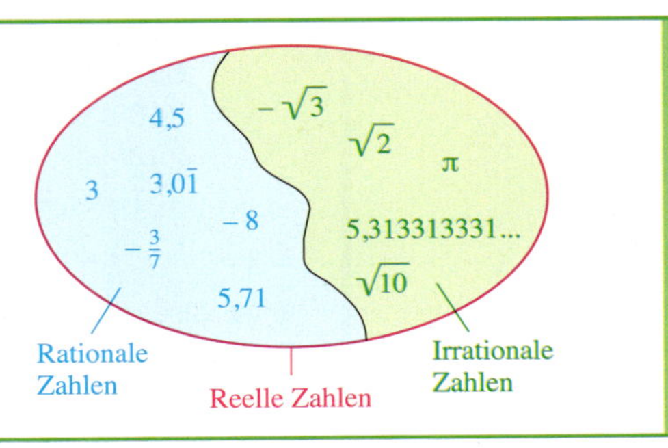

Übungen

4. Bestimme durch Konstruktion auf der Zahlengeraden $\sqrt{0{,}5}$.
Orientiere dich bei der Konstruktion an der Aufgabe 1.

5. Der Punkt für $\sqrt{0{,}5}$ liegt auf der Zahlengeraden in der Mitte zwischen 0 und $\sqrt{2}$.
Begründe anhand der Konstruktion, dass $\sqrt{0{,}5} = \frac{1}{2} \cdot \sqrt{2}$ ist.

6. Konstruiere auf der Zahlengeraden die Punkte für:

(1) $1 + \sqrt{0{,}5}$ (2) $2 - \sqrt{0{,}5}$ (3) $2\sqrt{0{,}5}$ (4) $-\sqrt{0{,}5}$ (5) $3 + 2\sqrt{0{,}5}$

7. Begründe anhand eines Beispiels, warum man neben den rationalen Zahlen noch weitere Zahlen benötigt.

Beschreibung reeller Zahlen durch Dezimalbrüche – Rechnen mit reellen Zahlen

Einstieg

- Formuliert eine Anweisung zur Fortsetzung der Ziffernfolge, sodass eine rationale Zahl entsteht.
- Gebt eine Anweisung zur Fortsetzung an, sodass eine irrationale Zahl entsteht.
- Formuliert weitere Anweisungen zur Fortsetzung.
  Begründet jeweils, ob dabei eine rationale oder eine irrationale Zahl entsteht.
- Präsentiert eure Ergebnisse.

Information

(1) Beschreibung rationaler Zahlen durch abbrechende oder periodische Dezimalbrüche

Jeden Bruch $\frac{m}{n}$ (Zähler und Nenner sollen verschiedene natürliche Zahlen sein, Nenner ungleich 0) kann man in einen abbrechenden oder einen periodischen Dezimalbruch verwandeln. Dazu führt man die schriftliche Division m : n aus.

Beispiele:

(1) 53 : 40 = 1,325
```
53 : 40 = 1,325
40
130
120
 100
  80
  200
  200
    0  Der Rest ist Null.
```

Ergebnis: $\frac{53}{40} = 1{,}325$.

Dies ist ein **abbrechender** Dezimalbruch.

(2) 13 : 55 = 0,236
```
13 : 55 = 0,236
00
130
110
 200   Der Rest 20 wiederholt sich.
 165   Folglich wiederholt sich auch
  350  die Rechnung in dem roten
  330  Feld und damit die Ziffern-
   20  folge 36 ohne Ende.
```

Ergebnis: $\frac{13}{55} = 0{,}2\overline{36}$.

Dies ist ein **periodischer** Dezimalbruch (nicht abbrechend).

Das gilt auch für Brüche der Form $\frac{m}{1}$, also für natürliche Zahlen.
Dann bricht der Dezimalbruch gleich hinter dem Komma ab: $\frac{17}{1} = 17 : 1 = 17{,}0$.
Bei negativen Brüchen steht vor dem Dezimalbruch ein Minuszeichen.
Es gilt auch umgekehrt:
Jeder abbrechende oder periodische Dezimalbruch lässt sich in einen gewöhnlichen Bruch zurückverwandeln.

> Jede *rationale Zahl* kann durch einen abbrechenden oder periodischen Dezimalbruch beschrieben werden.
> *Beispiele:* $\frac{1}{2} = 0{,}5$; $-\frac{9}{8} = -1{,}125$; $-\frac{1}{9} = -0{,}\overline{1}$; $\frac{4}{3} = 1{,}\overline{3}$

(2) Beschreibung irrationaler Zahlen durch nichtabbrechende, nichtperiodische Dezimalbrüche

Kann man auch irrationale Zahlen durch einen Dezimalbruch beschreiben?
Wir wissen: Irrationale Zahlen lassen sich durch keinen gewöhnlichen Bruch und somit weder durch einen abbrechenden noch durch einen periodischen Dezimalbruch beschreiben. Dennoch haben sie einen Platz auf der Zahlengeraden und sind dort durch einen bestimmten Punkt festgelegt.
Wir wollen zeigen, wie man auch zu den irrationalen Zahlen einen Dezimalbruch finden kann.
Der Punkt P soll eine irrationale Zahl x darstellen. Um zum Punkt P einen Dezimalbruch zu finden, gehen wir wie folgt vor:

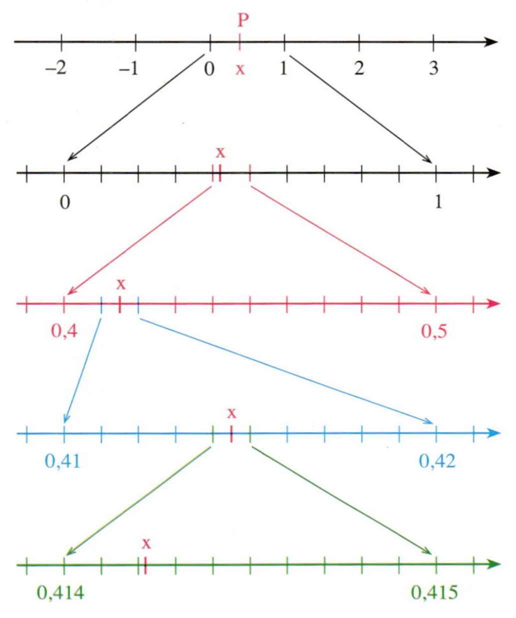

Wir bestimmen durch immer engere Eingrenzungen Näherungswerte für x:

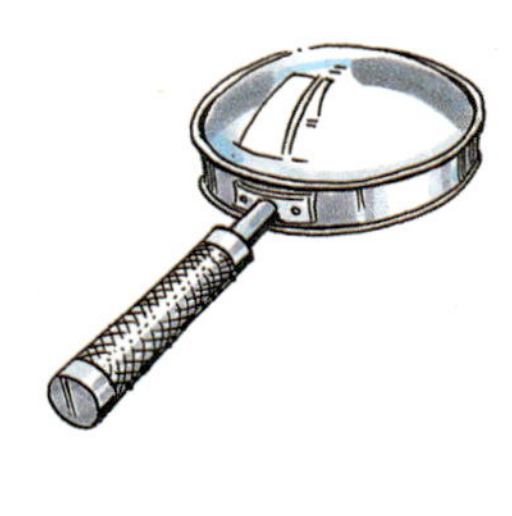

Anzahl der Stellen nach dem Komma	untere Näherungszahl				obere Näherungszahl
0	0	<	x	<	1
1	0,4	<	x	<	0,5
2	0,41	<	x	<	0,42
3	0,414	<	x	<	0,415

Wir denken uns dieses Verfahren weiter fortgesetzt. Es kann niemals abbrechen, denn dann wäre x ein abbrechender Dezimalbruch, also nicht irrational.
Der entstehende Dezimalbruch 0,414 ... kann auch nicht periodisch sein, denn sonst wäre x ebenfalls eine rationale Zahl.

> Jede *irrationale Zahl* kann durch einen nichtabbrechenden und nichtperiodischen Dezimalbruch beschrieben werden.

Übungen

1. Schreibe als Dezimalbruch.

a) $\frac{3}{5}$ **b)** $\frac{7}{20}$ **c)** $\frac{19}{40}$ **d)** $\frac{1}{6}$ **e)** $\frac{2}{9}$ **f)** $\frac{3}{11}$

2. Schreibe als gewöhnlichen Bruch. Kürze soweit wie möglich.

a) 0,85 **b)** 0,0002 **c)** 0,125 **d)** 2,675 **e)** 1,0080 **f)** 10,1010

3. Bei dem folgenden Dezimalbruch sind hinter dem Komma die natürlichen Zahlen der Reihe nach hintereinandergeschrieben worden: 0,12345678910111213141516 ...

a) Begründe, weshalb dieser Dezimalbruch eine irrationale Zahl darstellt.

b) Gib selbst einen ähnlichen Dezimalbruch an, der eine irrationale Zahl darstellt.

4. Berechne mit dem Taschenrechner. Runde auf vier Stellen nach dem Komma.

a) $1 + \sqrt{2}$ **c)** $\sqrt{5} - \sqrt{3}$ **e)** $2 \cdot \sqrt{10}$ **g)** $\sqrt{3} \cdot \sqrt{12}$ **i)** $\sqrt{18} : \sqrt{2}$

b) $\sqrt{3} - 0,8$ **d)** $\sqrt{5} + \sqrt{6}$ **f)** $3 \cdot \sqrt{8} + 2$ **h)** $\sqrt{12} : \sqrt{3}$ **j)** $\sqrt{7} - \sqrt{5} : 2$

WURZELGESETZE UND IHRE ANWENDUNGEN

Wurzelgesetze für Produkte und Quotienten von Wurzeln

Einstieg

→ Berechne die Terme und vergleiche. Was fällt auf?

→ Welche Rechenregel könnte man vermuten?
Überprüfe deine Vermutung anhand von anderen Zahlenbeispielen.

Aufgabe

1. a) Berechne und vergleiche:

(1) $\sqrt{16} \cdot \sqrt{9}$ und $\sqrt{16 \cdot 9}$ (3) $\sqrt{16} + \sqrt{9}$ und $\sqrt{16 + 9}$

(2) $\sqrt{25} \cdot \sqrt{4}$ und $\sqrt{25 \cdot 4}$ (4) $\sqrt{25} + \sqrt{4}$ und $\sqrt{25 + 4}$

Beachte die unterschiedlichen Rechenarten. Was fällt dir auf?
Stelle Vermutungen auf.

b) Berechne und vergleiche:

(5) $\frac{\sqrt{64}}{\sqrt{16}}$ und $\sqrt{\frac{64}{16}}$ (7) $\sqrt{64} - \sqrt{16}$ und $\sqrt{64 - 16}$

(6) $\frac{\sqrt{144}}{\sqrt{4}}$ und $\sqrt{\frac{144}{4}}$ (8) $\sqrt{144} - \sqrt{4}$ und $\sqrt{144 - 4}$

Beachte die unterschiedlichen Rechenarten. Was fällt dir auf?
Stelle auch hier Vermutungen auf.

Lösung

a) (1) $\sqrt{16} \cdot \sqrt{9} = 4 \cdot 3 = \mathbf{12}$ und $\sqrt{16 \cdot 9} = \sqrt{144} = \mathbf{12}$

(2) $\sqrt{25} \cdot \sqrt{4} = 5 \cdot 2 = \mathbf{10}$ und $\sqrt{25 \cdot 4} = \sqrt{100} = \mathbf{10}$

Bei den Aufgaben (1) und (2) geht es um Produkte.
Hier führen beide Terme zum gleichen Ergebnis.

Vermutung: Es ist gleichgültig, ob wir zuerst die Wurzel ziehen und dann multiplizieren, oder ob wir zuerst multiplizieren und dann die Wurzel ziehen.

(3) $\sqrt{16} + \sqrt{9} = 4 + 3 = \mathbf{7}$ und $\sqrt{16 + 9} = \sqrt{25} = \mathbf{5}$

(4) $\sqrt{25} + \sqrt{4} = 5 + 2 = \mathbf{7}$ und $\sqrt{25 + 4} = \sqrt{29} \approx \mathbf{5{,}39}$

Bei den Aufgaben (3) und (4) geht es um Summen.
Hier führen beide Terme zu unterschiedlichen Ergebnissen.

Wir stellen fest: Es ist *nicht gleichgültig*, ob wir zuerst die Wurzel ziehen und dann addieren, oder ob wir zuerst addieren und dann die Wurzel ziehen.

b) (5) $\frac{\sqrt{64}}{\sqrt{16}} = \frac{8}{4} = \mathbf{2}$ und $\sqrt{\frac{64}{16}} = \sqrt{4} = \mathbf{2}$

(6) $\frac{\sqrt{144}}{\sqrt{4}} = \frac{12}{2} = \mathbf{6}$ und $\sqrt{\frac{144}{4}} = \sqrt{36} = \mathbf{6}$

Bei den Aufgaben (5) und (6) handelt es sich um Quotienten.
Hier führen beide Terme wieder zum gleichen Ergebnis.

Vermutung: Es ist gleichgültig, ob wir zuerst die Wurzel ziehen und dann dividieren, oder ob wir zuerst dividieren und dann die Wurzel ziehen.

(7) $\sqrt{64} - \sqrt{16} = 8 - 4 = \mathbf{4}$ und $\sqrt{64 - 16} = \sqrt{48} \approx \mathbf{6{,}9}$

(8) $\sqrt{144} - \sqrt{4} = 12 - 2 = \mathbf{10}$ und $\sqrt{144 - 4} = \sqrt{140} \approx \mathbf{11{,}8}$

Bei den Aufgaben (7) und (8) handelt es sich um Differenzen.
Hier führen beide Terme zu unterschiedlichen Ergebnissen.

Wir stellen fest: Es ist *nicht gleichgültig*, ob wir zuerst die Wurzel ziehen und dann subtrahieren, oder ob wir zuerst subtrahieren und dann die Wurzel ziehen.

Information

(1) Wurzelgesetze für Produkte und Quotienten

Die Vermutungen aus Aufgabe 1 lassen sich durch weitere Beispiele bestätigen:

$\sqrt{225} \cdot \sqrt{9} = 15 \cdot 3 = 45$ und $\sqrt{225 \cdot 9} = \sqrt{2025} = 45$

$\frac{\sqrt{225}}{\sqrt{9}} = \frac{15}{3} = 5$ und $\sqrt{\frac{225}{9}} = \sqrt{25} = 5$

Die Vermutungen führen uns zu Wurzelgesetzen für Produkte und Quotienten.

Für Summen und Differenzen gibt es keine entsprechenden Wurzelgesetze.

Man multipliziert (dividiert) zwei Quadratwurzeln, indem man die Radikanden multipliziert (dividiert) und dann die Quadratwurzel zieht.

(W1) Für alle $a \geq 0$, $b \geq 0$ gilt:
$$\sqrt{a} \cdot \sqrt{b} = \sqrt{a \cdot b}$$
Beispiel: $\sqrt{18} \cdot \sqrt{2} = \sqrt{18 \cdot 2} = \sqrt{36} = 6$

(W2) Für alle $a \geq 0$, $b > 0$ gilt:
$$\sqrt{a} : \sqrt{b} = \frac{\sqrt{a}}{\sqrt{b}} = \sqrt{\frac{a}{b}}$$
Beispiel: $\sqrt{18} : \sqrt{2} = \sqrt{\frac{18}{2}} = \sqrt{9} = 3$

(2) Begründung der Wurzelgesetze

Allgemein gilt:

(W1) $\sqrt{a \cdot b}$ ist die Zahl, deren Quadrat $a \cdot b$ ergibt. Dies erhalten wir aber auch, wenn wir $\sqrt{a} \cdot \sqrt{b}$ quadrieren, denn:

$$\begin{aligned}(\sqrt{a} \cdot \sqrt{b})^2 &= (\sqrt{a} \cdot \sqrt{b})\,(\sqrt{a} \cdot \sqrt{b}) \\ &= \sqrt{a} \cdot \sqrt{b} \cdot \sqrt{a} \cdot \sqrt{b} \\ &= (\sqrt{a} \cdot \sqrt{a})\,(\sqrt{b} \cdot \sqrt{b}) \\ &= (\sqrt{a})^2 \cdot (\sqrt{b})^2 = a \cdot b\end{aligned}$$

Beispiel:

Es gilt: $(\sqrt{3 \cdot 12})^2 = 3 \cdot 12$

Es gilt aber auch:

$(\sqrt{3} \cdot \sqrt{12})^2 = 3 \cdot 12$, denn:

$$\begin{aligned}(\sqrt{3} \cdot \sqrt{12})^2 &= (\sqrt{3} \cdot \sqrt{12}) \cdot (\sqrt{3} \cdot \sqrt{12}) \\ &= \sqrt{3} \cdot \sqrt{12} \cdot \sqrt{3} \cdot \sqrt{12} \\ &= (\sqrt{3} \cdot \sqrt{3}) \cdot (\sqrt{12} \cdot \sqrt{12}) \\ &= 3 \cdot 12\end{aligned}$$

(W2) $\sqrt{\frac{a}{b}}$ ist die Zahl, deren Quadrat $\frac{a}{b}$ ergibt. Dies erhalten wir aber auch, wenn wir $\frac{\sqrt{a}}{\sqrt{b}}$ quadrieren, denn:

$$\left(\frac{\sqrt{a}}{\sqrt{b}}\right)^2 = \frac{\sqrt{a}}{\sqrt{b}} \cdot \frac{\sqrt{a}}{\sqrt{b}} = \frac{a}{b}$$

Es gilt: $\left(\sqrt{\frac{12}{3}}\right)^2 = \frac{12}{3}$

Es gilt aber auch:

$\left(\frac{\sqrt{12}}{\sqrt{3}}\right)^2 = \frac{12}{3}$, denn:

$$\left(\frac{\sqrt{12}}{\sqrt{3}}\right)^2 = \frac{\sqrt{12}}{\sqrt{3}} \cdot \frac{\sqrt{12}}{\sqrt{3}} = \frac{12}{3}$$

Zum Festigen und Weiterarbeiten

2. **a)** Berechne möglichst einfach:

$\sqrt{28} \cdot \sqrt{7} = \sqrt{196} = 14$

(1) $\sqrt{8} \cdot \sqrt{12{,}5}$ und $\frac{\sqrt{18}}{\sqrt{0{,}5}}$; (2) $\sqrt{5} \cdot \sqrt{45}$ und $\sqrt{243} : \sqrt{3}$

b) Berechne möglichst einfach: $\sqrt{1\,225}\ (= \sqrt{25 \cdot 49})$ und $\sqrt{1{,}96}\ \left(= \sqrt{\frac{196}{100}} = \sqrt{\frac{49}{25}}\right)$.
Lies dazu die Gesetze (W1), (W2) von rechts nach links; formuliere sie in Worten.

3. Vereinfache. Gib für die Variablen die einschränkende Bedingung an.

a) $\sqrt{b} \cdot \sqrt{b^3}$ **d)** $\sqrt{0{,}36p^6}$ **g)** $\sqrt{\frac{a}{b}} : \sqrt{\frac{b}{a}}$

b) $\sqrt{3a^3} \cdot \sqrt{\frac{12}{a}}$ **e)** $\frac{\sqrt{x^7}}{\sqrt{x^5}}$ **h)** $\sqrt{\frac{36k^4}{25n^2}}$

c) $\sqrt{\frac{m}{nt}} \cdot \sqrt{\frac{nt}{m}}$ **f)** $\frac{\sqrt{c^3}}{\sqrt{0{,}25c}}$ **i)** $\sqrt{\frac{r^2 s^4}{2{,}25t^6}}$

$\sqrt{3x} \cdot \sqrt{12x} = \sqrt{36x^2} = \sqrt{36} \cdot \sqrt{x^2} = 6 \cdot x$ (für $x \geq 0$)

Übungen

4. Berechne ohne Taschenrechner durch Anwenden des Wurzelgesetzes (W1):

a) $\sqrt{8} \cdot \sqrt{18}$ **c)** $\sqrt{27} \cdot \sqrt{3}$ **e)** $\sqrt{5} \cdot \sqrt{20}$ **g)** $\sqrt{8} \cdot \sqrt{32}$

b) $\sqrt{2} \cdot \sqrt{32}$ **d)** $\sqrt{12} \cdot \sqrt{3}$ **f)** $\sqrt{7} \cdot \sqrt{28}$ **h)** $\sqrt{6} \cdot \sqrt{54}$

$\sqrt{3} \cdot \sqrt{27} = \sqrt{3 \cdot 27} = \sqrt{81} = 9$

5. Rechne wie in Aufgabe 4.

a) $\sqrt{10} \cdot \sqrt{16{,}9}$ **c)** $\sqrt{0{,}8} \cdot \sqrt{180}$ **e)** $\sqrt{2{,}4} \cdot \sqrt{0{,}6}$ **g)** $\sqrt{\frac{1}{3}} \cdot \sqrt{48}$ **i)** $\sqrt{40} \cdot \sqrt{3} \cdot \sqrt{2{,}7}$

b) $\sqrt{1{,}6} \cdot \sqrt{1\,000}$ **d)** $\sqrt{0{,}3} \cdot \sqrt{1{,}2}$ **f)** $\sqrt{1{,}1} \cdot \sqrt{4{,}4}$ **h)** $\sqrt{\frac{4}{5}} \cdot \sqrt{80}$ **j)** $\sqrt{3{,}2} \cdot \sqrt{30} \cdot \sqrt{6}$

6. Schreibe ins Heft und fülle die Lücken aus. Wie heißt das Lösungswort?

a) $\sqrt{12} \cdot \sqrt{\square} = 6$ **c)** $\sqrt{\square} \cdot \sqrt{25} = 15$ **e)** $\sqrt{45} \cdot \sqrt{\square} = 15$

b) $\sqrt{\square} \cdot \sqrt{54} = 18$ **d)** $\sqrt{36} \cdot \sqrt{\square} = 12$ **f)** $\sqrt{100} \cdot \sqrt{\square} = 50$

7. **a)** $\sqrt{25 \cdot 9}$ **d)** $\sqrt{0{,}16 \cdot 49}$ **g)** $\sqrt{1{,}44 \cdot 2{,}25}$

b) $\sqrt{36 \cdot 16}$ **e)** $\sqrt{0{,}81 \cdot 121}$ **h)** $\sqrt{(-4) \cdot (-16)}$

c) $\sqrt{169 \cdot 144}$ **f)** $\sqrt{0{,}09 \cdot 1{,}44}$ **i)** $\sqrt{(-36) \cdot (-81)}$

$\sqrt{49 \cdot 81} = \sqrt{49} \cdot \sqrt{81} = 7 \cdot 9 = 63$

8. Aus großen Quadratzahlen kann man oft die Wurzel ziehen, indem man sie in kleinere Quadratzahlen zerlegt. Erinnere dich an die Teilbarkeitsregeln für 4, 9, 25.

a) $\sqrt{484}$ **b)** $\sqrt{576}$ **c)** $\sqrt{676}$ **d)** $\sqrt{1\,296}$ **e)** $\sqrt{1\,521}$

$\sqrt{784} = \sqrt{4 \cdot 196} = \sqrt{4} \cdot \sqrt{196} = 2 \cdot 14 = 28$

9. Löse das Rechenpuzzle mit den Wurzelkärtchen.

10. Berechne ohne Taschenrechner durch Anwenden des Wurzelgesetzes (W2):

a) $\sqrt{20} : \sqrt{5}$ c) $\sqrt{147} : \sqrt{3}$ e) $\sqrt{0,8} : \sqrt{0,2}$

b) $\sqrt{75} : \sqrt{3}$ d) $\sqrt{30} : \sqrt{1,2}$ f) $\sqrt{7,2} : \sqrt{0,05}$

$\sqrt{125} : \sqrt{5} = \sqrt{125 : 5} = \sqrt{25} = 5$

11. a) $\sqrt{\frac{49}{9}}$ c) $\sqrt{\frac{1,44}{25}}$ e) $\sqrt{\frac{25 \cdot 121}{144}}$ g) $\sqrt{\frac{0,81 \cdot 0,09}{0,04}}$

b) $\sqrt{\frac{64}{225}}$ d) $\sqrt{\frac{0,0025}{0,0049}}$ f) $\sqrt{\frac{361}{529 \cdot 16}}$ h) $\sqrt{\frac{1600 \cdot 0,36}{625}}$

$\sqrt{\frac{4}{25}} = \frac{\sqrt{4}}{\sqrt{25}} = \frac{2}{5} = 0,4$

12. Vereinfache. Gib für die Variablen die einschränkende Bedingung an.

a) (1) $\sqrt{y} \cdot \sqrt{y}$ (2) $\sqrt{x} \cdot \sqrt{xy^2}$ (3) $\sqrt{3b} \cdot \sqrt{3a^2b}$ (4) $\sqrt{\frac{2}{5}a} \cdot \sqrt{\frac{8}{5}a^3}$

b) (1) $\sqrt{9x^2}$ (2) $\sqrt{x^2y^2}$ (3) $\sqrt{36a^4}$ (4) $\sqrt{81m^2n^2}$ (5) $\sqrt{p^2q^2r^2}$ (6) $\sqrt{9m^4n^4}$

c) (1) $\sqrt{x^3} \cdot \sqrt{x}$ (2) $\sqrt{x^5} \cdot \sqrt{x}$ (3) $\sqrt{y^2} \cdot \sqrt{y^4}$ (4) $\sqrt{x^2y} \cdot \sqrt{y}$ (5) $\sqrt{xy^3} \cdot \sqrt{x^3y}$

13. Kontrolliere Julians Hausaufgaben. Es gilt jeweils: $p \geq 0$ und $q \geq 0$.

a) $\sqrt{p^2 + q^2} = \sqrt{p^2} + \sqrt{q^2} = p + q$

b) $\sqrt{p^2 \cdot q^2} = \sqrt{p^2} \cdot \sqrt{q^2} = p \cdot q$

c) $\sqrt{\frac{p^2}{16}} = \sqrt{\frac{p}{4}} = \frac{p}{2}$

d) $\sqrt{p^2 - 1} = \sqrt{p^2} - \sqrt{1} = p - 1$

Anwendung der Wurzelgesetze beim teilweisen Wurzelziehen

Einstieg

→ Sind die Umformungen richtig oder falsch? Überprüfe mithilfe der Wurzelgesetze.

Aufgabe

1. a) Führe $\sqrt{75}$ und $\sqrt{0,15}$ durch „teilweises" Wurzelziehen auf einfachere Wurzeln zurück. Versuche dazu den Radikanden zunächst in ein Produkt bzw. in einen Quotienten aus einer Zahl und einer Quadratzahl zu verwandeln.

b) Vereinfache die Terme durch „teilweises" Wurzelziehen: $\sqrt{5a^2}$; $\sqrt{a^2b}$; $\sqrt{\frac{5}{a^2}}$; $\sqrt{\frac{a}{b^2}}$

Lösung

a) Nach (W1) gilt: $\sqrt{75} = \sqrt{25 \cdot 3} = \sqrt{25} \cdot \sqrt{3} = 5 \cdot \sqrt{3}$

Nach (W2) gilt: $\sqrt{0,15} = \sqrt{\frac{15}{100}} = \frac{\sqrt{15}}{\sqrt{100}} = \frac{\sqrt{15}}{10} = \frac{1}{10} \cdot \sqrt{15}$

b) Nach (W1) gilt: $\sqrt{5a^2} = \sqrt{5} \cdot \sqrt{a^2} = \sqrt{5} \cdot a = a \cdot \sqrt{5}$ (für $a \geq 0$)

ebenso gilt: $\sqrt{a^2b} = \sqrt{a^2} \cdot \sqrt{b} = a \cdot \sqrt{b}$ (für $a \geq 0$; $b \geq 0$)

Nach (W2) gilt: $\sqrt{\frac{5}{a^2}} = \frac{\sqrt{5}}{\sqrt{a^2}} = \frac{\sqrt{5}}{a} = \frac{1}{a} \cdot \sqrt{5}$ (für $a > 0$)

ebenso gilt: $\sqrt{\frac{a}{b^2}} = \frac{\sqrt{a}}{\sqrt{b^2}} = \frac{\sqrt{a}}{b} = \frac{1}{b} \cdot \sqrt{a}$ (für $a \geq 0$; $b > 0$)

Information

Regeln über teilweises Wurzelziehen

(1) $\sqrt{a^2 b} = a \cdot \sqrt{b}$ (für $a \geq 0$; $b \geq 0$)

Beispiel:
$\sqrt{45} = \sqrt{9 \cdot 5} = 3\sqrt{5}$

(2) $\sqrt{\frac{a}{b^2}} = \frac{\sqrt{a}}{b} = \frac{1}{b} \cdot \sqrt{a}$ (für $a \geq 0$; $b > 0$)

Beispiel:
$\sqrt{0{,}23} = \sqrt{\frac{23}{100}} = \frac{\sqrt{23}}{\sqrt{100}} = \frac{\sqrt{23}}{10} = \frac{1}{10} \cdot \sqrt{23}$

Zum Festigen und Weiterarbeiten

2. Wende die Regel über teilweises Wurzelziehen an.
Überschlage; verwende $\sqrt{2} \approx 1{,}4$.

a) $\sqrt{8}$ **b)** $\sqrt{50}$ **c)** $\sqrt{200}$ **d)** $\sqrt{\frac{1}{2}}\left(= \sqrt{\frac{2}{4}}\right)$ **e)** $\sqrt{\frac{2}{49}}$ **f)** $\sqrt{0{,}02}$

3. Vereinfache. Gib die einschränkende Bedingung an.

a) $\sqrt{625\,c}$ **b)** $\sqrt{a^6 b}$ **c)** $\sqrt{0{,}81 b^2 c}$ **d)** $\sqrt{a^2 b^2 c}$ **e)** $\sqrt{\frac{17}{a^2}}$ **f)** $\sqrt{\frac{c}{900}}$ **g)** $\sqrt{\frac{bc}{0{,}25}}$

4. Bringe den Vorfaktor unter das Wurzelzeichen.

a) $2 \cdot \sqrt{5}$ **c)** $2 \cdot \sqrt{1{,}25}$ **e)** $\frac{1}{5} \cdot \sqrt{75}$
b) $3 \cdot \sqrt{3}$ **d)** $\frac{1}{2} \cdot \sqrt{12}$ **f)** $\frac{1}{3} \cdot \sqrt{0{,}45}$

$2 \cdot \sqrt{3} = \sqrt{4} \cdot \sqrt{3}$
$= \sqrt{12}$

5. Berechne:
$\sqrt{4000}$; $\sqrt{400\,000}$; $\sqrt{0{,}4}$; $\sqrt{0{,}004}$.
Benutze $\sqrt{40} \approx 6{,}32$.
Wende dazu die Regeln über teilweises Wurzelziehen an.

$\sqrt{25\,000} = \sqrt{250 \cdot 100 \cdot 10}$
$= 5 \cdot 10 \cdot \sqrt{10}$
$\approx 50 \cdot 3{,}16 \approx 158$

Übungen

6. Vereinfache durch teilweises Wurzelziehen.

a) $\sqrt{12}$ **b)** $\sqrt{72}$ **c)** $\sqrt{125}$ **d)** $\sqrt{525}$ **e)** $\sqrt{720}$ **f)** $\sqrt{\frac{7}{25}}$ **g)** $\sqrt{\frac{3}{400}}$

7. Vereinfache durch teilweises Wurzelziehen.
Gib – falls nötig – auch die einschränkende Bedingung an.

a) $\sqrt{7a^2}$ **b)** $\sqrt{36a}$ **c)** $\sqrt{x^2 y}$ **d)** $\sqrt{3a^2 b^4}$ **e)** $\sqrt{0{,}81xz^3}$ **f)** $\sqrt{\frac{a}{49}}$

8. **a)** $\sqrt{\frac{3}{4}}$ **b)** $\sqrt{\frac{15}{64}}$ **c)** $\sqrt{\frac{50}{81}}$ **d)** $\sqrt{\frac{5x^2}{y^2}}$ **e)** $\sqrt{\frac{49x}{y^2}}$ **f)** $\frac{\sqrt{36a}}{\sqrt{b^2}}$ **g)** $\frac{\sqrt{x}}{\sqrt{27y^2}}$

9. Bringe den Vorfaktor unter das Wurzelzeichen.

a) $2 \cdot \sqrt{17}$ **b)** $2{,}5 \cdot \sqrt{\frac{1}{50}}$ **c)** $a \cdot \sqrt{b}$ **d)** $2c \cdot \sqrt{d^2}$ **e)** $uv \cdot \sqrt{\frac{u}{v}}$

10. Gegeben: $\sqrt{160} \approx 12{,}649$. Bestimme: **a)** $\sqrt{16\,000}$ **b)** $\sqrt{1\,600\,000}$ **c)** $\sqrt{1{,}6}$ **d)** $\sqrt{0{,}016}$

11. Jeweils zwei Terme gehören zusammen.
Ein Term bleibt übrig.

UMFORMEN VON QUADRATWURZELTERMEN

Einstieg

Frau Lindemann verblüfft ihre Klasse mit einem Rechentrick. Sie ist in der Lage, aus dem Ergebnis sofort die gedachte Wurzel anzugeben.

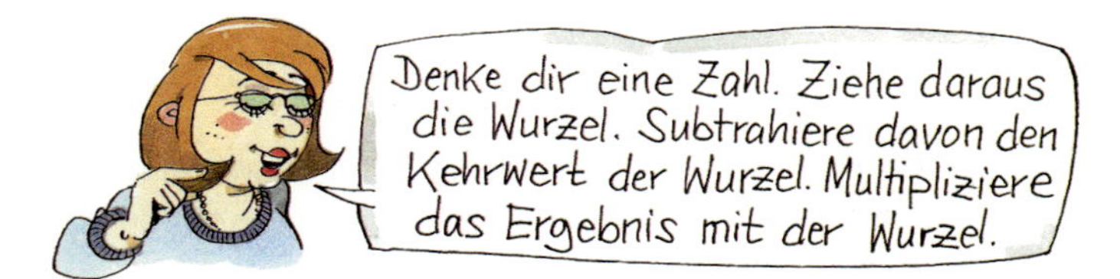

→ Wie geht sie vor?
Begründe ihr Vorgehen.

Aufgabe

1. a) Vereinfache den Term:

(1) $7 \cdot \sqrt{2} + 3 \cdot \sqrt{2}$ (2) $(5 + \sqrt{2}) \cdot \sqrt{2}$ (3) $(\sqrt{8} + \sqrt{2}) \cdot \sqrt{2}$

b) Forme den Term um. Gib auch die einschränkende Bedingung an.

(1) $a \cdot \sqrt{c} + b \cdot \sqrt{c}$ (2) $(a + \sqrt{b}) \cdot \sqrt{b}$ (3) $(\sqrt{a} + \sqrt{b}) \cdot \sqrt{b}$

Lösung

a) Wir klammern aus bzw. multiplizieren aus:

(1) $7 \cdot \sqrt{2} + 3 \cdot \sqrt{2} = (7 + 3) \cdot \sqrt{2} = 10\sqrt{2}$

(2) $(5 + \sqrt{2}) \cdot \sqrt{2} = 5 \cdot \sqrt{2} + \sqrt{2} \cdot \sqrt{2} = 5 \cdot \sqrt{2} + 2$

(3) $(\sqrt{8} + \sqrt{2}) \cdot \sqrt{2} = \sqrt{8} \cdot \sqrt{2} + \sqrt{2} \cdot \sqrt{2} = \sqrt{16} + 2 = 4 + 2 = 6$

b) Wir klammern aus bzw. multiplizieren aus:

(1) $a \cdot \sqrt{c} + b \cdot \sqrt{c} = (a + b) \cdot \sqrt{c}$ (für $c \geq 0$)

(2) $(a + \sqrt{b}) \cdot \sqrt{b} = a \cdot \sqrt{b} + \sqrt{b} \cdot \sqrt{b} = a \cdot \sqrt{b} + b$ (für $b \geq 0$)

(3) $(\sqrt{a} + \sqrt{b}) \cdot \sqrt{b} = \sqrt{a} \cdot \sqrt{b} + \sqrt{b} \cdot \sqrt{b} = \sqrt{ab} + b$ (für $a \geq 0$, $b \geq 0$)

Zum Festigen und Weiterarbeiten

2. Berechne möglichst einfach. Überschlage zunächst; verwende $\sqrt{3} \approx 1{,}7$

a) $13{,}75 \cdot \sqrt{3} - 11{,}75 \cdot \sqrt{3}$ **b)** $\sqrt{3} \cdot (10 + \sqrt{3})$ **c)** $\sqrt{3} \cdot (\sqrt{27} - \sqrt{3})$

3. Vereinfache.

a) $\frac{2}{3} \cdot \sqrt{7} + \frac{3}{4} \cdot \sqrt{7} - \frac{1}{12} \cdot \sqrt{7}$ **b)** $(\sqrt{125} - 5) \cdot \sqrt{5}$ **c)** $\sqrt{2} \cdot (\sqrt{13} - 3 \cdot \sqrt{18})$

4. Vereinfache den Term. Gib die einschränkende Bedingung an.

a) $5 \cdot \sqrt{a} + 7 \cdot \sqrt{a}$
b) $(v + \sqrt{7}) \cdot \sqrt{7}$
c) $a^2 \cdot \sqrt{b} - \sqrt{b}$
d) $3 \cdot \sqrt{z - 1} - 5 \cdot \sqrt{z - 1} + \sqrt{z - 1}$
e) $a^2 \cdot \sqrt{c} + ab \cdot \sqrt{c} + ac \cdot \sqrt{c}$
f) $(\sqrt{3} + \sqrt{2q}) \cdot \sqrt{2q}$

Übungen

5. Vereinfache durch Zusammenfassen gleichartiger Glieder und – falls möglich – durch teilweises Wurzelziehen.

a) $3\sqrt{5} + 8\sqrt{5}$
b) $8\sqrt{3} + 2\sqrt{3}$
c) $7\sqrt{2} - 5\sqrt{2}$
d) $5\sqrt{7} - 9\sqrt{7}$
e) $-4\sqrt{10} + 7\sqrt{10}$
f) $6\sqrt{5} - \sqrt{5}$
g) $3{,}5\sqrt{6} - 1{,}4\sqrt{6}$
h) $7{,}3\sqrt{11} - 9{,}8\sqrt{11}$
i) $\frac{3}{4}\sqrt{7} + \frac{1}{2}\sqrt{7}$
j) $\frac{5}{6}\sqrt{2} - \frac{7}{8}\sqrt{2}$
k) $3\sqrt{8} + 2\sqrt{8}$
l) $6\sqrt{12} - \sqrt{12}$

6. Schreibe möglichst einfach.

a) $3\sqrt{3} - 6\sqrt{3} + \sqrt{3} + 9\sqrt{3}$
b) $\sqrt{18} - 6\sqrt{18} + 10\sqrt{18}$
c) $4\sqrt{5} - 6\sqrt{5} + 5\sqrt{6} - 3\sqrt{5}$
d) $7\sqrt{2} - 9\sqrt{3} + 4\sqrt{2} - 4\sqrt{3}$
e) $4\sqrt{7} + 5\sqrt{11} - 4\sqrt{11} - \sqrt{7}$
f) $3{,}4\sqrt{24} - 2{,}1\sqrt{24} - 5{,}3\sqrt{24} + 1{,}9\sqrt{24}$

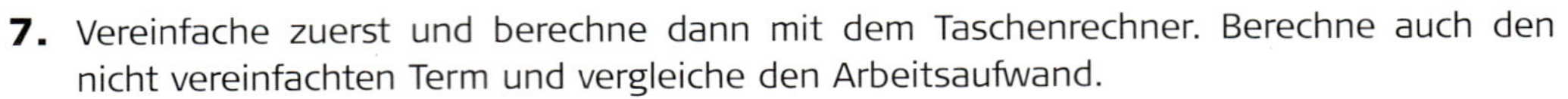

7. Vereinfache zuerst und berechne dann mit dem Taschenrechner. Berechne auch den nicht vereinfachten Term und vergleiche den Arbeitsaufwand.

a) $3 \cdot \sqrt{7} - 10 \cdot \sqrt{7}$
b) $1{,}33 \cdot \sqrt{17} + 0{,}37 \cdot \sqrt{17}$
c) $2{,}5 \cdot \sqrt{20} - 3{,}5 \cdot \sqrt{20}$
d) $\sqrt{20} + \sqrt{80}$
e) $\sqrt{28} - \sqrt{63}$
f) $\sqrt{96} + \sqrt{150} - \sqrt{294}$
g) $\sqrt{11} + 4\sqrt{44} + 9\sqrt{99}$
h) $\sqrt{5} + \sqrt{25} + \sqrt{125} + \sqrt{625}$
i) $\sqrt{6} + \sqrt{36} + \sqrt{216} + \sqrt{1\,296}$

8. Vereinfache. Gib auch die einschränkende Bedingung an.

a) $7\sqrt{x} + 4\sqrt{x}$
b) $5\sqrt{a} - 7\sqrt{a}$
c) $-\sqrt{b} + 3\sqrt{b}$
d) $3{,}5\sqrt{z} - 1{,}3\sqrt{z}$
e) $\sqrt{25\,a} + \sqrt{a}$
f) $\sqrt{36\,x} - \sqrt{49\,x}$
g) $\sqrt{81\,c} + \sqrt{36\,c}$
h) $7\sqrt{4\,y} - 5\sqrt{9\,y}$
i) $5\sqrt{r} - 7\sqrt{s} + 4\sqrt{r} + 4\sqrt{s}$
j) $10\sqrt{x} + 7\sqrt{z} - 11\sqrt{x} - 9\sqrt{z}$
k) $\sqrt{121\,a} - \sqrt{9\,b} + \sqrt{49\,b} - \sqrt{25\,a}$
l) $3\sqrt{169\,x} - 4\sqrt{225\,y} + 9\sqrt{196\,x} - 7\sqrt{400\,y}$

9. Vereinfache durch Ausmultiplizieren bzw. Dividieren.

a) $\sqrt{7} \cdot (1 + \sqrt{7})$
b) $3 \cdot \sqrt{5} \cdot (3 + \sqrt{20})$
c) $\sqrt{6} \cdot (6 \cdot \sqrt{6} - 5 \cdot \sqrt{6})$
d) $(2 \cdot \sqrt{6} + 0{,}5) \cdot \sqrt{6}$
e) $(0{,}5 \cdot \sqrt{44} - 1{,}5) \cdot 2 \cdot \sqrt{11}$
f) $(\sqrt{5} + \sqrt{7}) \cdot (-\sqrt{7})$
g) $(\sqrt{50} + \sqrt{20}) : \sqrt{2}$
h) $(3 \cdot \sqrt{75} - \sqrt{30}) : (-\sqrt{3})$
i) $(5 \cdot \sqrt{55} + 7 \cdot \sqrt{77}) : \sqrt{11}$

10. Klammere aus.

a) $a\sqrt{5} - b\sqrt{5}$
b) $x\sqrt{7} + y\sqrt{7}$
c) $a\sqrt{b} + 2\sqrt{b}$
d) $x\sqrt{z} - y\sqrt{z}$
e) $5\sqrt{a} - a^2\sqrt{a}$
f) $3\sqrt{x^3} - a\sqrt{x^3}$
g) $\sqrt{7x^3} - \sqrt{28x^5}$
h) $\sqrt{ab^3} - \sqrt{a^3b}$
i) $\sqrt{7a} + \sqrt{4a}$
j) $\sqrt{r} + \sqrt{rs}$
k) $\sqrt{ab^2} - \sqrt{ac^2}$
l) $\sqrt{ab} + \sqrt{ac}$

11.
a) $x\sqrt{5} - 5\sqrt{x} + 3x\sqrt{5} - 7\sqrt{x}$
b) $a\sqrt{b} - 4a\sqrt{b} + b\sqrt{a} + 2a\sqrt{b}$
c) $w\sqrt{uv^3} - v\sqrt{u^3v} + u\sqrt{uv}$
d) $(x + 1)\sqrt{y} - (x - 1)\sqrt{y}$
e) $\sqrt{u^3vw} - \sqrt{uv^3w} - \sqrt{uvw^3}$
f) $a\sqrt{c^5} + bc\sqrt{c^3} + c^2\sqrt{c}$

12. Vereinfache durch Ausmultiplizieren.

a) $(\sqrt{4\,c} + \sqrt{81\,c}) \cdot \sqrt{c}$
b) $(\sqrt{9\,a} + 3) \cdot \sqrt{9\,a}$
c) $\sqrt{x} \cdot (\sqrt{x} + \sqrt{x^3} + \sqrt{x^5})$
d) $\sqrt{4\,b} \cdot (\sqrt{a} + \sqrt{b})$
e) $(\sqrt{uv} - v) \cdot \sqrt{u}$
f) $(\sqrt{xy} - \sqrt{yz}) \cdot \sqrt{y}$

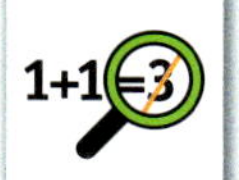

13. Wo steckt der Fehler?

(1) $\sqrt{20} - \sqrt{11} = \sqrt{9} = 3$

(2) $(\sqrt{3} + \sqrt{5})^2 = \sqrt{3}^2 + \sqrt{5}^2 = 3 + 5 = 8$

(3) $\frac{x \cdot \sqrt{xy^4}}{xy} = \frac{\sqrt{x^2y^4}}{xy} = \frac{xy^2}{xy} = y$

(4) $\frac{\sqrt{x} - 3}{4 + \sqrt{y}} = \frac{(\sqrt{x} - 3)(\sqrt{x} + 3)}{(4 + \sqrt{y})(4 - \sqrt{y})} = \frac{x^2 - 9}{16 - y^2}$

KUBIKWURZELN

Einstieg

Aufgabe

1. Eine würfelförmige Kerze soll aus 125 ml Wachs gegossen werden.
Welche Kantenlänge muss die Form haben, wenn sie bis zum Rand mit Wachs gefüllt werden soll?

Lösung

Die würfelförmige Kerze hat ein Volumen von 125 cm^3 (1 ml = 1 cm^3).
Man erhält das Volumen V eines Würfels, indem man die Kantenlänge a mit 3 potenziert:
$V = a^3$
Hier ist das Volumen gegeben, gesucht ist die Kantenlänge.
Wir suchen also eine Maßzahl x, für die gilt:
$x^3 = x \cdot x \cdot x = 125$
Wir finden 5, denn $5^3 = 5 \cdot 5 \cdot 5 = 125$.
Ergebnis: Die gesuchte Kantenlänge beträgt 5 cm.

Zahlen wie
$1^3 = 1$
$2^3 = 8$
$3^3 = 27$
...
nennt man Kubikzahlen.

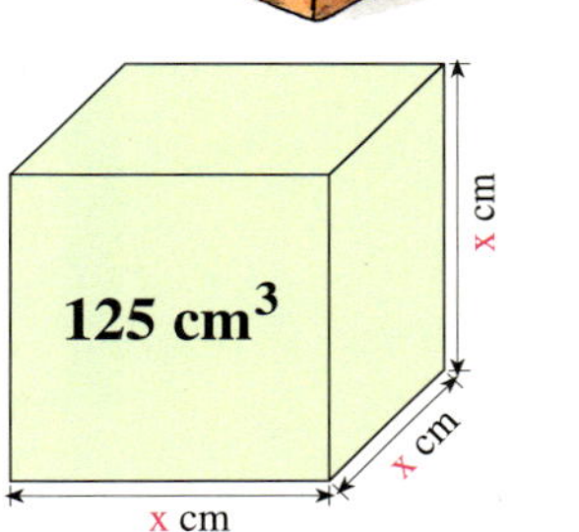

Information

In Aufgabe 1 haben wir eine positive Zahl x gesucht, die mit 3 potenziert 125 ergibt:
$x^3 = 125$
Diese Zahl x nennt man die *dritte Wurzel* aus 125, geschrieben: $\sqrt[3]{125} = 5$.
Entsprechend ist:

$\sqrt[3]{216} = 6$, denn $6^3 = 6 \cdot 6 \cdot 6 = 216$

$\sqrt[3]{1\,000} = 10$, denn $10^3 = 10 \cdot 10 \cdot 10 = 1\,000$

$\sqrt[3]{\frac{8}{27}} = \frac{2}{3}$, denn $\left(\frac{2}{3}\right)^3 = \frac{2}{3} \cdot \frac{2}{3} \cdot \frac{2}{3} = \frac{8}{27}$

$\sqrt[3]{1} = 1$, denn $1^3 = 1 \cdot 1 \cdot 1 = 1$

$\sqrt[3]{0} = 0$, denn $0^3 = 0 \cdot 0 \cdot 0 = 0$

$\sqrt[3]{0{,}008} = 0{,}2$, denn $0{,}2 \cdot 0{,}2 \cdot 0{,}2 = 0{,}008$

Unter der **3. Wurzel** (*Kubikwurzel*) aus einer positiven Zahl a versteht man diejenige positive Zahl, die mit 3 potenziert die Zahl a ergibt.
Für 3. Wurzel aus a schreibt man kurz: $\sqrt[3]{a}$
Beispiel: $\sqrt[3]{8} = 2$, denn $2^3 = 2 \cdot 2 \cdot 2 = 8$
Für den Sonderfall a = 0 gilt: $\sqrt[3]{0} = 0$

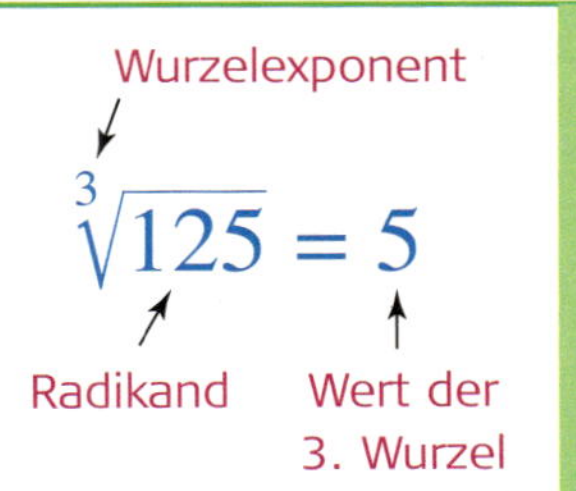

Beachte: Die dritte Wurzel aus einer negativen Zahl, z.B. $\sqrt[3]{-8}$, ist nicht erklärt.

Zum Festigen und Weiterarbeiten

2. Berechne im Kopf:

a) $\sqrt[3]{8}$ **b)** $\sqrt[3]{27}$ **c)** $\sqrt[3]{1\,000}$ **d)** $\sqrt[3]{27\,000}$ **e)** $\sqrt[3]{0{,}001}$

3. *Wurzelziehen und Potenzieren heben sich gegenseitig auf*

a) Ziehe die 3. Wurzel aus:
64; 216; 512; 729; 1 331.
Potenziere dann jedes Ergebnis mit 3:

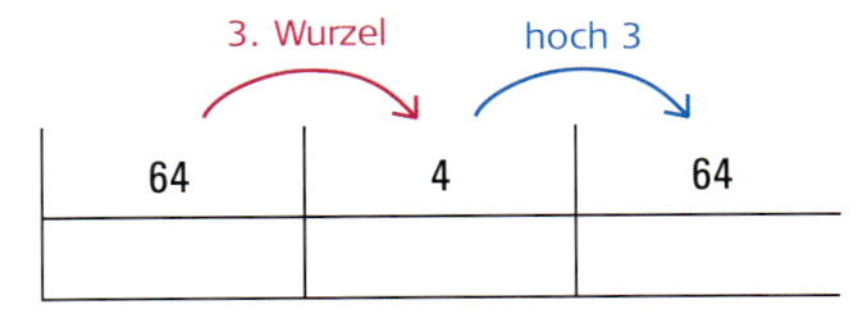

b) Potenziere mit 3:
5; 6; 12; 30.
Ziehe dann die 3. Wurzel.

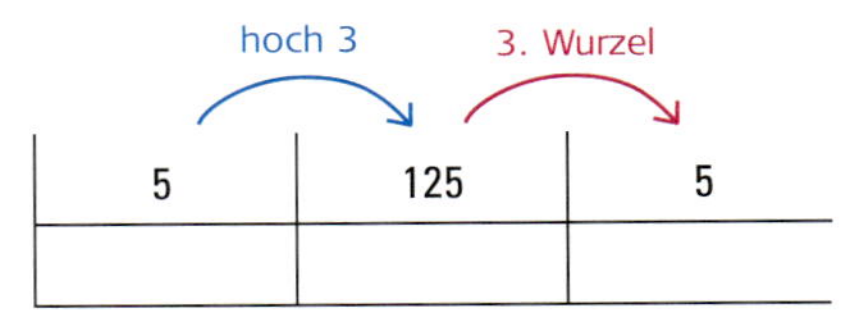

Vervollständige die Tabelle. Vergleiche die erste mit der dritten Spalte.

c) Vereinfache: $\left(\sqrt[3]{125}\right)^3$; $\left(\sqrt[3]{4\,913}\right)^3$; $\left(\sqrt[3]{7}\right)^3$; $\sqrt[3]{2^3}$; $\sqrt[3]{19^3}$; $\sqrt[3]{0{,}74^3}$.

(1) Das Ziehen der dritten Wurzel wird durch das Potenzieren mit 3 rückgängig gemacht.
Für alle a ≥ 0 gilt: $\mathbf{\left(\sqrt[3]{a}\right)^3 = a}$.
Beispiel: $\left(\sqrt[3]{125}\right)^3 = 125$

125 —3. Wurzel aus→ 5
125 ←hoch 3— 5

(2) Das Potenzieren mit 3 wird durch das Ziehen der dritten Wurzel rückgängig gemacht.
Für alle a ≥ 0 gilt: $\mathbf{\sqrt[3]{a^3} = a}$.
Beispiel: $\sqrt[3]{5^3} = 5$

5 —hoch 3→ 125
5 ←3. Wurzel aus— 125

4. Berechne mit dem Taschenrechner.

a) $\sqrt[3]{20}$ **c)** $\sqrt[3]{64}$ **e)** $\sqrt[3]{520}$ **g)** $\sqrt[3]{0{,}74}$ **i)** $\sqrt[3]{17{,}4}$ **k)** $\sqrt[3]{\frac{5}{8}}$

b) $\sqrt[3]{19}$ **d)** $\sqrt[3]{135}$ **f)** $\sqrt[3]{756}$ **h)** $\sqrt[3]{0{,}058}$ **j)** $\sqrt[3]{\frac{3}{4}}$ **l)** $\sqrt[3]{\frac{2}{3}}$

5. a) Für $\sqrt[3]{13}$ findest du keinen abbrechenden Dezimalbruch, dessen Potenz *genau* 13 ergibt. Wir wollen den Wert für $\sqrt[3]{13}$ näherungsweise bestimmen.
Setze dazu die Tabelle fort, bis die untere Näherungszahl und die obere Näherungszahl in den ersten zwei Stellen hinter dem Komma übereinstimmen.
Notiere dann den Wert für $\sqrt[3]{13}$ auf zwei Stellen nach dem Komma genau.

Nachkomma-Stellenzahl	untere Näherungszahl	hoch 3 → Probe ← hoch 3	obere Näherungszahl
0	2	8 < 13 < 27	3
1	2,3	12,167 < 13 < 13,824	2,4
2	2,35	12,977875 < 13 < 13,144256	2,36

b) Verfahre entsprechend mit $\sqrt[3]{7}$.

Übungen

6. Bestimme das Volumen eines Würfels mit der angegebenen Kantenlänge.

a) 11 cm **b)** 15 cm **c)** 20 cm **d)** 4,2 cm **e)** 42 cm **f)** 420 cm

7. Bestimme die Kantenlänge eines Würfels mit dem angegebenen Volumen.

a) 8 cm³ **b)** 27 cm³ **c)** 343 cm³ **d)** 3 375 cm³ **e)** 8 000 cm³ **f)** 74 088 cm³

8. Gib den Wert der dritten Wurzel an.

a) $\sqrt[3]{1\,000}$ **d)** $\sqrt[3]{8\,000\,000}$ **g)** $\sqrt[3]{0{,}027}$ **j)** $\sqrt[3]{0{,}003375}$ **m)** $\sqrt[3]{\frac{64}{125}}$

b) $\sqrt[3]{512}$ **e)** $\sqrt[3]{1\,000\,000\,000}$ **h)** $\sqrt[3]{4{,}096}$ **k)** $\sqrt[3]{\frac{1}{8}}$ **n)** $\sqrt[3]{\frac{2197}{1000}}$

c) $\sqrt[3]{64\,000}$ **f)** $\sqrt[3]{0{,}512}$ **i)** $\sqrt[3]{0{,}000001}$ **l)** $\sqrt[3]{\frac{27}{8}}$ **o)** $\sqrt[3]{\frac{1000}{4096}}$

9. Prüfe durch Potenzieren, ob die Aussage wahr ist.

a) $\sqrt[3]{2\,744} = 14$ **c)** $\sqrt[3]{2{,}744} = 1{,}4$ **e)** $\sqrt[3]{8\,000\,000} = 200$ **g)** $\sqrt[3]{\frac{8}{125}} = \frac{2}{125}$

b) $\sqrt[3]{27{,}44} = 1{,}4$ **d)** $\sqrt[3]{0{,}003} = 0{,}1$ **f)** $\sqrt[3]{27\,000\,000} = 300$ **h)** $\sqrt[3]{\frac{16}{54}} = \frac{2}{3}$

△ **10.** Berechne:

a) $2 \cdot \sqrt[3]{64}$ **c)** $\sqrt[3]{20 + 7}$ **e)** $\sqrt[3]{1} + \sqrt[3]{1\,000}$ **g)** $5 \cdot \sqrt[3]{8} + 4 \cdot \sqrt[3]{27}$

b) $5 + \sqrt[3]{216}$ **d)** $\sqrt[3]{100 - 36}$ **f)** $\sqrt[3]{3{,}375} + \sqrt[3]{0{,}125}$ **h)** $\frac{1}{7} \cdot \sqrt[3]{343} - \frac{1}{8} \cdot \sqrt[3]{512}$

11. **a)** $\left(\sqrt[3]{1\,000}\right)^3$ **d)** $\left(\sqrt[3]{0{,}001}\right)^3$ **g)** $\sqrt[3]{14^3}$ **j)** $\sqrt[3]{(15 + 11)^3}$ **m)** $\left(\sqrt{64}\right)^3$

b) $\left(\sqrt[3]{2\,197}\right)^3$ **e)** $\left(\sqrt[3]{0{,}004}\right)^3$ **h)** $\sqrt[3]{0{,}2^3}$ **k)** $\left(\sqrt[3]{27}\right)^2$ **n)** $\sqrt{25^3}$

c) $\left(\sqrt[3]{215}\right)^3$ **f)** $\sqrt[3]{8}$ **i)** $\sqrt[3]{2^3 + 19}$ **l)** $\sqrt[3]{8^2}$ **o)** $\sqrt[3]{(-8)^2}$

12. Berechne:

a) $\sqrt{64}$; $\sqrt[3]{64}$ **b)** $\sqrt{0}$; $\sqrt[3]{0}$ **c)** $\sqrt{1}$; $\sqrt[3]{1}$ **d)** $\sqrt{16}$; $\sqrt[3]{16}$ **e)** $\sqrt{20}$; $\sqrt[3]{20}$

13. Korrigiere die Fehler.

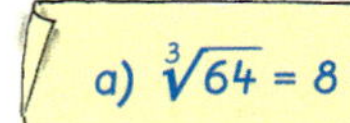

a) $\sqrt[3]{64} = 8$ b) $\sqrt[3]{-8} = -2$ c) $\sqrt[3]{(-3)^3} = -3$ d) $\left(-\sqrt[3]{125}\right)^2 = 125$

14. Zwischen welchen aufeinanderfolgenden natürlichen Zahlen liegt der Wert der dritten Wurzel?

a) $\sqrt[3]{10}$ **b)** $\sqrt[3]{100}$ **c)** $\sqrt[3]{480}$ **d)** $\sqrt[3]{2\,000}$ **e)** $\sqrt[3]{0{,}5}$

15. Auf 8 Stellen nach dem Komma gerundet, ergibt $\sqrt[3]{100}$ den Wert 4,64158883.
Notiere nun auf 4 Stellen nach dem Komma gerundet den Wert für die Wurzel:

a) $\sqrt[3]{100}$ **b)** $\sqrt[3]{100\,000}$ **c)** $\sqrt[3]{100\,000\,000}$ **d)** $\sqrt[3]{0{,}1}$ **e)** $\sqrt[3]{0{,}0001}$

16. **a)** Zwischen welchen aufeinanderfolgenden natürlichen Zahlen liegt der Wert von $\sqrt[3]{50}$?

b) Erstelle eine Tabelle und bestimme Näherungswerte für $\sqrt[3]{50}$ mit
(1) 1 Nachkommastelle, (2) 2 Nachkommastellen, (3) 3 Nachkommastellen.

VERMISCHTE UND KOMPLEXE ÜBUNGEN

1. In einem Neubaugebiet werden verschiedene Baugrundstücke zum Kauf angeboten. Ein rechteckiges Grundstück ist 33 m lang und 22 m breit. Daneben liegt ein quadratischer Bauplatz mit der Seitenlänge 26 m.
Vergleiche die Größe beider Bauplätze.

2. **a)** Gegeben ist ein Quadrat mit der Seitenlänge 7,4 cm. Wie lang sind die Seiten eines Quadrates dessen Flächeninhalt (1) doppelt, (2) halb so groß ist?

b) Bestimme allgemein: Wie verändert sich die Seitenlänge eines Quadrates, wenn der Flächeninhalt (1) verdoppelt, (2) halbiert wird.

3. **a)** Der Oberflächeninhalt eines Würfels ist 337,50 cm^2 groß. Berechne das Volumen des Würfels.

b) Das Volumen eines Würfels ist mit 262,144 cm^3 angegeben. Berechne den Oberflächeninhalt des Würfels.

4. Ein Würfel hat eine Kantenlänge von 4,5 cm. Wie groß ist die Kantenlänge eines Würfels, dessen Volumen (1) doppelt, (2) halb so groß ist?
Berechne auch allgemein.

5. Der Oberflächeninhalt eines Würfels ist 922,56 cm^2 groß. Es sollen zwei weitere Würfel hergestellt werden. Der Oberflächeninhalt des ersten Würfels soll doppelt so groß, der Oberflächeninhalt des zweiten Würfels halb so groß sein.
Vergleiche die Kantenlängen der drei Würfel.

6. **a)** Gegeben ist der Flächeninhalt A eines Kreises. Berechne den Radius r. Entwickle zunächst eine Formel für die Berechnung von r. Rechne dann mit der Formel.
(1) $A = 50{,}3\ cm^2$; (2) $A = 25\ m^2$; (3) $A = 58\ km^2$; (4) $A = 250\ mm^2$.

b) Zu jedem Flächeninhalt A gehört genau ein Radius r.
Stelle die Funktion *Flächeninhalt A → Radius r* grafisch dar.

7. Bestimme allgemein: Wie ändert sich der Radius eines Kreises, wenn der Flächeninhalt (1) verdoppelt, (2) halbiert wird.

8. Der Querschnitt eines Kupferdrahtes für elektrische Leitungen beträgt
a) 1,5 mm^2, **b)** 2,5 mm^2, **c)** 0,5 mm^2, **d)** 9,6 mm^2.
Berechne den Durchmesser des Drahtes.

9. Berechne den Radius eines Kreises, der denselben Flächeninhalt hat wie
a) ein Quadrat mit der Seitenlänge 6,7 cm;
b) eine Raute mit den Diagonallängen 4,5 cm und 6,2 cm.

10. Wo steckt der Fehler?

(1) $\sqrt{16} + \sqrt{9} = \sqrt{25} = 5$
(2) $\sqrt{64 + 36} = \sqrt{64} + \sqrt{36} = 8 + 6 = 14$
(3) $\sqrt{-8 \cdot 2} = \sqrt{-16} = -4$
(4) $\sqrt[3]{(-2)^3} = -2$

BIST DU FIT?

1. Bestimme die Quadratwurzel im Kopf.

a) $\sqrt{64}$ **c)** $\sqrt{625}$ **e)** $\sqrt{0{,}16}$ **g)** $\sqrt{2{,}25}$ **i)** $\sqrt{\frac{49}{81}}$

b) $\sqrt{169}$ **d)** $\sqrt{2\,500}$ **f)** $\sqrt{0{,}01}$ **h)** $\sqrt{\frac{4}{9}}$ **j)** $\sqrt{\frac{121}{441}}$

2. Schreibe als Quadratwurzel aus einer Zahl.

a) 8 **b)** 21 **c)** 100 **d)** 0,2 **e)** 2,5 **f)** $\frac{3}{4}$ **g)** $\frac{3}{16}$ **h)** 0,011

3. Berechne möglichst im Kopf.

a) $\sqrt{4\,900}$ **c)** $\sqrt{8\,100}$ **e)** $\sqrt{0{,}25}$ **g)** $\sqrt{0{,}0081}$ **i)** $\sqrt{\frac{121}{169}}$

b) $\sqrt[3]{27\,000}$ **d)** $\sqrt[3]{125\,000}$ **f)** $\sqrt[3]{0{,}027}$ **h)** $\sqrt[3]{0{,}000125}$ **j)** $\sqrt[3]{\frac{8}{125}}$

4. Berechne mit dem Taschenrechner und runde auf Tausendstel.

a) $\sqrt{5}$ **b)** $\sqrt{751}$ **c)** $\sqrt{2\,501}$ **d)** $\sqrt{1{,}21}$ **e)** $\sqrt[3]{0{,}135}$ **f)** $\sqrt[3]{84}$ **g)** $\sqrt[3]{4\,751}$

5. Ein rechteckiges Grundstück ist 24 m lang und 39 m breit. Es soll gegen ein gleich großes quadratisches Grundstück getauscht werden.
Berechne die Seitenlänge des quadratischen Grundstücks.

6. Berechne die Kantenlänge des Würfels.

a) Der Oberflächeninhalt beträgt 672 cm^2.

b) Das Volumen ist 324 cm^3 groß.

$A = \pi \cdot r^2$

7. **a)** Berechne den Flächeninhalt eines Kreises
(1) mit dem Radius 3,5 cm (2) mit dem Durchmesser 12,60 m.

b) Berechne den Radius und den Durchmesser eines Kreises mit dem Flächeninhalt
(1) 12 cm^2, (2) 1 m^2, (3) 25 dm^2, (4) 1,56 m^2.

8. Zwischen welchen aufeinanderfolgenden natürlichen Zahlen liegt die Wurzel?

(1) $\sqrt{50}$ (2) $\sqrt{128}$ (3) $\sqrt[3]{25}$ (4) $\sqrt[3]{200}$

9. Vereinfache.

a) $\sqrt{p} \cdot \sqrt{p^3}$ **b)** $\sqrt{7q} \cdot \sqrt{28q}$ **c)** $\sqrt{144v^2w^3}$ **d)** $\sqrt{0{,}81u^2w^6}$

10. Ziehe teilweise die Wurzel.

a) $\sqrt{45}$ **c)** $\sqrt{252}$ **e)** $\sqrt{405}$ **g)** $\sqrt{\frac{3}{25}}$ **i)** $\sqrt{\frac{3}{64}}$ **k)** $\sqrt{\frac{99}{121}}$

b) $\sqrt{98}$ **d)** $\sqrt{363}$ **f)** $\sqrt{675}$ **h)** $\sqrt{\frac{7}{36}}$ **j)** $\sqrt{\frac{17}{81}}$ **l)** $\sqrt{\frac{11}{400}}$

11. Vereinfache.

a) $\sqrt{9a}$ **c)** $\sqrt{2t^2s^2}$ **e)** $\sqrt{\frac{8c}{n^4}}$ **g)** $y\sqrt{7} - 3\sqrt{y} + 2y\sqrt{7} - 2\sqrt{y}$

b) $\sqrt{xy^2}$ **d)** $\sqrt{0{,}25d^2e}$ **f)** $\sqrt{\frac{81x^2}{y}}$ **h)** $(\sqrt{9c} + \sqrt{49c}) \cdot \sqrt{c}$

6 Rechtwinklige Dreiecke

Rechte Winkel oder rechtwinklige Dreiecke im Heft zu zeichnen, ist nicht schwer, wenn man ein Geodreieck hat. Aber auch überall in unserer Umgebung werden rechte Winkel benötigt und dort ist es oft nicht so einfach, sie herzustellen.

Handwerker verwenden dazu keine Geodreiecke.

Wie erzeugen sie rechte Winkel, zum Beispiel

- bei den Wänden eines Neubaus?
- beim Fliesen in einem Badezimmer?
- bei den Balken eines Daches?

Links siehst du einen Fliesenleger mit drei Leisten, die 30 cm, 40 cm und 50 cm lang sind.

➜ Zeichne ein solches Dreieck im Maßstab 1 : 10. Was stellst du fest?

Man nimmt an, dass auch schon im alten Ägypten eine Lösung für solche Aufgaben bekannt war: Seilspanner benutzten 12-Knoten-Seile, um rechtwinklige Dreiecke aufzuspannen. Diese wurden unter anderem bei der Ausrichtung von Altären und Bauwerken benutzt.

➜ Ihr könnt die Methode überprüfen, indem ihr auf einem langen Seil 12 gleich große Abschnitte markiert. Ein Schüler hält Anfang und Ende zusammen, zwei andere versuchen, die Markierungen zu finden, mit denen sich ein rechtwinkliges Dreieck aufspannen lässt. Im Kleinen lässt sich das auch mit Streichhölzern nachvollziehen. Wie viele Streichhölzer müssen auf die Dreiecksseiten verteilt werden?

Pythagoras von Samos, um 600 v. Chr.

Das Erzeugen eines rechten Winkels hat etwas zu tun mit einem mathematischen Satz über rechtwinklige Dreiecke, den du in diesem Kapitel kennen lernst. Er ist nach Pythagoras benannt, der ein bedeutender Philosoph, Mathematiker und Naturwissenschaftler im alten Griechenland war. Gefunden oder bewiesen hat Pythagoras ihn aber nicht. Der *Satz des Pythagoras* war vermutlich schon lange zuvor in Babylon und Indien bekannt.
Mehr über Pythagoras und den nach ihm benannten Satz findest du im Internet.

In diesem Kapitel lernst du ...

... Längen und Winkelgrößen im rechtwinkligen Dreieck zu berechnen. Dabei wirst du u.a. auch den Satz des Pythagoras verwenden.

SATZ DES PYTHAGORAS

Einstieg

Die Briefmarke wurde 1955 anläßlich eines Kongresses zum Gedenken an Pythagoras in Griechenland veröffentlicht.

- → Beschreibt die Figur auf der Briefmarke.
- → Vergleicht die beiden kleinen Quadrate über den Dreiecksseiten mit dem großen Quadrat. Was stellt ihr fest?
- → Überprüft eure Ergebnisse an anderen Dreiecken.
- → Präsentiert eure Ergebnisse.

Aufgabe

1.

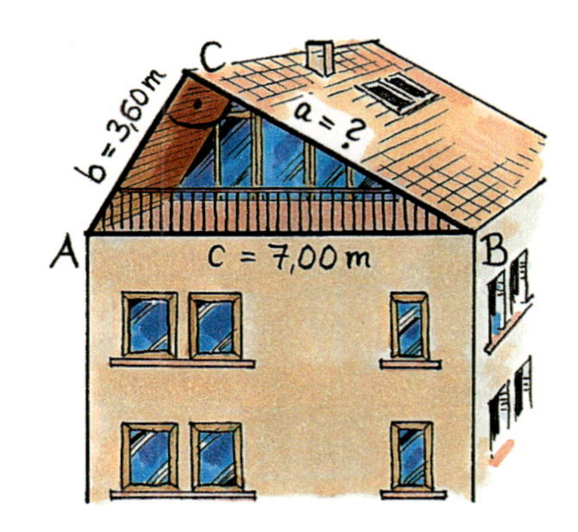

Der Querschnitt des Daches links ist ein rechtwinkliges Dreieck. Das Haus soll 7,00 m breit sein. Die linken Dachsparren sind jeweils 3,60 m lang.
Wie lang sind jeweils die rechten Dachsparren?

Lösung

Wir wollen diese Aufgabe zunächst wie bisher zeichnerisch lösen und dann nach einem rechnerischen Weg suchen.

(1) Zeichnerische Lösung

Von dem Dreieck ABC sind der rechte Winkel und zwei Seiten gegeben, wobei die längere Seite dem rechten Winkel gegenüberliegt. Nach dem Konstruktionsfall Ssw ist dieses Dreieck also eindeutig konstruierbar.

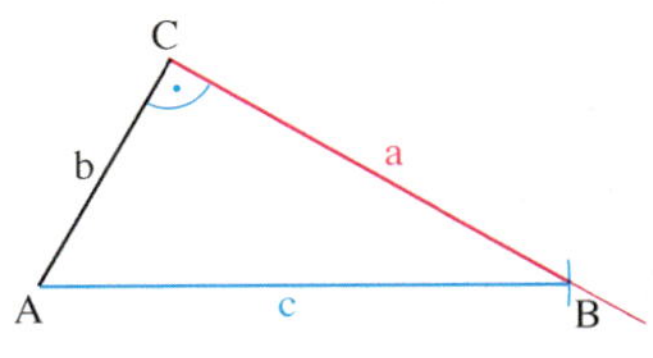

Wir zeichnen das rechtwinklige Dreieck ABC mit $\gamma = 90°$ im Maßstab 1 : 200, also ist b = 1,8 cm und c = 3,5 cm.
Durch Messen der Strecke $\overline{BC}$ erhalten wir:

$a \approx 3$ cm

Wir berechnen nun mithilfe des Maßstabs die Länge der rechten Dachsparren.
Ergebnis: Die Dachsparren müssen etwa 6 m lang sein.

(2) Rechnerische Lösung

Wir wollen eine Formel aufstellen, mit der man aus den Längen b und c des rechtwinkligen Dreiecks ABC mit $\gamma = 90°$ die gesuchte Seitenlänge a berechnen kann.

1. Schritt: Zerlegen des Dreiecks ABC in Teildreiecke
Wir zerlegen das Dreieck ABC durch die Höhe h_c in zwei rechtwinklige Dreiecke, nämlich ADC und DBC.

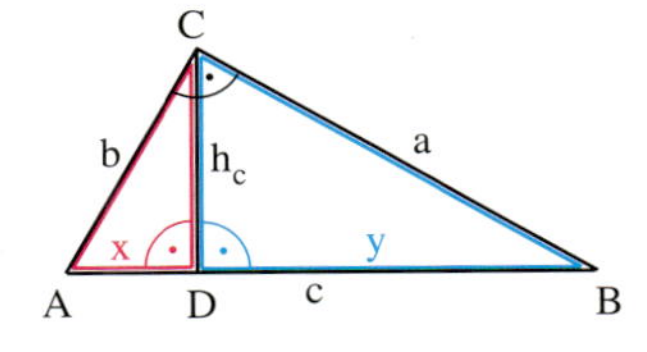

2. Schritt: Vergleich des Dreiecks ABC mit dem Teildreieck ADC

Beide Dreiecke stimmen im rechten Winkel und dem Winkel bei A überein:

∢ACB = ∢CDA = 90° und ∢BAC = ∢DAC
(derselbe Winkel)

Also stimmen beide Dreiecke auch im dritten Winkel überein:
∢CBA = ∢ACD

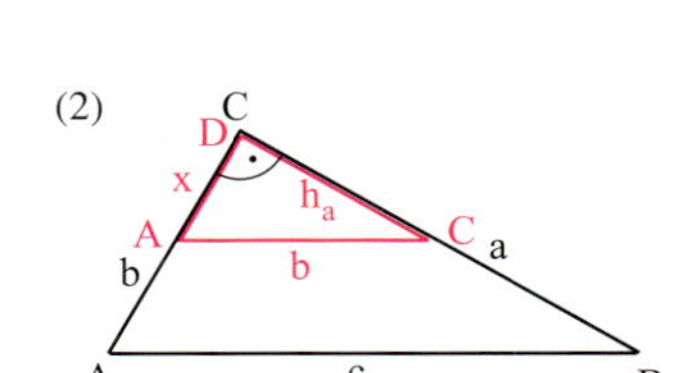

Durch Drehen und Verschieben kann man beide Dreiecke in die Lage wie im Bild (2) bringen. Da die Winkel bei A und A sowie bei B und C jeweils gleich groß sind, sind die Geraden AC und AB parallel zueinander.
Damit haben wir eine Strahlensatzfigur erhalten und es gilt nach dem 2. Strahlensatz:

$\frac{x}{b} = \frac{b}{c}$, also $x = \frac{b^2}{c}$

3. Schritt: Vergleich des Dreiecks ABC mit dem Teildreieck DBC

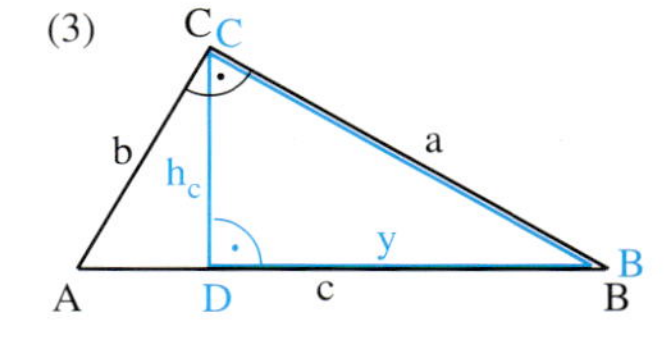

Beide Dreiecke stimmen im rechten Winkel und dem Winkel bei B überein:
∢ACB = ∢BDC = 90° und ∢CBA = ∢CBD
Also stimmen beide Dreiecke auch im dritten Winkel überein:
∢CAB = ∢DCA

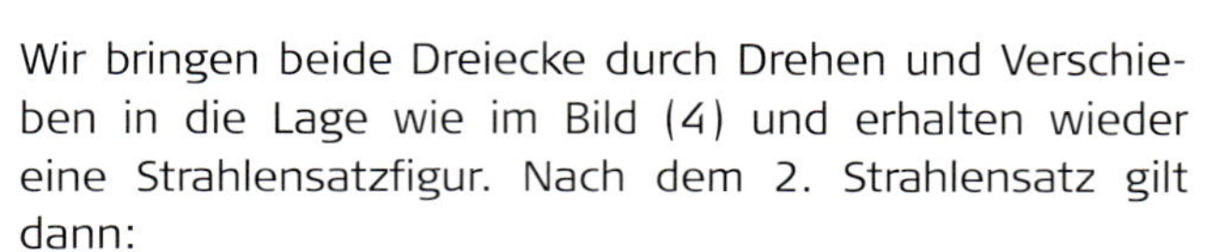

Wir bringen beide Dreiecke durch Drehen und Verschieben in die Lage wie im Bild (4) und erhalten wieder eine Strahlensatzfigur. Nach dem 2. Strahlensatz gilt dann:

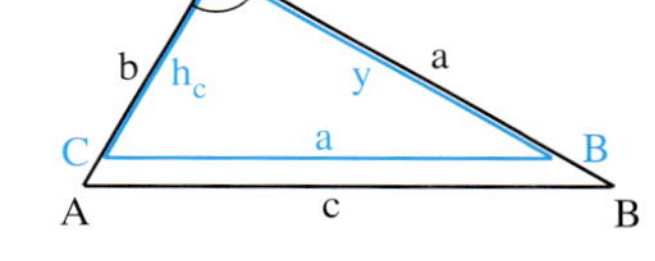

$\frac{y}{a} = \frac{a}{c}$, also $y = \frac{a^2}{c}$

4. Schritt: Berechnen der Seitenlänge a im Dreieck ABC

Da $c = x + y$ ergibt sich durch Einsetzen $c = \frac{b^2}{c} + \frac{a^2}{c}$ bzw. $c = \frac{a^2}{c} + \frac{b^2}{c}$

Durch Multiplizieren beider Seiten mit c entsteht die Gleichung:

$c^2 = a^2 + b^2$

Wir lösen diese Formel nach der Variablen a auf:

$a^2 = c^2 - b^2$ | Wurzelziehen auf beiden Seiten

$a = \sqrt{c^2 - b^2}$

Durch Einsetzen erhalten wir:

$a = \sqrt{(7{,}00\,m)^2 - (3{,}60\,m)^2}$

$a = \sqrt{49{,}00\,m^2 - 12{,}96\,m^2}$

$a = \sqrt{36{,}04\,m^2}$

$a \approx 6{,}00\,m$

Ergebnis: Die rechten Dachsparren müssen jeweils ungefähr 6,00 m lang sein.

Information

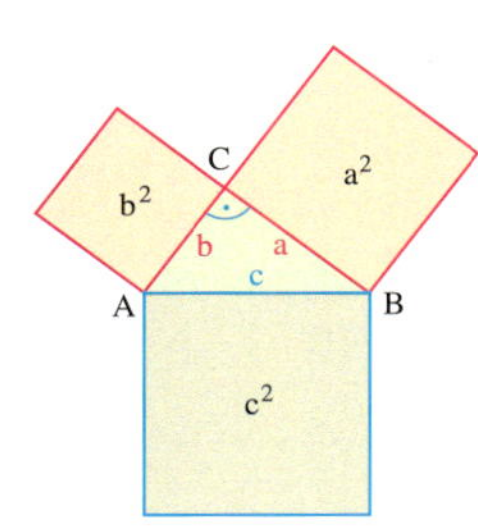

(1) Eine Formel für das rechtwinklige Dreieck – Geometrische Deutung

Bei der vorangegangenen Berechnung der Länge der Dachsparren haben wir für das rechtwinklige Dreieck ABC mit $\gamma = 90°$ für die Seitenlängen a, b und c die Formel $c^2 = a^2 + b^2$ gewonnen.
Die Figur links zeigt uns eine geometrische Deutung dieser Formel.

> Für jedes *rechtwinklige* Dreieck gilt:
> Das Quadrat über der längsten Seite ist genauso groß wie die beiden Quadrate über den anderen Seiten zusammen.

(2) Bezeichnungen im rechtwinkligen Dreieck

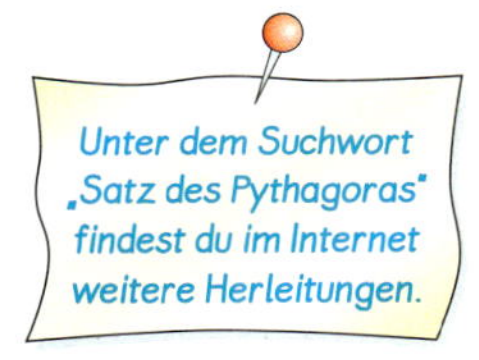

Bevor wir den Satz endgültig formulieren, führen wir einige Begriffe am rechtwinkligen Dreieck ein.

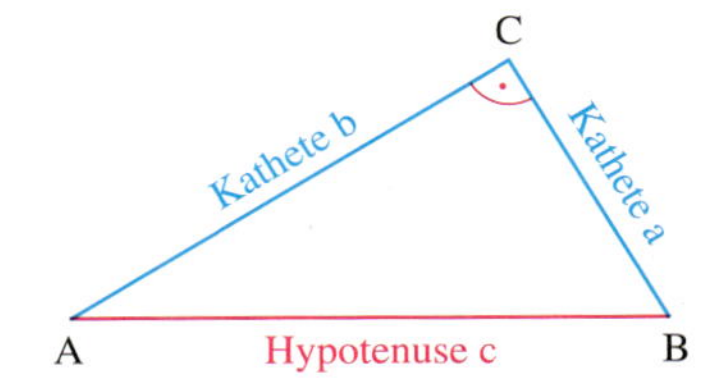

In einem *rechtwinkligen Dreieck* nennt man die dem rechten Winkel gegenüberliegende Seite die **Hypotenuse**, die dem rechten Winkel anliegenden Seiten die **Katheten** des rechtwinkligen Dreiecks.
Die Hypotenuse ist stets die längste Seite.

(3) Satz des Pythagoras und seine Bedeutung

Die in Aufgabe 1 gefundene Gesetzmäßigkeit $c^2 = a^2 + b^2$ für rechtwinklige Dreiecke trägt den Namen des Pythagoras. Zur Formulierung dieses Satzes verwenden wir die Wenn-dann-Form.

Unter dem Suchwort „Satz des Pythagoras" findest du im Internet weitere Herleitungen.

> **Satz des Pythagoras**
> Wenn das Dreieck ABC *rechtwinklig* ist, dann ist der Flächeninhalt des Hypotenusenquadrates gleich der Summe der Flächeninhalte der beiden Kathetenquadrate:
> $\mathbf{c^2 = a^2 + b^2}$ (für $\gamma = 90°$)

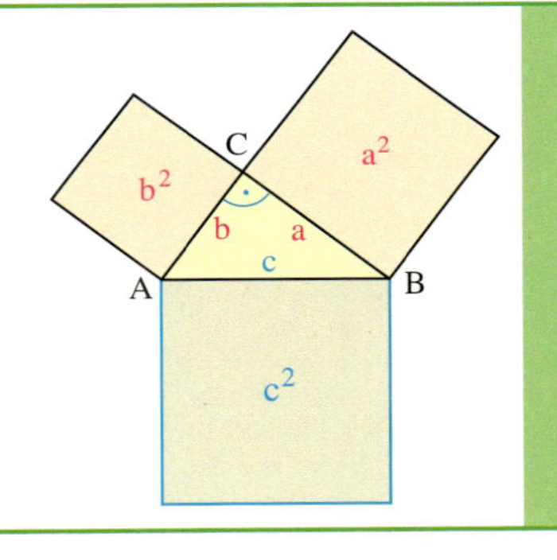

Bisher konnten wir Längen in einem Dreieck nur zeichnerisch ermitteln.
Der Satz des Pythagoras ermöglicht es nun, bei einem *rechtwinkligen* Dreieck aus zwei Seitenlängen die dritte Seitenlänge zu berechnen.

Zum Festigen und Weiterarbeiten

2. Skizziere die Dreiecke, färbe die Katheten blau, die Hypotenusen rot. Gib dann für die rechtwinkligen Dreiecke jeweils die Gleichung nach dem Satz des Pythagoras an.

(1)

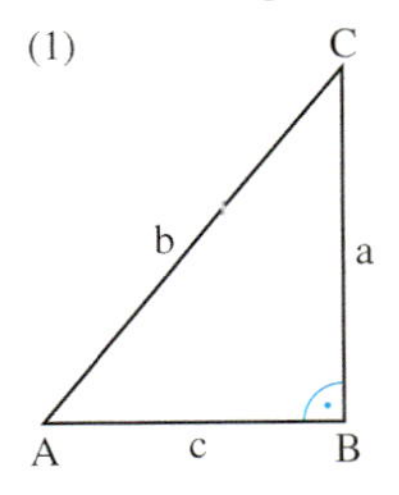

(2)

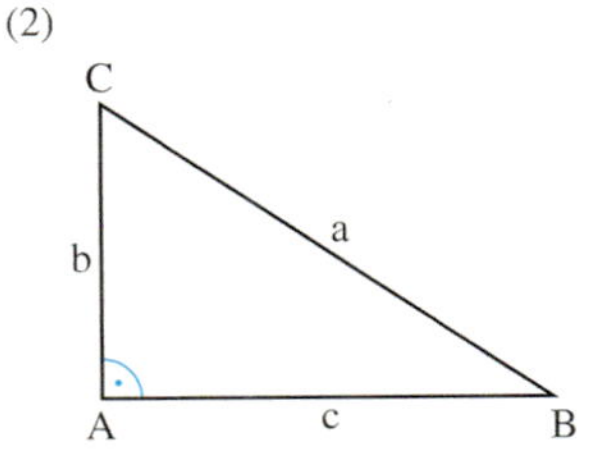

(3)

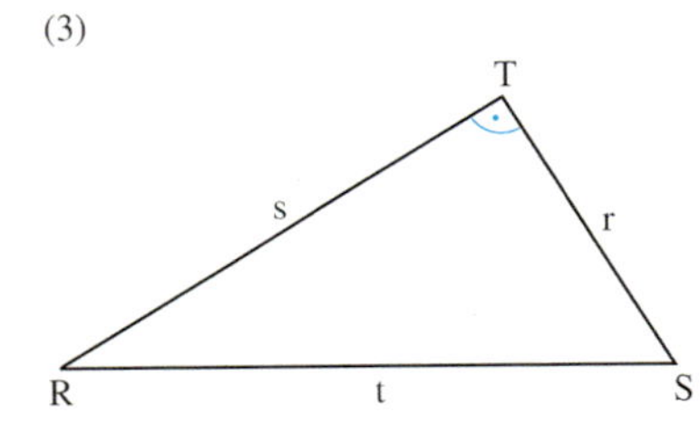

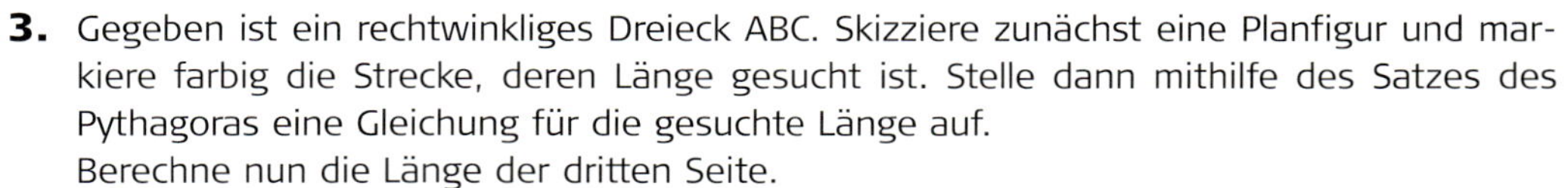

3. Gegeben ist ein rechtwinkliges Dreieck ABC. Skizziere zunächst eine Planfigur und markiere farbig die Strecke, deren Länge gesucht ist. Stelle dann mithilfe des Satzes des Pythagoras eine Gleichung für die gesuchte Länge auf.
Berechne nun die Länge der dritten Seite.

(1) $a = 3\text{ cm},\ b = 8\text{ cm};\ \gamma = 90°$
(2) $a = 3\text{ cm},\ b = 8\text{ cm};\ \beta = 90°$
(3) $a = 6\text{ cm},\ c = 7\text{ cm};\ \beta = 90°$
(4) $a = 6\text{ cm},\ c = 7\text{ cm};\ \gamma = 90°$
(5) $b = 6\text{ cm},\ c = 8\text{ cm};\ \alpha = 90°$
(6) $b = 6\text{ cm},\ c = 8\text{ cm};\ \gamma = 90°$

Thales-Kreis

DGS

4. Zeichne mit einem dynamischen Geometrie-System ein rechtwinkliges Dreieck.
Konstruiere dann an jeder Dreiecksseite ein Quadrat. Lasse auch den Flächeninhalt dieser Quadrate berechnen.
Verändere die Form des Dreiecks und beobachte dabei die Flächeninhalte.
Was stellst du fest?

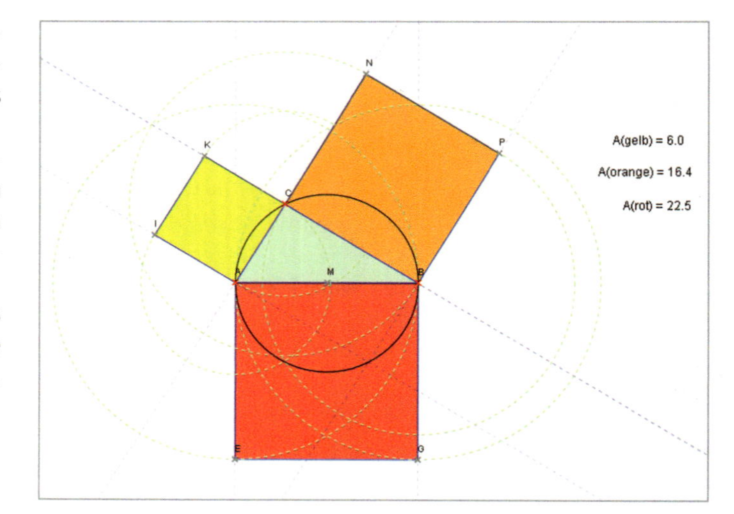

Übungen

5. a) b) c)

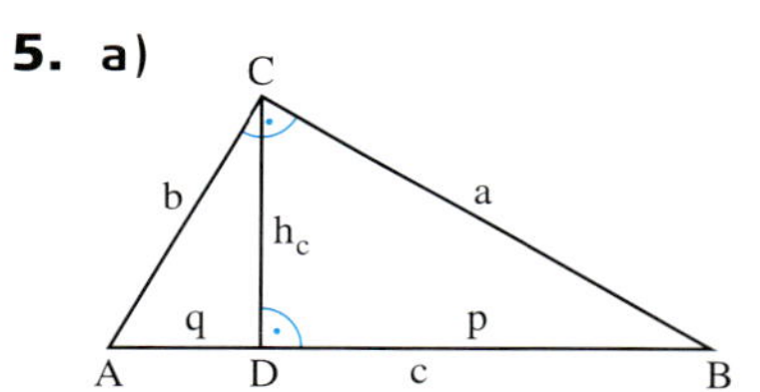

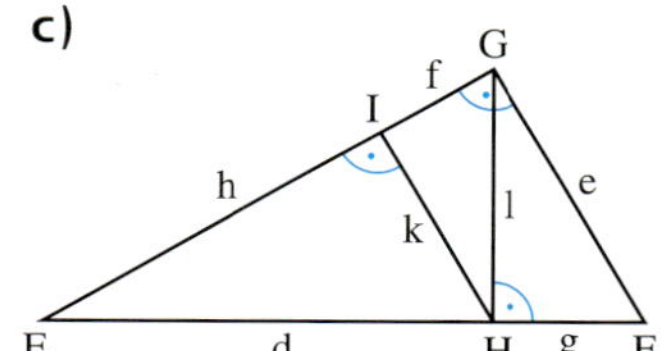

In der Figur findest du mehrere rechtwinklige Dreiecke. Notiere sie und gib jeweils die Gleichung nach dem Satz des Pythagoras an.

6. Berechne die Länge x der roten Strecke (Maße in cm).

a)

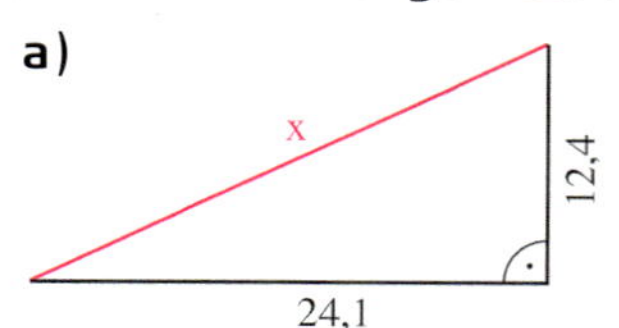

b)

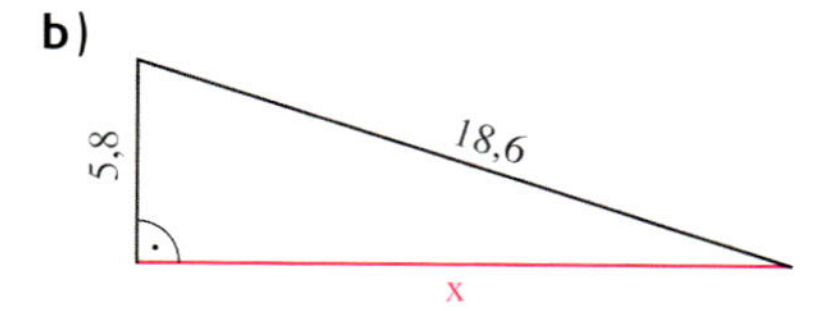

c)

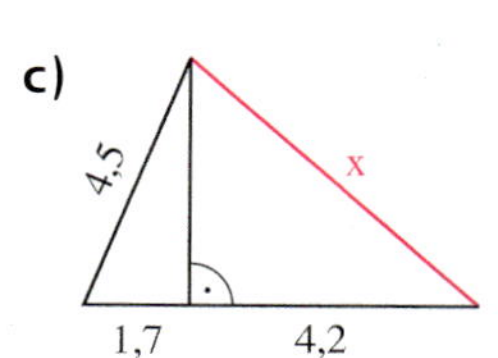

7. Kontrolliere die angegebenen Gleichungen. Berichtige gegebenenfalls.

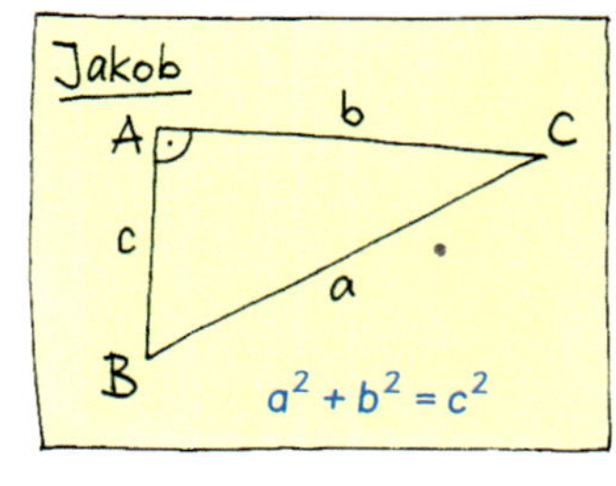

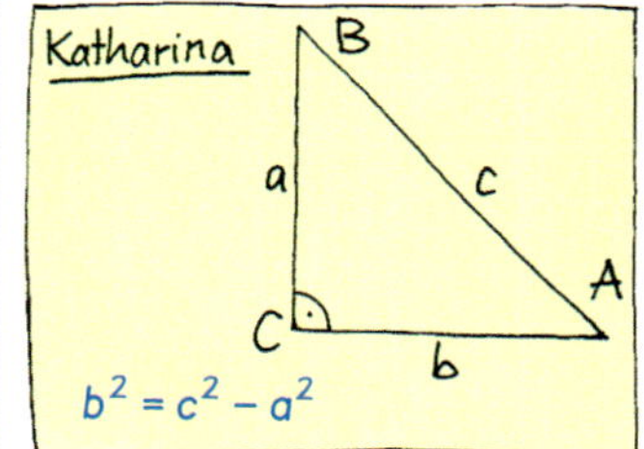

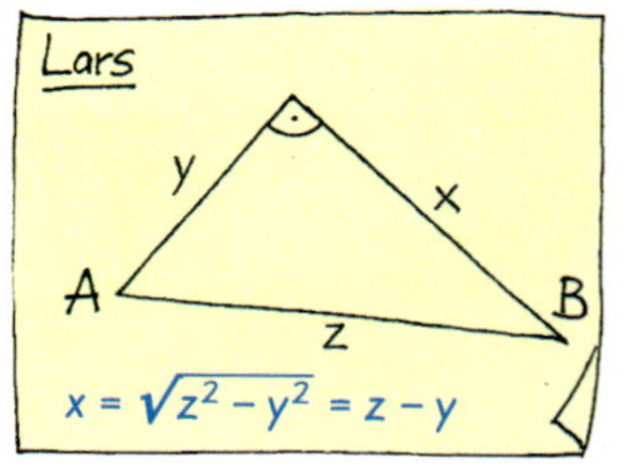

8. In einem rechtwinkligen Dreieck ABC mit $\gamma = 90°$ sind gegeben:

a) a = 8 cm, b = 6 cm **b)** a = 12 cm, b = 5 cm **c)** c = 17 cm, a = 8 cm **d)** b = 12 cm, c = 15 cm **e)** a = 16 cm, c = 20 cm

Berechne im Kopf die Länge der dritten Dreiecksseite.

9. In einem rechtwinkligen Dreieck ABC sind gegeben:

a) a = 7 cm, b = 3 cm, $\gamma = 90°$ **b)** a = 10 dm, c = 6 dm, $\alpha = 90°$ **c)** b = 4,1 km, c = 3,5 km, $\alpha = 90°$ **d)** a = 8 mm, b = 12 mm, $\beta = 90°$ **e)** a = 3,4 cm, c = 5,1 cm, $\beta = 90°$

Berechne die Länge der dritten Dreiecksseite. Ermittle auch den Umfang und den Flächeninhalt des Dreiecks.

10. Von A nach B führt eine schmale, meist stark befahrene Straße.
Um wie viel Prozent ist der Umweg von A nach B über C länger als die Abkürzung $\overline{AB}$?

11. Durch einen Sturm ist eine 40 m hohe Fichte in 8,75 m Höhe abgeknickt.
Wie weit liegt die Spitze etwa vom Stamm entfernt?

12. a) Markiere jeweils in einem Koordinatensystem (Einheit 1 cm) die beiden Punkte A und C.
Berechne die Entfernung dieser Punkte.

(1) A(−3|1), C(3|4)
(2) A(2|7), C(7|4)
(3) A(1,3|7,8), C(8,6|2,4)
(4) A(−4|−6), C(7|4)
(5) A(−7|−3), C(−2|−1)
(6) A(−4,1|−2,3), C(5,4|−1,8)

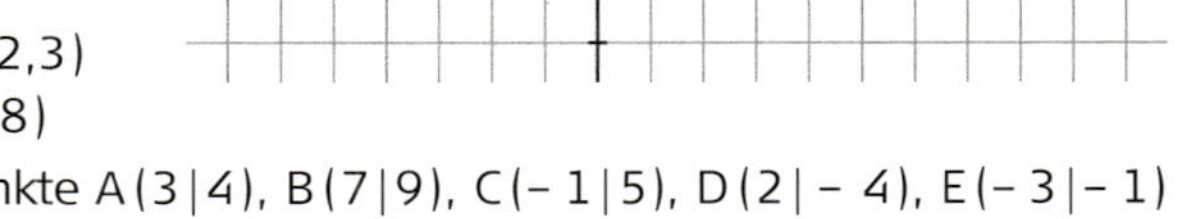

b) Welchen Abstand haben die Punkte A(3|4), B(7|9), C(−1|5), D(2|−4), E(−3|−1) jeweils vom Koordinatenursprung (Einheit 1 cm)?

13. Im Koordinatensystem (Einheit 1 cm) sind die Punkte A, B und C gegeben. Berechne den Umfang und den Flächeninhalt des Dreiecks ABC.

a) A(1|2); B(6|4); C(4|7) **b)** A(−4|−2); B(5|−4); C(0|3)

14. a) Zeichne ein rechtwinklig-gleichschenkliges Dreieck mit der Basis c = 4 cm. Konstruiere das Hypotenusenquadrat und die beiden Kathetenquadrate.
Ergänze die Figur wie im Bild links.

b) Setze die in Teilaufgabe a) erhaltene Figur um eine weitere Stufe fort.
Wie groß sind alle Quadrate zusammen? Berechne auch den Umfang der Gesamtfigur.

c) Du kannst die Figur weiter fortsetzen. Was vermutest du über den Flächeninhalt und den Umfang der Gesamtfigur?

IM BLICKPUNKT: BERECHNEN VON π MITHILFE VON PYTHAGORAS

In Klasse 8 haben wir einen Näherungswert für π im Zusammenhang mit dem Umfang eines Kreises durch Messen, also experimentell ermittelt. Wir wollen nun ein rechnerisches Verfahren erarbeiten, mit dem man für die Kreiszahl π ausgehend von einem Näherungswert schrittweise einen besseren Näherungswert berechnen kann.

Es genügt, sich auf einen Kreis mit dem Radius 1 zu beschränken; sein Umfang ist dann 2π.

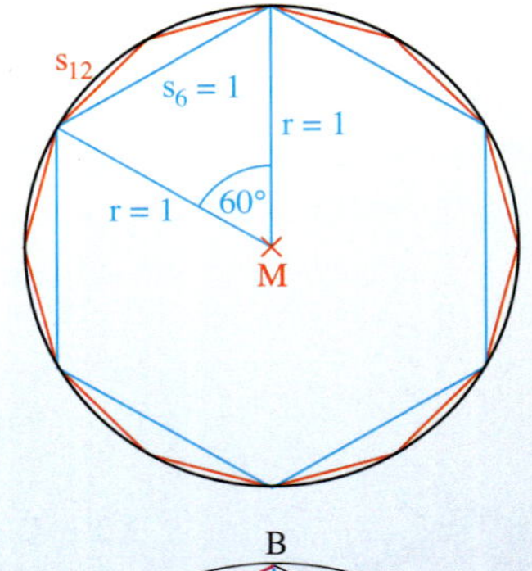

Wir nähern zunächst den Kreisumfang durch den Umfang eines einbeschriebenen regelmäßigen 6-Ecks an, das man in gleichseitige Dreiecke zerlegt.

Die Seiten s_6 des Dreiecks haben dann die Länge 1; der Umfang u_6 des 6-Ecks beträgt damit 6. Wegen $u_k = 2\pi$ gilt dann: $\pi \approx 3$

Wir erhalten einen besseren Näherungswert für π, wenn wir die Eckenzahl verdoppeln, und damit den Kreisumfang durch den Umfang u_{12} eines regelmäßigen 12-Ecks annähern.

Dazu berechnen wir die Seitenlänge s_{12} des 12-Ecks aus der Seitenlänge s_6 des 6-Ecks. Betrachte dazu die Figur rechts.

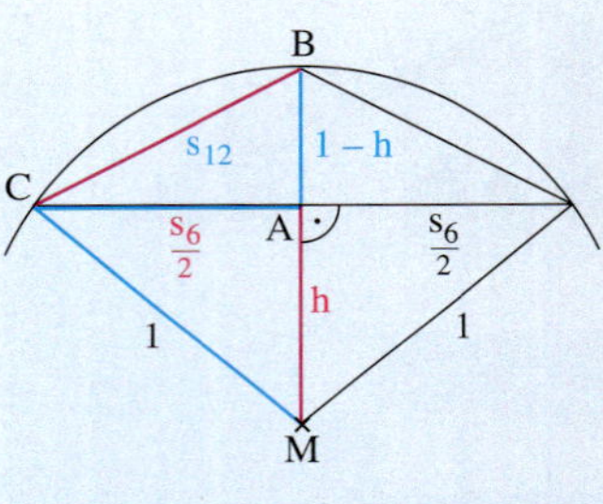

Im rechtwinkligen Dreieck MAC gilt nach Pythagoras:

$$h = \sqrt{1 - \left(\frac{s_6}{2}\right)^2}$$

Im rechtwinkligen Dreieck ABC erhalten wir nach Pythagoras:

$$s_{12}^2 = \left(\frac{s_6}{2}\right)^2 + (1 - h)^2$$

Einsetzen von h und anschließendes Umformen ergibt: $s_{12}^2 = 2 - \sqrt{4 - s_6^2}$. Da $s_6 = 1$, ergibt sich $s_{12} \approx 0{,}51763809$ und somit $u_{12} = 12 \cdot s_{12} \approx 6{,}211657082$, also $\pi \approx 3{,}105828541$.

1. a) Wiederhole das Rechenschema, indem du aus der Seitenlänge s_{12} des 12-Ecks die Seitenlänge s_{24} des regelmäßigen 24-Ecks berechnest.

b) Leite die Formel $s_{2n} = \sqrt{2 - \sqrt{4 - s_n^2}}$ zur Berechnung von s_{2n} aus s_n her.

Die iterative, d.h. wiederholende Berechnung von Näherungswerten führen wir mit einem Tabellenkalkulationsprogramm aus.

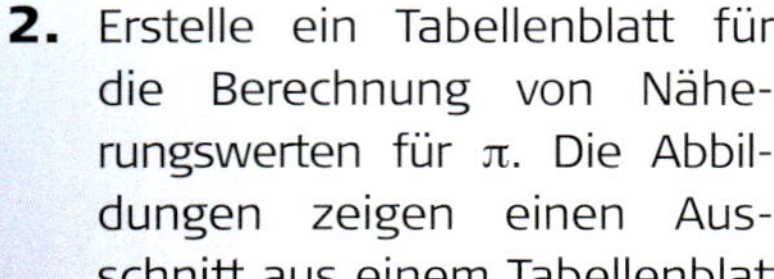

2. Erstelle ein Tabellenblatt für die Berechnung von Näherungswerten für π. Die Abbildungen zeigen einen Ausschnitt aus einem Tabellenblatt und die benutzten Formeln.

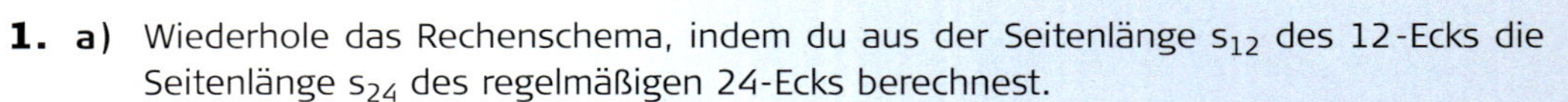

2	Eckenanzahl	Seitenlänge	Umfang	Näherung für π
3	6	1	=A3*B3	=0,5*C3
4	=2*A3	=WURZEL(2-WURZEL(4-B3*B3))	=A4*B4	=0,5*C4
5	=2*A4	=WURZEL(2-WURZEL(4-B4*B4))	=A5*B5	=0,5*C5

3. Nach Eingabe der Formel **=pi()** liefert das Kalkulationsprogramm einen Näherungswert für π. Ergänze das Tabellenblatt und bestimme die Abweichung der Näherungswerte von dem Wert, den die Formel angibt.

	A	B	C	D
1	**Berechnen von Näherungswerten für π**			
2	Eckenanzahl	Seitenlänge	Umfang	Näherung für π
3	6	1	6	3
4	12	0,517638090	6,211657082	3,105828541
5	24	0,261052384	6,265257227	3,132628613
6	48	0,130806258	6,278700406	3,139350203
7	96	0,065438166	6,282063902	3,141031951
8	192	0,032723463	6,282904945	3,141452472
9	384	0,016362279	6,283115216	3,141557608
10	[illegible]	[illegible]	[illegible]	[illegible]

UMKEHRUNG DES SATZES DES PYTHAGORAS

Einstieg

Beim Bau eines Hauses sollen die Grundmauern senkrecht aufeinander treffen. Dazu stecken zwei Auszubildende ein Dreieck mit 3 m, 4 m und 5 m langen Seilen ein Dreieck ab. Für das Dreieck gilt:

$(3\text{ m})^2 + (4\text{ m})^2 = (5\text{ m})^2$

→ Man behauptet: Das abgesteckte Dreieck ist rechtwinklig. Stimmt das?

Information

(1) Umkehrung des Satzes des Pythagoras

Bisher wissen wir nur: Geht man nach dem Satz des Pythagoras von einem rechtwinkligen Dreieck ABC mit $\gamma = 90°$ aus, so gilt für die Seitenlängen $a^2 + b^2 = c^2$.

Die Auszubildenden und auch der Fliesenleger (siehe Seite 140) gehen *umgekehrt* vor: Sie legen ein Dreieck ABC, für dessen Seitenlängen $a^2 + b^2 = c^2$ gilt. Ihr Dreieck ist dann rechtwinklig.

Maurer und Fliesenleger verwenden also die *Umkehrung* des Satzes des Pythagoras:

> **Umkehrung des Satzes des Pythagoras**
> Wenn für die Seitenlängen eines Dreiecks ABC gilt: $a^2 + b^2 = c^2$,
> dann ist das Dreieck bei C rechtwinklig ($\gamma = 90°$).

(2) Begründung der Umkehrung des Satzes des Pythagoras

Wir können ohne Winkelmessung begründen, dass diese Umkehrung gilt.
Zur Begründung gehen wir von einem rechtwinkligen Dreieck ABC aus (Bild Mitte).
Nach dem Satz des Pythagoras gilt dann: $a^2 + b^2 = c^2$

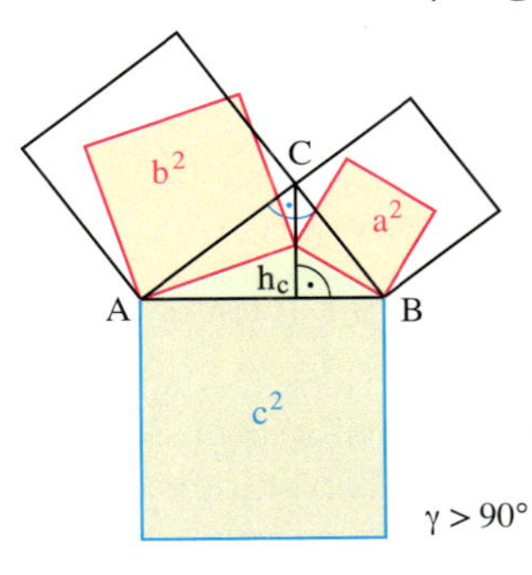

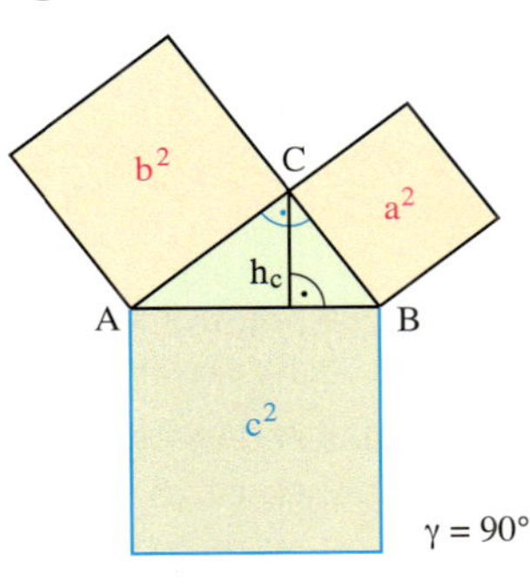

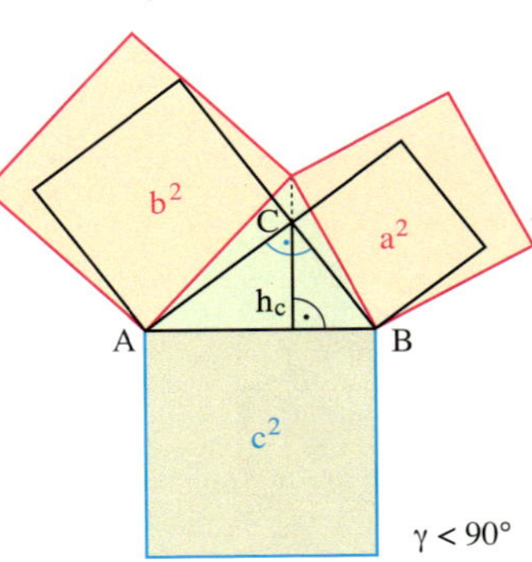

(1) Wir verschieben den Punkt C längs der Höhe h_c nach *unten* (Bild links); es entsteht ein *stumpfwinkliges* Dreieck ($\gamma > 90°$). Die Seiten a und b werden *kürzer*, also:
$a^2 + b^2 < c^2$

(2) Wir verschieben den Punkt C längs der Verlängerung der Höhe nach *oben* (Bild rechts); es entsteht ein *spitzwinkliges Dreieck* ($\gamma < 90°$). Die Seiten a und b werden *länger*, also:
$a^2 + b^2 > c^2$

Aus beiden Überlegungen folgt: Nur im Falle $\gamma = 90°$ gilt $c^2 = a^2 + b^2$.

Also: Wenn $c^2 = a^2 + b^2$ ist, dann ist $\gamma = 90°$.

Übungen

1. Entscheide, ob das Dreieck ABC rechtwinklig, stumpfwinklig oder spitzwinklig ist.

a) $a = 8$ cm, $b = 6$ cm, $c = 10$ cm **b)** $a = 7$ m, $b = 9$ m, $c = 11$ m **c)** $a = 5$ cm, $b = 4$ cm, $c = 3$ cm **d)** $a = 13$ dm, $b = 5$ dm, $c = 12$ dm **e)** $a = 23$ mm, $b = 17$ mm, $c = 29$ mm

2.

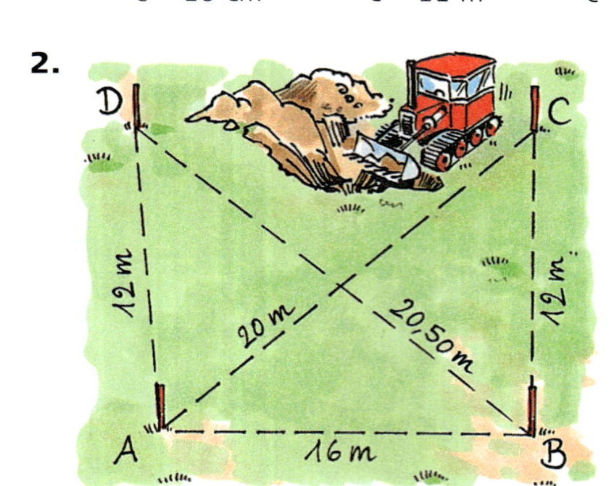

Auf einem Grundstück sind vier Pfähle A, B, C und D gesetzt worden, um die Ecken des zu bauenden Hauses abzustecken. Das Haus soll einen rechteckigen Grundriss mit den Seitenlängen 16 m und 12 m haben. Die Pfähle haben die in der Zeichnung angegebenen Abstände.
Welcher der Winkel bei A bzw. B ist ein rechter Winkel, welcher nicht?
Welcher Pfahl steht falsch?
Wie muss er bezüglich seines Standortes verändert werden?

3. Zeichne mit einem dynamischen Geometrie-System ein Dreieck ABC. Konstruiere dann über den Seiten Quadrate; lasse den Winkel bei C und die Flächeninhalte der Quadrate berechnen. Verändere die Form des Dreiecks und untersuche, für welche Dreiecke $a^2 + b^2 = c^2$ gilt.

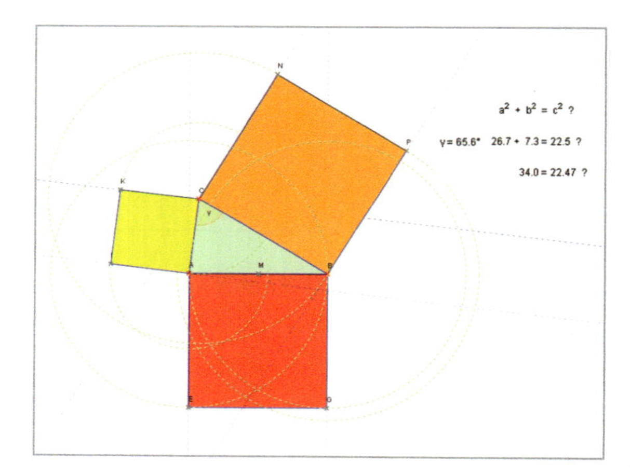

4. a) Auf dem Bild auf Seite 140 wird mithilfe eines „12-Knotenseils" ein Dreieck abgesteckt. Erkläre, warum es rechtwinklig ist.

b) Kann man auch mit einem „30-Knotenseil" ein rechtwinkliges Dreieck abstecken? Begründe.

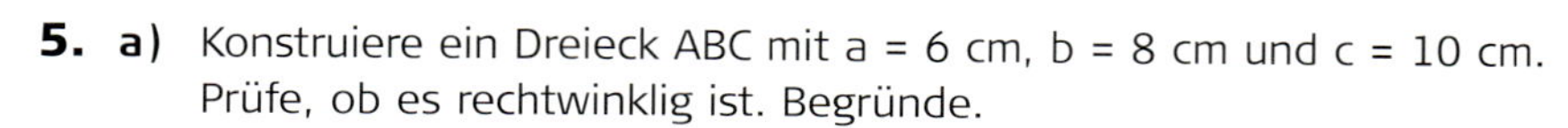

5. a) Konstruiere ein Dreieck ABC mit $a = 6$ cm, $b = 8$ cm und $c = 10$ cm.
Prüfe, ob es rechtwinklig ist. Begründe.

b) Man nennt das Zahlentripel (6; 8; 10) aus natürlichen Zahlen **pythagoreisches Zahlentripel**. Ebenso ist (3; 4; 5) ein solches Zahlentripel.
Entscheide, ob pythagoreische Zahlentripel vorliegen.
(1) (9; 12; 15) (2) (15; 20; 25) (3) (5; 12; 13) (4) (7; 18; 19)

c) Finde weitere pythagoreische Zahlentripel. Findest du eine Gesetzmäßigkeit?

6. Konstruiere drei unterschiedliche rechtwinklige Dreiecke. Wähle dazu drei geeignete Seitenlängen.

▲ **7.** In einem gleichschenkligen Dreieck soll g die Länge der Basis und s die Länge eines Schenkels sein. Welche Beziehung muss zwischen g und s bestehen, damit das Dreieck

a) rechtwinklig ist; **b)** spitzwinklig ist; **c)** stumpfwinklig ist?

HÖHENSATZ

Einstieg

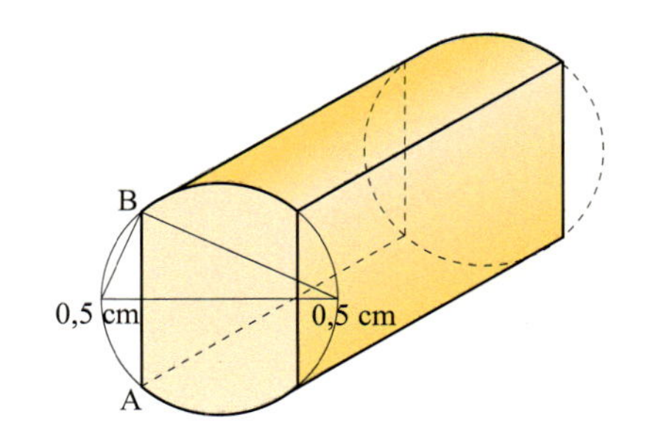

Aus einem 3 cm dicken Rundstab soll eine Leiste mit nebenstehender Querschnittsfläche hergestellt werden. Dazu werden seitlich jeweils 0,5 cm abgeschliffen.

→ Wie lang ist die Seitenkante $\overline{AB}$ der Leiste?

→ Beschreibe dein Vorgehen.

Aufgabe

1. Es soll ein Tunnel mit halbkreisförmigem Querschnitt gebaut werden. Die zweispurige Straße soll 11 m breit, die beidseitigen, nicht befahrbaren Seitenstreifen jeweils 1,50 m breit sein. Für Lkws, die den Tunnel befahren dürfen, soll in der Höhe ein Sicherheitsabstand von 30 cm angenommen werden.
Was für ein Verkehrsschild zur Höhenbegrenzung muss also am Tunnel angebracht werden?
Entwickle auch eine Formel zur Berechnung der entsprechenden Höhe h.

Lösung

(1) *Vorüberlegung*

Die geringste Höhe h über der Fahrbahn ist über dem Fahrbahnrand bei D. Das Dreieck ABC ist nach dem Satz des Thales rechtwinklig mit dem rechten Winkel bei C, da C auf dem Thaleskreis über der Seite $\overline{AB}$ liegt. Die Höhe h zerlegt die Hypotenuse $\overline{AB}$ in zwei *Hypotenusenabschnitte* p und q.

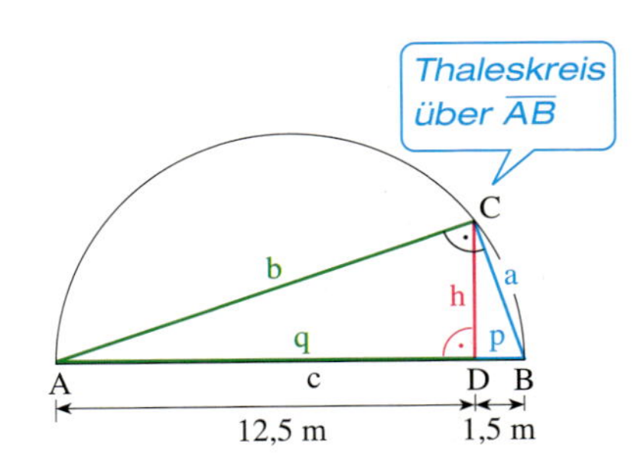

(2) *Berechnen der Höhe*

Wir kennen im Dreieck ABC die Längen der beiden Hypotenusenabschnitte:

$p = 1{,}5\text{ m}$ und $q = 11\text{ m} + 1{,}5\text{ m} = 12{,}5\text{ m}$

Wir wollen die Höhe h berechnen.
Nach dem Satz des Pythagoras gilt für das

(1) Dreieck ADC:	$h^2 + (12{,}5\text{ m})^2 = b^2$	$h^2 + q^2 = b^2$
(2) Dreieck DBC:	$h^2 + (1{,}5\text{ m})^2 = a^2$	$h^2 + p^2 = a^2$
(3) Dreieck ABC:	$a^2 + b^2 = (1{,}5\text{ m} + 12{,}5\text{ m})^2$	$a^2 + b^2 = c^2$

Durch Einsetzen von a^2 und b^2 aus den Gleichungen (1) und (2) in die Gleichung (3) erhalten wir:

$(h^2 + 2{,}25\text{ m}^2) + (h^2 + 156{,}25\text{ m}^2) = 196\text{ m}^2$ | $(h^2 + p^2) + (h^2 + q^2) = c^2$

Wir formen die Gleichung um:

$(h^2 + 2{,}25\ m^2) + (h^2 + 156{,}25\ m^2) = 196\ m^2$
$2h^2 + 158{,}5\ m^2 = 196\ m^2$
$2h^2 = 37{,}5\ m^2$
$h^2 = 18{,}75\ m^2$
$h = \sqrt{18{,}75\ m^2}$
$h \approx 4{,}33\ m$

$(h^2 + p^2) + (h^2 + q^2) = c^2$
$2h^2 + p^2 + q^2 = c^2$
$2h^2 + p^2 + q^2 = (p + q)^2$ — wegen $c = p + q$
$2h^2 + p^2 + q^2 = p^2 + 2pq + q^2$
$2h^2 = 2pq$
$h^2 = p \cdot q$
$h = \sqrt{pq}$

Ergebnis: Bis zu 4 m hohe Lkws dürfen den Tunnel befahren.

Information

Höhensatz des Euklid

In der Lösung der Aufgabe 1 haben wir mithilfe des Satzes des Pythagoras bewiesen:

$h^2 = p \cdot q$

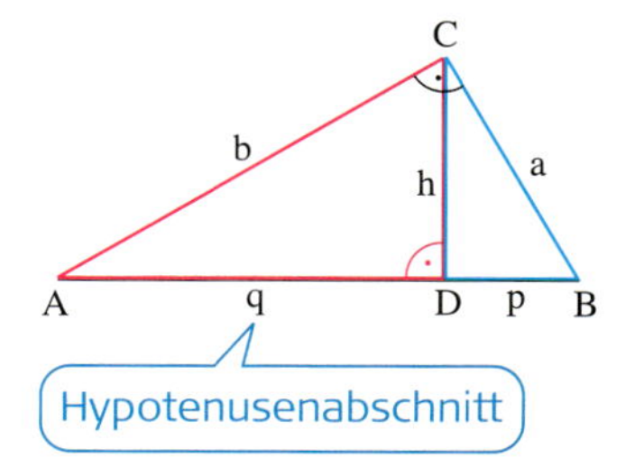

Diese Gleichung können wir wieder geometrisch deuten: h^2 gibt den Flächeninhalt eines Quadrates über der Höhe an, das Produkt $p \cdot q$ den Flächeninhalt eines Rechtecks aus den beiden Hypotenusenabschnitten.

Höhensatz des Euklid

Wenn ein Dreieck *rechtwinklig* ist, dann hat das Höhenquadrat denselben Flächeninhalt wie das Rechteck aus den beiden Hypotenusenabschnitten.

$\mathbf{h^2 = p \cdot q}$

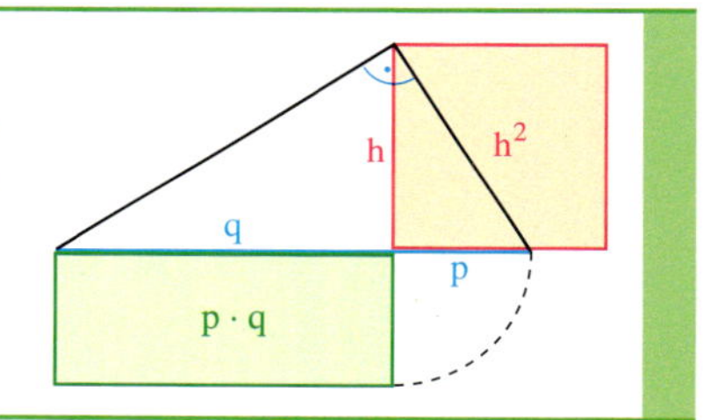

EUKLID (364–300 v. Chr.) war ein griechischer Mathematiker, der in Alexandria lebte. Über sein Leben ist fast nichts bekannt. Er hat berühmte Bücher zur Geometrie geschrieben, in denen er das Wissen seiner Zeit zusammengetragen hat.
Erkundige dich im Internet über das Leben und Wirken von Euklid und berichte darüber.

Zum Festigen und Weiterarbeiten

2. Berechne die Länge x der roten Strecke (Maße in cm).

a) 

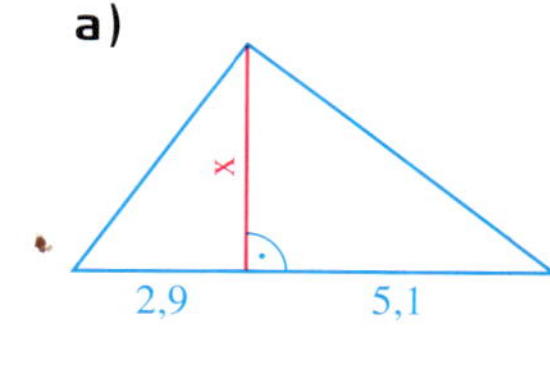

b) 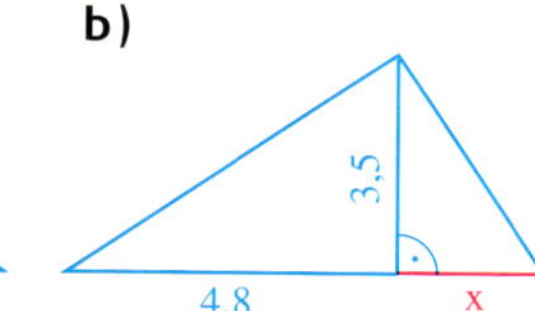

c) 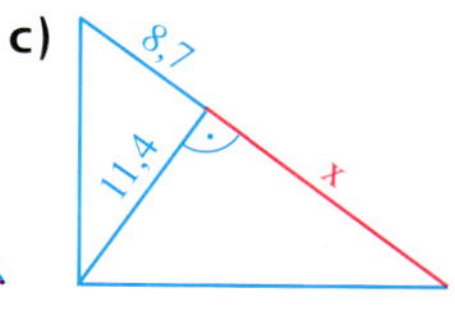

d) 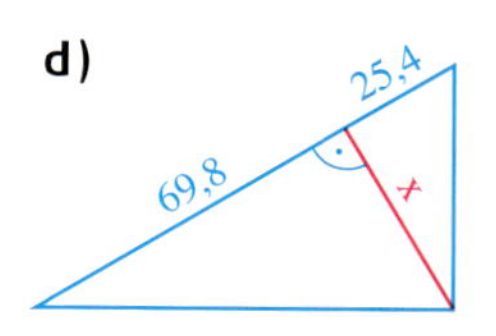

3. Wenn in einem rechtwinkligen Dreieck zwei der Längen p, q und h gegeben sind, so kann man die dritte berechnen.
Berechne die dritte Länge sowie den Flächeninhalt des Dreiecks.

a) $p = 4$ cm, $q = 3$ cm **b)** $h = 5$ cm, $p = 2$ cm **c)** $h = 7$ cm, $q = 4$ cm

Übungen

4. Gib für das rechtwinklige Dreieck ABC in den Figuren (1) bis (3) jeweils die Gleichung nach dem Höhensatz an, in Figur (3) auch für die Teildreiecke ADC und DBC.

(1) (2)

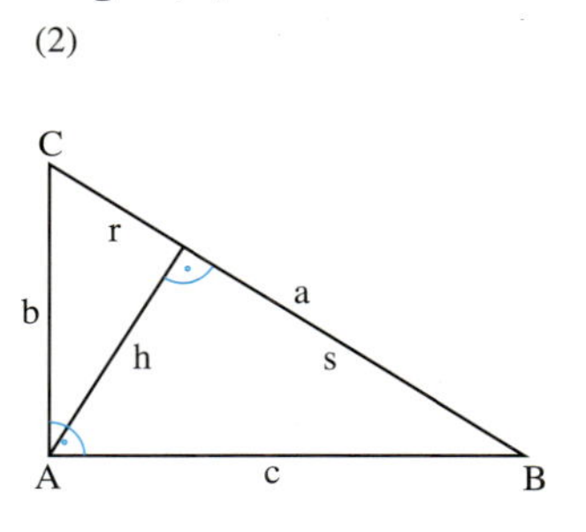

(3)

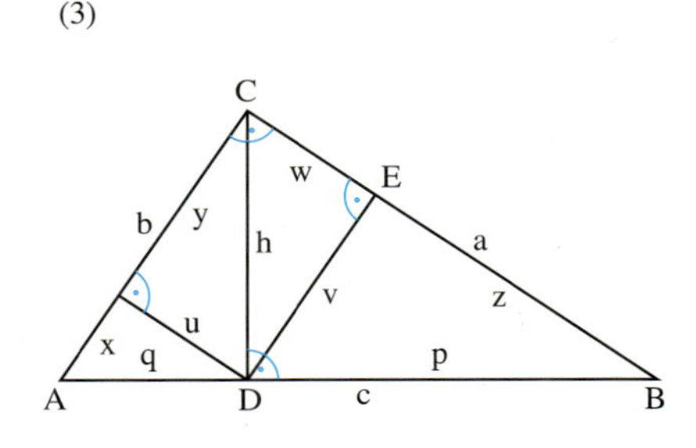

5. Berechne die Länge x der roten Strecke (Maße in cm).

a) **b)**

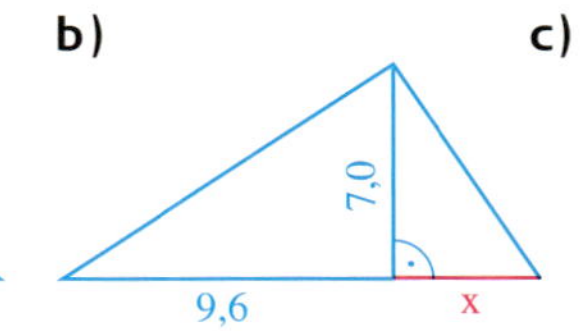

c)

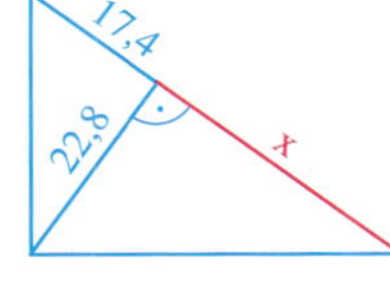

d)

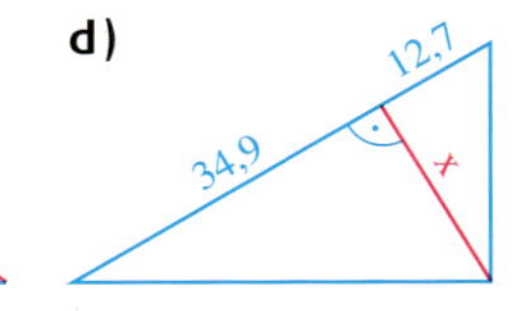

6. Zeichne ein Dreieck ABC mit $\gamma = 90°$ und

a) $p = 4{,}5$ cm, $q = 3{,}5$ cm; **b)** $p = 3$ cm, $q = 5$ cm.

Denke an den Satz des Thales. Miss die Höhe h und kontrolliere das Ergebnis durch Rechnung. Berechne auch den Flächeninhalt des Dreiecks.

Satz des Thales

7. Berechne die fehlende der drei Längen p, q und h in einem rechtwinkligen Dreieck.

a) $p = 13$ cm, $q = 9$ cm **b)** $h = 7$ cm, $p = 5$ cm **c)** $h = 20$ cm, $q = 16$ cm **d)** $p = 8$ dm, $q = 18$ dm **e)** $h = 5$ km, $p = 2$ km

Berechne auch den Flächeninhalt des Dreiecks.

8. Gegeben ist ein Dreieck ABC mit $\beta = 90°$.
Berechne die fehlende der drei Längen u, v und h_b sowie den Flächeninhalt.

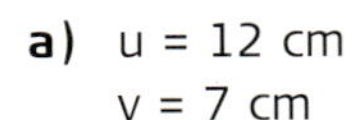

a) $u = 12$ cm, $v = 7$ cm **c)** $h_b = 22$ mm, $v = 15$ mm **e)** $h_b = 7{,}1$ cm, $u = 5{,}3$ cm

b) $h_b = 8{,}4$ dm, $u = 6{,}1$ dm **d)** $u = 8{,}8$ km, $v = 10{,}5$ km **f)** $h_b = 9{,}1$ m, $v = 6{,}6$ m

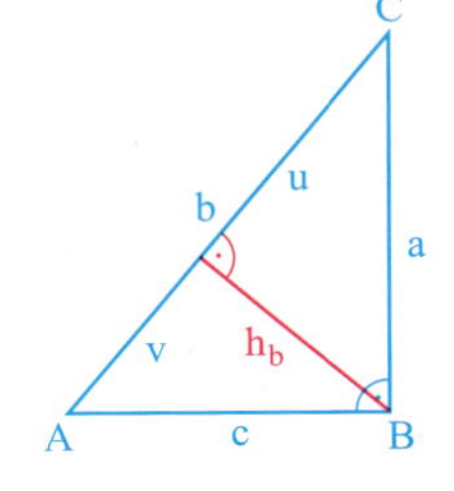

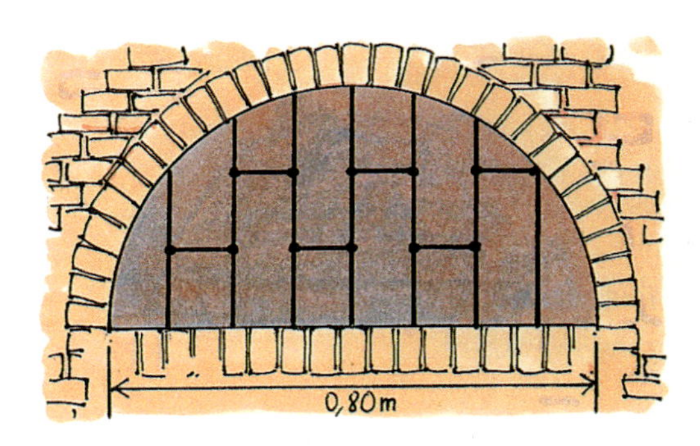

9. Ein halbkreisförmiges Fenster soll vergittert werden.

a) Wie lang müssen die einzelnen senkrechten Stäbe sein?

b) Wie viel Meter Eisenrohr wird benötigt? Rechne mit 10% Zuschlag für das Verankern der Stäbe.

EINFÜHRUNG VON SINUS, KOSINUS UND TANGENS FÜR SPITZE WINKEL IM RECHTWINKLIGEN DREIECK

Einstieg

Segelflugzeuge gleiten. Je weiter sie bei einem Gleitflug aus einer bestimmten Höhe kommen, um so besser sind sie.
Ein Maß für die „Güte" eines Segelflugzeugs ist die *Gleitzahl*. Dies ist das Verhältnis aus dem Höhenverlust und der Länge der dabei zurückgelegten Flugstrecke.
Moderne Segelflugzeuge haben heute eine Gleitzahl zwischen 1 : 30 und 1 : 70.

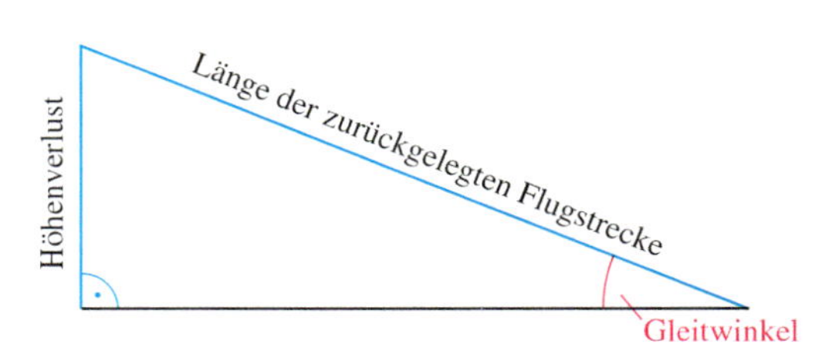

→ Nimm an, ein Segelflugzeug hat die Gleitzahl 1 : 10.
Wie viel Höhe verliert es, wenn es (1) 10 m, (2) 20 m Flugstrecke zurücklegt?
Gib jeweils die Größe des Gleitwinkels an.
Was stellst du fest? Begründe.

→ Präsentiere dein Ergebnis.

Aufgabe

1.

Im Berner Oberland (Schweiz) fährt eine Standseilbahn von Lauterbrunnen auf einer 1 421 m langen Strecke zur Grütschalp.
Eine Vorstellung von der Steigung der Bahnstrecke liefert die Größe des Winkels β, auch *Steigungswinkel* genannt.

a) Wie groß ist der Steigungswinkel?

b) Berechne die Steigung in Prozent.

Lösung

a) Die Größe des Winkels β lässt sich zeichnerisch im rechtwinkligen Dreieck ABC bestimmen.
Die Länge von $\overline{AC}$ (das ist der Höhenunterschied) beträgt 1 481 m – 796 m, also 685 m. Wir wählen in der Zeichnung 1 cm für 100 m in der Wirklichkeit (Maßstab 1 : 10 000).
Wir konstruieren nun ein rechtwinkliges Dreieck ABC mit dem rechten Winkel bei C sowie den Seitenlängen c = 14,2 cm (Länge der Hypotenuse) und b = 6,9 cm; dies ist die Länge der dem gesuchten Winkel β *gegenüberliegenden* Kathete (Ssw).
Wir messen: $\beta = 29°$.

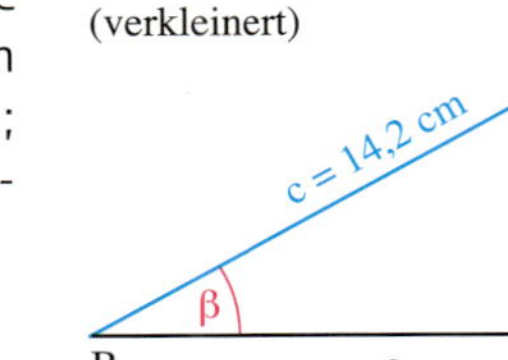

Ergebnis: Der Steigungswinkel beträgt 29°.

b) Die Steigung m wird durch das Verhältnis, also dem Quotienten aus Höhenunterschied $|AC|$ und horizontaler Entfernung $|BC|$ angegeben.
Den Höhenunterschied haben wir bereits berechnet:
$|AC| = 685\text{ m}$
Die horizontale Entfernung $|BC|$ müssen wir noch berechnen. Nach dem Satz des Pythagoras gilt für das rechtwinklige Dreieck ABC:
$a^2 + b^2 = c^2$, also $a = \sqrt{c^2 - b^2}$
Wir setzen ein: $a = \sqrt{(1421\text{ m})^2 - (685\text{ m})^2} = \sqrt{1\,550\,016\text{ m}^2} \approx 1245\text{ m}$.
Für die Steigung ergibt sich somit: $m = \frac{685\text{ m}}{1245\text{ m}} \approx 0{,}550 = 55\%$
Ergebnis: Die Steigung beträgt 55%.

Information

(1) Zielsetzung

In rechtwinkligen Dreiecken können wir nach dem Satz des Pythagoras Seitenlängen berechnen. Jedoch können wir die Größe von Winkeln in der Regel bisher nur zeichnerisch ermitteln. Unser Ziel ist es, weitere Verfahren kennenzulernen, mit deren Hilfe man auch die Winkel und die Längen in beliebigen Dreiecken aus gegebenen Stücken *berechnen* kann. Wir beschränken uns im Folgenden zunächst auf rechtwinklige Dreiecke.

(2) Gleiche Längenverhältnisse in rechtwinkligen Dreiecken

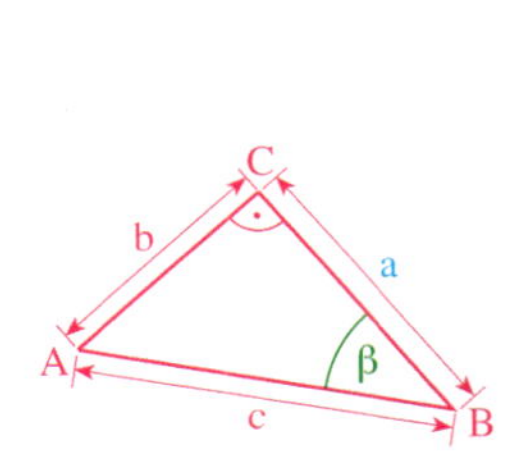

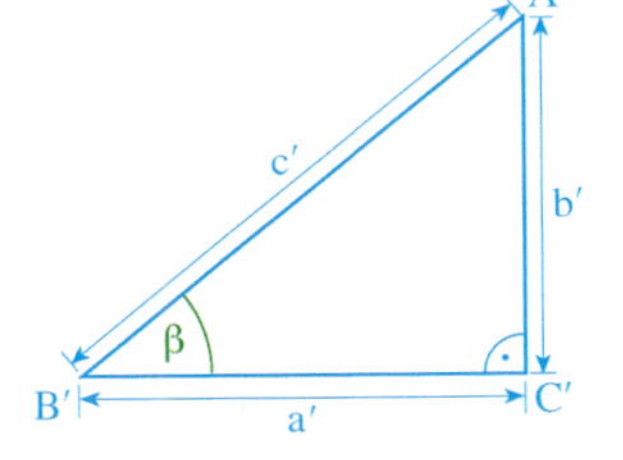

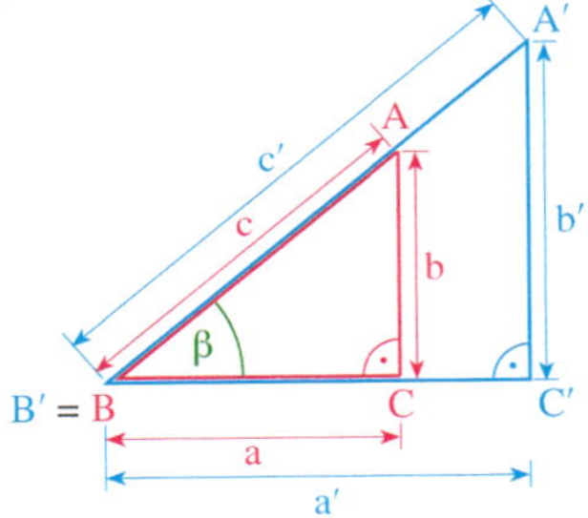

Wir betrachten zwei rechtwinklige Dreiecke ABC und A′B′C′, die in der Größe des Winkels β übereinstimmen. Durch Verschieben und Drehen des Dreiecks kann man beide Dreiecke in die Lage wie im rechten Bild bringen. Es entsteht eine *Strahlensatzfigur* mit den beiden Parallelen AC und A′C′.

Beachte: Die beiden rechten Winkel sind Stufenwinkel.

(a) Nach den beiden Strahlensätzen gilt dann:

$\frac{b}{b'} = \frac{c}{c'}$ und $\frac{a}{a'} = \frac{c}{c'}$

Wir multiplizieren beide Seiten mit b′ bzw. a′ und erhalten:

$b = \frac{c}{c'} \cdot b'$ und $a = \frac{c}{c'} \cdot a'$

Das Dividieren beider Seiten durch c ergibt schließlich:

$\frac{b}{c} = \frac{b'}{c'}$ und $\frac{a}{c} = \frac{a'}{c'}$

Wir stellen fest:

In beiden rechtwinkligen Dreiecken stimmt das Längenverhältnis aus Gegenkathete und Hypotenuse überein; dasselbe gilt für das Längenverhältnis Ankathete und Hypotenuse.

(b) Nach dem 2. Strahlensatz gilt:

$\frac{b}{b'} = \frac{a}{a'}$

Wir multiplizieren beide Seiten mit b′:

$b = \frac{b' \cdot a}{a'}$

Schließlich dividieren wir beide Seiten durch a:

$\frac{b}{a} = \frac{b'}{a'}$

Wir stellen fest:

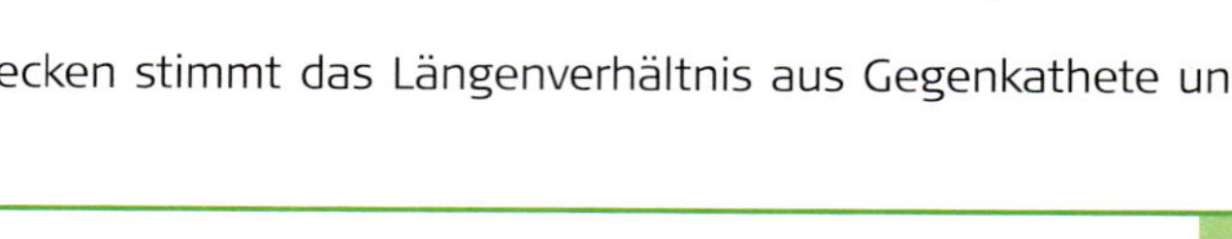

In beiden rechtwinkligen Dreiecken stimmt das Längenverhältnis aus Gegenkathete und Ankathete überein.

Für alle *rechtwinkligen Dreiecke*, die in der Größe eines *spitzen* Winkels (und damit in allen Winkeln) übereinstimmen, gilt:

- das Längenverhältnis aus Gegenkathete (zu diesem Winkel) und der Hypotenuse, also
  $\frac{\text{Gegenkathete des spitzen Winkels}}{\text{Hypotenuse}}$
  hat immer den gleichen Wert.
- das Längenverhältnis aus der Ankathete (zu diesem Winkel) und der Hypotenuse, also
  $\frac{\text{Ankathete des spitzen Winkels}}{\text{Hypotenuse}}$
  hat immer den gleichen Wert.
- das Längenverhältnis aus der Gegenkathete und der Ankathete (zu diesem Winkel), also
  $\frac{\text{Gegenkathete des spitzen Winkels}}{\text{Ankathete des Winkels}}$
  hat immer den gleichen Wert.

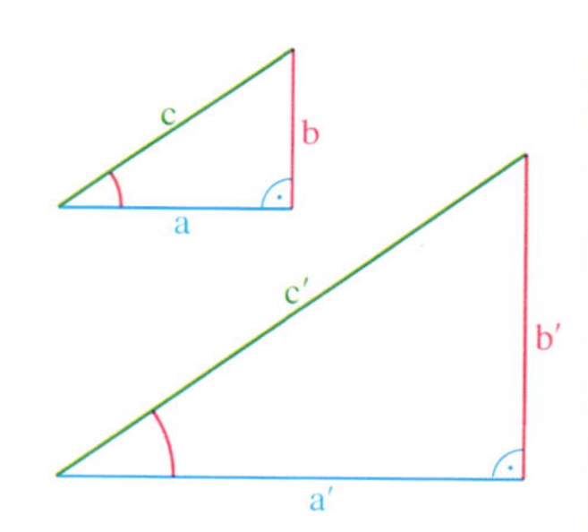

Diese Verhältnisse ändern sich nur, wenn der Winkel sich ändert; mache dir das an der Zeichnung rechts für das Längenverhältnis aus Gegenkathete und Ankathete des Winkels klar. Die obigen Längenverhältnisse bestimmen also den Winkel; deshalb gibt man ihnen eigene Namen.

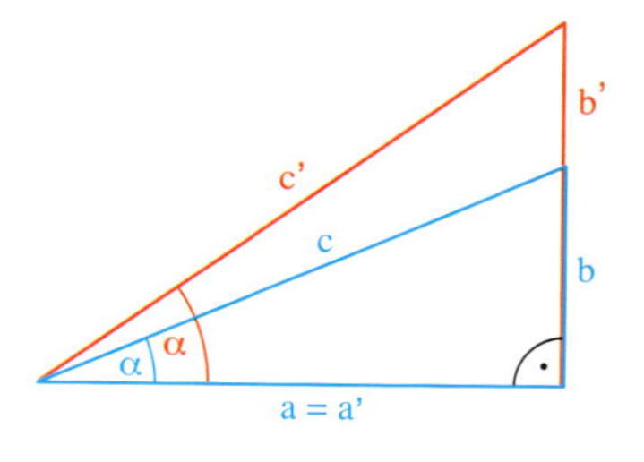

(3) Der Sinus, Kosinus und Tangens eines spitzen Winkels

(1) Das Längenverhältnis aus der Gegenkathete zu einem *spitzen* Winkel und der Hypotenuse im rechtwinkligen Dreieck nennt man den **Sinus** dieses Winkels:

Sinus eines Winkels = $\frac{\textbf{Gegenkathete des Winkels}}{\textbf{Hypotenuse}}$

Für das Dreieck ABC mit $\gamma = 90°$ gilt: $\sin\alpha = \frac{a}{c}$

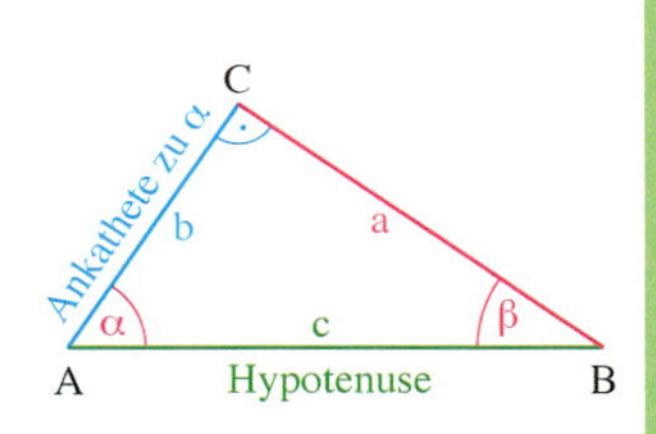

(2) Das Längenverhältnis aus der Ankathete zu einem *spitzen* Winkel und der Hypotenuse im rechtwinkligen Dreieck nennt man den **Kosinus** dieses Winkels:

Kosinus eines Winkels = $\frac{\textbf{Ankathete des Winkels}}{\textbf{Hypotenuse}}$

Für das Dreieck ABC mit $\gamma = 90°$ gilt: $\cos\alpha = \frac{b}{c}$

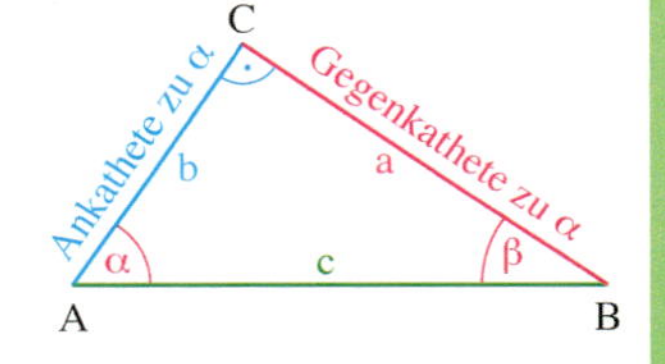

(3) Das Längenverhältnis aus Gegenkathete und Ankathete zu einem *spitzen* Winkel im rechtwinkligen Dreieck nennt man den **Tangens** dieses Winkels:

Tangens eines Winkels
= $\frac{\textbf{Gegenkathete des Winkels}}{\textbf{Ankathete des Winkels}}$

Für das Dreieck ABC mit $\gamma = 90°$ gilt: $\tan\alpha = \frac{a}{b}$

Zum Festigen und Weiterarbeiten

2. Zeichne farbig wie in der Information (3) mehrere verschieden große rechtwinklige Dreiecke ABC mit $\alpha = 30°$ [$\alpha = 44°$]. Zeichne dabei die Gegenkathete zu α in rot, die Ankathete in blau und die Hypotenuse in grün ein. Miss jeweils alle Seitenlängen und berechne

a) sin α; **b)** cos α; **c)** tan α. Was stellst du fest? Berichte.

3. Skizziere das Dreieck zunächst zweimal im Heft; verwende Farben. Gib dann den Sinus, den Kosinus und den Tangens dieser beiden spitzen Winkel jeweils als Längenverhältnis an.

(1)

(2)
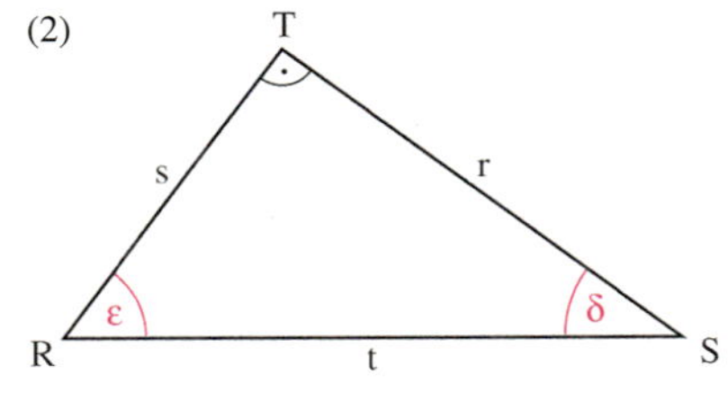

(3)
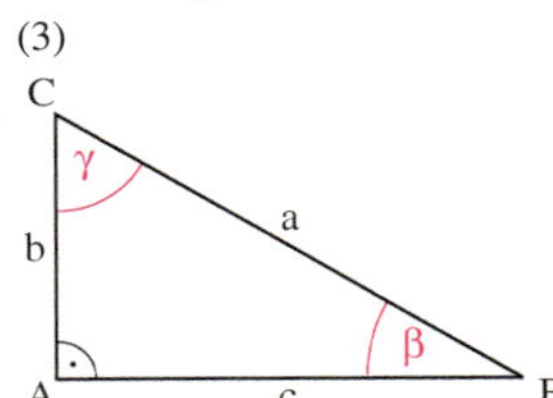

4. Berechne jeweils sin, cos und tan der angegebenen Winkel. Runde, wenn nötig, auf vier Stellen nach dem Komma.

a)
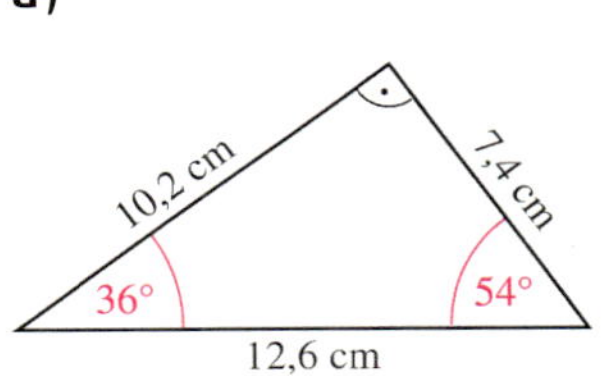

b)
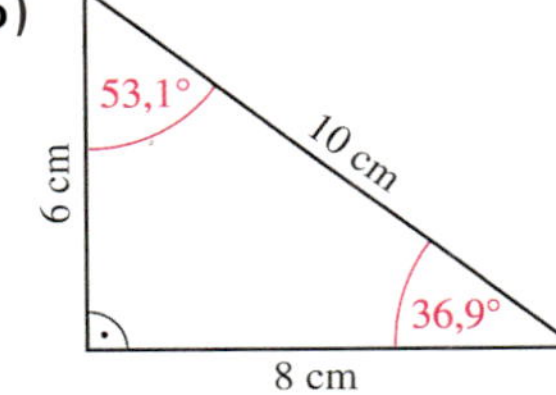

c)
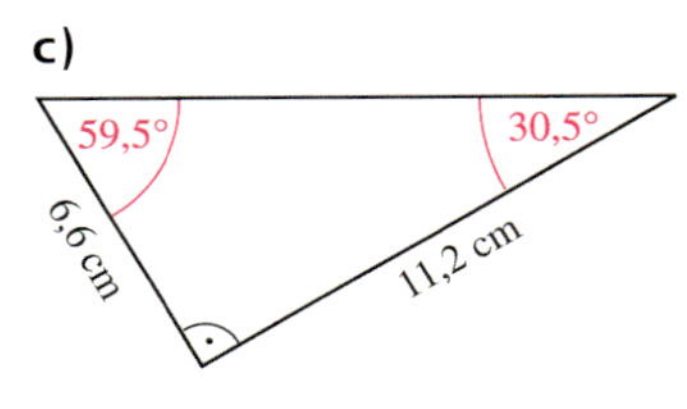

5. Bestimme zeichnerisch die Größe des Winkels α.
Wähle dazu ein geeignetes rechtwinkliges Dreieck ABC.

a) $\sin \alpha = \frac{1}{2}$ **b)** $\cos \alpha = \frac{2}{3}$ **c)** $\tan \alpha = \frac{3}{4}$ **d)** $\sin \alpha = 0{,}75$ **e)** $\cos \alpha = 0{,}4$

6. Zeichne rechtwinklige Dreiecke ABC mit $c = 10$ cm, $\gamma = 90°$ und
(1) $\alpha = 15°$; (2) $\alpha = 30°$; (3) $\alpha = 45°$; (4) $\alpha = 60°$.

a) Bestimme durch Messen und Rechnen jeweils tan α.
Untersuche an den Beispielen, wie sich tan α ändert, wenn man die Winkelgröße α verdoppelt, verdreifacht oder vervierfacht?

b) Untersuche entsprechend sin α und cos α.

Übungen

7. Ein rechtwinkliges Dreieck (im Bild verkleinert dargestellt) hat die angegebenen Maße. Berechne sin α, cos α, tan α, sin β, cos β, tan β. Runde auf Tausendstel.

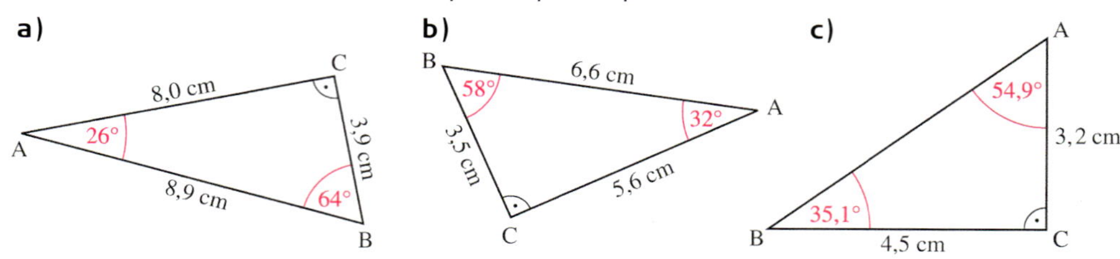

8. Kontrolliere die Hausaufgaben.

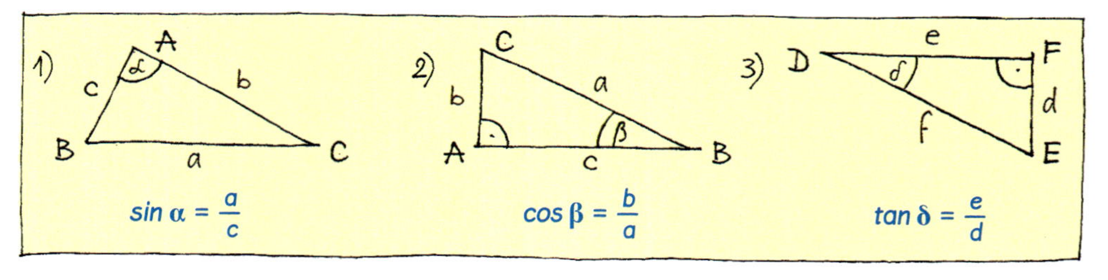

9. Zeichne ein rechtwinkliges Dreieck ABC mit $\gamma = 90°$, $c = 10$ cm sowie

a) $\alpha = 35°$; **b)** $\alpha = 62°$; **c)** $\alpha = 75°$; **d)** $\alpha = 53°$; **e)** $\alpha = 15°$.

Miss die Seitenlängen a und b und bestimme näherungsweise sin α und sin β.

10. Konstruiere das Dreieck ABC, markiere die gegebenen Stücke rot. Berechne dann den fehlenden Winkel und miss die fehlenden Seiten.
Bestimme nun in dem rechtwinkligen Dreieck den Sinus, den Kosinus und den Tangens der beiden spitzen Winkel.

a)	b)	c)	d)	e)
$\alpha = 90°$	$\alpha = 90°$	$\beta = 90°$	$\beta = 90°$	$\gamma = 90°$
$\beta = 38°$	$\gamma = 48°$	$a = 5$ cm	$\alpha = 28°$	$a = 2{,}8$ cm
$c = 9$ cm	$b = 8$ cm	$\gamma = 58°$	$c = 13$ cm	$\beta = 48°$

11. Gib – falls möglich – die Größe des Winkels α an. Zeichne dazu dann ein geeignetes rechtwinkliges Dreieck ABC.

a)	b)	c)	d)	e)
$\sin \alpha = \frac{2}{3}$	$\tan \alpha = \frac{5}{4}$	$\sin \alpha = 0{,}8$	$\tan \alpha = 1{,}5$	$\tan \alpha = 5$
$\cos \alpha = \frac{4}{5}$	$\sin \alpha = 1{,}2$	$\cos \alpha = 0{,}3$	$\tan \alpha = 4$	$\cos \alpha = 0{,}2$
$\tan \alpha = \frac{4}{5}$	$\sin \alpha = 0{,}6$	$\cos \alpha = 1{,}7$	$\sin \alpha = 0{,}2$	$\sin \alpha = 0{,}9$

BESTIMMEN VON WERTEN FÜR SINUS, KOSINUS UND TANGENS

Zeichnerisches Bestimmen von Näherungswerten – Beziehungen zwischen Sinus, Kosinus und Tangens

Einstieg

Zeichne mit einem dynamischen Geometrie-System eine Strecke $\overline{AP}$, eine dazu senkrechte Gerade durch A sowie dann dazu einen Viertelkreis um A mit dem Radius $\overline{AP}$. Erzeuge nun auf dem Kreisbogen einen Punkt B. Zeichne durch diesen die Senkrechte zu $\overline{AP}$. Benenne ihren Schnittpunkt mit $\overline{AP}$ mit C.

→ Erzeuge ein Termobjekt, das den Sinus des Winkels bei A angibt. Verändere den Winkel und notiere so eine Wertetabelle für Sinuswerte in deinem Heft.

→ Erstelle entsprechend eine Wertetabelle für Kosinuswerte und für die Tangenswerte.

Aufgabe

1. Bestimme zeichnerisch Näherungswerte von sin α, cos α und tan α für α = 10°, 20°, …, 80°. Lege eine Tabelle an.

Anleitung:

(1) Zeichne auf Millimeterpapier einen Viertelkreis mit dem Radius 1 dm.

(2) Zeichne in den Viertelkreis rechtwinklige Dreiecke mit den Winkelgrößen 10°, 20°, …, 80°. Die Hypotenuse ist jeweils ein Kreisradius, sie hat also die Länge 1 dm.

(3) Lies aus der Zeichnung die Werte für sin α und cos α auf Hundertstel ab.

(4) Berechne dann die Werte für tan α.

Lösung

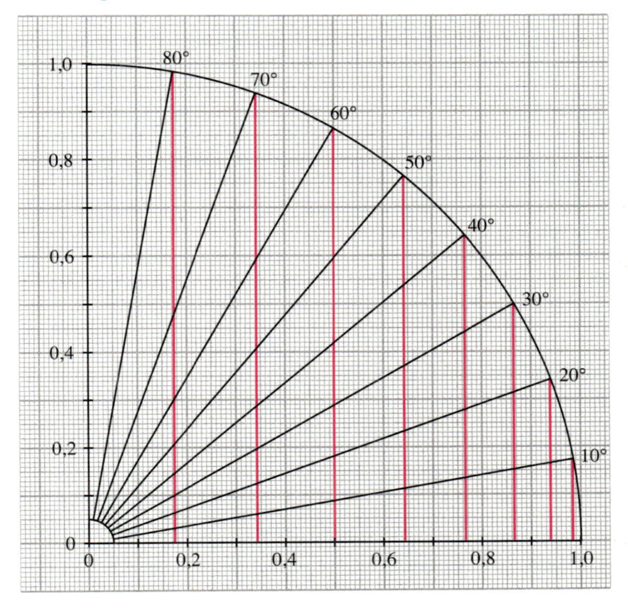

α	Näherungswerte für sin α	cos α	tan α
10°	0,17	0,98	0,18
20°	0,34	0,94	0,36
30°	0,50	0,87	0,58
40°	0,64	0,77	0,84
50°	0,77	0,64	1,19
60°	0,87	0,50	1,73
70°	0,94	0,34	2,75
80°	0,98	0,17	5,67

Zum Festigen und Weiterarbeiten

2. Bestimme wie in Aufgabe 1 auf Seite 157 Näherungswerte von $\sin\alpha$, $\cos\alpha$ und $\tan\alpha$ für $\alpha = 5°, 15°, 25°, \ldots, 85°$.

3. *Sinus, Kosinus und Tangens am Einheitskreis*

Die Aufgabe 1 auf Seite 157 führt uns zu einer Veranschaulichung von $\sin\alpha$, $\cos\alpha$ und $\tan\alpha$ am Kreis mit dem Radius 1, auch *Einheitskreis* genannt.
Zeichne in ein Koordinatensystem einen Viertelkreis mit dem Radius 1.

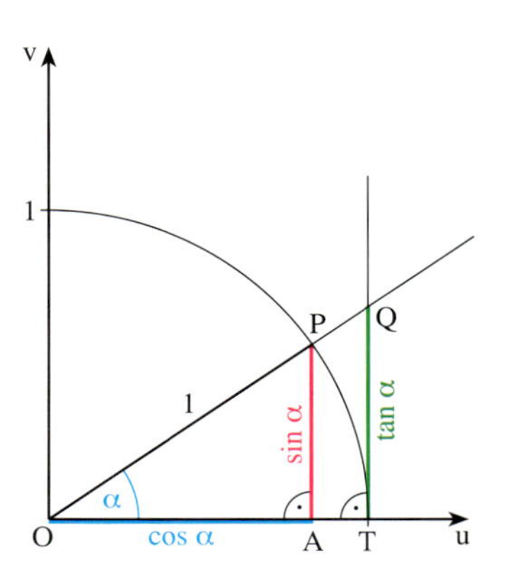

a) Betrachte die rechtwinkligen Dreiecke OAP und OTQ. Begründe:
$|OA| = \cos\alpha$; $|AP| = \sin\alpha$; $|TQ| = \tan\alpha$
Beachte: $|OP| = 1$ und $|OT| = 1$

b) Was kann man anhand der Zeichnung über $\sin\alpha$, $\cos\alpha$ und $\tan\alpha$ aussagen, wenn sich α immer mehr (1) dem Wert 0°, (2) dem Wert 90° annähert?

c) Begründe am Einheitskreis: $(\sin\alpha)^2 + (\cos\alpha)^2 = 1$

d) Berichte über deine Ergebnisse.

Übungen

4. Ordne die Werte der Größe nach.
Denke an die Deutung von Sinus, Kosinus und Tangens am Einheitskreis.

a) sin 80°, sin 30°, sin 0°, sin 50°, sin 70°, sin 90°, sin 25°, sin 66°

b) cos 80°, cos 30°, cos 0°, cos 50°, cos 70°, cos 90°, cos 25°, cos 66°

c) tan 80°, tan 30°, tan 0°, tan 50°, tan 70°, tan 89°, tan 25°, tan 66°

5. Die nebenstehende Gleichung ist durchgestrichen.
Zeige anhand der Tabelle auf Seite 157, dass sie nicht gilt.

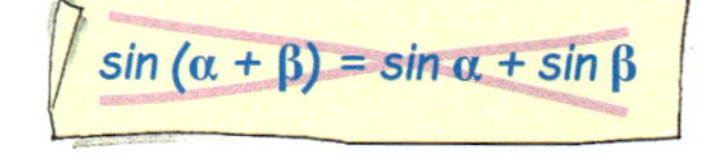

6. Welche Informationen kann man der Tabelle auf Seite 157 für $\sin\alpha$, $\cos\alpha$ und $\tan\alpha$ entnehmen?
Notiere als Antwort eine Ungleichung.

$0{,}50 < \sin 34° < 0{,}64$

a) $\alpha = 82°$ **b)** $\alpha = 7°$ **c)** $\alpha = 65°$ **d)** $\alpha = 89°$ **e)** $\alpha = 33°$ **f)** $\alpha = 22°$

7. Welche Information kann man der Tabelle auf Seite 157 für die Winkelgrößen α entnehmen?
Notiere das Ergebnis als Ungleichung.

a) $\sin\alpha = 0{,}8$; $\cos\alpha = 0{,}8$
b) $\sin\alpha = 0{,}38$; $\cos\alpha = 0{,}38$
c) $\sin\alpha = 0{,}71$; $\cos\alpha = 0{,}71$
d) $\tan\alpha = 0{,}3$; $\tan\alpha = 2{,}5$
e) $\tan\alpha = 5{,}5$; $\tan\alpha = 1{,}0$

8. Lies am Viertelkreis auf Seite 157 ab.
Für welche Winkelgrößen α gilt:

a) $\sin\alpha = 0{,}2$; $\cos\alpha = 0{,}2$
b) $\sin\alpha = 0{,}4$; $\cos\alpha = 0{,}4$
c) $\sin\alpha = 0{,}6$; $\cos\alpha = 0{,}6$
d) $\sin\alpha = 0{,}7$; $\cos\alpha = 0{,}7$
e) $\sin\alpha = 0{,}8$; $\cos\alpha = 0{,}8$

9. Betrachte in der Figur in Aufgabe 3 das Dreieck OTQ.
Wie lang ist die Strecke $\overline{OQ}$?

Bestimmen von Werten mit dem Taschenrechner

Information

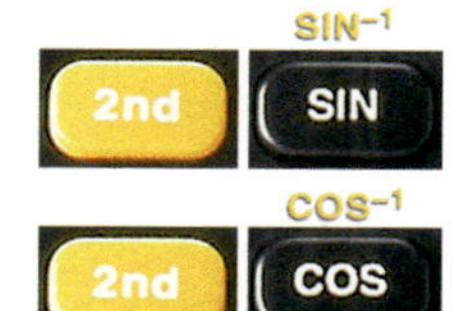

(1) Bestimmen des Wertes zu vorgegebener Winkelgröße

Je nach Taschenrechner musst du erst die Winkelgröße eingeben und dann die Taste für z. B. Sinus drücken oder erst die Taste für Sinus und dann die Winkelgröße eingeben. Probiere das bei deinem Taschenrechner am Beispiel sin 27° aus. Achte darauf, dass der Taschenrechner DEG (von *degree*, engl. Grad) für die Winkelgröße anzeigt.
Als Ergebnis musst du 0,45399 ... erhalten.

(2) Bestimmen der Winkelgröße zu vorgegebenem Wert

Die Tasten deines Taschenrechners sind doppelt belegt. Die Tasten [sin] [cos] und [tan] haben $\sin^{-1}$, $\cos^{-1}$ und $\tan^{-1}$ als zweite Belegung.
Man erhält diese, indem man vorher die Taste [2nd] (engl. *second*) bzw. [SHIFT] drückt.
$\sin^{-1}$ bedeutet: Man erhält umgekehrt zu einem Sinuswert die zugehörige Winkelgröße.
Entsprechendes gilt für $\cos^{-1}$ und $\tan^{-1}$. Probiere das am Beispiel $\sin\alpha = 0{,}6$ zur Bestimmung von α aus. Als Ergebnis musst du 36,869 ...° erhalten.

Zum Festigen und Weiterarbeiten

1. Bestimme die Winkelgröße α mithilfe des Taschenrechners. Runde auf Zehntel.
a) $\sin\alpha = 0{,}7$ **b)** $\cos\alpha = 0{,}35$ **c)** $\tan\alpha = 4$

2. Was zeigt dein Taschenrechner an, wenn du die Tastenfolge 1.2 [$\sin^{-1}$] bzw. [$\sin^{-1}$] 1.2 [=] ausführst, was bei der Tastenfolge 1.2 [$\cos^{-1}$] bzw. [$\cos^{-1}$] 1.2 [=]?
Probiere auch 1.2 [$\tan^{-1}$] bzw. [$\tan^{-1}$] 1.2 [=]. Erkläre.

3. Vergleiche $\sin\alpha$ und $\tan\alpha$ für: (1) $\alpha = 1°$; (2) $\alpha = 0{,}9°$; (3) $\alpha = 0{,}8°$; (4) $\alpha = 0{,}7°$.
Was stellst du fest? Beschreibe.

Übungen

4. Gib $\sin\alpha$, $\cos\alpha$ und $\tan\alpha$ an auf vier Stellen nach dem Komma gerundet.
a) $\alpha = 16°$ **b)** $\alpha = 24°$ **c)** $\alpha = 38°$ **d)** $\alpha = 49{,}7°$ **e)** $\alpha = 51{,}2°$ **f)** $\alpha = 68{,}5°$

5. Bestimme die Winkelgröße α, gerundet auf eine Stelle nach dem Komma.

a) $\sin\alpha = 0{,}1$; $\cos\alpha = 0{,}1$; $\tan\alpha = 0{,}1$
b) $\sin\alpha = 0{,}4$; $\cos\alpha = 0{,}4$; $\tan\alpha = 0{,}4$
c) $\sin\alpha = 0{,}75$; $\cos\alpha = 0{,}75$; $\tan\alpha = 0{,}75$
d) $\cos\alpha = 0{,}88$; $\sin\alpha = 0{,}88$; $\tan\alpha = 0{,}88$
e) $\cos\alpha = 0{,}643$; $\tan\alpha = 0{,}643$; $\sin\alpha = 0{,}643$

6. a) Bestimme die Werte tan 89°; tan 89,9°; tan 89,99°; tan 89,999°; tan 89,9999°; tan 89,999999°. Was fällt auf? Beschreibe.

b) Bestimme die Winkelgröße, gerundet auf eine Stelle nach dem Komma:
$\tan\alpha = 3$; $\tan\alpha = 10$; $\tan\alpha = 1\,000$; $\tan\alpha = 10\,000$. Was fällt auf? Beschreibe.

7. Fülle die Tabelle aus.

α									
$\sin\alpha$	0,4067			0,7193		0,2419	0,1564		
$\cos\alpha$		0,9744	0,3420		0,0872			0,9659	0,2588
$\tan\alpha$									

BERECHNUNGEN IM RECHTWINKLIGEN DREIECK

Einstieg

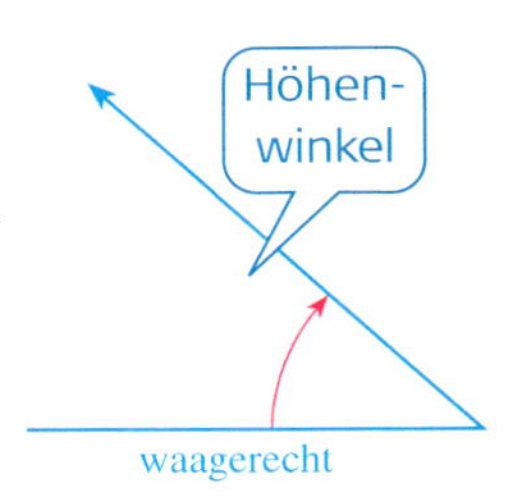

Maßstab 1 : 25000

A

1250

1000

Ein Sendemast soll mit vier Seilen von je 40 m Länge abgespannt werden. Der Höhenwinkel α der Seile soll 55° betragen.

- ➜ In welcher Höhe müssen die Seile befestigt werden?
- ➜ Wie weit vom unteren Ende des Mastes müssen die Seile befestigt werden?
- ➜ Präsentiert die Ergebnisse beider Aufgaben.

Von der Stelle A führt ein fast gerader Weg zur Hütte.

- ➜ Wie groß ist der Steigungswinkel?
- ➜ Gebt die Steigung auch in Prozent an.

Aufgabe

1. *Anwendungen zu Sinus und Kosinus*

Die folgenden Aufgaben konntest du bisher nur zeichnerisch lösen. Du hast jetzt die Hilfsmittel, sie rechnerisch zu bearbeiten.

a) Eine Leiter von 6 m Länge soll an eine Hauswand gelehnt werden.
Damit sie nicht abrutscht, muss nach Sicherheitsvorschriften der Neigungswinkel, den sie mit dem waagerechten Erdboden bildet, mindestens 68°, höchstens 75° betragen.
In welchem Abstand muss das Fußende der Leiter von der Hauswand aufgestellt werden?
Wie hoch reicht die Leiter dann?

b) Eine 7,00 m lange Leiter soll an einer Wand 6,70 m hoch reichen.
Ist dann der Neigungswinkel nach den Sicherheitsvorschriften noch eingehalten worden?

Lösung

a) Die Leiter bildet zusammen mit der Hauswand und der Standfläche ein rechtwinkliges Dreieck mit:

$s = 6{,}00$ m	Länge der Leiter
$\alpha = 70°$	Neigungswinkel der Leiter
h	gesuchte Höhe an der Hauswand
a	gesuchter Abstand von der Hauswand

Der Skizze entnehmen wir:

$\sin\alpha = \frac{h}{s}$ und $\cos\alpha = \frac{a}{s}$.

Wir stellen nach den Variablen h bzw. a um und setzen die gegebenen Werte ein:

$h = s \cdot \sin\alpha$, also $h = 6\text{ m} \cdot \sin 70°$; $h \approx 5{,}64$ m

$a = s \cdot \cos\alpha$, also $a = 6\text{ m} \cdot \cos 70°$; $a \approx 2{,}05$ m

Ergebnis: Das Fußende der Leiter muss etwa 2,00 m von der Hauswand entfernt aufgestellt werden; sie reicht dann etwa 5,65 m hoch.

b) Der Skizze zu Teilaufgabe a) entnehmen wir:

$\sin\alpha = \frac{h}{s} = \frac{6{,}70\text{ m}}{7{,}00\text{ m}}$; $\sin\alpha \approx 0{,}957142857$, also: $\alpha \approx 73°$

Ergebnis: Die Größe des Neigungswinkels der Leiter beträgt etwa 73°. Die Sicherheitsvorschriften wurden eingehalten.

Aufgabe

Theodolit
Winkelmessgerät

2. *Anwendungen zum Tangens*

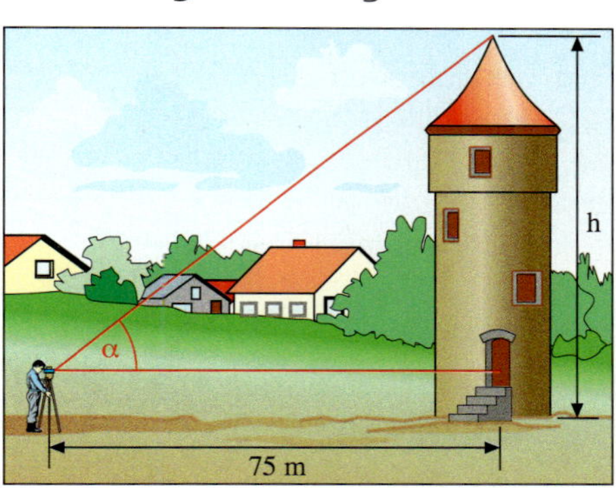

a) Die Höhe h eines Turmes soll bestimmt werden. Dazu wird in einer Entfernung von 75 m ein 1,50 m hoher Theodolit aufgestellt. Mit dem Theodolit wird die Spitze des Turmes angepeilt und der Höhenwinkel $\alpha = 38°$ gemessen.
Wie hoch ist der Turm?
Verwende zur Berechnung nur gegebene Größen.

b) Wie groß ist der Höhenwinkel α in einer Entfernung von 120 m?

Lösung

a) Aus der Skizze rechts entnehmen wir: $\tan\alpha = \frac{h}{s}$

Wir stellen nach der Variable h um: $h = s \cdot \tan\alpha$

Einsetzen ergibt:

$h = 75\text{ m} \cdot \tan 38°$, also $h \approx 58{,}60$ m

Dazu kommt noch die Höhe des Theodoliten.

Ergebnis: Der Turm ist ungefähr 60 m hoch.

b) Wir rechnen mit dem für h berechneten Wert weiter und finden:

$\tan\alpha = \frac{h}{s}$; $\tan\alpha \approx \frac{58{,}60\text{ m}}{120\text{ m}} \approx 0{,}488333333$, also $\alpha \approx 26°$.

Ergebnis: In einer Entfernung von 120 m ist der Höhenwinkel ungefähr 26° groß.

Zum Festigen und Weiterarbeiten

3. **a)** Eine Leiter soll 3,50 m hoch reichen.
Wie lang muss sie bei einem Neigungswinkel von 70° sein?

b) Eine Leiter von 3,60 m Länge lehnt an einer Wand. Ihr Fußende ist 1,50 m von der Wand entfernt.

4. Die Türme des Kölner Doms sind 157 m hoch. In welcher Entfernung vom Dom erscheinen sie unter einem Höhenwinkel von 20° [von 9°]? Fertige eine Skizze an.

5. Berechne die rot markierte Größe.

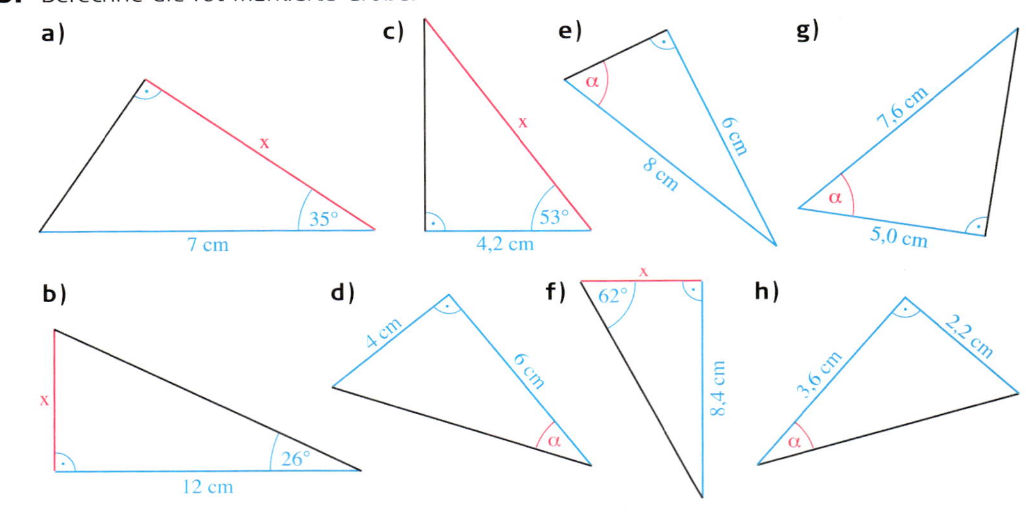

6. **a)** An einer geradlinig verlaufenden Straße zeigt ein Straßenschild ein Gefälle von 14% an. Das bedeutet: Auf 100 m horizontal gemessener Entfernung beträgt der Höhenunterschied 14 m.
Wie groß ist der Neigungswinkel α?

b) Wie viel m beträgt der Höhenunterschied auf 4 km Straßenlänge (bei gleichbleibendem Gefälle)?

c) Tim behauptet, der Neigungswinkel von 90° gehört zu einem Gefälle von 100%.
Was meinst du dazu? Erkläre.

d) Wie groß ist das Gefälle in Prozent bei einem Neigungswinkel von 60°?

Übungen

7. In einem Dreieck ABC mit $\alpha = 90°$ sind außerdem folgende Stücke gegeben:

a) $a = 13{,}7$ cm, $c = 5{,}9$ cm **b)** $a = 14{,}10$ m, $b = 7{,}80$ m **c)** $b = 8$ m, $c = 11$ m **d)** $c = 29{,}3$ cm, $b = 25{,}6$ cm **e)** $a = 5{,}3$ dm, $c = 3{,}7$ dm

Kontrolliere durch Konstruktion.

Berechne die Länge der anderen Seite sowie die Größe der beiden anderen Winkel.

8. In einem Dreieck ABC mit $c = 6{,}7$ cm sind außerdem folgende Stücke gegeben:

a) $\alpha = 35°$, $\gamma = 90°$ **b)** $\alpha = 90°$, $\beta = 78°$ **c)** $\beta = 90°$, $\gamma = 11°$ **d)** $\alpha = 90°$, $\gamma = 45°$ **e)** $\beta = 47°$, $\gamma = 90°$ **f)** $\alpha = 25°$, $\beta = 90°$

Berechne die Seitenlängen a und b sowie den dritten Winkel.

9. a) Eine Rampe für Rollstuhlfahrer ist 4,50 m lang. Der Steigungswinkel beträgt 3,4°.
Welche Höhe wird mit der Rampe überwunden?

b) Die Steigung bzw. Neigung einer Rampe für Rollstuhlfahrer beträgt laut Bauvorschrift maximal 6%.
Wurde diese Bestimmung in Teilaufgabe a) eingehalten?

c) Eine Rampe für Rollstuhlfahrer darf höchstens 6 m lang sein.
Welche Höhe kann damit erreicht werden?

10. Eine Seilbahn überwindet auf einer ersten Teilstrecke von 250 m Länge eine Höhendifferenz von 180 m. Auf einer zweiten Teilstrecke von 124 m Länge beträgt die Höhendifferenz 78 m.
Wie groß sind die Steigungswinkel der beiden Teilstrecken?
Fertige eine Skizze an.

11. In einem Dreieck ABC sind gegeben:

a)	**b)**	**c)**	**d)**	**e)**
a = 12,3 cm	a = 7,80 m	b = 23 dm	a = 10,4 cm	a = 4,3 dm
c = 9,4 cm	b = 5,20 m	c = 16 dm	c = 2,5 cm	b = 5,7 dm
β = 90°	γ = 90°	α = 90°	β = 90°	γ = 90°

Kontrolliere durch Konstruktion.

Berechne die Größe der beiden anderen Winkel sowie die Länge der dritten Seite.

12. In einem Dreieck ABC sind gegeben:

a)	**b)**	**c)**	**d)**	**e)**
a = 5,5 cm	c = 13,70 m	b = 15 m	a = 27,4 dm	b = 4,9 cm
γ = 90°	β = 90°	γ = 90°	γ = 90°	α = 90°
β = 67°	γ = 22°	α = 79°	α = 51°	β = 50°

Berechne die Länge der anderen Kathete und die Länge der Hypotenuse.

13. Der Schatten eines 4,50 m hohen Baumes ist 6,00 m lang.
Wie hoch steht die Sonne, d. h. unter welchem Winkel α treffen die Sonnenstrahlen auf den Boden?

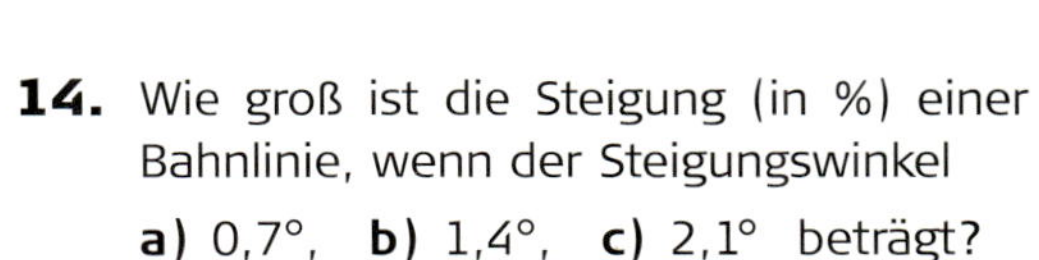

14. Wie groß ist die Steigung (in %) einer Bahnlinie, wenn der Steigungswinkel
a) 0,7°, **b)** 1,4°, **c)** 2,1° beträgt?

15. a) Leite allgemein eine Beziehung zwischen der Steigung m und dem Steigungswinkel α her.

b) Berechne mit dieser Formel den Steigungswinkel α für
(1) $m = \frac{1}{4}$ (2) m = 0,7 (3) m = 15%

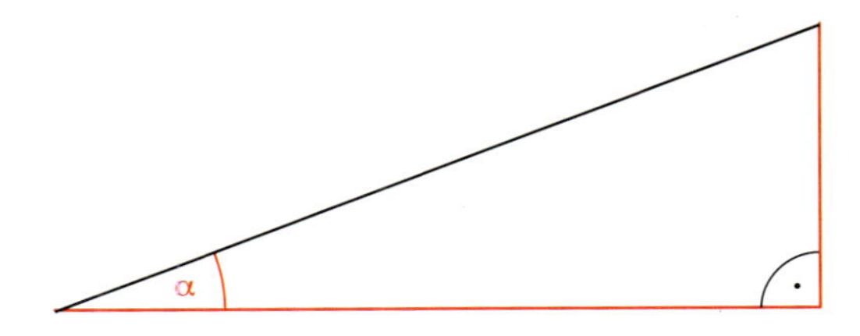

16. Kontrolliere die Hausaufgaben.

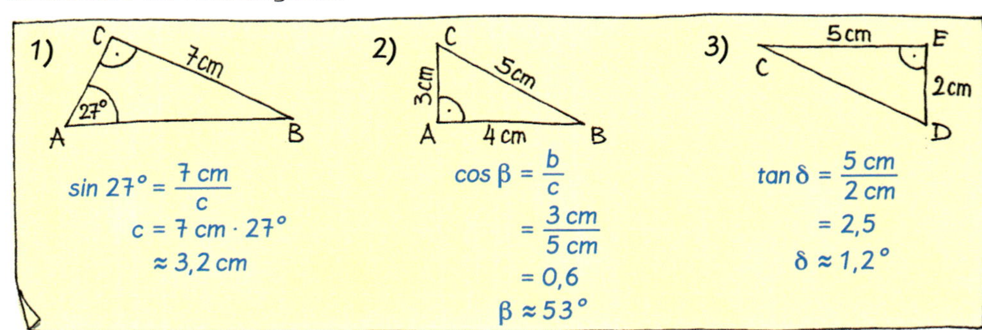

Vermischte Übungen

17. Eine Firma stellt verschieden lange Anlegeleitern her. Der Steigungswinkel soll jeweils 70° betragen.
Die erreichbare Arbeitshöhe ist um 1,35 m höher als die Höhe, bis zu der die Leiter reicht.
Stelle selbst geeignete Aufgaben und löse sie.
Untersuche ob die Zuordnungen
(1) *Länge der Leiter → erreichte Höhe*
(2) *Länge der Leiter → erreichbare Arbeitshöhe*
proportional sind.

Anzahl der Sprossen	Länge der Leiter
9	2,65 m
12	3,50 m
15	4,35 m
18	5,20 m

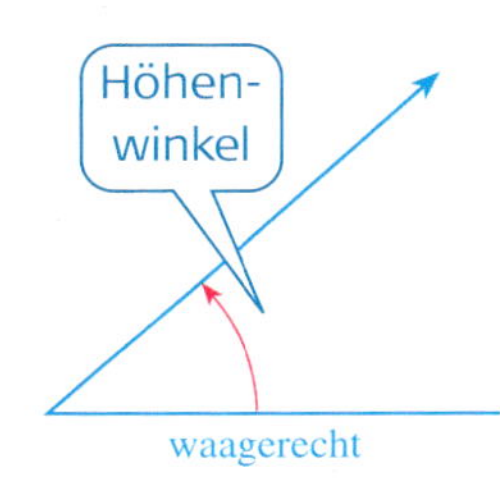

18. Um die Höhe einer Wolke zu bestimmen, kann man sie mit einem senkrecht nach oben gerichteten Scheinwerfer anstrahlen. Von einem 1 500 m entfernten Ort erscheint die angestrahlte Wolke unter einem Höhenwinkel α von 47,6° [von 38,2°].
Wie hoch ist die untere Wolkengrenze? Fertige eine Skizze an.

19. Bei Passstraßen ist auf Straßenkarten stets die größte Steigung angegeben:

Jaufenpass: 12% Timmelsjoch: 13% St. Gotthard: 10% Furkapass: 11%

a) Gib jeweils den Steigungswinkel an.

b) Welcher Höhenunterschied wird jeweils bei gleichbleibender Steigung auf einer 1,2 km langen Strecke überwunden?

20. Wie hoch ist der Fernsehturm rechts?

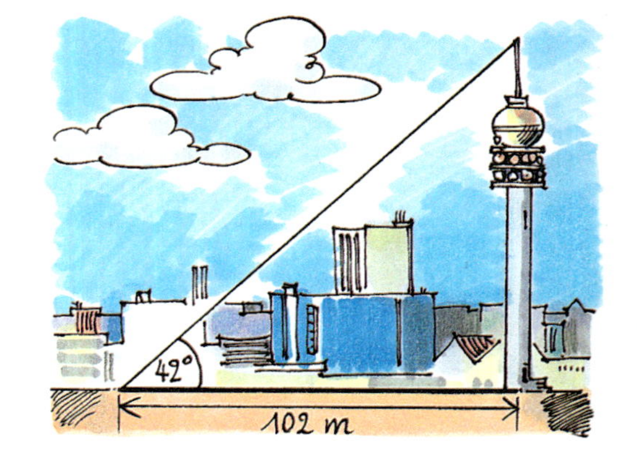

21. In welcher waagerechten Entfernung vom Fußpunkt erscheint unter einem Höhenwinkel von 12°

a) die Turmspitze des Nordturms des Straßburger Münsters (h = 142 m);

b) die Spitze des Eiffelturmes in Paris (h = 320 m);

c) das Taipeh 101 in Taiwan (h = 508 m)?

Fertige eine Skizze an.

22. Gegeben ist ein Würfel
(1) mit der Kantenlänge 5 cm;
(2) mit der Kantenlänge a.
Wie groß ist der Winkel, den die Raumdiagonale des Würfels

a) mit einer Kante bildet;

b) mit der Diagonalen einer Seitenfläche bildet?

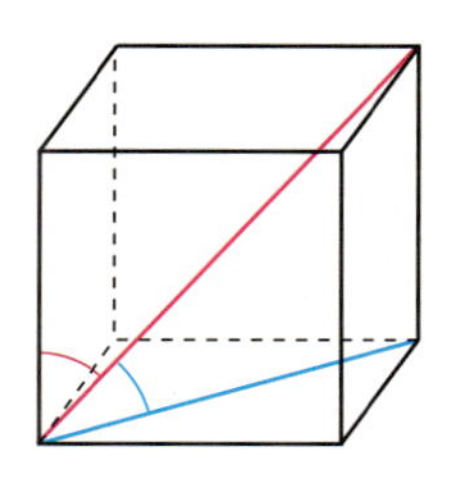

23. Das nebenstehende Bild zeigt, wie man die Breite eines Flusses an der Stelle B bestimmen kann. Man misst die Länge einer Strecke $\overline{AB}$ (parallel zum Flussufer) und den Winkel α zu einem gegenüberliegenden Punkt C.
Es soll $|AB| = 30$ m und $\alpha = 52{,}3°$ sein.
Wie breit ist der Fluss?

24.

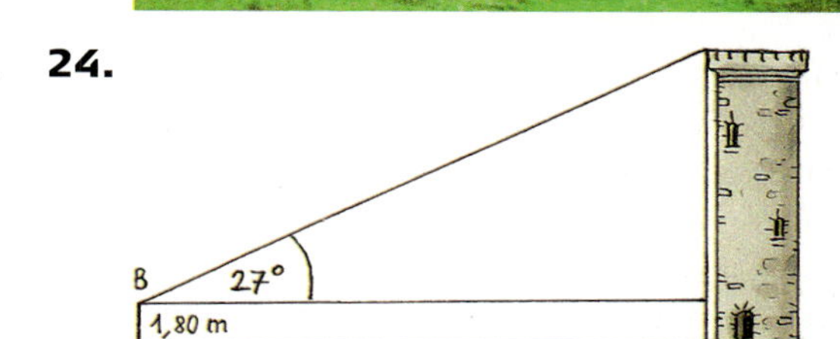

Um die Höhe eines Turms zu bestimmen, wird der Höhenwinkel zur Turmspitze aus einer Entfernung von 230 m bestimmt. Man misst 27°. Der Beobachtungspunkt B liegt 1,80 m höher als der Fußpunkt des Turms. Wie hoch ist er?

25. Die Kantenlänge des Würfels beträgt $a = 5{,}5$ cm. Der Winkel α ist 62° groß und die Länge des Streckenzuges MNO beträgt 13,0 cm.
Berechne die Größe des Winkels β.

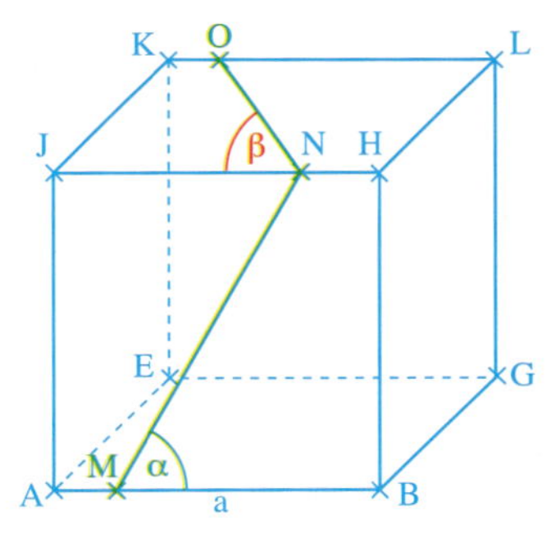

26. a) Verschafft euch einen Überblick über die möglichen Aufgabentypen bei der Berechnung rechtwinkliger Dreiecke.
Wie viele Stücke (Seitenlängen bzw. Winkelgrößen) müssen in einem rechtwinkligen Dreieck ABC gegeben sein, damit die übrigen berechnet werden können?

b) In einem rechtwinkligen Dreieck ABC sind gegeben:
(1) $b = 7{,}3$ cm; $\alpha = 90°$; $\gamma = 32°$
(2) $b = 3{,}8$ cm; $a = 4{,}7$ cm; $\gamma = 90°$
(3) $c = 4{,}2$ cm; $a = 6{,}5$ cm; $\alpha = 90°$
(4) $a = 5{,}7$ cm; $b = 3{,}2$ cm; $\alpha = 90°$
(5) $b = 4{,}5$ cm; $\alpha = 55°$; $\gamma = 90°$
Jede Gruppe wählt sich eine andere Aufgabe aus.
Zu welchem Aufgabentyp gehört eure Aufgabe?
Berechnet die fehlenden Stücke.
Verwendet dazu jeweils nur die gegebenen Stücke.

c) Wählt zu eurem Aufgabentyp zwei andere Aufgaben mit anderen Stücken und löst die Aufgaben.
Berichtet in eurer Klasse über eure Lösungen.

VERMISCHTE UND KOMPLEXE ÜBUNGEN

1. Berechne die Seitenlängen des rot gefärbten Dreiecks sowie die Größe der Innenwinkel.

a)
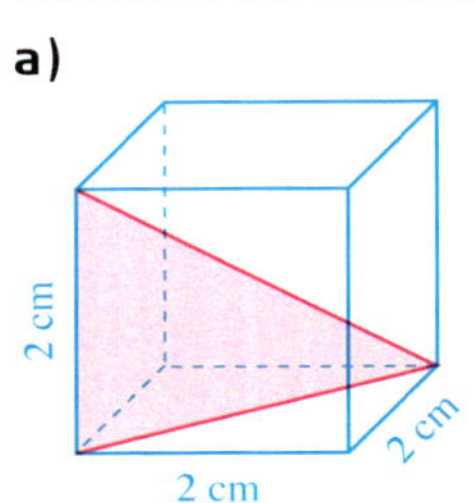

b)
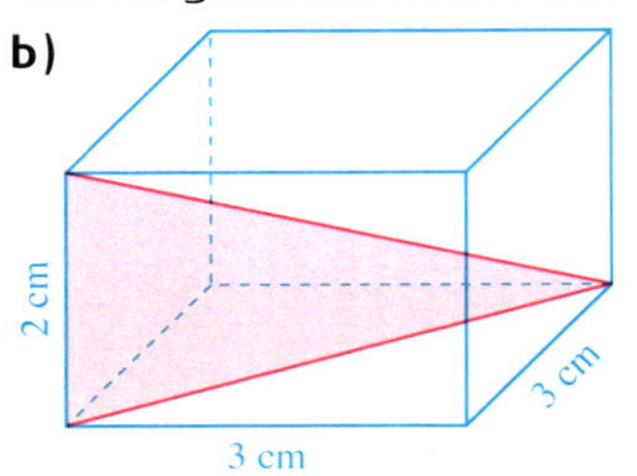

c)
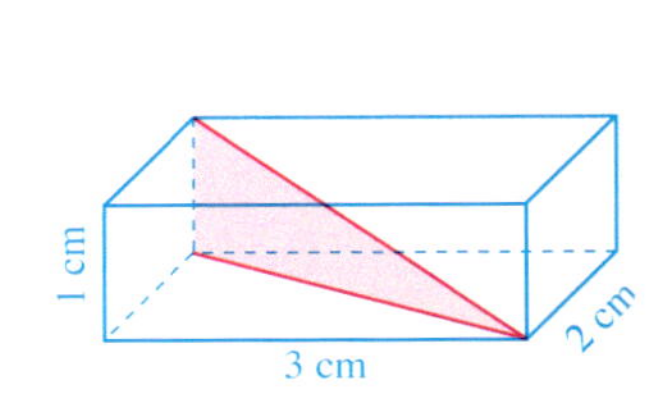

2. Die Hersteller von Fernsehapparaten bieten ihre Geräte an

- mit unterschiedlichen Bildschirmgrößen, das sind die Längen der Diagonalen;
- mit zwei Formaten, nämlich 4 : 3 und 16 : 9, das ist das Verhältnis von Länge zu Breite des Bildschirms.

a) Bestimmt für beide Formate jeweils Länge und Breite des gesamten Bildschirms.

b) Vergleicht die Bildschirmflächen beider Formate.

c) Der Sehabstand sollte die 3-fache Bildhöhe betragen. Bestimmt für beide Formate den empfohlenen Sehabstand zum Fernseher.

d) Erkundigt euch im Internet über die verschiedenen Fernsehtypen, ihre Vor- und Nachteile. Berichtet darüber.

3. Eine Tür ist 0,82 m breit und 1,97 m hoch.
Eine 2,10 m breite und 3,40 m lange Holzplatte soll durch die Tür getragen werden.
Ist das möglich?

4. Die Sonnenhöhe beträgt 46°. Eine Säule wirft auf eine waagerechte Ebene einen 8,72 m langen Schatten.
Wie hoch ist die Säule?

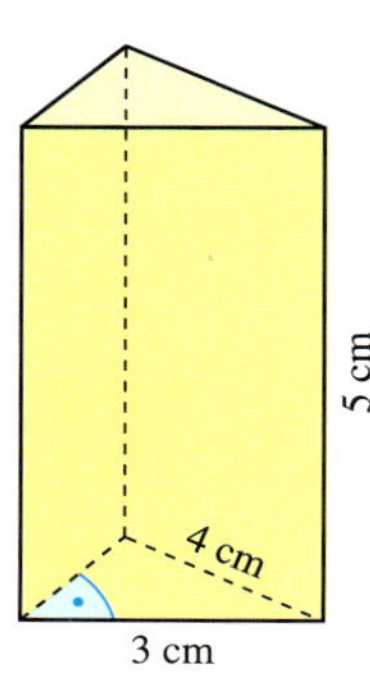
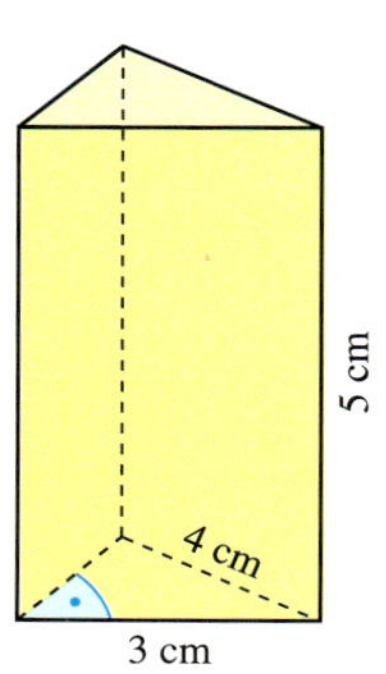

5. **a)** Berechne das Volumen V und den Oberflächeninhalt O des Prismas links.

b) Ein 6,5 cm hohes Prisma hat ein gleichseitiges Dreieck als Grundfläche; das Dreieck hat eine Seitenlänge von 3,8 cm.
Berechne Oberflächeninhalt und Volumen des Prismas.

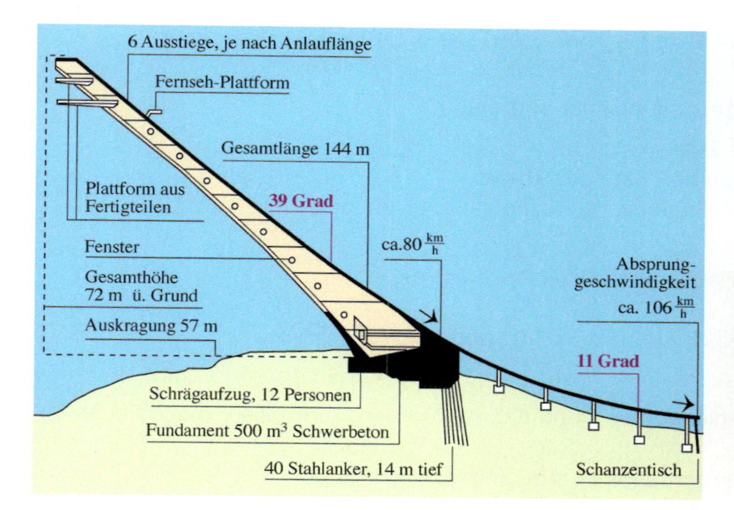

6. Die Bilder oben zeigen die Skiflugschanze in Oberstdorf (Allgäu). Sie wurde anlässlich der 1 Skiflugweltmeisterschaften 1973 erbaut.
In den technischen Daten ist das Gefälle (die Neigung) der Anlaufbahn und des Schanzentisches nicht in Prozent angegeben, sondern durch den Neigungswinkel.

a) Gib das Gefälle der Anlaufbahn in Prozent an.

b) Gib das Gefälle des Schanzentisches an.

▲ 7.

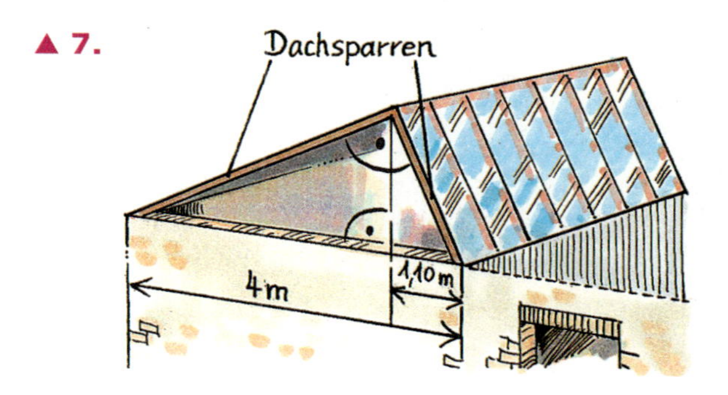

Links siehst du ein Sägedach, wie man es oft bei Fabrikhallen findet.
Der Dachgiebel ist ein Dreieck. Diese Dächer sind oft teilweise verglast. Für den Bau eines solchen Daches wird festgelegt:
Der Querschnitt soll aus rechtwinkligen Dreiecken mit den angegeben Maßen bestehen.
Wie lang müssen die Dachsparren sein?

Anleitung: Berechne zunächst die Höhe h des Dachgiebels mithilfe des Höhensatzes.

▲ 8. Leite den folgenden Satz her. Gehe dazu wie in Aufgabe 7 vor.

Kathetensatz des Euklid

In jedem *rechtwinkligen* Dreieck hat das Quadrat über eine Kathete denselben Flächeninhalt wie das Rechteck aus der Hypotenuse und dem zur Kathete gehörenden Hypotenusenabschnitt.

$a^2 = c \cdot p$ und $b^2 = c \cdot p$

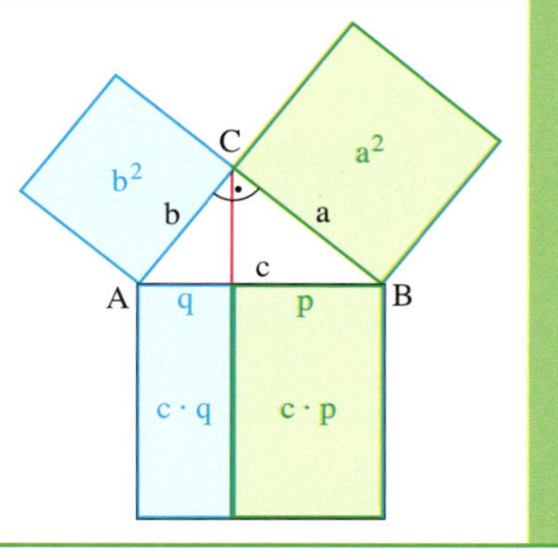

▲ **9.** In einem Dreieck ABC mit $\gamma = 90°$ sind $p = 3$ cm und $q = 5$ cm gegeben.

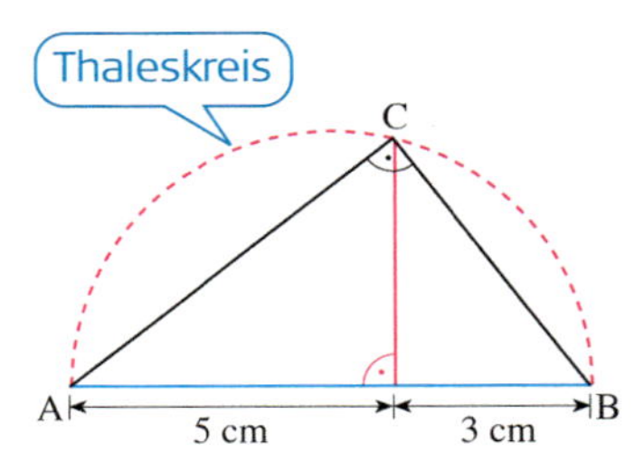

a) Berechne die drei Seitenlängen a, b und c.

b) Konstruiere das Dreieck.
Hinweis: Benutze den Satz des Thales.
Kontrolliere das Ergebnis zu Teilaufgabe a) an der Zeichnung.

c) Berechne den Flächeninhalt des Dreiecks ABC.

10. Konstruiere ein Dreieck ABC mit $\gamma = 90°$ und

a) $p = 5$ cm; $q = 4$ cm **b)** $p = 3{,}5$ cm; $q = 5$ cm.

Bestimme die Seitenlängen a, b und c durch Messen; kontrolliere durch Rechnen.

11. In einem rechtwinkligen Dreieck ABC mit $\alpha = 90°$ sind gegeben:

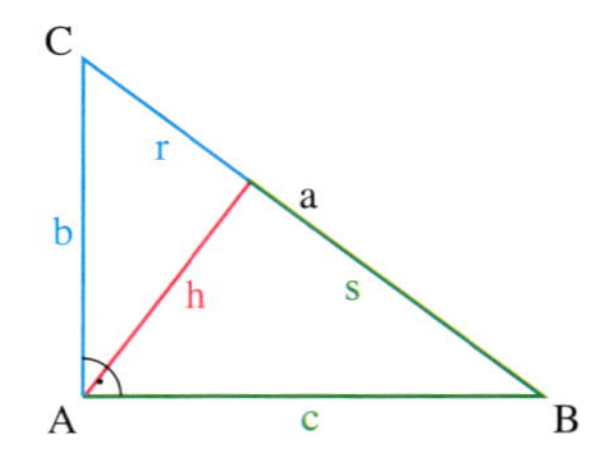

a) $b = 5$ cm, $r = 3$ cm **b)** $c = 36$ mm, $s = 7$ mm **c)** $r = 6$ km, $a = 15$ km

Berechne die übrigen der fünf Längen a, b, c, r, s und den Flächeninhalt des Dreiecks.

12.

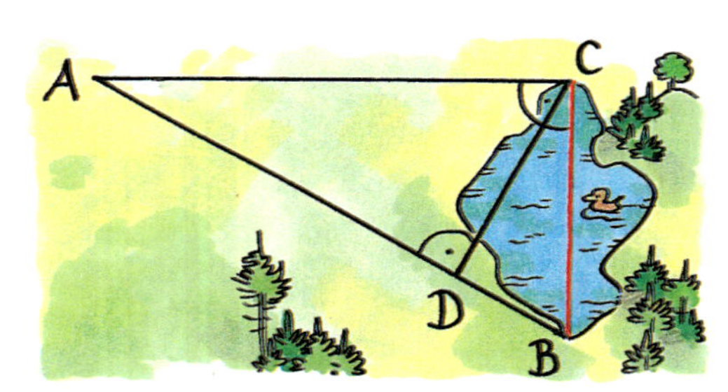

Die Entfernung zweier Anlegestellen B und C eines Sees soll bestimmt werden. Dazu wird eine Strecke $\overline{AB}$ so abgesteckt, dass das Dreieck ABC rechtwinklig bei C ist. Es werden dann die Strecken $\overline{AD}$ und $\overline{DB}$ gemessen:
$|AD| = 340$ m; $|DB| = 130$ m.
Bestimme die Entfernung $|BC|$.

▲ **13.** *Quadratur eines Rechtecks*

a) Berechne zu dem Rechteck ABCD mit den Seitenlängen $a = 5{,}5$ cm und $b = 3{,}5$ cm die Seitenlänge eines flächeninhaltsgleichen Quadrates.

b) Zu Zeiten Euklids kannte man noch keine Quadratwurzel. Man löste ein solches Problem wie in Teilaufgabe a) geometrisch.
Verwandle das Rechteck ABCD aus Teilaufgabe a) durch geometrische Konstruktion in ein flächeninhaltsgleiches Quadrat
(1) mithilfe des Höhensatzes; (2) mithilfe des Kathetensatzes.

Thaleskreis
3,5 cm
5,5 cm

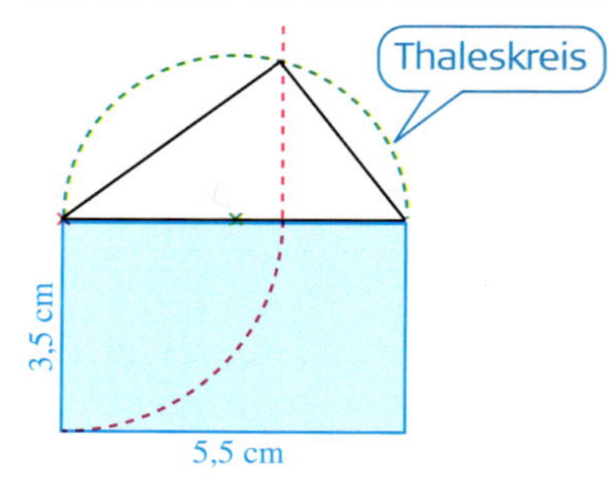

BIST DU FIT?

1. Berechne die Länge der roten Seite.

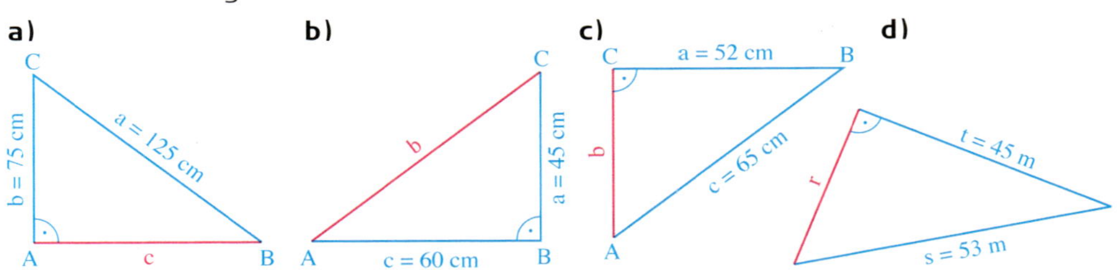

2. Berechne die fehlenden Stücke des rechtwinkligen Dreiecks ABC; berechne auch den Umfang und den Flächeninhalt.

a) $a = 7$ cm; $\beta = 14°$; $\gamma = 90°$

b) $a = 4{,}4$ cm; $\alpha = 44°$; $\beta = 90°$

c) $\alpha = 90°$; $a = 185$ m; $\gamma = 58°$

d) $c = 41$ m; $\beta = 34°$; $\gamma = 90°$

e) $\gamma = 90°$; $b = 84$ cm; $\beta = 43°$

f) $c = 7{,}8$ cm; $\gamma = 51°$; $\beta = 90°$

3. Eine Dachform wie rechts heißt Sägedach. Der Querschnitt soll aus einem rechtwinkligen Dreieck mit den angegebenen Maßen bestehen.
Berechne die Dachneigungen.

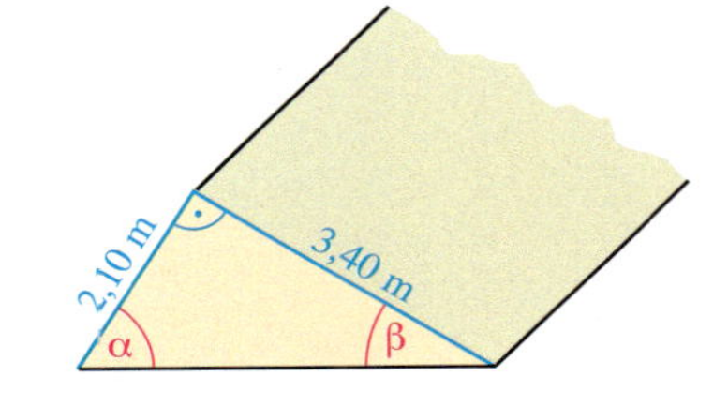

4. Die Neigung einer Garageneinfahrt darf höchstens 16% betragen. Wie groß darf maximal der Höhenunterschied auf einer 5 m langen Einfahrt sein?

5. Ein 120 m hoher Sendemast soll durch vier Stahlseile abgesichert werden, die in $\frac{3}{4}$ der Höhe befestigt sind. Die Seile sollen 60 m vom Mast entfernt im Boden verankert werden.
Wie viel m Seil werden benötigt?
(Das Durchhängen der Seile soll unberücksichtigt bleiben).

6. a) Ein Rechteck (Bild a)) hat die Seitenlängen a und b.
Berechne die Diagonalenlänge e.

(1) $a = 12$ cm, $b = 5$ cm
(2) $a = 9$ cm, $b = 40$ cm

b) Ein Quadrat (Bild b)) hat die Seitenlängen a.
Berechne die Diagonalenlänge e.

(1) $a = 5$ cm
(2) $a = 8{,}5$ cm
(3) $a = 12$ dm
(4) $a = 27$ mm

zu **a)**

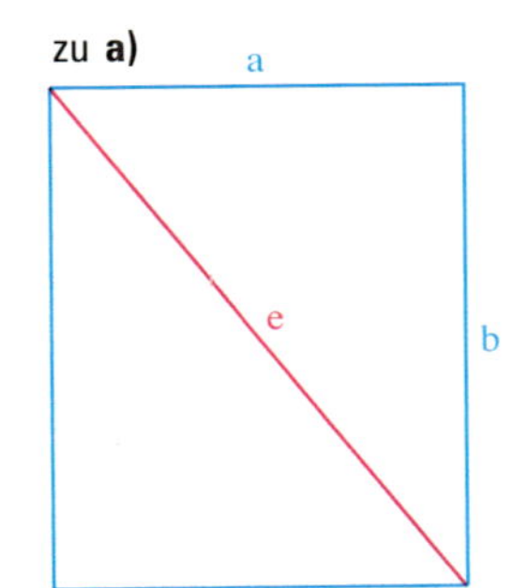

zu **b)**

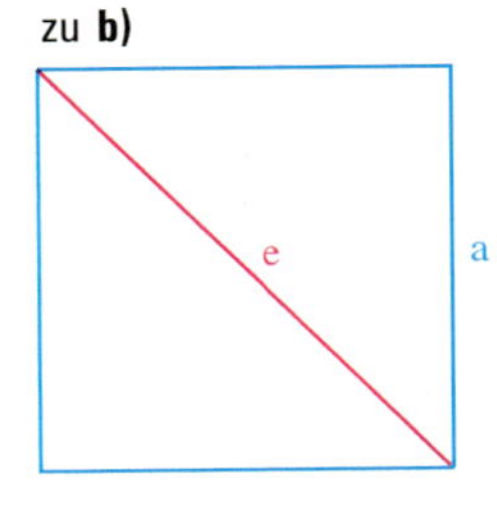

IM BLICKPUNKT: WIE HOCH IST EIGENTLICH ... EUER SCHULGEBÄUDE?

Mit etwas handwerklichem Geschick könnt ihr euch selbst einfache Geräte basteln, mit denen ihr Gebäude vermessen könnt. Die Geräte eignen sich auch dazu, im freien Gelände beispielsweise die Breite eines Flusses zu bestimmen.
Wie das funktioniert, erfahrt ihr hier.

Vermessen mit einem Försterdreieck

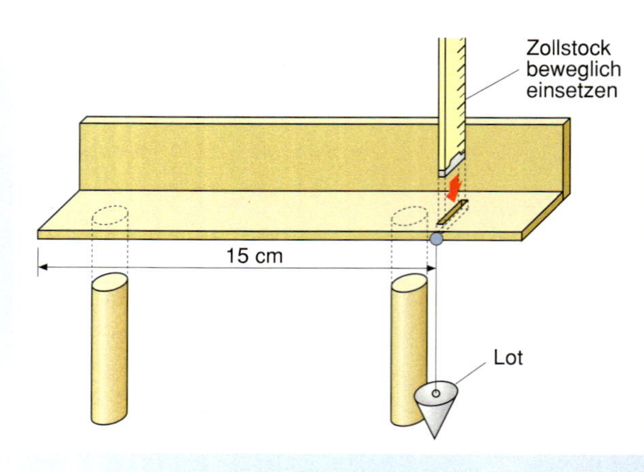

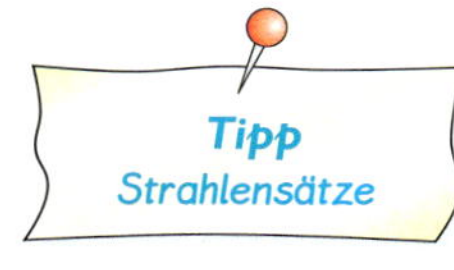

1. Oben ist die Bauanleitung zu einem Försterdreieck abgebildet.
Seht euch die Skizze an und erläutert das Funktionsprinzip des Gerätes.
Baut euch selbst ein Försterdreieck. Worauf müsst ihr achten, wenn ihr das Gerät zur Höhenmessung einsetzt?
Besprecht euch untereinander.

2. Bestimmt mithilfe von Maßband und Försterdreieck die Gebäudehöhe eines Flachbaus.
Schätzt zunächst.
Fertigt anschließend eine Planfigur an und messt die notwendigen Größen.

3. Sucht euch im Gelände weitere Objekte (z.B. Bäume, Fahnenstangen usw.) und bestimmt ihre Höhe.
Vergleicht eure Ergebnisse miteinander.
Diskutiert darüber, woher die Abweichungen kommen können.

Vermessen mit einem Winkelmesser

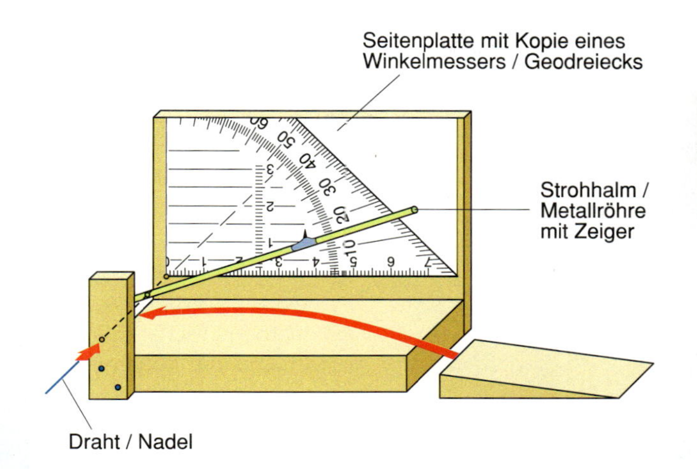

4. Hier seht ihr die Bauanleitung zu einem Winkelmesser. Seht euch die Skizze an und erläutert die Funktionsweise des Gerätes. Baut euch selbst einen Winkelmesser.

▲ **5.** Mit dem Winkelmesser könnt ihr nun auch dann die Höhe eurer Schule bestimmen, wenn das Schulgebäude kein Flachbau ist.
Peilt dazu die höchste Stelle von zwei Punkten an, die auf einer Linie liegen.
Fertigt zunächst eine Skizze an.
Messt dann die notwendigen Größen und bestimmt hieraus die Gebäudehöhe.

In der nächsten Aufgabe lernt ihr ein Verfahren kennen, um beispielsweise die Breite eines Flusses zu bestimmen.

6.

Nehmt an, der Schulhof ist euer Fluss. Peilt von zwei Stellen auf der einen Seite des Schulhofes eine bestimmte Stelle auf der gegenüberliegenden Seite an, wobei einer der beiden Peilwinkel 90° groß sein soll. Bestimmt die Größe des anderen Peilungswinkels. Mithilfe dieses Winkels und der Entfernung der beiden Peilstellen könnt ihr die Breite des Schulhofes (Flusses) berechnen. Fertigt zuerst eine Skizze an. Überprüft am Ende euer berechnetes Ergebnis durch Nachmessen.

Hinweis: Zum Peilen müsst ihr den Winkelmesser auf die Seitenplatte legen.

PROJEKT: PYTHAGORAS

Pythagoras, das griechische Allroundtalent von der Insel Samos, hat sich vor gut 2600 Jahren nicht nur mit Mathematik beschäftigt. Pythagoras interessierte sich auch für Musik, für Dichtkunst und für Religion.
Pythagoras gründete sogar eine Art mathematischer Glaubensgemeinschaft und die Mitglieder dieser Gemeinschaft nannten sich Pythagoreer.
Bei diesem Projekt sollt ihr euch näher mit dem Forscher Pythagoras befassen und einen Teil seines damaligen Wissens aufbereiten. Ihr könntet euch entweder der zentralen Satzgruppe des Pythagoras widmen oder den Zahlverhältnissen seiner Musiktheorie. Hier hilft vielleicht eure Musiklehrerin oder euer Musiklehrer.
Neben der Musik hat sich Pythagoras auch intensiv mit den reinen Zahlen beschäftigt, so sind für euch vielleicht die pythagoreischen Zahlentripel interessant.
Ihr könnt auch untersuchen, wie seine mathematischen Entdeckungen bzw. Erkenntnisse in der Technik Anwen-

Vorschlag 1:
Das Leben des Pythagoras

Wer war Pythagoras? Was hat er so den ganzen Tag gemacht? Womit hat er sein Geld verdient? Wo hat er gelebt? Wann hat er gelebt? War er verheiratet?
Fragen über Fragen, wisst ihr noch mehr?

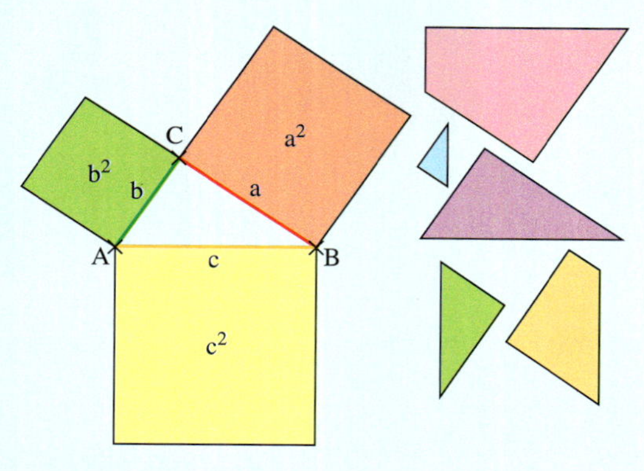

Vorschlag 2:
Rund um den Satz des Pythagoras

Findet ihr weitere, schöne Erklärungen für die Richtigkeit des Satzes von Pythagoras?
Es gibt chinesische und indische Beweise.
Könnt ihr die Beweise so aufschreiben, dass sie auch eure Mitschüler verstehen?

Vorschlag 3:
Pythagoras und seine Zahlen

„Alles ist Zahl." Pythagoras sieht in den Zahlen das eigentliche Geheimnis und die Bausteine der Welt. Jede der Grundzahlen hat ihre eigene Kraft und Bedeutung.
Mit welchen Zahlen beschäftigte sich Pythagoras noch?
Was ist das besondere an einem pythagoreischen Zahlentripel?
Wie viele gibt es davon?

dung fanden. So wird der Satz des Pythagoras z.B. beim Vermessen angewendet.
Sich mit Pythagoras zu beschäftigen, lohnt sich wirklich. Der 20. Präsident der Vereinigten Staaten, J. Garfield, hat sich so intensiv damit beschäftigt, dass sogar ein Beweis nach ihm benannt wurde. Na, wenn das kein Ansporn ist.
Es wäre schön, wenn ihr eure pythagoreischen Ideen in einer kleinen Ausstellung im Schulgebäude zeigen könntet. Ihr könnt natürlich auch die Ergebnisse vor der Klasse präsentieren. Auch ein kleiner Artikel in der Lokalzeitung über ein besonders interessantes Abenteuer des Pythagoras ist denkbar. Hier hilft vielleicht eure Deutschlehrerin oder euer Deutschlehrer.
Wir haben hier für euch ein paar Ideen und Fragen rund um das Pythagorasprojekt vorbereitet, die ihr aufgreifen könnt.
Im Internet findet ihr das Projekt unter **www.mathematik-heute.de**

Vorschlag 4: Pythagoras und seine Musik

Pythagoras ordnete jedem Ton seine eigene Schwingungsfrequenz zu. Ist das immer noch so?
Mit welchem Musikinstrument hat sich Pythagoras beschäftigt?

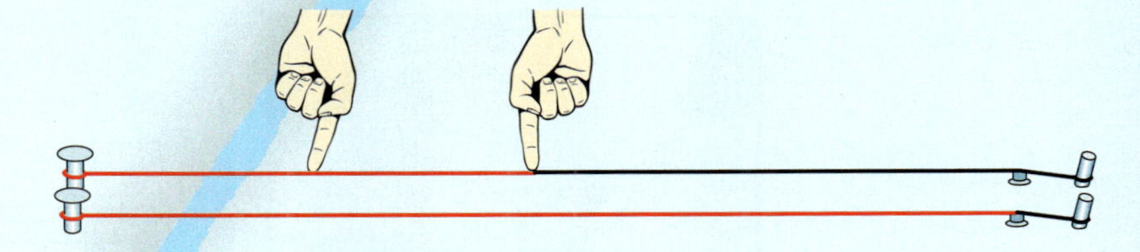

Vorschlag 5: Die Seilspanner

Was sind denn Harpenodapten?
Was haben denn die ägyptischen Seilspanner gemacht?
Wird so ein Verfahren heute noch verwendet?
Beschreibe es.
Führe es selber durch.

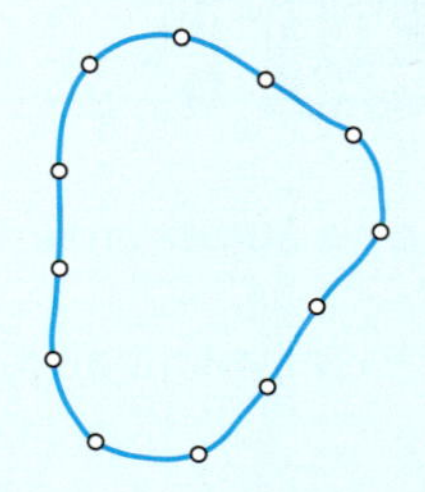

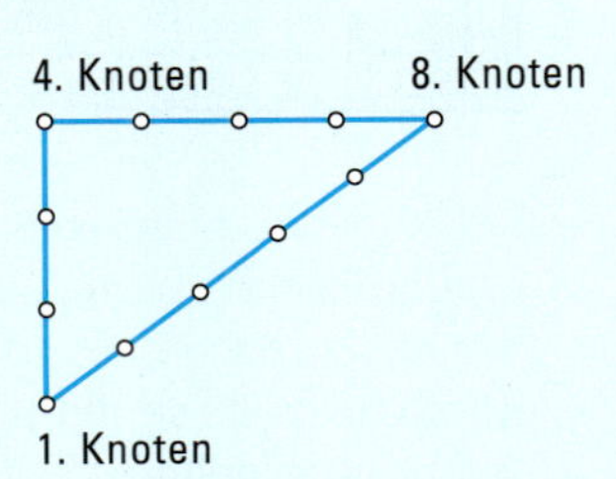

Vorschlag 6: Anwendungen

Wofür kann man denn den Satz des Pythagoras gebrauchen?
Gibt es Einsatzmöglichkeiten außerhalb der Schule?
Wie weit ist es eigentlich bis zum Horizont?
Wie steckt man rechte Winkel im Gelände ab?

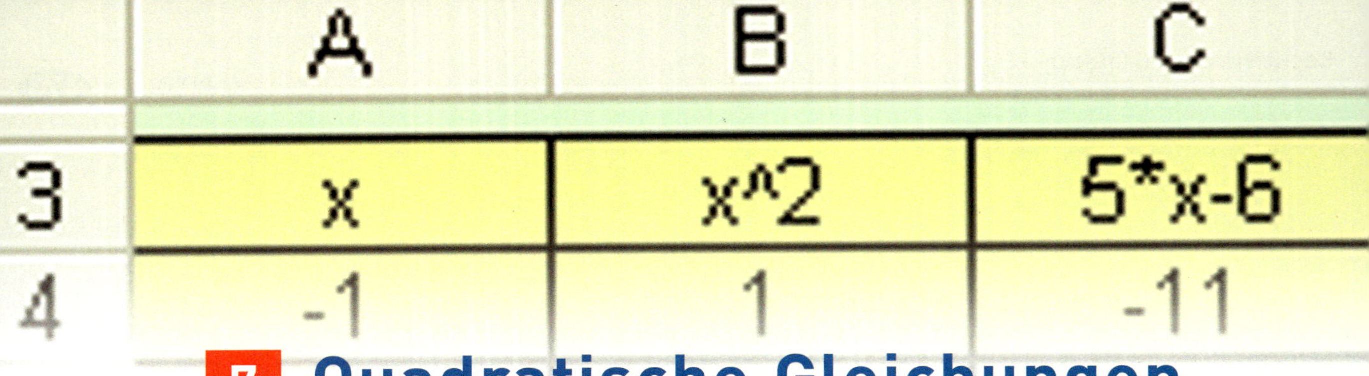

7 Quadratische Gleichungen

Schöne Bilder wirken noch ansprechender, wenn man sie mit einem passenden Rahmen versieht.
Der Gesamteindruck verbessert sich oft noch mehr, wenn das Bild mit einem Passepartout umgeben ist.

Ein Künstler empfiehlt ein 15 cm x 20 cm großes Aquarell mit einem Passepartout gleich großer Fläche zu umgeben.
Wir gehen davon aus, dass das Passepartout an jeder Seite die gleiche Breite haben soll und bezeichnen diese mit x cm.
Dann muss gelten $(15 + 2 \cdot x) \cdot (20 + 2 \cdot x) = 15 \cdot 20 \cdot 2$

- → Erläutere diese Gleichung.
- → Vereinfache sie so weit wie möglich.
- → Du erhältst eine Gleichung, in der neben Vielfachen der Variable auch das Quadrat der Variable vorkommt.
- → Löse die Gleichung durch Probieren.
  Es reicht, wenn du einen Näherungswert bestimmst.

In diesem Kapitel lernst du ...
... wie man durch Umformen die Lösungsmenge von Gleichungen bestimmt, in denen neben Vielfachen einer Variable auch deren Quadrat vorkommt.

QUADRATISCHE GLEICHUNGEN – GRAFISCHES LÖSUNGSVERFAHREN

Lösen einer quadratischen Gleichung durch planmäßiges Probieren

Einstieg

In der Halle eines großen Einkaufszentrums befindet sich eine Springbrunnenanlage. Aus einer Düse an der Wasseroberfläche tritt ein Wasserstrahl aus und trifft nach einer gewissen Entfernung wieder auf die Wasseroberfläche. In jeder Entfernung s von der Düse hat der Wasserstrahl eine bestimmte Höhe h; sie kann näherungsweise durch die Formel $h = 5\,s^2 - 15\,s$ beschrieben werden.

➜ In welcher Entfernung von der Düse trifft der Wasserstrahl wieder auf die Wasseroberfläche?

Aufgabe

1. Tom stellt ein Zahlenrätsel (siehe Bild). Versuche, das Rätsel durch systematisches Probieren zu lösen.

Ich kenne natürliche Zahlen, deren Quadrat genauso groß ist wie das 9-fache einer solchen Zahl, vermindert um 14.

Lösung

(1) *Aufstellen einer Gleichung*

Für die gesuchten Zahlen führen wir die Variable x ein.

Das Quadrat einer solchen Zahl: x^2

Das 9fache einer solchen Zahl, vermindert um 14: $9 \cdot x - 14$

Gleichung: $x^2 = 9x - 14$

Einschränkung: x soll eine natürliche Zahl sein.

(2) *Bestimmen der Lösungsmenge*

Es handelt sich hier um eine *quadratische Gleichung*, die wir mithilfe unserer bisher bekannten rechnerischen Verfahren nicht lösen können.

Wir stellen zunächst eine Tabelle für x^2 und $9x - 14$ auf. Dann suchen wir Einsetzungen für x, für die Werte von x^2 und $9x - 14$ übereinstimmen.

x	0	1	2	3	4	5	6	7	8	9
x^2	0	1	4	9	16	25	36	49	64	81
$9x - 14$	−14	−5	4	13	22	31	40	49	58	67

Die Zahlen 2 und 7 erfüllen die quadratische Gleichung.

Zahlen größer als 9 kommen als Lösung nicht in Frage, da der Wert von x^2 stärker wächst als der Wert von $9x - 14$.

Auch Zahlen kleiner als 0 können als Lösungen nicht auftreten, da dann stets x^2 positiv ist, während $9x - 14$ negativ ist.

(3) *Ergebnis:* Tom denkt an die Zahlen 2 und 7.

Information

Gleichungen, die man auf die Form
$ax^2 + bx + c = 0 \quad (a \neq 0)$ bringen kann,
heißen **quadratische Gleichungen**.

Man nennt ax^2 das *quadratische Glied*, bx das *lineare Glied* und c das *absolute Glied* der Gleichung.

$$3x^2 + 21x + 30 = 0$$

lineares Glied (21x); quadratisches Glied (3x²); absolutes Glied (30)

absolut ⟨lat.⟩
völlig; ganz und gar uneingeschränkt

Quadratische Gleichungen *ohne* ein lineares Glied nennt man **reinquadratische Gleichungen**.

Beispiele für reinquadratische Gleichungen:
$2x^2 - 3 = 0$; $x^2 + 2 = 8$; $5x^2 = 20$; $x^2 = 9$

Quadratische Gleichungen *mit* einem linearen Glied heißen **gemischtquadratisch**.
Beispiele für gemischtquadratische Gleichungen:
$3x^2 + 21x + 30 = 0$; $x^2 - 5x = 0$; $x^2 = 9x - 14$; $(x - 2)^2 = 5$

Zum Festigen und Weiterarbeiten

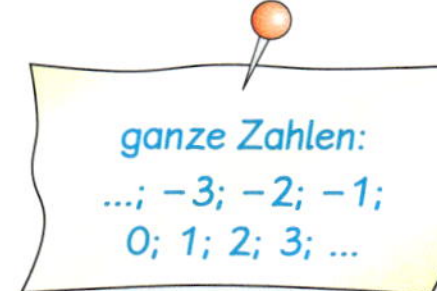

2. Suche mithilfe einer Tabelle ganze Zahlen,

a) deren Quadrat genauso groß ist wie das 10fache der Zahl, vermindert um 9;

b) deren Quadrat genauso groß ist wie das 6fache der Zahl, vermindert um 9;

c) deren Quadrat genauso groß ist wie 3, vermindert um das Doppelte der Zahl;

d) bei denen die Zahl vermehrt um 6 genauso groß ist wie das Quadrat der Zahl;

e) bei denen das (− 3)fache der Zahl vermindert um 2 genauso groß ist wie das Quadrat der Zahl.

Stelle zunächst eine Gleichung auf.

3. Bestimme mithilfe einer Tabelle ganze Zahlen, die die Gleichung erfüllen. Forme die Gleichung wie im Beispiel zunächst geeignet um.

a) $x^2 - 2x - 15 = 0$ **c)** $0,5x^2 + x = 0$

b) $2x^2 + 16x + 32 = 0$ **d)** $\frac{1}{2}y^2 - \frac{1}{2}y - 3 = 0$

$$\begin{aligned} 3x^2 + 21x + 30 &= 0 \quad | : 3 \\ x^2 + 7x + 10 &= 0 \\ x^2 &= -7x - 10 \end{aligned}$$

4. *Planmäßiges Probieren mithilfe einer Tabellenkalkulation*

a) Die quadratische Gleichung $x^2 = 5x - 6$ kannst du auch mithilfe einer Tabellenkalkulation lösen.
Lies aus der Tabelle die Lösung der Gleichung ab.
Beachte: Für x^2 schreibt man x^2.

	A	B	C
1	Quadratische Gleichungen		
2			
3	x	x^2	5*x-6
4	-1	1	-11
5	0	0	-6
6	1	1	-1
7	2	4	4
8	3	9	9
9	4	16	14

b) Löse die quadratische Gleichung mithilfe eines Tabellenblatts. Erstelle zum Lösen der Gleichung geeignete Wertetabellen.
(1) $x^2 = 5x - 4$ (2) $x^2 = x + 6$ (3) $x^2 = 4,5x - 4,5$

Übungen

5. Entscheide, ob eine quadratische Gleichung vorliegt.
Wenn ja, gib an, ob sie reinquadratisch oder gemischtquadratisch ist.

(1) $x^2 = 7x$
(2) $y^2 = 9$
(3) $x^2 - x + 5x^3 = 4$
(4) $z - 3 = 4z^2$
(5) $9x - 7 = 2x$
(6) $4 = y^2$
(7) $z - z^2 = 5$
(8) $8 - x^2 + 3x = 2$
(9) $0{,}3^2 = 16y$
(10) $(3z + 2)^2 = 49$
(11) $3 - 2x = 5x^2$
(12) $5x^2 - 4x = 7$

6. Bei welchen ganzen Zahlen ist
a) das Quadrat der Zahl um 15 größer als das Doppelte der Zahl;
b) das Quadrat der Zahl um 24 größer als das Doppelte der Zahl;
c) das Quadrat der Zahl genauso groß wie (– 3), vermindert um das 4fache der Zahl;
d) das Doppelte der Zahl um 3 kleiner als das Quadrat der Zahl;
e) die Hälfte des Quadrats der Zahl um 4 kleiner als das Dreifache der Zahl;
f) ein Drittel des Quadrats der Zahl genauso groß wie 6 vermindert um die Zahl;
g) das Quadrat gleich der Differenz aus 16 und dem 1,8fachen der Zahl?
Stelle zunächst eine Gleichung auf; suche dann die Zahlen mithilfe einer Tabelle.

7. Bestimme mithilfe einer Tabelle die Lösungsmenge der Gleichung. Dabei soll x für eine ganze Zahl stehen.
Du kannst auch ein Tabellenkalkulationsprogramm benutzen.
Forme die Gleichung zunächst geeignet um.

a) $x^2 + 6x + 8 = 0$
b) $x^2 + x = 6$
c) $x^2 + 6x + 9 = 0$
d) $-4x^2 + 8x + 12 = 0$
e) $0{,}1x^2 + x + 2{,}5 = 0$
f) $\frac{1}{2}z^2 + 6 = 4z$

8. Ein Rechteck und ein Quadrat haben denselben Flächeninhalt. Bei dem Rechteck ist eine Seite 3 cm länger als die des Quadrates und die andere 2 cm kürzer als die des Quadrates. Zeichne beide.

Grafisches Lösen quadratischer Gleichungen

Einstieg

Das Finden von Lösungen einer quadratischen Gleichung durch Probieren mit Tabellenkalkulation ist nicht so einfach, wenn die quadratische Gleichung keine ganzzahlige Lösung hat.
Bestimme mithilfe einer Tabellenkalkulation die Lösung der Gleichung:

$x^2 = 1{,}1x + 0{,}6$

Die Tabelle kannst du auch als Wertetabelle auffassen für
- die Quadratfunktion mit $y = x^2$
- die lineare Funktion mit $y = 1{,}1x + 0{,}6$.

→ Ergänze die Tabelle. Zeichne die Graphen der beiden Funktionen in ein Diagramm.

→ Welche Bedeutung haben die Schnittpunkte der beiden Graphen?

→ Erweitere das Tabellenblatt, sodass du die Lösung der quadratischen Gleichung mithilfe der Wertetabelle überprüfen kannst.

x	x²	1,1x+0,6
-2,00	4,00	-1,60
-1,50	2,25	-1,05
-1,00	1,00	-0,50
-0,50	0,25	0,05
0,00	0,00	0,60
0,50	0,25	1,15
1,00	1,00	1,70
...	...	...

Information

Das Finden von Lösungen einer quadratischen Gleichung durch planmäßiges Probieren mithilfe einer Tabelle wie in Aufgabe 1 auf Seite 175 ist nicht immer möglich.
Dies zeigt das Beispiel $x^2 - 1{,}9x - 1{,}5 = 0$ bzw. umgeformt $x^2 = 1{,}9x + 1{,}5$.
Diese quadratische Gleichung hat nämlich keine ganzzahlige Lösung.

Wir wollen daher ein weiteres Lösungsverfahren, das zeichnerische Lösen, entwickeln.

Die Tabelle rechts können wir auch als Wertetabelle von zwei Funktionen auffassen, und zwar:

- der *Quadratfunktion* mit der Gleichung $y = x^2$; ihr Graph ist die *Normalparabel* (als Schablone erhältlich) und
- der *linearen Funktion* mit der Gleichung $y = 1{,}9x + 1{,}5$;
  ihr Graph ist eine *Gerade* mit der Steigung 1,9 und dem y-Achsenabschnitt 1,5.

Parabel als Graph — Gerade als Graph

x	x^2	$1{,}9x + 1{,}5$
−1	1	−0,4
0	0	1,5
1	1	3,4
2	4	5,3

Aufgabe

1. Bestimme grafisch, d. h. mithilfe der Normalparabel und einer Geraden, die Lösungsmenge der quadratischen Gleichung:
$x^2 - 1{,}9x - 1{,}5 = 0$ bzw. umgeformt $x^2 = 1{,}9x + 1{,}5$

Verwende für die Normalparabel eine Schablone.

Lösung

Wir suchen Zahlen für x, für welche die Werte von x^2 und von $1{,}9x + 1{,}5$ übereinstimmen.

Dazu zeichnen wir die Graphen der Funktionen mit

$y = x^2$ (*Normalparabel*) und

$y = 1{,}9x + 1{,}5$ (*Gerade* mit der Steigung 1,9 und dem Achsenabschnitt 1,5).

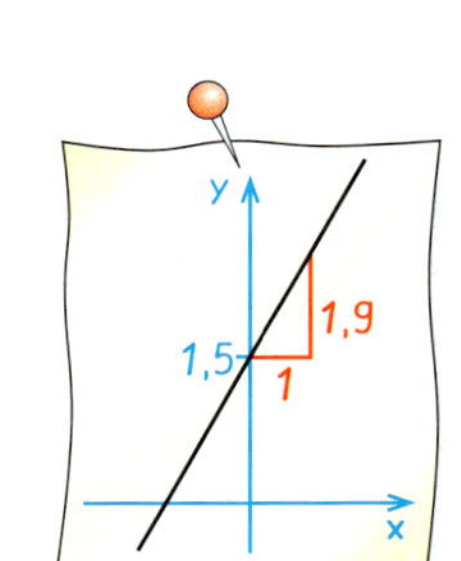

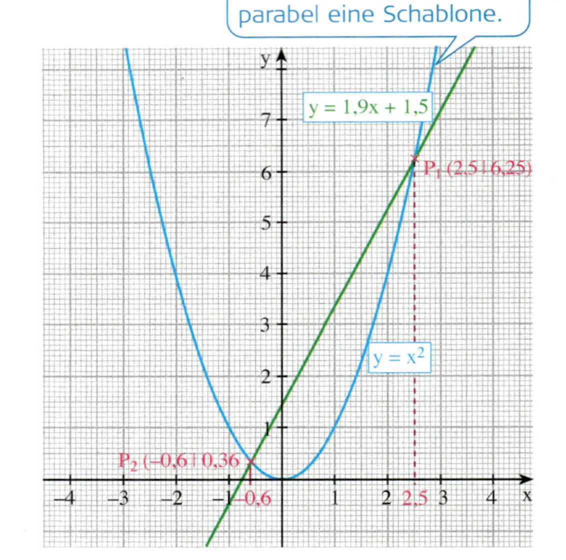

An den Stellen gemeinsamer Punkte von Parabel und Gerade stimmen die Werte von x^2 und von $1{,}9x + 1{,}5$ überein.

Aus dem Bild lesen wir ab:
Die beiden gemeinsamen Punkte P_1 und P_2 (Schnittpunkte) liegen an den Stellen − 0,6 und 2,5.

Probe:

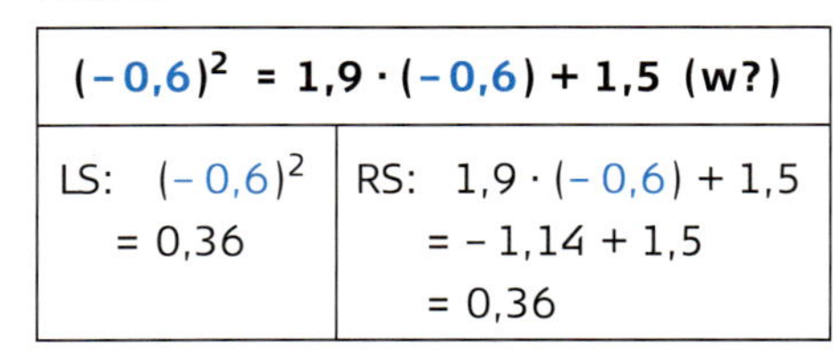

$(-0{,}6)^2 = 1{,}9 \cdot (-0{,}6) + 1{,}5$ (w?)	
LS: $(-0{,}6)^2$ $= 0{,}36$	RS: $1{,}9 \cdot (-0{,}6) + 1{,}5$ $= -1{,}14 + 1{,}5$ $= 0{,}36$

Probe:

$2{,}5^2 = 1{,}9 \cdot 2{,}5 + 1{,}5$ (w?)	
LS: $2{,}5^2$ $= 6{,}25$	RS: $1{,}9 \cdot 2{,}5 + 1{,}5$ $= 4{,}75 + 1{,}5$ $= 6{,}25$

Ergebnis: Lösungsmenge $L = \{-0{,}6;\ 2{,}5\}$

Zum Festigen und Weiterarbeiten

2. Bestimme mithilfe einer Zeichnung die Lösungsmenge. Überprüfe dein Ergebnis.

a) $x^2 = 1{,}5x + 1$ **b)** $x^2 = 6x - 5$ **c)** $x^2 = -2x - 3$ **d)** $x^2 = 6{,}25$

3. Bestimme mithilfe einer Zeichnung die Lösungsmenge. Beschreibe dein Vorgehen. Forme die Gleichung zunächst geeignet um.

a) $x^2 - x - 2 = 0$ **b)** $x^2 - 3x + 2 = 0$ **c)** $2x^2 - x - 3 = 0$ **d)** $x - \frac{1}{2}x^2 = 0$

4. Erstelle zum Lösen der quadratischen Gleichung mit einem Kalkulationsprogramm eine geeignete Wertetabelle. Lass dir anschließend von dem Programm ein Punktdiagramm mit interpolierten Linien zeichnen. Lies die Lösung der quadratischen Gleichung ab und überprüfe mithilfe der Tabelle.

(1) $x^2 = 2x + 1{,}25$ (2) $x^2 = x + 3{,}75$ (3) $x^2 = 1{,}8x + 1{,}44$

5. *Anzahl der Lösungen einer quadratischen Gleichung*

a) Lies jeweils anhand des Bildes links die Lösungsmenge ab.

(1) $x^2 - x - \frac{3}{4} = 0$; $x^2 = x + \frac{3}{4}$ (2) $x^2 - x + \frac{1}{4} = 0$; $x^2 = x - \frac{1}{4}$ (3) $x^2 - x + \frac{3}{4} = 0$; $x^2 = x - \frac{3}{4}$

Begründe anhand des Bildes:

Anzahl der Lösungen einer quadratischen Gleichung

Eine quadratische Gleichung hat entweder *zwei* Lösungen oder *eine* Lösung oder *keine* Lösung.

(1) $x^2 - x - \frac{3}{4} = 0$; $x^2 = x + \frac{3}{4}$

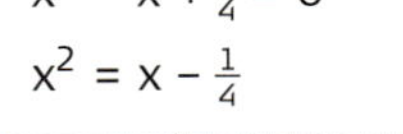

(2) $x^2 - x + \frac{1}{4} = 0$; $x^2 = x - \frac{1}{4}$

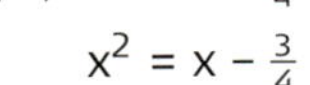

(3) $x^2 - x + \frac{3}{4} = 0$; $x^2 = x - \frac{3}{4}$

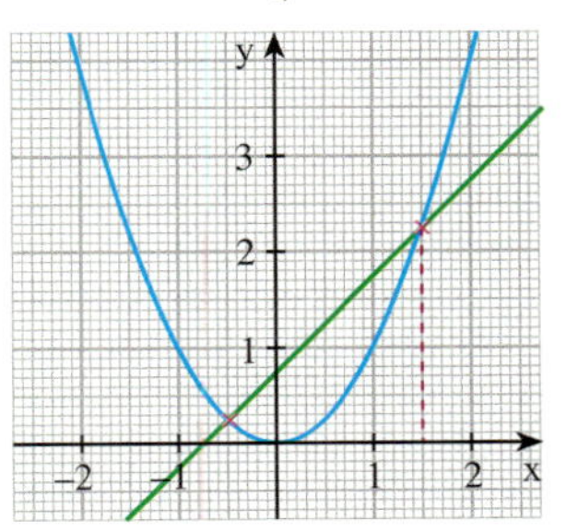

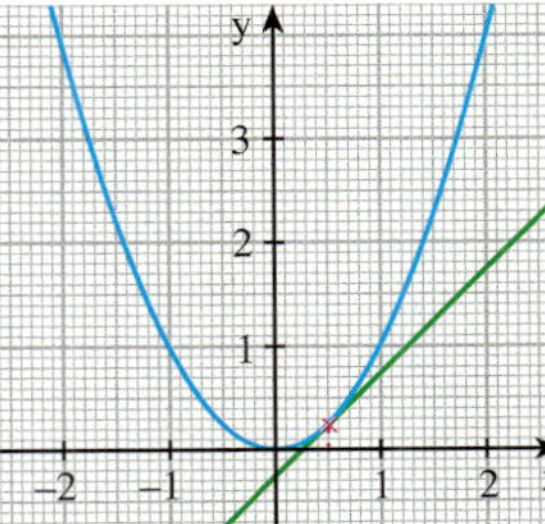

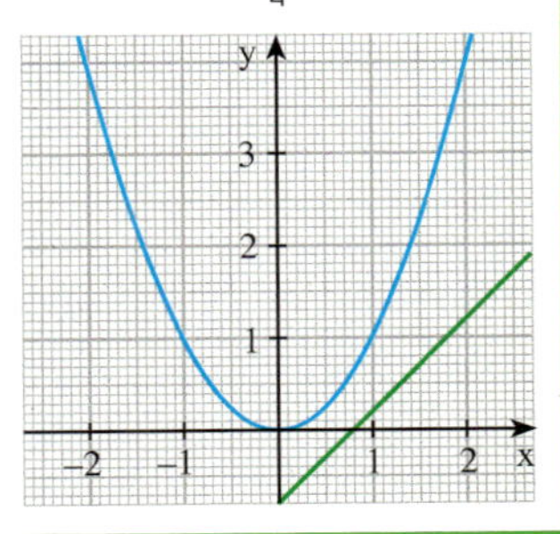

b) Bestimme die Lösungsmenge der vier Gleichungen mithilfe einer gemeinsamen Zeichnung wie in Teilaufgabe a).

(1) $x^2 = 3x$ (2) $x^2 = 3x - 2{,}25$ (3) $x^2 = 3x - 4{,}5$ (4) $x^2 = 3x - 1{,}25$

6. Setze – soweit möglich – für □ eine Zahl so ein, dass die Gleichung

(1) zwei Lösungen, (2) genau eine Lösung, (3) keine Lösung

besitzt. Zeichne hierzu jeweils die Normalparabel und eine geeignete Gerade.

a) $x^2 = \square$ **b)** $x^2 = \square \cdot x$ **c)** $x^2 = \square \cdot x - 2{,}25$ **d)** $x^2 = -4x + \square$

7. *Grafisches Lösen einer reinquadratischen Gleichung*

Gib anhand des Graphen von $y = x^2$ Lösungen der Gleichung an.

a) $x^2 = 4{,}4$ **b)** $x^2 = 2{,}3$ **c)** $x^2 = 0$ **d)** $x^2 = -1$

Wie lautet hier die Gleichung der Geraden? Um was für eine Gerade handelt es sich?

Information

Ablaufplan für das grafische Lösen einer quadratischen Gleichung

Beispiel: $x^2 + \frac{1}{2}x - 3 = 0$

(1) Löse die Gleichung nach x^2 auf:
$x^2 = -\frac{1}{2}x + 3$

(2) Zeichne (mit einer Schablone) die Parabel zu $y = x^2$ und die Gerade zu $y = -\frac{1}{2}x + 3$.

(3) Suche die gemeinsamen Punkte (Schnittpunkte; Berührungspunkte) von Parabel und Gerade. Lies die 1. Koordinate der gemeinsamen Punkte ab, im Beispiel − 2 und 1,5.

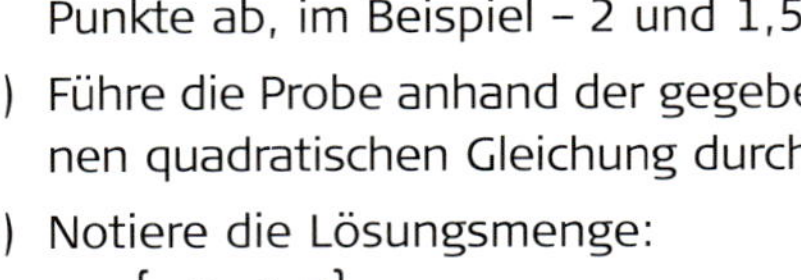

(4) Führe die Probe anhand der gegebenen quadratischen Gleichung durch.

(5) Notiere die Lösungsmenge:
$L = \{-2; 1{,}5\}$

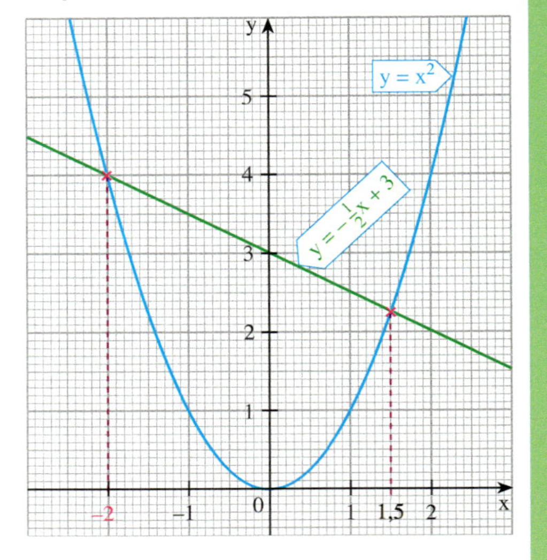

Übungen

8. Bestimme mithilfe von Graphen die Lösungsmenge. Forme gegebenenfalls um. Überprüfe dein Ergebnis.

a) $x^2 = -2x$
b) $x^2 = 2{,}25$
c) $-x^2 = \frac{1}{2}x$
d) $x^2 + 1{,}5x - 1 = 0$
e) $x^2 + 1{,}5x + 3 = 0$
f) $2x + 3 - x^2 = 0$
g) $2x^2 = 1{,}8x - 1$
h) $10x^2 = 9x + 36$
i) $-4x^2 = 2x - 12$
j) $4x^2 + 20x + 25 = 0$
k) $0{,}2x^2 + x + 1{,}4 = 0$
l) $3x + 6 - 3x^2 = 0$

9. Gib eine Gleichung an, deren Lösungsmenge man aus dem Bild ablesen kann. Notiere die quadratische Gleichung in der Form $x^2 + px + q = 0$.

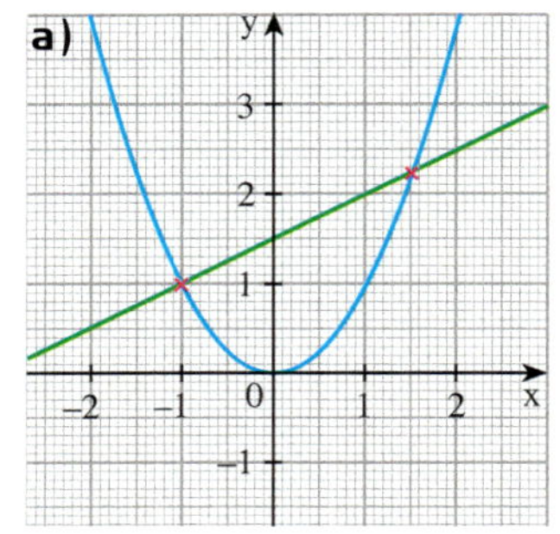

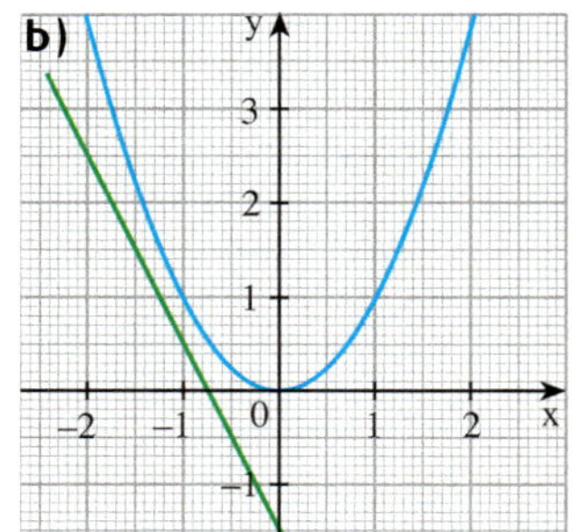

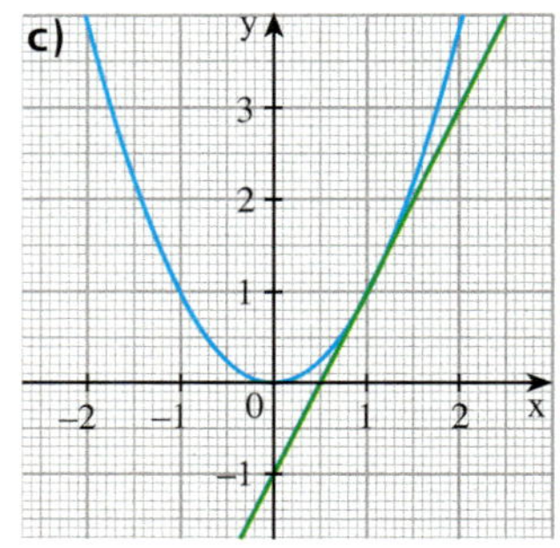

10. Bestimme mithilfe eines Graphen die Anzahl der Lösungen.

a) $x^2 - 2 = 0$
b) $x^2 + 1 = 0$
c) $x^2 = 0$
d) $x^2 + 2x = 0$
e) $2x - x^2 = 0$
f) $x^2 - 2x + 1 = 0$
g) $x^2 - 2x + 3 = 0$
h) $2x + 8 - x^2 = 0$

11. Bestimme anhand des Graphen von $y = x^2$ Lösungen der Gleichung. Forme gegebenenfalls die Gleichung geeignet um.

a) $x^2 = 2$
b) $x^2 = 5$
c) $x^2 = 5{,}3$
d) $x^2 = -5{,}3$
e) $x^2 - 7 = 0$
f) $x^2 + 6 = 0$
g) $2x^2 = 6$
h) $\frac{1}{2}x^2 = \frac{3}{4}$

RECHNERISCHES LÖSEN EINER QUADRATISCHEN GLEICHUNG

Das grafische Lösungsverfahren liefert nicht immer die genaue Lösung und ist für viele Gleichungen nur bedingt geeignet; Lösungen wie 157; 2,345 oder $\sqrt{2}$ kann man nicht ablesen. Wir wollen deshalb schrittweise ein rechnerisches Lösungsverfahren entwickeln.
Wir beginnen mit zwei Sonderfällen quadratischer Gleichungen:

(1) $ax^2 + c = 0$, d. h. eine reinquadratische Gleichung;

(2) $(x - d)^2 = r$, d. h. eine Gleichung, die man mithilfe binomischer Formeln erhält.

Auf diese Sonderfälle kann schrittweise *jede* quadratische Gleichung $ax^2 + bx + c = 0$ zurückgeführt werden.

Lösen einer reinquadratischen Gleichung

Einstieg

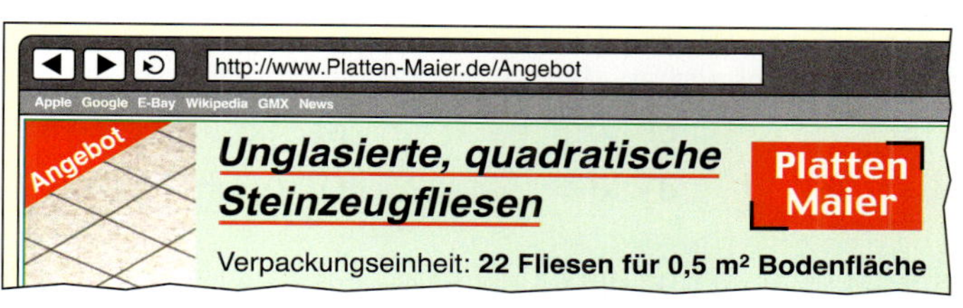

Im Internet werden quadratische Steinfliesen zum Verkauf angeboten.

→ Welche Abmessungen haben die Fliesen?

Aufgabe

1. Wir beginnen mit dem Typ $ax^2 + c = 0$, also einer *reinquadratischen* Gleichung.
Bestimme die Lösungsmenge der Gleichung:

a) $9x^2 - 16 = 0$ **b)** $2x^2 + 20 = 34$ **c)** $\frac{2}{3}x^2 + 6 = 0$

Lösung

a)
$9x^2 - 16 = 0 \quad | +16$
$9x^2 = 16 \quad | :9$
$x^2 = \frac{16}{9}$
$x = \frac{4}{3}$ *oder* $x = -\frac{4}{3}$
$L = \{-\frac{4}{3}; \frac{4}{3}\}$

b)
$2x^2 + 20 = 34 \quad | -20$
$2x^2 = 14 \quad | :2$
$x^2 = 7$
$x = \sqrt{7}$ *oder* $x = -\sqrt{7}$
$L = \{-\sqrt{7}; \sqrt{7}\}$

c)
$\frac{2}{3}x^2 + 6 = 0 \quad | -6$
$\frac{2}{3}x^2 = -6 \quad | :\frac{2}{3}$
$x^2 = -9$
Das Quadrat einer Zahl kann nicht negativ sein, also:
$L = \{\ \}$

Zum Festigen und Weiterarbeiten

2. Gib die Lösungsmenge an. Führe auch die Probe durch.

a) $x^2 = 25$
b) $x^2 = -4$
c) $x^2 = 0$
d) $0{,}16 = y^2$
e) $-4z^2 = 9$
f) $\frac{1}{3}x^2 = 27$
g) $x^2 + 1 = 6$
h) $4(z^2 - 9) = 28$
i) $\frac{3}{4}(z^2 - 4) = 0$
j) $0 = 9x^2 - \frac{1}{4}$
k) $0 = 9\left(x^2 - \frac{1}{4}\right)$
l) $8x^2 = 6x^2$
m) $2y^2 - \frac{15}{2} = \frac{1}{4}$
n) $2y^2 - \frac{15}{2} = \frac{1}{2}y^2$
o) $2y^2 - \frac{15}{2}y^2 = -\frac{2}{11}$
p) $5{,}5z^2 - \frac{9}{4} = 1{,}5z^2$

Information

Lösungsmenge bei einer reinquadratischen Gleichung

Eine reinquadratische Gleichung kann man auf die Form **$x^2 = r$** bringen.
Für sie gilt:

- Ist $r > 0$, dann hat sie *genau zwei* Lösungen, nämlich $\sqrt{r}$ und $-\sqrt{r}$.
- Ist $r = 0$, dann hat sie *genau eine* Lösung, nämlich 0.
- Ist $r < 0$, dann hat sie *keine* Lösung.

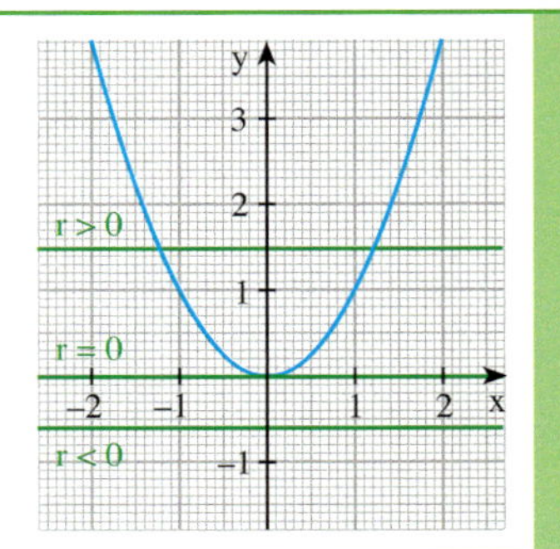

Beachte: Beim Lösen der Gleichung $x^2 = 36$ sucht man alle Zahlen, welche die Gleichung erfüllen. Man erhält: $L = \{-6; 6\}$.
Dagegen bezeichnet $\sqrt{36}$ eine Zahl. Beim Berechnen dieser Wurzel sucht man einen anderen (einfachen) Namen für diese Zahl. Es gilt: $\sqrt{36} = 6$.
Man muss also das Bestimmen der Lösungsmenge der Gleichung $x^2 = r$ und das Berechnen von $\sqrt{r}$ unterscheiden.

Übungen

3. Gib die Lösungsmenge an.

a) $x^2 = \frac{49}{16}$ **c)** $x^2 = 3$ **e)** $\frac{1}{2}x^2 = \frac{25}{8}$ **g)** $\frac{1}{4}x^2 = 25$

b) $x^2 = 0{,}36$ **d)** $x^2 = 1{,}44$ **f)** $0{,}3\,z^2 = 0{,}012$ **h)** $\frac{1}{4}y^2 = 0$

4. Löse rechnerisch. Mache auch die Probe.

a) $x^2 - 0{,}09 = 0$ **c)** $4x^2 - 9 = 0$ **e)** $0{,}24x^2 - 6 = 0$ **g)** $\frac{4}{5}x^2 - 2 = 0$

b) $x^2 + 0{,}49 = 0$ **d)** $4y^2 + 1 = 0$ **f)** $\frac{2}{3}x^2 - \frac{10}{3} = 0$ **h)** $\sqrt{5}\,z^2 - \sqrt{80} = 0$

5. Kontrolliere die Rechnungen. Berichtige, wenn nötig.

(1) $x^2 + 9 = 0$; $x^2 = -9$; $x = -3$

(2) $4x^2 = 0$; $x^2 = \frac{1}{4}$; $x = \frac{1}{2}$ oder $x = -\frac{1}{2}$

(3) $3x^2 = 75$; $x^2 = 25$; $x = 5$

6. Bestimme die Lösungsmenge.

a) $11x^2 = 36 + 2x^2$ **c)** $9x^2 - 4 = 5x^2 - 4$ **e)** $13y^2 - 8 = 9y^2 + 1$

b) $5x^2 = 343 - 2x^2$ **d)** $7x^2 + 2 = 1 + 5x^2$ **f)** $16z^2 - 20 = 5 - 20z^2$

7. a) $x(x - 20) = 2(72 - 10x)$ **e)** $(x + 4)^2 + (x - 4)^2 = 34$

b) $9x(x + 1) - 7(x - 11) = 86 + 2x$ **f)** $(z + 5)(z - 8) = -3(z + 8)$

c) $3x(x + 7) + 5x(x - 2) = 11x + 60{,}5$ **g)** $(5x + 7)^2 - (7x + 5)^2 = -72$

d) $14x(x - 4) = 5(9 - 22x) + 9x(x + 6)$ **h)** $\frac{1}{3}(x^2 + 5) - \frac{1}{5}(x^2 - 1) = 4$

8. a) $(x - 3)^2 = 25 - 6x$ **b)** $(x + 1)^2 = 2x + 37$ **c)** $(2y + 5)^2 = 146 + 20y$

9. a) $(2x + 3)(2x - 3) = 16$ **c)** $(3x - 5)(3x + 5) = -153x^2 + 73$

b) $(y + 2)(y - 2) = 46 - 71y^2$ **d)** $(3 - 2x)(3 + 2x) = -3x^2 - 11$

10. Notiere zu der Lösungsmenge eine passende reinquadratische Gleichung.

a) $\{7; -7\}$ **b)** $\{0\}$ **c)** $\left\{\frac{3}{2}; -\frac{3}{3}\right\}$ **d)** $\{0{,}4; -0{,}4\}$ **e)** $\{\sqrt{8}; -\sqrt{8}\}$ **f)** $\{\ \}$

11. Bestimme die gesuchten Zahlen.

a) Multipliziert man eine Zahl mit sich selbst und addiert zum Produkt 16, so erhält man die Zahl 41.

b) Multipliziert man das Quadrat einer Zahl mit 4, so erhält man dasselbe Ergebnis, wie wenn man 75 zum Quadrat der Zahl addiert.

c) Multipliziert man die Hälfte einer Zahl mit dem vierten Teil derselben, so erhält man die Zahl 50.

12. Die Oberfläche eines Würfels beträgt 3 456 cm^2. Wie lang ist eine Kante?

13. Drei gleich große quadratische Büroräume sowie der 18,25 m^2 große Flur sollen mit neuem Teppichboden ausgelegt werden. Dazu werden insgesamt 55 m^2 benötigt.
Wie lang ist die Seitenlänge eines Büroraumes?

14. Ein quadratisches Blumenbeet in einem Park wird auf einer Seite um 7 m verkürzt und auf der benachbarten Seite um 7 m verlängert. Das neue, rechteckige Blumenbeet ist 435 m^2 groß.
Welche Seitenlänge hatte das ursprüngliche Blumenbeet? Überprüfe dein Ergebnis.

15. In der Fahrschule lernt man, die Länge des Bremsweges eines Fahrzeugs nach folgender Faustformel abzuschätzen:

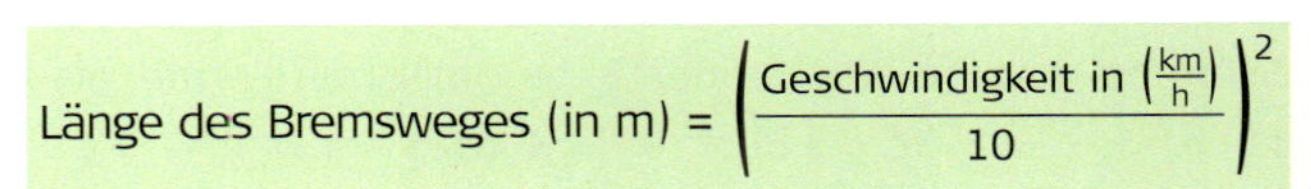

$$\text{Länge des Bremsweges (in m)} = \left(\frac{\text{Geschwindigkeit in } \left(\frac{\text{km}}{\text{h}}\right)}{10}\right)^2$$

Der Fahrer eines Pkw, der mit einer Geschwindigkeit von 130 $\frac{km}{h}$ fährt, macht plötzlich eine Vollbremsung.
Wie lang ist der Bremsweg?

Lösen einer gemischtquadratischen Gleichung der Form $(x - d)^2 = r$

Einstieg

Herr Kuhweide besitzt ein quadratisches Grundstück. Die Gemeinde, der das umliegende Land gehört, bietet ihm an, die Seiten des Grundstücks um jeweils 10 m zu vergrößern. Das Grundstück würde damit 500 m^2 groß.

→ Welche Seitenlänge hat das ursprüngliche Grundstück? Stelle eine Gleichung auf.

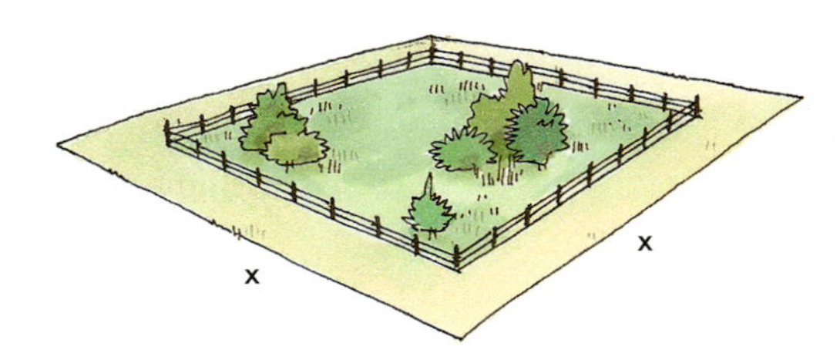

Aufgabe

1. Bestimme die Lösungsmenge der quadratischen Gleichung:

a) $(x - 2)^2 = 9$ **b)** $x^2 + 6x + 9 = 25$

Lösung

a) Wir lösen die Gleichung entsprechend zur Aufgabe 1 auf Seite 181. Dabei denken wir uns nur $(x - 2)$ anstelle von x:

$(x - 2)^2 = 9$

$x - 2 = \sqrt{9}$ *oder* $x - 2 = -\sqrt{9}$

$x - 2 = 3$ *oder* $x - 2 = -3$

$x = 5$ *oder* $x = -1$

$L = \{-1; 5\}$

b) Auf den linken Term wenden wir zunächst die 1. binomische Formel an:

$x^2 + 6x + 9 = 25$

$(x + 3)^2 = 25$

$x + 3 = \sqrt{25}$ *oder* $x + 3 = -\sqrt{25}$

$x + 3 = 5$ *oder* $x + 3 = -5$

$x = 2$ *oder* $x = -8$

$L = \{-8; 2\}$

Strategie
Zurückführen auf einen bekannten Fall: reinquadratische Gleichung

Wiederholung

Binomische Formeln

(1) $(a + b)^2 = a^2 + 2ab + b^2$ (2) $(a - b)^2 = a^2 - 2ab + b^2$

Beispiele: $(x + 5)^2 = x^2 + 10x + 25$ $(y - 8)^2 = y^2 - 16y + 64$

Zum Festigen und Weiterarbeiten

2. Bestimme durch Rechnen die Lösungsmenge. Überprüfe dein Ergebnis.

a) $(x + 5)^2 = 49$ **b)** $(x - 4)^2 = 0$ **c)** $(x - 1)^2 = 3$ **d)** $(y + 7)^2 = -4$

3. *Anwenden einer binomischen Formel (Wiederholung)*

a) Schreibe als Summe; wende dazu eine binomische Formel an.
(1) $(x + 4)^2$ (2) $(x - 7)^2$ (3) $\left(x + \frac{5}{2}\right)^2$ (4) $\left(z - \frac{7}{4}\right)^2$ (5) $(y - 0{,}8)^2$

b) Schreibe mithilfe der 1. oder 2. binomischen Formel als Quadrat eines Terms.
(1) $x^2 + 12x + 36$ (2) $x^2 - 5x + 6{,}25$ (3) $y^2 - 7y + 12{,}25$ (4) $z^2 - \frac{4}{5}z + \frac{4}{25}$

c) Ergänze so, dass man eine binomische Formel anwenden kann.
(1) $x^2 + \square + 49$ (2) $y^2 - \square + 1{,}44$ (3) $x^2 + 6x + \square$ (4) $z^2 - \frac{3}{2}z + \square$

4. Bestimme die Lösungsmenge. Führe auch die Probe durch.

a) $x^2 - 12x + 36 = 25$ **b)** $x^2 + 9x + \frac{81}{4} = \frac{9}{4}$ **c)** $y^2 - 6y + 9 = 11$

Übungen

5. Bestimme die Lösungsmenge. Führe – soweit möglich – die Probe durch.

a) $(x + 2)^2 = 25$ **d)** $(x - 4)^2 = 1$ **g)** $(x - 5)^2 = -49$ **j)** $(z - 2)^2 = \frac{16}{25}$

b) $(x - 3)^2 = 16$ **e)** $(x + 2)^2 = 0$ **h)** $(x - 0{,}6)^2 = 2{,}25$ **k)** $(y + 3)^2 = 2$

c) $(x + 7)^2 = 36$ **f)** $(x - 5)^2 = 4$ **i)** $(x + 1{,}2)^2 = 0{,}81$ **l)** $(y - 2)^2 = 12$

6. a) Schreibe jeweils als Summe.
(1) $(x - 2)^2$; $(x + 0{,}6)^2$; $\left(z - \frac{7}{2}\right)^2$ (2) $(x + 9)^2$; $(x - 1{,}2)^2$; $\left(y - \frac{8}{5}\right)^2$

b) Schreibe mithilfe der 1. und 2. binomischen Formel als Quadrat eines Terms.
(1) $x^2 + 12x + 36$ (3) $x^2 - 7x + \frac{49}{4}$ (5) $x^2 - \frac{3}{2}x + \frac{9}{16}$ (7) $x^2 - 0{,}2x + 0{,}01$
(2) $x^2 - 18x + 81$ (4) $x^2 + 5x + 6{,}25$ (6) $x^2 - \frac{4}{5}x + \frac{4}{25}$ (8) $x^2 + \frac{7}{5}x + \frac{49}{100}$

c) Ergänze so, dass man eine binomische Formel anwenden kann.
(1) $x^2 + \square + \frac{16}{25}$ (2) $z^2 - \square + 1{,}69$ (3) $y^2 + 3y + \square$ (4) $x^2 - \frac{4}{3}x + \square$

7. Bestimme durch Rechnen die Lösungsmenge. Führe auch die Probe durch.

a) $x^2 - 6x + 9 = 36$ **d)** $x^2 - 1{,}8x + 0{,}81 = 0{,}25$ **g)** $z^2 + 16z + 64 = 7$

b) $x^2 + 8x + 16 = 49$ **e)** $x^2 + 5x + \frac{25}{4} = \frac{81}{4}$ **h)** $y^2 - 3y + 2{,}25 = 5$

c) $x^2 - 8x + 16 = 0$ **f)** $x^2 - x + 0{,}25 = 1{,}44$ **i)** $y^2 - 5y + 6{,}25 = 8$

8. *Zahlenrätsel*

Bestimme die gesuchten Zahlen. Wie viele Lösungen hat das Zahlenrätsel? Kontrolliere.

a) Wenn man eine Zahl um 5 vergrößert und das Ergebnis quadriert, so erhält man 36.

b) Wenn man eine Zahl um 2 verkleinert und das Ergebnis quadriert, so erhält man 16.

c) Wenn man eine Zahl um $\frac{1}{2}$ vergrößert und das Ergebnis quadriert, so erhält man 0.

Lösen einer quadratischen Gleichung mithilfe der quadratischen Ergänzung

Einstieg

Das rechts abgebildete Grundstück ist 567 m^2 groß.
Berechne seine Maße.
Ihr könnt dazu eine quadratische Gleichung aufstellen.
Es gibt mehrere Möglichkeiten
Welche davon ist am günstigsten?
Berichtet über eure Ergebnisse.

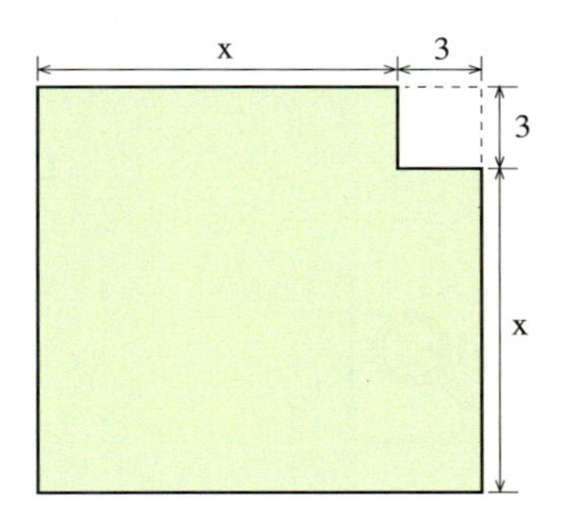

Aufgabe

1. Bestimme die Lösungsmenge der quadratischen Gleichung:

a) $x^2 + 6x = -5$ **b)** $x^2 - 3x - 1 = 0$

Lösung

Wir versuchen die linke Seite der Gleichung mithilfe einer binomischen Formel in einen quadratischen Term zu verwandeln. Dazu müssen wir den Term links geeignet ergänzen.
Wir addieren auf beiden Seiten das Quadrat des halben Faktors von x (*quadratische Ergänzung*; abgekürzt: qu. E.).
Dann können wir wie in Aufgabe 1 auf Seite 183/184 weiterrechnen.

(qu. E.) bedeutet quadratische Ergänzung

a)

$x^2 + 6x = -5 \quad | + \left(\frac{6}{2}\right)^2$ (qu. E.)

$x^2 + 6x + 9 = -5 + 9$

$x^2 + 6x + 9 = 4 \quad | \,\mathrm{T}$

$(x + 3)^2 = 4$

$x + 3 = 2$ *oder* $x + 3 = -2$

$x = -1$ *oder* $x = -5$

$L = \{-5; -1\}$

b)

$x^2 - 3x - 1 = 0 \quad | + 1$

$x^2 - 3x = 1 \quad | + \left(\frac{3}{2}\right)^2$ (qu. E.)

$x^2 - 3x + \left(\frac{3}{2}\right)^2 = 1 + \left(\frac{3}{2}\right)^2 \quad | \,\mathrm{T}$

$\left(x - \frac{3}{2}\right)^2 = \frac{13}{4}$

$x - \frac{3}{2} = \sqrt{\frac{13}{4}}$ *oder* $x - \frac{3}{2} = -\sqrt{\frac{13}{4}}$

$x = \frac{3}{2} + \frac{1}{2}\sqrt{13}$ *oder* $x = \frac{3}{2} - \frac{1}{2}\sqrt{13}$

$L = \left\{\frac{3}{2} + \frac{1}{2}\sqrt{13}; \frac{3}{2} - \frac{1}{2}\sqrt{13}\right\}$

Zum Festigen und Weiterarbeiten

2. Ergänze auf beiden Seiten der Gleichung so, dass du die linke Seite als Quadrat schreiben kannst. Bestimme dann die Lösungsmenge. Mache auch die Probe.

a) $x^2 - 4x + \square = 32 + \square$ **b)** $x^2 + 10x + \square = 24 + \square$ **c)** $x^2 - 3x + \square = 6{,}75 + \square$

3. Ergänze beide Seiten der Gleichung so, dass die linke Seite als Quadrat geschrieben werden kann. Bestimme dann die Lösungsmenge. Mache auch die Probe.

a) $x^2 - 10x = 24$ **c)** $x^2 - 7x + 6 = 0$ **e)** $8 - 6z + z^2 = 0$ **g)** $6 + x^2 - 5x = 0$
b) $x^2 + 2x - 8 = 0$ **d)** $8y + y^2 = 9$ **f)** $x^2 - 4x + 1 = 0$ **h)** $y^2 - 4 - 3y = 0$

4. *Gemischtquadratische Gleichungen ohne absolutes Glied*

a) Beschreibe die beiden Lösungswege; vergleiche und bewerte sie. Welches Wissen über Produkte nutzt man bei der Lösung (2) aus?

(1)
$x^2 - 8x = 0$
$x^2 - 8x + 16 = 16$
$(x-4)^2 = 16$
$x - 4 = 4$ oder $x - 4 = -4$
$x = 8$ oder $x = 0$
$L = \{8; 0\}$

(2)
$x^2 - 8x = 0$
$x \cdot (x - 8) = 0$
$x = 0$ oder $x - 8 = 0$
$x = 0$ oder $x = 8$
$L = \{0; 8\}$

b) Bestimme möglichst einfach die Lösungsmenge. Klammere dazu die Variable aus.
(1) $x^2 + 3x = 0$ (2) $x^2 - 0{,}9x = 0$ (3) $5x^2 - 4x = 0$ (4) $-2z^2 + 7z = 0$

1+1=3

c) Tim hat die Gleichung $x^2 - 8x = 0$ wie rechts notiert gelöst. Die Lösungsmenge ist aber falsch. Wo steckt der Fehler? Erkläre.

$x^2 - 8x = 0$
$x^2 = 8x \quad | :x$
$x = 8$
$L = \{8\}$

5. *Lösen einer quadratischen Gleichung der Form $ax^2 + bx + c = 0$*
Bestimme mithilfe der quadratischen Ergänzung die Lösungsmenge.
Beachte: Vor dem quadratischen Ergänzen muss man die Gleichung auf die Form $x^2 + px + q = 0$ (*Normalform*) bringen.

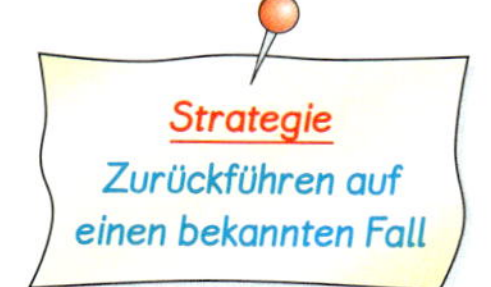

a) Erkläre das Beispiel rechts. Rechne weiter und bestimme die Lösungsmenge. Kontrolliere.

$2x^2 + 6x - 20 = 0$
$x^2 + 3x - 10 = 0$
$x^2 + 3x + \left(\frac{3}{2}\right)^2 = 10 + \left(\frac{3}{2}\right)^2$

b) Bestimme die Lösungsmenge.
(1) $3x^2 + 24x + 21 = 0$ (4) $0{,}1y^2 + y + 2{,}4 = 0$
(2) $2x^2 + 2x - 12 = 0$ (5) $\frac{1}{3}z^2 - 5z + 18 = 0$
(3) $\frac{1}{4}x^2 + 3x - 7 = 0$ (6) $9y^2 - 24y + 7 = 0$

c) Löse entsprechend.
(1) $3x^2 + x + 7 = 4x + 2x^2 + 5$ (3) $3x(x+2) - 5x(x-3) = 52$
(2) $5z^2 + 7z = 4z^2 - 18z - 156$ (4) $(2y-5)^2 + (3y-8)^2 = 2$

Übungen

6. Ergänze auf beiden Seiten der Gleichung so, dass du die linke Seite als Quadrat schreiben kannst. Bestimme dann die Lösungsmenge. Mache die Probe.

a) $x^2 + 4x + \square = 21 + \square$ **c)** $x^2 + 14x + \square = 15 + \square$ **e)** $x^2 + 3x + \square = 33{,}75 + \square$
b) $x^2 - 8x + \square = 33 + \square$ **d)** $x^2 - 12x + \square = 13 + \square$ **f)** $y^2 - 5y + \square = 42{,}75 + \square$

7. Bestimme jeweils die Lösungsmenge. Führe die Probe durch.

a) $x^2 - 8 = 0$
$z^2 - 8z = 0$

b) $y^2 + 6y - 7 = 0$
$x^2 + 8x - 9 = 0$

c) $z^2 - 4z - 5 = 0$
$x^2 - 5x + 4 = 0$

d) $x^2 - 4x + 5 = 0$
$x^2 + 4x - 5 = 0$

e) $x^2 + 8 = 0$
$x^2 + 8x = 0$

f) $x^2 - 4x + 3 = 0$
$x^2 - 3x - 4 = 0$

g) $x^2 + 5x + 4 = 0$
$x^2 + 4x + 5 = 0$

h) $x^2 - 8x - 20 = 0$
$y^2 + 6y - 16 = 0$

i) $x^2 + 16x + 15 = 0$
$x^2 + 15x - 16 = 0$

j) $x^2 + 0{,}6x - 0{,}4 = 0$
$x^2 - 1{,}6x - 0{,}8 = 0$

k) $z^2 + 0{,}8z + 0{,}16 = 0$
$x^2 + 0{,}6x + 0{,}08 = 0$

l) $x^2 - \frac{2}{5}x - \frac{3}{5} = 0$
$x^2 - \frac{3}{5}x - \frac{2}{5} = 0$

8. Kontrolliere Julias Hausaufgaben.

a) $x^2 - 3x = 16 \quad |+9$
$x^2 - 3x + 9 = 25$
$(x-3)^2 = 5$
$x - 3 = 5$ oder $x - 3 = -5$
$x = 8$ oder $x = -2$
$L = \{8; -2\}$

b) $4z^2 - 12z + 8 = 0 \quad |+1$
$4z^2 - 12z + 9 = 1$
$(2z-3)^2 = 1$
$2z - 3 = 1$ oder $2z - 3 = -1$
$2z = 4$ oder $2z = 2$
$z = 2$ oder $z = 1$
$L = \{1; -2\}$

c) $4x^2 - 8x = 0 \quad |+8x$
$4x^2 = 8x \quad |:4x$
$x = 2$
$L = \{2\}$

9. Bestimme – ohne quadratisches Ergänzen – jeweils die Lösungsmenge. Überprüfe dein Ergebnis.

a) $x^2 - 4x = 0$
$x^2 - 4 = 0$

b) $3y^2 - 12 = 0$
$-5x^2 + \frac{1}{5} = 0$

c) $y^2 + 6y + 9 = 0$
$y^2 + 9 = 0$

d) $4x^2 - 9 = 0$
$4x^2 + 9x = 0$

e) $4z^2 - 1 = 0$
$4z^2 - z = 0$

f) $50x^2 - 18 = 0$
$50 - 18x^2 = 0$

g) $x^2 - 0{,}09 = 0$
$x^2 + 0{,}9x = 0$

h) $9z^2 - 4 = 60$
$4z - 9z^2 = 0$

i) $-\frac{1}{2}x^2 + 8x = 0$
$-\frac{1}{2}x^2 + 8 = 0$

j) $-\frac{1}{8}y^2 + \frac{1}{2} = 0$
$\frac{1}{8}(y^2 - 1) = \frac{1}{2}$

k) $2{,}5x^2 = 10x$
$3x = -\frac{3}{5}x^2$

l) $-4z^2 = -14z$
$\frac{1}{8}y^2 = 1{,}3y$

10. Bestimme die Lösungsmenge. Mache die Probe.

a) $x^2 + 20x + 36 = 0$
b) $x^2 + 20x + 100 = 0$
c) $x^2 + 20x + 125 = 0$
d) $x^2 + 20x - 125 = 0$
e) $x^2 - 7x + 6 = 0$
f) $x^2 - 11x + 31 = 0$
g) $x^2 - 11x - 5{,}75 = 0$
h) $x^2 + 12x + 33 = 0$
i) $x^2 + 21x + 20 = 0$
j) $x^2 - 3x + 0{,}25 = 0$
k) $x^2 + 8x = 20$
l) $2x^2 + 16x + 32 = 0$

{0,6; 1} {1; 3} { } {12; 2} {2; 12} {4; 10} {1; 2,4} {−20; 5} {−17; 2} {−1; 4}

11.
a) $\frac{1}{2}x^2 - 7x + 12 = 0$
b) $5x^2 - 20x + 15 = 0$
c) $0{,}2z^2 + 3z - 20 = 0$
d) $2x^2 - 28x + 80 = 0$
e) $0{,}1y^2 + 1{,}5y - 3{,}4 = 0$
f) $5x^2 - 8x + 3 = 0$
g) $\frac{1}{2}x^2 + 4x + 10 = 0$
h) $140z + 98 + 50z^2 = 0$
i) $36 + 15y^2 - 51y = 0$

12. Für den Benzinverbrauch B (in *l* pro 100 km) in Abhängigkeit von der im 5. Gang gefahrenen Geschwindigkeit v $\left(\text{in } \frac{\text{km}}{\text{h}}\right)$ gilt: $B = 0{,}001\,v^2 - 0{,}1\,v + 6{,}3$

a) Bei welcher Geschwindigkeit beträgt der Benzinverbrauch 7 *l* pro 100 km?

b) Wie stark muss man die Geschwindigkeit vermindern, damit der Benzinverbrauch um 1 *l* pro 100 km gesenkt wird?

Lösungsformel – Diskriminante

Aufgabe

1. a) Bestimme die Lösungsmenge der quadratischen Gleichung $x^2 + px + q = 0$ mithilfe der quadratischen Ergänzung und leite so eine Lösungsformel her.
Vom grafischen Lösen einer quadratischen Gleichung wissen wir, dass eine solche Gleichung genau zwei Lösungen oder genau eine Lösung oder keine Lösung besitzen kann.
Unter welcher Bedingung für p und q ist dies der Fall?

b) Bestimme mithilfe der in Teilaufgabe a) entwickelten Lösungsformel die Lösungsmenge der quadratischen Gleichung $2x^2 - 6x - 20 = 0$.

c) Wie viele Lösungen hat die Gleichung $3x^2 - 18x + 20{,}25 = 0$?
Beantworte die Frage anhand der Lösungsformel, ohne die Lösungsmenge selbst zu bestimmen.

Lösung

a)

$$\begin{aligned} x^2 + px + q &= 0 && \mid -q \\ x^2 + px &= -q && \mid +\left(\tfrac{p}{2}\right)^2 \text{ (qu. E.)} \\ x^2 + px + \left(\tfrac{p}{2}\right)^2 &= -q + \left(\tfrac{p}{2}\right)^2 && \mid \text{T (1. bin. Formel)} \\ \left(x + \tfrac{p}{2}\right)^2 &= \left(\tfrac{p}{2}\right)^2 - q \end{aligned}$$

Die Anzahl der Lösungen der quadratischen Gleichung hängt von dem Term $\left(\frac{p}{2}\right)^2 - q$ ab. Dieser Term heißt *Diskriminante* D.
Wir müssen eine *Fallunterscheidung* für die Diskriminante D durchführen:

1. Fall: **D > 0**

$x + \frac{p}{2} = \sqrt{\left(\frac{p}{2}\right)^2 - q}$ *oder* $x + \frac{p}{2} = -\sqrt{\left(\frac{p}{2}\right)^2 - q}$

$x = -\frac{p}{2} + \sqrt{\left(\frac{p}{2}\right)^2 - q}$ *oder* $x = -\frac{p}{2} - \sqrt{\left(\frac{p}{2}\right)^2 - q}$

$L = \left\{-\frac{p}{2} + \sqrt{\left(\frac{p}{2}\right)^2 - q};\ -\frac{p}{2} - \sqrt{\left(\frac{p}{2}\right)^2 - q}\right\}$

2. Fall: **D = 0**

$\left(x + \frac{p}{2}\right)^2 = 0$

$x + \frac{p}{2} = 0$

$x = -\frac{p}{2}$

$L = \left\{-\frac{p}{2}\right\}$

3. Fall: **D < 0**

Das Quadrat einer Zahl ist stets nicht-negativ. Also:
$L = \{\ \}$

Lösungsformel für quadratische Gleichungen

Gegeben ist eine quadratische Gleichung in der Form: $x^2 + px + q = 0$.
Diese Form nennt man *Normalform* der quadratischen Gleichung.

Die **Diskriminante** D (der Normalform) lautet: $D = \left(\frac{p}{2}\right)^2 - q$.
Für die Lösungsmenge der Gleichung gilt dann:

- Wenn die Diskriminante D *positiv* ist, dann gibt es *genau zwei* Lösungen x_1 und x_2, nämlich:
  $x_1 = -\frac{p}{2} + \sqrt{\left(\frac{p}{2}\right)^2 - q}$ und $x_2 = -\frac{p}{2} - \sqrt{\left(\frac{p}{2}\right)^2 - q}$
- Wenn die Diskriminante D *null* ist, dann gibt es *genau eine* Lösung, nämlich $-\frac{p}{2}$.
- Wenn die Diskriminante D *negativ* ist, dann gibt es *keine* Lösung.

Anmerkung: In Formelsammlungen findet man die Lösungen x_1 und x_2 einer quadratischen Gleichung häufig auch wie folgt angegeben:

$x_{1,2} = -\frac{p}{2} \pm \sqrt{\left(\frac{p}{2}\right)^2 - q}$

b) Bevor wir die Formel anwenden können, müssen wir die gegebene Gleichung auf die Normalform bringen.

$2x^2 - 6x - 20 = 0 \quad | :2$

Normalform: $x^2 - 3x - 10 = 0$ ($q = -10$; $p = -3$)

$x_1 = -\frac{-3}{2} + \sqrt{\left(\frac{-3}{2}\right)^2 - (-10)}$; $x_2 = -\frac{-3}{2} - \sqrt{\left(\frac{-3}{2}\right)^2 - (-10)}$

$x_1 = \frac{3}{2} + \sqrt{\frac{9}{4} + \frac{40}{4}}$; $x_2 = \frac{3}{2} - \sqrt{\frac{9}{4} + \frac{40}{4}}$

$x_1 = \frac{3}{2} + \sqrt{\frac{49}{4}}$; $x_2 = \frac{3}{2} - \sqrt{\frac{49}{4}}$

$x_1 = \frac{3}{2} + \frac{7}{2} = 5$; $x_2 = \frac{3}{2} - \frac{7}{2} = -2$

$L = \{-2;\ 5\}$

c) Die Anzahl der Lösungen hängt von der Diskriminante D ab. Bevor wir die Diskriminante D berechnen können, müssen wir die gegebene Gleichung erst auf die Normalform bringen.

$3x^2 - 18x + 20{,}25 = 0 \quad | :3$

$x^2 - 6x + 6{,}75 = 0$

Es ist $p = -6$ und $q = 6{,}75$, und somit

$D = \left(\frac{p}{2}\right)^2 - q = \left(\frac{-6}{2}\right)^2 - 6{,}75 = 9 - 6{,}75$, also $D > 0$.

Also: Die Diskriminante D ist positiv.
Die gegebene Gleichung hat somit genau zwei Lösungen.

Zum Festigen und Weiterarbeiten

2. Bestimme die Lösungsmenge mithilfe der Lösungsformel. Führe die Probe durch.

a) $x^2 - 6x + 8 = 0$ **b)** $x^2 + 10x + 16 = 0$ **c)** $x^2 - 14x - 51 = 0$

3. Bestimme die Lösungsmenge mithilfe der Lösungsformel. Bringe die Gleichung zunächst auf die Normalform. Überprüfe dein Ergebnis.

a) $4x^2 - x - 7{,}5 = 0$ **b)** $\frac{1}{3}x^2 - 3x + 7 = 0$ **c)** $\frac{1}{2}z^2 + 3z - 3 = 0$

4. *Bestimmen der Anzahl der Lösungen mit der Diskriminante*
Berechne die Diskriminante. Wie viele Lösungen hat die Gleichung?

a) $x^2 + 9x + 20 = 0$ **c)** $4x^2 + 68x + 289 = 0$ **e)** $x(x - 24) + 16(2x + 1) = 0$

b) $x^2 - 15x + 57 = 0$ **d)** $\frac{1}{7}y^2 + \frac{1}{6}y - \frac{4}{7} = 0$ **f)** $0{,}25z^2 - 4 + 1{,}5z = 0$

Übungen

5. Bestimme die Lösungsmenge mithilfe der Lösungsformel. Mache die Probe.

a) $x^2 + 8x - 9 = 0$ **d)** $x^2 - 14x + 50 = 0$ **g)** $x^2 - 13x + 42{,}5 = 0$

b) $x^2 + 5x + 4 = 0$ **e)** $x^2 + 10{,}8x - 63 = 0$ **h)** $x^2 - 2{,}2x + 0{,}4 = 0$

c) $x^2 - 3x + 2 = 0$ **f)** $x^2 + 2{,}55x - 4{,}5 = 0$ **i)** $x^2 - 7x + 3 = 0$

6. Bringe die Gleichung zunächst auf Normalform und wende dann die Lösungsformel an. Kontrolliere auch dein Ergebnis.

a) $x^2 = 22x - 21$ **c)** $12{,}5 = 7x - x^2$ **e)** $x + 0{,}75 = x^2$

b) $x^2 + 8x = -12$ **d)** $x^2 = 1{,}75 - 3x$ **f)** $4{,}4 - 0{,}2x = x^2$

7. Kontrolliere Carolines Hausaufgaben.

a) $x^2 - 3x - 4 = 0$
$x_{1/2} = -\frac{3}{2} \pm \sqrt{\left(\frac{3}{2}\right)^2 - (-4)}$
$= -\frac{3}{2} \pm \sqrt{\frac{9}{4} + \frac{16}{4}}$
$= -\frac{3}{2} \pm \frac{5}{2}$
$L = \{1; -4\}$

b) $x^2 + 3x = -10$
$x_{1/2} = -\frac{3}{2} \pm \sqrt{\left(\frac{3}{2}\right)^2 - (-10)}$
$= -\frac{3}{2} \pm \sqrt{\frac{9}{4} + \frac{40}{4}}$
$= -\frac{3}{2} \pm \frac{7}{2}$
$L = \{-5; 2\}$

c) $z^2 + 7 + 10z = 0$
$z_{1/2} = -\frac{7}{2} \pm \sqrt{\left(\frac{7}{2}\right)^2 - 10}$
$= -\frac{7}{2} \pm \sqrt{\frac{49}{4} - \frac{40}{4}}$
$= \frac{7}{2} \pm \frac{3}{2}$
$L = \{5; 2\}$

8. Bestimme die Lösungsmenge mithilfe der Lösungsformel.

a) $x^2 - 6x - 187 = 0$
b) $x^2 + 9x - 52 = 0$
c) $x^2 + 10{,}8x - 63 = 0$
d) $x^2 + 2{,}55x - 4{,}5 = 0$
e) $x^2 + 13x + 42{,}5 = 0$
f) $12{,}5 = 7x - x^2$
g) $x^2 - 16x + 64 = 0$
h) $2x^2 - 14x + 6 = 0$
i) $5x^2 + 25x + 10 = 0$
j) $2x^2 - 3x - 104 = 0$
k) $9x^2 + 66x + 137 = 0$
l) $5y^2 + 14y = -9{,}8$
m) $3y^2 - 4{,}4y - 9{,}6 = 0$
n) $3x^2 - 15x + 7 = 0$
o) $2x^2 + 14x + 25{,}5 = 0$
p) $\frac{4}{9}z^2 - 2z + \frac{5}{2} = 0$
q) $\frac{5}{6}z^2 - 4z + \frac{24}{5} = 0$
r) $\frac{3}{2}x^2 + 15 = 12x$

9. Vergleiche und bewerte die unterschiedlichen Lösungswege.

$x^2 - 5x = 0$
$x_{1/2} = \frac{5}{2} \pm \sqrt{\left(\frac{5}{2}\right)^2 - 0}$
$= \frac{5}{2} \pm \frac{5}{2}$
$x_1 = 5;\ x_2 = 0$
$L = \{0; 5\}$

$x^2 - 5x = 0$
$x(x - 5) = 0$
$x = 0$ oder $x - 5 = 0$
$x = 0$ oder $x = 5$
$L = \{0; 5\}$

$x^2 - 5x = 0$
$x^2 - 5x + 2{,}5^2 = 2{,}5^2$
$(x - 2{,}5)^2 = 6{,}25$
$x - 2{,}5 = 2{,}5$ oder $x - 2{,}5 = -2{,}5$
$x = 5$ oder $x = 0$
$L = \{0; 5\}$

10.

Beurteile die beiden Schülermeinungen anhand der folgenden Beispiele:
(1) $x^2 - 4x = 21$ (2) $x^2 - 3 = 13$ (3) $3x^2 = 12x$

11. Bestimme die Lösungsmenge. Überlege zunächst, wie du vorgehst. Manchmal ist die quadratische Ergänzung bzw. die Lösungsformel umständlich.

a) $12x^2 - 3 = 0$
b) $9x^2 + 16x = 0$
c) $x^2 - 17x + 30 = 0$
d) $2x^2 + 15x + 28 = 0$
e) $x^2 + 6x + 10 = 65$
f) $10x^2 - 24x + 18 = 0$
g) $x^2 - 18x = 40$
h) $-3x^2 + 12 = 0$
i) $8 - 9x + x^2 = 0$
j) $3 - 14{,}8x = 5x^2$
k) $12x = 5x^2$
l) $11x + x^2 = -30{,}5$

12. Beseitige zuerst die Klammern und bestimme dann die Lösungsmenge.

a) $(x - 1)^2 = 5(x^2 - 1)$
b) $x^2 + (8 - x)^2 = (8 - 2x)^2$
c) $x^2 - (6 + x)^2 = (5 - x)^2$
d) $(2x - 5)^2 - (x - 6)^2 = 80$

ANWENDEN VON QUADRATISCHEN GLEICHUNGEN

Einstieg

Das rechteckige Grundstück im Bild rechts ist vererbt worden. Die neuen Eigentümer wollen die Rasenfläche belassen und das restliche Grundstück wie angegeben in zwei gleich große Teile zerlegen.

→ Wie groß ist jedes Teilstück?

→ Fertige eine maßstabsgerechte Zeichnung an.

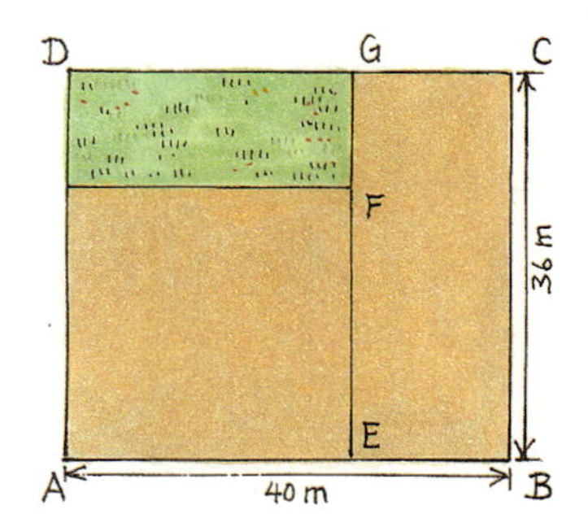

Aufgabe

1. Das Rechteck mit den Seitenlängen 4 m und 3 m soll in ein Quadrat und drei Rechtecke wie im Bild zerlegt werden. Dabei soll der Flächeninhalt der roten Fläche (Rechteck und Quadrat zusammen) 7 m² sein.
Wie lang kann die Quadratseite gewählt werden?

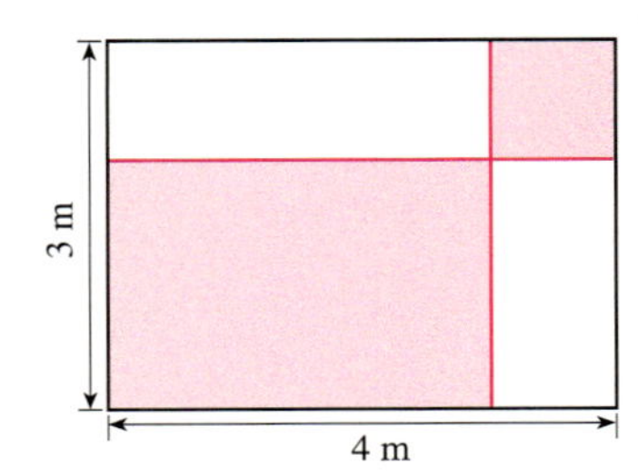

Lösung

(1) Festlegen der gesuchten Größe

Wir rechnen nur mit den Maßzahlen.
Länge der Quadratseite (in m): x

(2) Aufstellen der Gleichung

Größe des roten Quadrats (in m²): x^2
Größe des roten Rechtecks: $(4 - x) \cdot (3 - x)$
Größe der roten Fläche: $x^2 + (4 - x) \cdot (3 - x)$ bzw. 7
Gleichung: $x^2 + (4 - x) \cdot (3 - x) = 7$
Einschränkende Bedingung: $0 < x < 3$, weil eine Länge positiv ist und die Quadratseite kleiner als 3 m sein muss, sonst passt es nicht in das Rechteck.

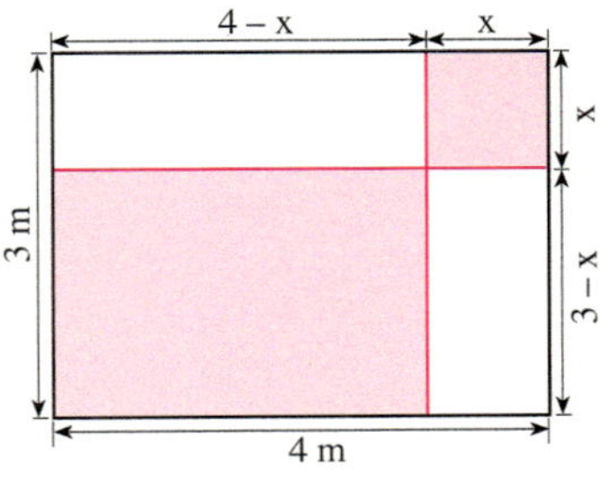

(3) Bestimmen der Lösungsmenge und Kontrolle der einschränkenden Bedingung

$x^2 + (4 - x)(3 - x) = 7 \quad | \text{T}$
$x^2 + 12 - 7x + x^2 = 7 \quad | \text{T}$
$2x^2 - 7x + 12 = 7 \quad | -7 \quad | :2$
$x^2 - \frac{7}{2}x + \frac{5}{2} = 0$
$x = \frac{5}{2} = 2{,}5$ *oder* $x = 1$
$L = \{1; 2{,}5\}$

Weil $0 < 1 < 3$ und $0 < 2{,}5 < 3$, ist für die Zahlen 1 und 2,5 auch die einschränkende Bedingung erfüllt.

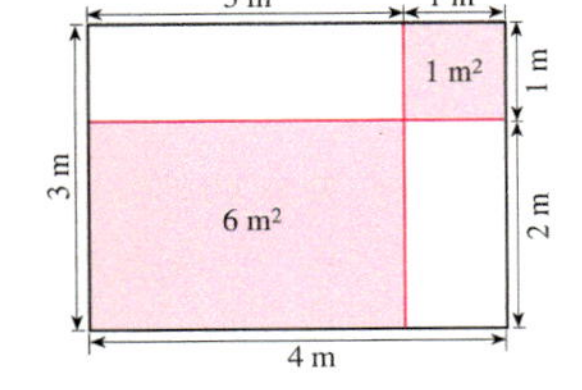

(4) Probe am Aufgabentext

Ist die Seitenlänge des roten Quadrates 1 m, dann ist es 1 m² groß und das rote Rechteck 2 m · 3 m, also 6 m². Zusammen haben sie den Flächeninhalt 7 m².
Ist die Seitenlänge des roten Quadrates 2,5 m, dann ist es (2,5 m)², also 6,25 m² groß und das rote Rechteck 0,5 m · 1,5 m, also 0,75 m². Zusammen haben sie auch in diesem Fall den Flächeninhalt 7 m².

(5) Ergebnis: Die Quadratseite kann 1 m oder 2,5 m lang gewählt werden.

Übungen

2. **a)** Wenn man bei einem Würfel die Kantenlänge verdoppelt und noch um 1 cm vergrößert, so vergrößert sich seine Oberfläche um 576 cm^2.
Bestimme die ursprüngliche Kantenlänge.

b) Wenn man bei einem Würfel die Kantenlänge um 1 cm vergrößert, so vergrößert sich sein Volumen um 127 cm^3.
Bestimme die ursprüngliche Kantenlänge.

3. Gegeben ist ein Rechteck mit den Seitenlängen 6 cm und 5 cm.

a) Verkürze alle Seiten um jeweils dieselbe Länge, sodass der Flächeninhalt $\frac{2}{3}$ des ursprünglichen Inhalts beträgt.
Bestimme die neuen Seitenlängen.

b) Verlängere alle Seiten um jeweils dieselbe Länge, sodass der Flächeninhalt das 3fache des ursprünglichen Inhalts beträgt.
Bestimme die neuen Seitenlängen.

c) Ändere die Seitenlängen so ab, dass bei gleichem Flächeninhalt der Umfang des Rechtecks um 1 cm [um $\frac{1}{3}$ cm] vergrößert wird.
Bestimme die neuen Seitenlängen.

4. Für ein Prisma mit quadratischer Grundfläche mit der Höhe 5 cm gilt:

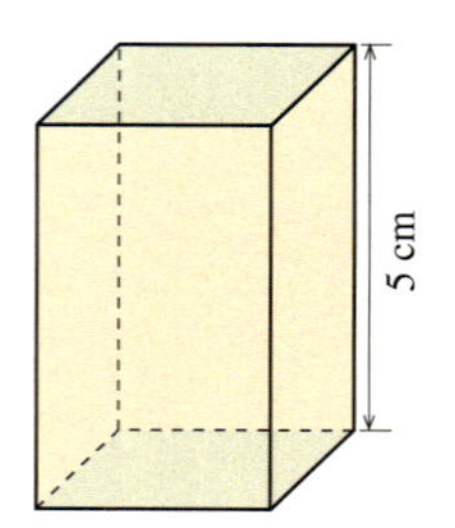

a) Die Grundfläche ist um 14 cm^2 [um 24 cm^2] größer als eine Seitenfläche.

b) Die gesamte Oberfläche beträgt 48 cm^2 [288 cm^2; 112 cm^2].

Berechne die Seitenlänge der quadratischen Grundfläche.

5. Bestimme die Seitenlängen eines Rechtecks, von dem bekannt ist:

a) Der Umfang beträgt 23 cm, der Flächeninhalt beträgt 30 cm^2 [19 cm^2].

b) Der Flächeninhalt beträgt 17,28 cm^2, die Längen benachbarter Seiten unterscheiden sich um 1,2 cm.

6. Die Diagonale eines Rechtecks ist 25 cm lang. Die eine Rechtecksseite ist 17 cm länger als die andere. Welchen Umfang hat das Rechteck?

7. In einem rechtwinkligen Dreieck ist die Hypotenuse 65 cm lang, der Umfang beträgt 150 cm. Wie lang ist jede der beiden Katheten?

8. Herr Labohm plant, seine quadratische Terrasse um 3 m zu verbreitern und um 2 m zu verlängern. Dadurch wird sich die Fläche um 24 m^2 vergrößern.

a) Wie groß ist die ursprüngliche Terrassenfläche?

b) Frau Labohm möchte, dass die neue Terrasse zwar um 24 m^2 vergrößert wird, aber quadratisch bleibt.
Um wie viel m müssen Länge und Breite dann verändert werden?

SATZ VON VIETA UND SEINE ANWENDUNG

Einstieg

Betrachtet die Tabelle rechts. Die quadratischen Gleichungen haben die Normalform $x^2 + px + q = 0$.

→ Vergleicht jeweils die Lösungen x_1 und x_2 mit den Koeffizienten p und q.
Formuliert eine Vermutung.

quadr. Gleichung	x_1	x_2	p	q
$x^2 - 7x + 10 = 0$	2	5	−7	10
$x^2 + 2x - 24 = 0$	−6	4	2	−24
$x^2 + 5x + 6 = 0$	−2	−3	5	6

Information

Satz von Vieta

Wenn x_1 und x_2 zwei Lösungen der quadratischen Gleichung $x^2 + px + q = 0$ sind, dann gilt:

$x_1 + x_2 = -p$ und $x_1 \cdot x_2 = q$, sonst nicht.

Beispiel: $x^2 - 2x + (-15) = 0$; −3 und 5 sind die Lösungen.

$-3 + 5 = +2$ $\quad (-3) \cdot 5 = -15$

VIETA, lateinisch für Viète, François, franz. Mathematiker und Jurist (1540–1603). Vieta erhielt den Ehrennamen „Vater der Algebra", weil er sich große Verdienste um die Verbreitung von Symbolen (Buchstaben) als Variable in der Algebra erworben hat.
Er formulierte auch den obigen Satz.

Zum Festigen und Weiterarbeiten

1. **a)** Die Gleichung $x^2 + px + q = 0$ habe die Lösungen
$x_1 = -\frac{p}{2} + \sqrt{\frac{p^2}{4} - q}$ und $x_2 = -\frac{p}{2} - \sqrt{\frac{p^2}{4} - q}$. Berechne $x_1 + x_2$ und $x_1 \cdot x_2$.

b) Gegeben ist die quadratische Gleichung $x^2 - 8x + 15 = 0$.
Für die Zahlen 3 und 5 gilt: $3 + 5 = 8\ (= -p)$ und $3 \cdot 5 = 15\ (= q)$.
Untersuche mithilfe der Probe, ob beide Zahlen Lösungen der Gleichung sind.

2. *Aufstellen einer quadratischen Gleichung zu vorgegebener Lösungsmenge*

Gib mithilfe des Satzes von Vieta die quadratische Gleichung $x^2 + px + q = 0$ an, die folgende Lösungsmenge hat.

a) {3; 5} **b)** {8; − 3} **c)** {− 4} **d)** {− 7; − 2} **e)** {0; 6} **f)** {0}

3. *Probe mithilfe des Satzes von Vieta*

Mithilfe der Koeffizienten p und q kannst du zeigen, dass die Zahlen − 1,2 und 3,5 Lösungen der Gleichung $x^2 - 2{,}3x - 4{,}2 = 0$ sind (siehe Beispiel rechts).
Überprüfe entsprechend, ob die Gleichung die angegebene Lösungsmenge besitzt. Ändere andernfalls die Gleichung entsprechend ab.

a) $x^2 + 6x - 16 = 0$; $\quad L = \{-2; 8\}$

b) $x^2 + 6x + 5 = 0$; $\quad L = \{-5; -1\}$

c) $x^2 + 3x + 2{,}25 = 0$; $\quad L = \{-1{,}5\}$

d) $2x^2 + 5x + 6 = 0$; $\quad L = \{-3; -2\}$

$x^2 - 2{,}3x - 4{,}2 = 0$
$L = \{-1{,}2;\ 3{,}5\}$

Probe:

$p = -(x_1 + x_2)$
$= -(-1{,}2 + 3{,}5)$
$= -2{,}3$

$q = x_1 \cdot x_2$
$= (-1{,}2) \cdot 3{,}5$
$= -4{,}2$

4. *Aufsuchen ganzzahliger Lösungen einer quadratischen Gleichung*

a) Versuche mithilfe des Satzes von Vieta durch Probieren ganzzahlige Lösungen der Gleichung
$x^2 - x - 12 = 0$ zu finden.
Anleitung: Zerlege -12 in ein Produkt aus zwei ganzzahligen Faktoren. Ergänze die Tabelle.

$x_1 \cdot x_2$	x_1	x_2	$-(x_1 + x_2)$
−12	1	−12	11
−12	−1	12	−11

b) Verfahre ebenso mit der Gleichung $x^2 + 10x - 16 = 0$.
Bestimme auch die Diskriminante. Was fällt dir am Ergebnis auf?

Übungen

5. Bestimme die Lösungen und vergleiche sie mit den Koeffizienten p und q in der Normalform.

a) $x^2 + 10x + 24 = 0$ **c)** $x^2 + 9x + 14 = 0$ **e)** $x^2 + \frac{2}{3}x + \frac{1}{9} = 0$ **g)** $4y^2 - 8y + 3 = 0$
b) $x^2 + 12x + 35 = 0$ **d)** $x^2 - 2x - 15 = 0$ **f)** $x^2 - \frac{6}{3}x - \frac{8}{5} = 0$ **h)** $6z^2 - 5z + 1 = 0$

6. Gib zu jeder Lösungsmenge eine passende quadratische Gleichung in Normalform an.

a) $\{5; -3\}$, $\{-5; 3\}$ **b)** $\{-4; -7\}$, $\{4; 7\}$ **c)** $\{-5\}$, $\{\sqrt{3}\}$ **d)** $\{-\frac{2}{5}; -\frac{3}{5}\}$, $\{0{,}2; 3{,}4\}$ **e)** $\{1 + \sqrt{3}; 1 - \sqrt{3}\}$, $\{-3 + \sqrt{2}; -3 - \sqrt{2}\}$

7. Bestimme zwei Zahlen, deren Summe 2 und deren Produkt

a) − 35, **b)** − 99, **c)** − 1,25, **d)** 0,96, **e)** 0,36 ist.

8. Sophie hat die quadratische Gleichung mithilfe des Satzes von Vieta gelöst. Kontrolliere.

a) $x^2 - 10x + 21 = 0$ $L = \{-3; 7\}$
b) $x^2 + 2x - 24 = 0$ $L = \{4; -6\}$
c) $x^2 - 3{,}5x - 11 = 0$ $L = \{-2; 5{,}5\}$
d) $x^2 - 6{,}2x + 6 = 0$ $L = \{-5; -1{,}2\}$
e) $\frac{1}{2}x^2 + 7x + 24 = 0$ $L = \{-8; -6\}$
f) $4x^2 + 30x = -56$ $L = \{-4; -3{,}5\}$
g) $10y^2 + 29{,}6y = 6$ $L = \{-15; 0{,}2\}$
h) $4z^2 + 5z + \frac{25}{4} = 0$ $L = \{-\frac{5}{2}\}$
i) $15x^2 - 2x - 8 = 0$ $L = \{-\frac{2}{3}; \frac{4}{5}\}$

9. Bestimme die (ganzzahligen) Lösungen durch systematisches Probieren.

a) $x^2 - 8x - 9 = 0$ **d)** $x^2 - 3x - 28 = 0$ **g)** $x^2 + 9x + 18 = 0$
b) $x^2 - 21x + 38 = 0$ **e)** $x^2 + 3x - 10 = 0$ **h)** $y^2 - 3y - 40 = 0$
c) $x^2 + 6x + 5 = 0$ **f)** $z^2 - 11z + 10 = 0$ **i)** $x^2 - 15x + 56 = 0$

10. Bei je zwei Gleichungen ergibt das Produkt der Lösungen die gleiche Zahl. Eine Gleichung bleibt ohne Partner. Findet sie.

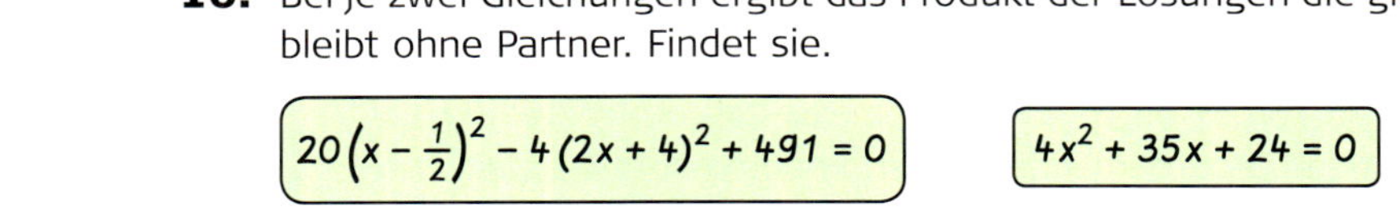

$20\left(x - \frac{1}{2}\right)^2 - 4(2x + 4)^2 + 491 = 0$ $4x^2 + 35x + 24 = 0$ $x^2 - 5{,}5x + 6 = 0$

$x^2 = 4$ $12x^2 + x = 6$ $x^2 + 39x + 108 = 0$

$x^2 - \frac{1}{2}x - \frac{1}{2} = 0$ $(x - 4)^2 + (3x - 7)^2 = 125$ $x^2 + 5{,}75 = (x + 4)^2 - (x + 2{,}5)^2$

VERMISCHTE UND KOMPLEXE ÜBUNGEN

1. Bestimme die Lösungsmenge. Mache die Probe.

a) $x^2 + 2x - 35 = 0$
b) $y^2 + 15y + 44 = 0$
c) $z^2 - 7z - 60 = 0$
d) $x^2 + 8{,}3x + 6 = 0$
e) $2z^2 - 1{,}7z - 1 = 0$
f) $y^2 - 0{,}5y + 1{,}5 = 0$
g) $8x^2 + 24x + 13{,}5 = 0$
h) $4y^2 - 1{,}6y + 7 = 0$
i) $6z^2 + 23z - 18 = 0$

2. Gib die Lösungsmenge an. Denke an die Probe.

a) $(x - 5)(x - 10) = 50$
b) $(2x + 18) \cdot x = 0$
c) $(5x - 2)(2x - 5) = 10$
d) $(4x - 6)(x + 8) = -48$
e) $(3x + 5)^2 = (2x + 1)4x + 25$
f) $(2x + 1)^2 = (3x + 5)x + 1$
g) $9(x - 1) = (4x - 3)(4x + 3)$
h) $7(5x - 2) = (2x + 7)(3x - 2)$
i) $(4x + 3)^2 + (2x - 5)^2 = 2(17 - 3x)$
j) $(3x + 5)^2 - (2x - 7)^2 = 24(2x - 1)$

A {2,4; 10}
E {−10; 8}
E {2; 8}
M {−2; 5}
R {−12; 12}
G {−3,6; 5}
D {4; 9}

3. Bestimme die Lösungsmenge. Finde das Lösungswort.

a) $(x + 2)(x - 9) = -5{,}6x$
b) $(x - 5)(x + 7) = 45$
c) $(x - 8)(x + 8) = 80$
d) $(x - 8)(x - 3) = 1{,}4x$
e) $(2z - 3)(3z - 2) = 5(z^2 - 6)$
f) $(5y + 2)(8 - 3y) = 4y(11 - 4y)$

4. Wenn man bei einem Quadrat die eine Seitenlänge verdoppelt, die benachbarte um 5 cm verringert, so erhält man ein Rechteck, dessen Fläche um 24 cm² größer ist als die Fläche des Quadrates. Welche Seitenlänge hat das Quadrat?

5.

Der direkte Weg von A nach C ist 65 m lang, der Weg von A über B nach C ist 85 m lang. Wie weit ist der Punkt B von A und von C entfernt?

6. **a)** Rechteck und Trapez sollen denselben Flächeninhalt besitzen. Wie lang müssen die Seiten des Rechtecks sowie die Grundseiten des Trapezes sein?

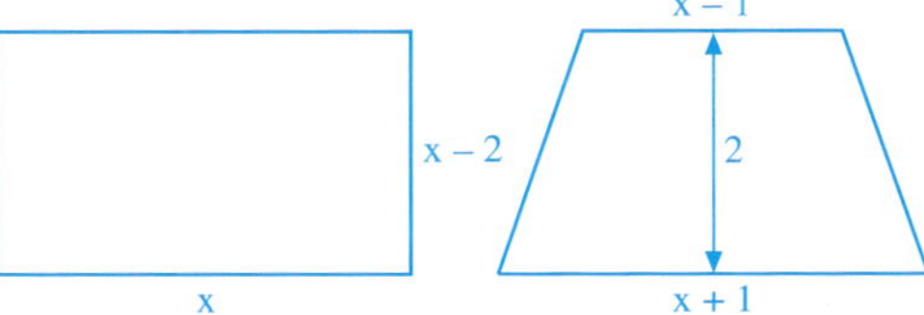

b) Ein Rechteck mit den Seitenlängen $5x$ und $x + 4$ soll denselben Flächeninhalt wie ein Quadrat mit der Seitenlänge $x + 8$ haben. Bestimme die Seitenlänge beider Figuren.

7. Bei zwei Quadraten ist die Summe der Umfänge 132 cm und die Summe der Flächeninhalte 549 cm².
Wie lang ist die Seite bei dem einen Quadrat, wie lang bei dem anderen?

8. Die Summe zweier Zahlen beträgt 40; die Summe der Quadrate dieser Zahlen 802.
Wie heißen die beiden Zahlen?

9. Bestimme die Lösungsmenge. Überlege, wann ein Produkt null ist.

a) $(x-2)(x+5)=0$
b) $(x+1{,}5)(x-4{,}5)=0$
c) $(2x^2-x-10)(2x-5)=0$
d) $(10x+4)(25x^2+20x+4)=0$
e) $(y^2+4y+9)(4y+9)=0$
f) $(4x^2-28x+49)(7x+2)=0$
g) $(x^2+2x-63)(x^2+6x-91)=0$
h) $(x^2-7x-30)(x^2+2x-15)=0$

10. Ermittle zu der Lösungsmenge eine passende quadratische Gleichung.

a) $\{3;\ 4\}$ **b)** $\{-3;\ 1\}$ **c)** $\{-4;\ -2\}$ **d)** $\{5\}$ **e)** $\{-0{,}5;\ 0{,}5\}$ **f)** $\left\{-\frac{4}{5};\ \frac{3}{4}\right\}$

11. Bestimme die Lösungsmenge. Mache die Probe.

a) $(x-6)(x-5)+(x+7)(x-4)=10$
b) $(2x-17)(x-5)-(3x+1)(x-7)=84$
c) $(2z-5)^2-(z-6)^2=80$
d) $(x+1)(2x+3)=4x^2-22$

12.
a) $(x-2)^2+(x+3)^2=(x-1)^2-4x$
b) $(x-4)^2+(x-3)^2=(8-2x)^2-\frac{1}{2}x$
c) $(5x-7)(x+3)=(1-2x)(9-x)$
d) $(2x+3)(x-4)=(3x-8)(x-3)$
e) $2(2y-7)^2+(3y+2)^2-(4y-3)^2+3=0$
f) $(3x+8)^2-2(2x+7)(2x-7)-27=0$

13.

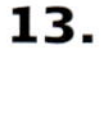

Eine Leiter ist genauso lang wie eine Mauer hoch ist. Lehnt man diese Leiter 20 cm unter dem oberen Mauerrand an, so steht sie unten 1,20 m von der Mauer entfernt.
Wie lang ist die Leiter?

14. Hat die Gerade mit der Gleichung $y=-7{,}3x-12$ [$y=8x-17$] gemeinsame Punkte mit der Normalparabel? Wenn ja, an welchen Stellen?

15. Einem Quadrat mit der Seitenlänge 10 cm soll wie im Bild ein gleichseitiges Dreieck APQ einbeschrieben werden.
In welcher Entfernung a von B bzw. D sind die Eckpunkte P bzw. Q zu wählen?
Wie lang ist die Dreiecksseite s?

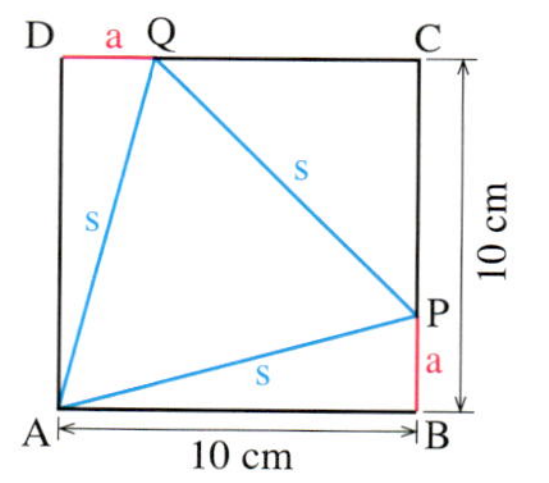

16. Einem Quadrat ABCD mit der Seitenlänge 10 cm ist ein Rechteck PQRS einbeschrieben. Wo muss der Punkt P auf der Seite $\overline{AB}$ gewählt werden, damit der Flächeninhalt des Rechtecks die Hälfte [ein Viertel] von dem des Quadrates beträgt?
Wie lang sind dann die Seiten u und v des Rechtecks?

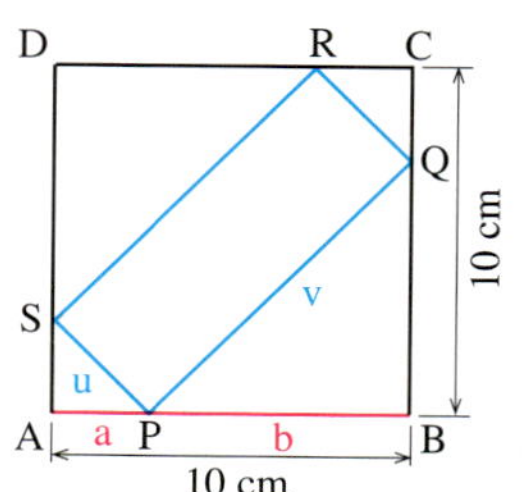

17. Untersuche: Für welche Werte a besitzt die Gleichung

a) $x^2+a+4=0$; **b)** $x^2-2x-a=0$

(1) genau eine Lösung; (2) genau zwei Lösungen; (3) keine Lösung?
Kontrolliere dein Ergebnis grafisch anhand der Normalparabel und einer geeigneten Geraden.

BIST DU FIT?

1. Bestimme die Lösungsmenge. Mache auch die Probe.

a) $x^2 + 12x + 11 = 0$ **b)** $y^2 - \frac{3}{4}y + \frac{1}{8} = 0$ **c)** $z^2 + 2z - 1 = 0$

2. **a)** $\frac{3}{2}x^2 - 3x - 36 = 0$ **c)** $3x^2 - 12x + 60 = 0$ **e)** $0{,}2a^2 + 0{,}8 = 1{,}6$

b) $-11z + 10 + z^2 = 0$ **d)** $3y^2 - 24 = y$ **f)** $\left(\frac{1}{2}y - \frac{2}{3}\right)^2 = \frac{9}{4}$

3. **a)** $(7 - 2x)(7x - 9) = (3x - 5)(15 - 4x)$ **c)** $(4z + 5)^2 - (17 - 2z)^2 - 9(8 - 2z)^2 = 0$

b) $(10x - 6)(5x + 8) = 4(5 - 10x)(5x - 4)$ **d)** $(5 - 6y)(6 - 15y) = 4(2 - 6y)^2$

4. Die Höhe eines Dreiecks ist um 4 cm kleiner als die Länge der zugehörigen Grundseite. Der Flächeninhalt beträgt 48 cm^2.
Wie groß ist die Höhe, wie lang die Grundseite?

5. Wie lang sind die Seiten des Rechtecks?

a) Der Flächeninhalt beträgt 300 cm^2, eine Seite ist 5 cm länger als die andere Seite.

b) Der Umfang beträgt 120 cm, der Flächeninhalt 864 cm^2.

6. Das Quadrat hat die Seitenlänge a = 5 cm. Es ist in vier Teilflächen aufgeteilt. Die beiden grünen Flächen sind zusammen 17,62 cm^2 groß.
Berechne die Seitenlängen der beiden grünen Quadrate.

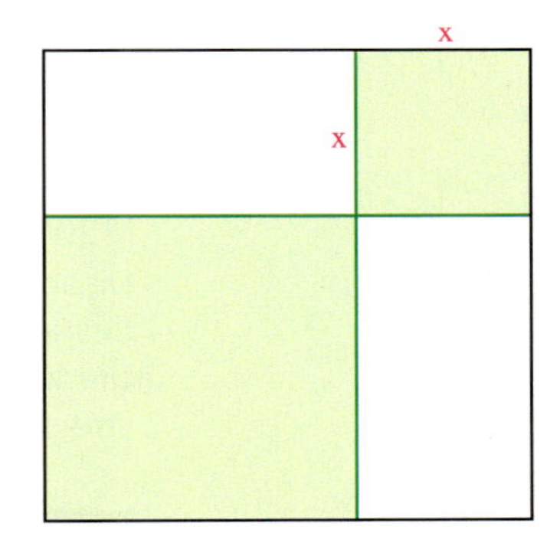

7. Für welche Zahlen gilt:

a) Das Quadrat der Zahl vermehrt [vermindert] um ihr 5faches beträgt 14.

b) Das Produkt aus der Zahl und der um 6 vergrößerten Zahl beträgt 7 [– 9; – 10].

c) Das Quadrat der Zahl vermindert um 40 ergibt das 6fache [18fache] der Zahl.

8. Ein Baumarkt wird erweitert. Der quadratische Parkplatz muss dazu auf einer Seite um 10 m verkürzt werden. Die benachbarte Seite kann um 14 m verlängert werden. Die Größe des Parkplatzes ändert sich durch den Umbau jedoch nicht.
Wie groß ist der Parkplatz?

9. Von einem Quader ist bekannt: Volumen 528 cm^3; Höhe 11 cm; Größe der Mantelfläche (aus den vier Seitenflächen) 308 cm^2.
Wie lang sind die Seiten der Grundfläche?

10. Von einem rechteckigen Grundstück an einer Straßenecke soll für einen Radweg ein 2 m breiter Streifen längs der gesamten Straßenfront abgetreten werden (siehe Bild). Dadurch gehen 130 m^2 des ursprünglich 990 m^2 großen Grundstücks verloren.
Bestimme Länge und Breite des rechteckigen Grundstücks.

IM BLICKPUNKT: GOLDENER SCHNITT

Betrachte das Bild vom Rathaus in Leipzig. Der Turm befindet sich nicht in der Mitte des Gebäudes; er teilt es nicht in zwei genau gleich große Teile, also nicht im Verhältnis 1:1.

Das Längenverhältnis der kürzeren zur längeren Seite beträgt etwa 2:3, allerdings nicht ganz genau. Aber auch das Verhältnis der längeren Seite zur Gesamtstrecke beträgt 2:3.
Prüfe beides durch Messen und Rechnen nach.

Diese Art der Teilung empfindet man als besonders ausgewogen und schön. Man nennt sie deshalb *harmonische Teilung* oder den *goldenen Schnitt*:
Die kürzere Strecke verhält sich zur längeren Strecke wie die längere Strecke zur Gesamtstrecke.

1. Der goldene Schnitt ist auch bei vielen Bauwerken und Statuen der Antike zu finden.

a) Der Bauchnabel teilt oft die Statue im goldenen Schnitt.
Prüfe das am Bild nach.

b) Wie ist das bei deinem Körper?

2. a) Zeichne einen Turm mit Dach oder einen Baum. Kannst du in deiner Zeichnung den goldenen Schnitt entdecken?

b) Suche weitere Beispiele (Gebäude, Möbel, Kunstbücher), wo etwas im goldenen Schnitt geteilt wurde.

3. Wie findet man nun aber den genauen Teilungspunkt z.B. für eine 90 m lange Strecke?
Die Verhältnisgleichung lautet
$x : (90 - x) = (90 - x) : 90$
Löse diese Gleichung. Kontrolliere am Foto des Leipziger Rathauses.

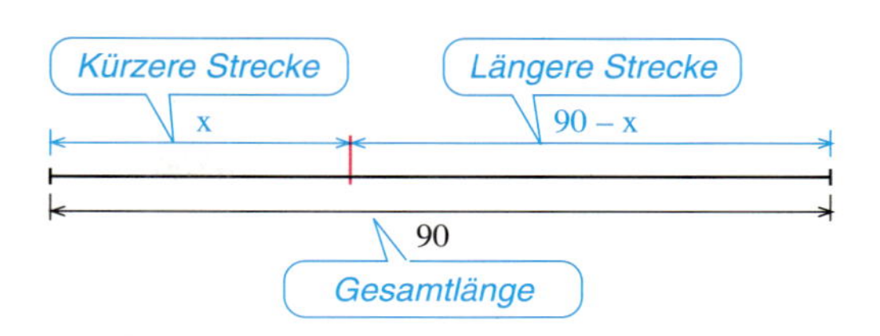

4.

Der Punkt C teilt die Strecke $\overline{AB}$ im **goldenen Schnitt**, wenn gilt:
Die Strecke $\overline{AB}$ der Länge s wird durch den Punkt C so geteilt, dass sich die Gesamtstrecke zur längeren Teilstrecke verhält wie die längere Teilstrecke zur kürzeren Teilstrecke, also
$s : x = x : y$

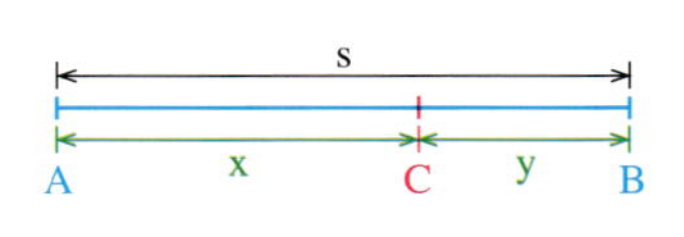

Der griechische Bildhauer Phidias (Φίδιας; 490–430 v. Chr.) hat Werke geschaffen, in denen das Verhältnis des goldenen Schnittes oft vorkommt.

a) Gegeben (1) s = 10 cm; (2) x = 8 cm; (3) y = 3 cm. Berechne x, y bzw. s.

b) Beweise allgemein:

Wird eine Strecke im goldenen Schnitt geteilt, so gilt: $\frac{s}{x} = \frac{1 + \sqrt{5}}{2}$
Für $\frac{1 + \sqrt{5}}{2}$ schreibt man, auch abkürzend den griechischen Buchstaben Φ.

c) Der griechische Staatsmann Perikles übertrug Phidias die oberste Leitung der Bauten auf der Akropolis in Athen. Dabei entstand in den Jahren 447–432 v. Chr. auch der Parthenon-Tempel. Untersucht durch Messen im Bild, ob am Säuleneingang mehrere Strecken im Verhältnis des goldenen Schnitts geteilt sind:

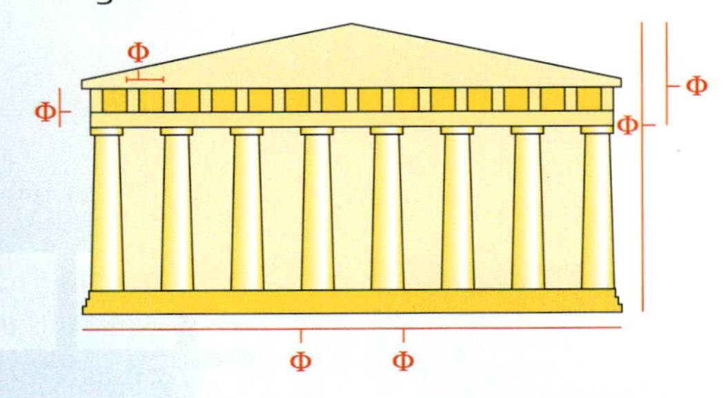

5. Architekten haben Bauwerke entworfen, bei denen Rechtecke auftreten, die auf dem goldenen Schnitt beruhen. Bei einem **goldenen Rechteck** ist das Verhältnis von längerer Seite zur kürzeren Seite wie $\frac{1 + \sqrt{5}}{2} : 1$.

a) Zeichne ein Rechteck aus Seitenlängen, die der Breite und der Höhe des Parthenon-Tempels entsprechen. Benutze die Zeichnung in Teilaufgabe 4c). Prüfe ob es sich um ein goldenes Rechteck handelt.

b) Lass deine Freunde bzw. Freundinnen, deine Eltern und gegebenenfalls Geschwister schöne Rechtecke zeichnen. Bestimme das Verhältnis aus längerer und kürzerer Seite und bilde das arithmetische Mittel. Vergleiche das Ergebnis mit der Zahl Φ.

6. Untersucht, ob ihr an anderen Gebäuden Strecken finden könnt, die im goldenen Schnitt geteilt sind. Ihr könnt dazu auch im Internet recherchieren.

Bist du topfit?

Topfit – Vermischte Übungen 1

Stoff	Dichte
Blei	$11{,}34\,\frac{g}{cm^3}$
Glas	$2{,}5\,\frac{g}{cm^3}$
Kupfer	$8{,}93\,\frac{g}{cm^3}$
Zink	$7{,}14\,\frac{g}{cm^3}$
Eisen	$7{,}86\,\frac{g}{cm^3}$
Gold	$19{,}3\,\frac{g}{cm^3}$
Silber	$10{,}51\,\frac{g}{cm^3}$

1. Zeichne den Graphen der Funktion, ohne eine Wertetabelle aufzustellen.

a) $y = \frac{3}{4}x$ **b)** $y = -1{,}2x$ **c)** $y = 2{,}5x - 1$ **d)** $y = -x + 3$

2. Ein 3 m langes Eisenrohr hat einen Außendurchmesser von 36 mm und eine Wandstärke von 3 mm.

a) Berechne die Masse des Eisenrohrs.

b) Wie viel Prozent wiegt ein Kupferrohr mit den gleichen Abmessungen mehr als das Eisenrohr? Beschreibe, wie du vorgehst.

3. Die Geschwister Patrick, Fabian und Marco sind mit ihren Eltern im Urlaub. Eins der Kinder soll den Abwasch übernehmen. Marco schlägt vor, *Pinneken* zu ziehen, und bittet seinen Vater, einen kurzen und zwei lange Streichhölzer zu halten. Wer das kurze Streichholz zieht, muss den Abwasch übernehmen.

Was ist am günstigsten: • zuerst zu ziehen, • als Zweiter zu ziehen, • zum Schluss zu ziehen, • oder kommt es auf die Reihenfolge gar nicht an? Begründe mit einem Baumdiagramm.

4. Gerald Asamoah schießt mit einer Ballgeschwindigkeit von ca. $70\,\frac{km}{h}$ einen Elfmeter flach über den Rasen in das gegnerische Tor. Dabei streift der Ball den Innenpfosten.

a) Erkundige dich, wie breit ein Fußballtor ist und berechne die Länge der Strecke, die der Ball bis zur Torlinie zurückgelegt hat.

b) Wie viel Sekunden nach dem Schuss hätte der Torwart mit seiner Hand in der richtigen Ecke sein müssen, um den Elfmeter noch zu halten?

5. Die Luftlinie zwischen Soest und Werl hat eine Länge von 14 km.

a) Bestimme den Maßstab der Karte.

b) Wie weit ist Lippetal von Warstein entfernt?

c) Um welchen Faktor ist die Fläche des Kreises Soest in Wirklichkeit größer als in der Abbildung?

d) Schätze ab, wie groß der Kreis Soest ist. Beschreibe, wie du vorgegangen bist.

Topfit – Vermischte Übungen 2

1. Berechne x und y.

a) **b)**

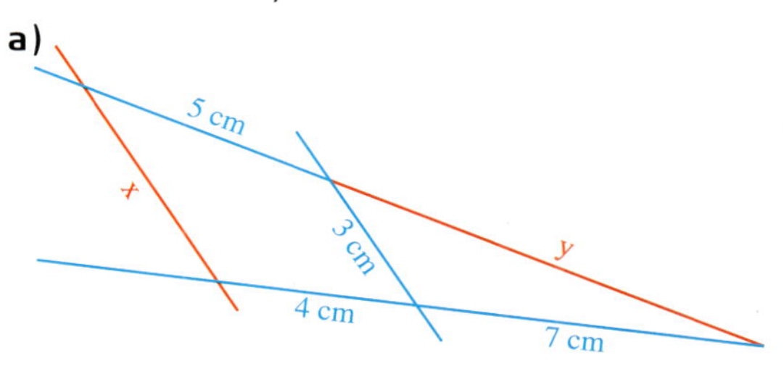

2. Von einem Quadrat wird auf einer Seite ein 1,5 cm breiter Streifen abgeschnitten. Das Reststück ist noch 59,5 cm² groß.
Wie groß war das ursprüngliche Quadrat?

3. Nils und Kamill wollen wissen, wie viele Pappnägel in der vollen Dose sind. Mit einer Briefwaage wiegen sie 10, 20, 35 und 50 Nägel jeweils mit der Dose.

Anzahl der Pappnägel in der Dose	10	20	35	50
Masse der Nägel mit Dose (in g)	45	57	78	96

a) Zeige, dass die Wertepaare in etwa auf einer Geraden liegen. Begründe kleine Abweichungen.

b) Bestimme näherungsweise die Funktionsgleichung der linearen Funktion.

c) Was geben der y-Achsenabschnitt und die Steigung hier an?

d) Die volle Dose wiegt 0,425 kg.
Wie viele Pappnägel sind schätzungsweise in der Dose?

4.

Schwanau 1. 6. 2007: In Schanghai wühlen sich zwei gigantische deutsche Tunnelbohrmaschinen, die mit einem Durchmesser von 15,43 m die größten Tunnelbohrer der Welt sind, unter dem Jangtse Fluss durch das Erdreich. Zwei 7,4 km lange Autotunnel sollen die 600 000 Bewohner der Flussinsel Changxing mit der Schanghaier Finanzmetropole Pudong verbinden. Der erste der beiden riesigen Tunnelbohrer begann seine bis zu 65 m tiefe Untergrundfahrt im September 2006. Voraussichtlich Ende 2008 soll er den Zielschacht auf der Insel erreichen. Im Dezember 2006 startete ein baugleicher Tunnelbohrer für die zweite Tunnelröhre. Die beiden Autobahntunnel sollen rechtzeitig zur Welt-Expo 2010 dem Verkehr übergeben werden.

a) Wie viel Kubikmeter Erdreich bewegen beide Bohrer für den Bau dieser Tunnel ungefähr? Erkläre deine Rechnungen.

b) Welche Kantenlänge hätte ein Würfel mit diesem Volumen?

c) Der Abraumtransport ist eine besondere logistische Leistung.
Schätze ab, wie viel Kubikmeter Erdreich täglich während der Bohrphase von dieser Großbaustelle abtransportiert werden müssen.
Wie viele Lkw-Ladungen sind das ungefähr? Beschreibe, wie du vorgehst.

Neugestaltung eines städtischen Grundstücks

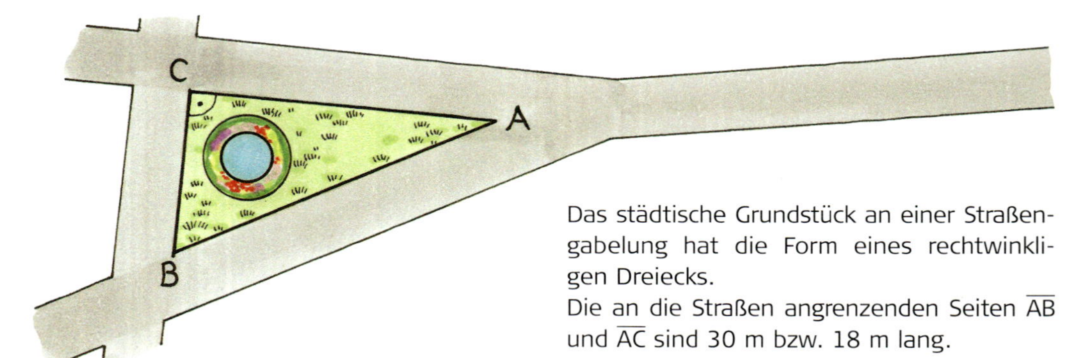

Das städtische Grundstück an einer Straßengabelung hat die Form eines rechtwinkligen Dreiecks.
Die an die Straßen angrenzenden Seiten $\overline{AB}$ und $\overline{AC}$ sind 30 m bzw. 18 m lang.

1. Es ist geplant, das Grundstück rundherum mit 40 cm langen Rasenkantsteinen einzufassen. Wie viele Steine werden benötigt?

2. Auf dem Grundstück soll ein kreisringförmiges Blumenbeet angelegt werden. Der äußere Kreis hat von allen drei Grundstücksseiten jeweils 2 m Abstand. Im inneren Kreis, der einen Radius von 1,3 m hat, ist eine Springbrunnenanlage geplant.

a) Erstelle eine maßstabtreue Zeichnung des städtischen Grundstücks und des Blumenbeets. Beschreibe die Konstruktion.
Wie groß ist der Radius des äußeren Kreises? *Zur Kontrolle: $r_a = 3{,}8$ m*

b) Das Blumenbeet soll außen mit einer kleinen Buchsbaumhecke eingefasst werden. Man rechnet mit 8 Pflanzen auf 1 m.
Wie viele Buchsbaumpflanzen werden benötigt?

c) Im Frühjahr wird das Blumenbeet mit Begonien und Petunien im Verhältnis von 2 : 5 bepflanzt. Auf 1 m² kommen 16 Pflanzen. Eine Begonie kostet 1,59 €, eine Petunie 0,85 €. Wie viel Euro kosten die Blumen?

d) Die restliche Grundstücksfläche außerhalb des Blumenbeets wird mit Rasen eingesät. Wie viel Prozent des gesamten Grundstücks sind das?

3. Das zylinderförmige Springbrunnenbecken hat innen einen Durchmesser von 2,5 m und ist 28 cm tief. Die Seitenwand ist 5 cm dick, der Boden 7 cm.

a) Wie viel Liter Wasser fasst das Becken?

b) Das Becken besteht aus Beton; 1 cm³ wiegt 2,1 g.

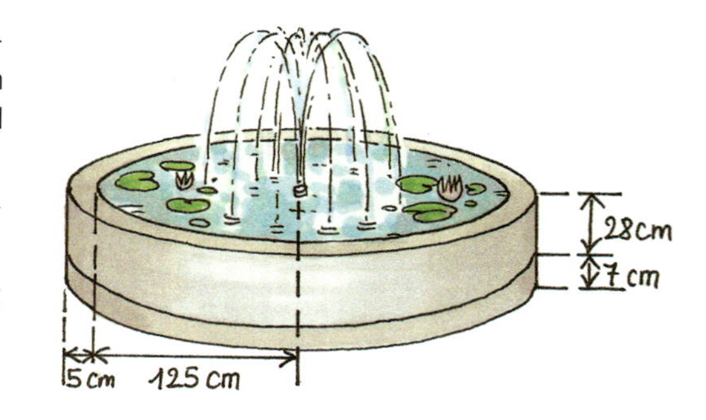

4. In dem Becken befinden sich 1 000 Liter Wasser. Erfahrungsgemäß verringert sich das Wasservolumen, wenn es nicht regnet, durch Verdunsten und Zerstäuben durchschnittlich um 45 Liter pro Tag. (Geh bei der Bearbeitung der folgenden Aufgaben davon aus, dass es längere Zeit nicht regnet.)

a) Stelle für die Funktion *Zeit x (in Tage) → Restvolumen y (in Liter)* die Funktionsgleichung auf.

b) Zeichne den Graphen der Funktion in ein geeignetes Koordinatensystem. Was gibt die Steigung des Graphen an?

c) Lies am Graphen ab und überprüfe durch Rechnung:
(1) Wie viel Liter Wasser sind nach 5 Tagen noch im Becken?
(2) Die Wassermenge soll nicht unter 600 Liter sinken. Nach wie vielen Tagen muss spätestens Wasser nachgefüllt werden?

Auf dem Wochenmarkt

1. Johanna kauft auf dem Wochenmarkt Äpfel ein. Für 2,850 kg Cox Orange bezahlt sie 3,42 €.

a) Mechthild bezahlt 4,20 €. Wie viel kg Cox Orange hat sie gekauft?

b) Thilo kauft $1\frac{3}{4}$ kg Äpfel von der gleichen Sorte. Er bezahlt mit einem 10-Euro-Schein. Wie viel Wechselgeld bekommt er zurück?

c) Stelle die Funktion *Masse x (in kg) → Preis y (in €)* grafisch dar. Gib auch die Gleichung der Funktion an. Welche Bedeutung hat die Steigung des Graphen?

d) Frau Reck kauft 15 kg Cox Orange. Sie erhält 5 % Mengenrabatt. Wie viel Euro muss sie bezahlen?

2. Jeder Händler muss wöchentlich an die Stadt für die Nutzung des Marktplatzes eine Gebühr entrichten. Diese enthält eine Grundgebühr von 8 €, hinzu kommen 1,20 € pro m² Stellfläche.

a) Der Fischhändler Herr Otter hat einen Verkaufswagen mit einer rechteckigen Stellfläche von 2,2 m Breite und 7,5 m Länge. Berechne die wöchentliche Gebühr.

b) Gib für die Funktion *Stellfläche x (in m²) → Gebühren y (in €)* die Funktionsgleichung an und zeichne den Graphen.

c) Der Gemüsestand von Frau Helle ist kreisförmig. Sie muss an die Stadt eine Gebühr von 24,20 € bezahlen. Wie groß ist der Durchmesser ihres Gemüsestandes?

d) Die Stadt ändert ihre Gebührenordnung. Herr Dröge bezahlt für 12 m² jetzt 25,60 €, bei Frau Peck erhöhen sich die Gebühren für 17 m² auf 32,10 €. Berechne die neue Grundgebühr und die Kosten pro m² Stellfläche.

e) Herr Koch muss nach der neuen Gebührenordnung wöchentlich 3 € mehr bezahlen. Wie groß ist seine Stellfläche?

3. Landwirt Nölle verkauft auf dem Wochenmarkt Kartoffeln in kleinen Säckchen von 12,5 kg. Eine Kontrollwägung von 15 Säckchen ergab nebenstehende Massen (in kg).

12,44	12,40	12,62	12,50	12,48
12,60	12,48	12,50	12,39	12,60
12,48	12,58	12,55	12,75	12,53

a) Bestimme das arithmetische Mittel, die Spannweite und den Median.

b) Zeichne einen Boxplot und beschreibe ihn. Was ist auffällig?

4. In der Weihnachtszeit wird mitten auf dem Marktplatz ein hoher Weihnachtsbaum aufgestellt. Susanne und Tobias wollen die Höhe bestimmen. Dazu peilen sie die Spitze des Baumes über einen 3 m langen Stab an und messen die in der Zeichnung angegebenen Längen. Wie hoch ist der Weihnachtsbaum?

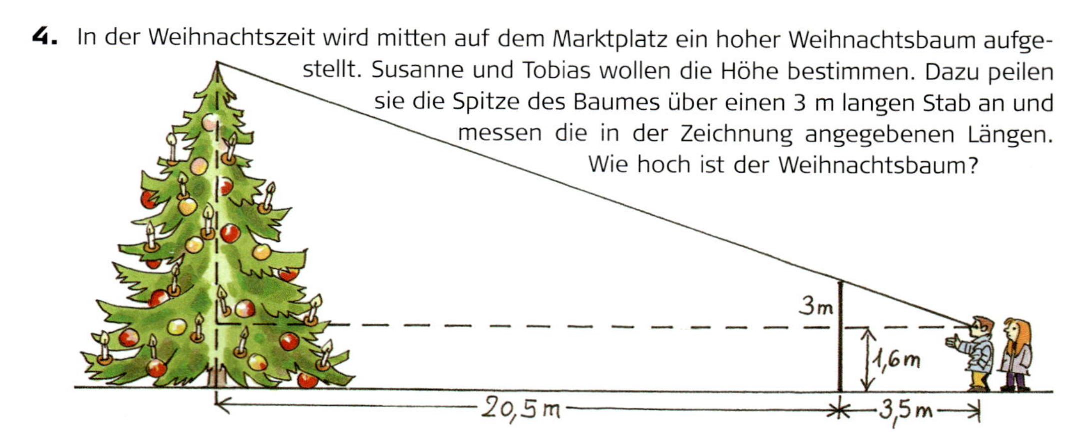

Gleichungen – Gleichungssysteme

1. Bestimme die Lösungsmenge der Gleichung.

a) $4(2x - 3) + 5x = 6 - 3(x + 2)$

b) $(z + 4)(z - 7) + 8 = 4z - (6 - z)(6 + z)$

c) $2(x + 3)^2 - 34 = 3x^2 - (x - 4)^2 + 4x$

d) $2v^2 + 14v = (v + 7)^2 - 13$

e) $\frac{3}{y} = \frac{5}{8}$

f) $x^2 = 1{,}69$

g) $\frac{5}{4} = \frac{x-1}{7}$

h) $\frac{8}{2x-7} = \frac{4}{5}$

i) $a^2 + 9 = 0$

j) $4x^2 = 3x^2 + 100$

k) $x^2 + 2x - 35 = 0$

l) $\frac{1}{2}x^2 + 2{,}5 = 2x$

2. Löse das Gleichungssystem.

a) $\left| \begin{array}{l} 5x - 3y = 56 + y \\ 12x + 16y = 3x \end{array} \right|$

b) $\left| \begin{array}{l} 28x + 39 + 3x = 6(y + 1) \\ 12y - 4(x + 3) = 3(2x + 4) \end{array} \right|$

3. Wenn man zum Quadrat einer Zahl 3 addiert, so erhält man das Quadrat der um 5 verminderten Zahl.

4. Herr Grote hat zur Finanzierung seines Hauses zwei Hypotheken in Höhe von insgesamt 120 000 € aufgenommen. Für die erste Hypothek muss er 6 % Zinsen bezahlen, für die zweite 7 %. Die Zinsen betragen in einem Jahr zusammen 7 550 €.
Berechne die Höhe der einzelnen Hypotheken.

5. Der Umfang eines rechtwinkligen Dreiecks beträgt 24 cm. Eine Kathete und die Hypotenuse sind zusammen 20 cm lang.
Berechne die Längen der Dreieckseiten.
Wie groß ist der Flächeninhalt?

Anhang

TESTAUFGABEN

Größere Unternehmen testen ihre Bewerber, um dadurch eine Vorauswahl zu treffen.
Auf den Seiten 205/206 findest du einen Eingangstest (Test A), mit dem du feststellen kannst, welche Aufgabentypen du schon problemlos lösen kannst.
Auf den nächsten Seiten folgen dann Übungsaufgaben (Training), mit denen du Wissenslücken schließen kannst. Mit dem Test B (Seite 209/210) kannst du prüfen, ob du fit bist.

Folgende Hinweise können dir helfen, dich gut auf die Testsituation vorzubereiten.
1. Lies die Aufgabenstellungen sorgfältig durch.
2. Bei den Tests ist die Zeit immer knapp bemessen. Gerate nicht in Hektik, arbeite trotzdem zügig, konzentriert und nicht zu lange an einer Aufgabe.
3. In der Regel werden die Tests ohne Taschenrechner bearbeitet.

Test A

Grundrechenarten

1. **a)** $3278 + 95 + 12367$ **b)** $8075 - 94 - 7869$ **c)** $49736 \cdot 69$ **d)** $726 : 6$

2. **a)** $(37 + 63) \cdot 15 + 21 \cdot (97 - 67)$
b) $216 : (199 - 187)$
c) $(25 \cdot 5 - 90 : 6) : (100 - 5 \cdot 9)$

3. **a)** $\frac{2}{3} + \frac{3}{7}$ **b)** $\frac{1}{4} - \frac{1}{8}$ **c)** $\frac{7}{12} \cdot \frac{48}{63}$ **d)** $\frac{1}{3} : \frac{2}{3}$ **e)** $\frac{1}{4} \cdot \left(\frac{1}{3} + \frac{1}{2}\right)$

4. **a)** $4 : 100$ **b)** $472 \cdot 0,01$ **c)** $3,25 + \frac{1}{2}$ **d)** $0,026 : 0,13$ **e)** $49 \cdot 0,2$

5. **a)** 3^3 **b)** $\left(\frac{1}{2}\right)^2$ **c)** $4 \cdot 10^3$ **d)** $2 \cdot 2^2$ **e)** $0,5^2$ **f)** 12^2

Rechnen mit Maßeinheiten

6. Gib in der Maßeinheit in Klammern an.
a) 800 cm (m) **c)** $\frac{2}{5}$ km (m) **e)** 1,5 kg (g) **g)** 832 g (kg) **i)** 2,3 m^2 (dm^2)
b) 7,3 km (m) **d)** 68 mm (m) **f)** 1,055 t (kg) **h)** 0,03 t (kg) **j)** 47 l (dm^3)

7. Wie viel Sekunden sind es von 7.35 Uhr bis 9.15 Uhr?

8. Wie oft ist $\frac{3}{8}$ kg in 21 kg enthalten?

Prozent- und Zinsrechnung

9. Berechne.
a) 25% von 1 500 € **b)** 10% von 17,40 € **c)** 80% von 24 000 €

10. Der Preis einer Ware wird um 20% reduziert. Sie kostet jetzt 48 €.
Wie teuer war sie ursprünglich?

11. Ein Auszubildender verdient nach einer Erhöhung der Ausbildungsvergütung statt 480 € nun 489,60 €.
Wie viel Prozent betrug die Erhöhung?

12. Julian erhält für sein Guthaben 6% Zinsen. Das sind 3 € in 3 Monaten.
Wie hoch war sein Guthaben?

Zuordnungen

13. Sieben Waschbetonplatten wiegen 161 kg. Wie schwer sind 36 Platten?

14. Ein Rohbau wird von 4 Maurern in 18 Tagen erstellt. Wie viele Maurer werden benötigt, wenn der gleiche Rohbau in 12 Tagen fertig sein soll?

Flächen- und Körperberechnungen

15. Wie viele Flächen hat der abgebildete Körper?

a) 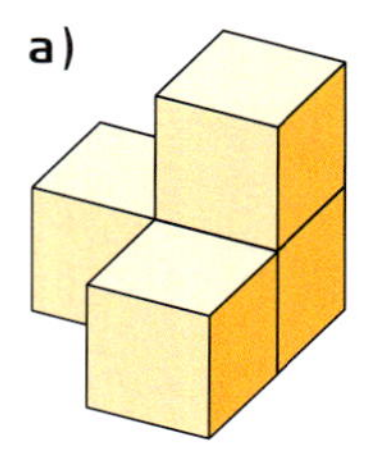

b) 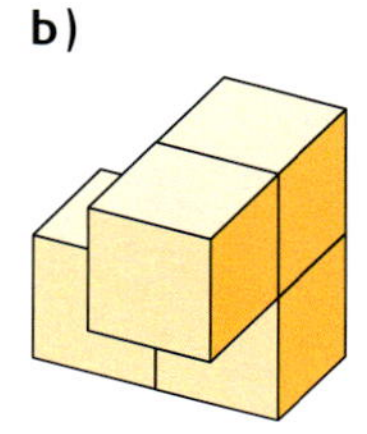

16. Der Flächeninhalt eines Dreiecks beträgt 96 cm^2. Die Höhe h ist 12 cm lang. Berechne die zugehörige Grundseitenlänge c.

17. Ein quaderförmiger Körper aus Stahl ist 0,6 m lang, 2 dm breit und 80 mm hoch. Ein cm^3 Stahl wiegt 7,8 g.
Wie schwer ist der Körper?

Gleichungen

18. Bestimme x.

a) $14 - 3 \cdot (x + 4) = 18 - 5x$ **b)** $\frac{2x}{10} = 4$ **c)** $x^2 = 81$

Logikaufgaben

19. Setze die Reihe mit drei Zahlen fort: 3 5 8 10 13 15 18

Training

Grundrechenarten

1. Berechne das Ergebnis durch einen Überschlag möglichst schnell.

a) 7 468 + 9 532 + 2 473 — Ergebnisse: 25 603 19 473 10 245 9 500

b) 1 105 · 2 003 — Ergebnisse: 2 213 315 221 015 20 315

c) 54 066 : 6 — Ergebnisse: 911 91 9 011 90 011

2. Berechne.

a) $\frac{2}{9} + \frac{4}{9}$ **b)** $\frac{1}{4} - \frac{1}{2}$ **c)** $\frac{3}{4} + \frac{1}{5}$ **d)** $\frac{7}{8} - \frac{3}{20}$ **e)** $3\frac{3}{4} - 1\frac{1}{2}$

3. **a)** $\frac{5}{2} \cdot \frac{3}{5}$ **b)** $\frac{2}{6} \cdot \frac{8}{9}$ **c)** $\frac{1}{3} : \frac{1}{6}$ **d)** $\frac{2}{5} : \frac{3}{7}$ **e)** $1\frac{1}{4} : \frac{1}{2}$

4. Verwandle die gewöhnlichen Brüche in Dezimalbrüche.

a) $\frac{3}{10}$ **b)** $\frac{7}{100}$ **c)** $\frac{1}{5}$ **d)** $\frac{17}{10}$ **e)** $\frac{30}{8}$ **f)** $\frac{1}{3}$ **g)** $\frac{1}{8}$

5. Berechne.

a) 43,2 : 100 **b)** 0,03 : 10 **c)** 1,005 · 1 000 **d)** 10,08 · 1 000

6. **a)** 0,5 · 2 **b)** 0,5 · 0,2 **c)** 0,5 · 0,02 **d)** 0,05 · 0,2 **e)** 0,3 : 2 **f)** 0,3 : 0,2

7. Ordne den Aufgaben die richtigen Ergebnisse zu.

a) 17 + 25 · 4 + 13 **b)** (17 + 25) · 4 + 13 **c)** 17 + 25 · (4 + 13) **d)** (17 + 25) · (4 + 13)

Ergebnisse: 714 442 181 130

8. Setze die richtigen Zeichen <, >, = ein.

a) $2^3 \square 6$ **b)** $4^2 \square 2^4$ **c)** $5^3 \square 150$ **d)** $4 \cdot 10^5 \square (4 \cdot 10)^5$ **e)** $\left(\frac{1}{2}\right)^3 \square \left(\frac{1}{4}\right)^2$

Rechnen mit Maßeinheiten

9. Gib an

a) in km: 9 000 m; 900 m; 90 m; 9 m

b) in m²: 400 cm²; 4 a; 40 ha; 0,4 km²

c) in *l*: 7 m³; 7,7 m³; 0,7 m³; 0,007 m³; 7 hl

d) in kg: 1 100 g; 1 011 g; 101 g; 1 g; 1,01 t; 101 t

e) in min: 3 h; $\frac{1}{3}$ h; 30 s; 3,5 h; 3 h 50 min

Prozent- und Zinsrechnung

Hierzu findest du Aufgaben auf den Seiten 211 bis 215.

Zuordnungen

10. **a)** 4 m eines Deko-Stoffes kosten 48 €. Wie teuer ist 1 m des Stoffes?

b) 4 Arbeiter benötigen 48 h für die Renovierung eines Raumes.
Wie lange benötigt ein Arbeiter?

11. **a)** Eine Wandergruppe legt 300 m in 6 Minuten zurück.
Wie viel km schafft die Gruppe in 2 h?

b) Für 14 Übernachtungen bezahlen 3 Personen im Urlaub insgesamt 1 428 €.
Wie viel Euro müssen 2 Personen bei denselben Grundpreisen zusammen nach 10 Tagen bezahlen?

12. Ein Handwerker arbeitet zu einem Stundenlohn von 45 €. Hinzu kommt die Mehrwertsteuer.
Wie viel Euro müssen für 6 Stunden bezahlt werden.

13. **a)** Bei einer durchschnittlichen Geschwindigkeit von 90 $\frac{km}{h}$ braucht Frau Becker für die Fahrt zu ihren Eltern 4 Stunden. Sie kommt erst nach 5 Stunden an.
Wie groß war ihre Durchschnittsgeschwindigkeit?

b) Ein Reisebus fährt mit einer Geschwindigkeit von 90 $\frac{km}{h}$.
Nach wie viel Minuten hat der Bus 12 km zurückgelegt?

14. Ein Bauernhof, der mit 1,5 t Futtermittel 12 Tag auskommt, erhält eine Lieferung von zwei Lastzügen mit Futter. Jeder der beiden Lastzüge ist mit 2,5 t beladen.
Wie lange reicht das Futter noch, wenn von dieser Lieferung 2 t verfüttert worden sind.

Mögliche Ergebnisse: 6 Tage 40 Tage 24 Tage 12 Tage keines davon

15. Zwei Farben sollen im Verhältnis 3 : 7 gemischt werden. Insgesamt werden 12 Liter Farbe gebraucht. Wie viel Liter müssen von jeder Farbe genommen werden?

16. Eine Strecke ist auf einer Karte 4 cm lang.
Wie lang ist diese Strecke bei einem Maßstab von 1: 500 000 in der Wirklichkeit?

Flächen- und Körperberechnungen

17. Ein rechteckiger Pflasterstein ist 10 cm breit und 20 cm lang.
Wie viele dieser Steine benötigt man, um einen Platz von 500 m^2 zu pflastern?

18. Aus einem 4,8 m langen Draht soll ein rechteckiger Rahmen gebogen werden. Länge und Breite sollen sich um 80 cm unterscheiden.
Wie lang und wie breit wird der Rahmen?

19. Ein Rechteck ist 23 cm lang und 12 cm breit. Berechne Umfang und Flächeninhalt des Rechtecks.

20. Wie viele Flächen hat der abgebildete Körper?

a)

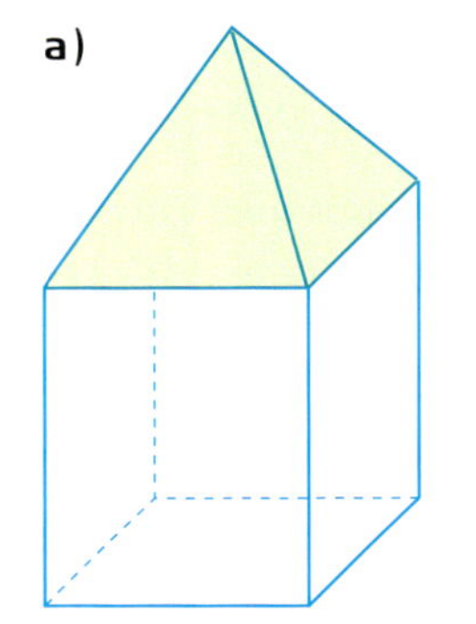

b)

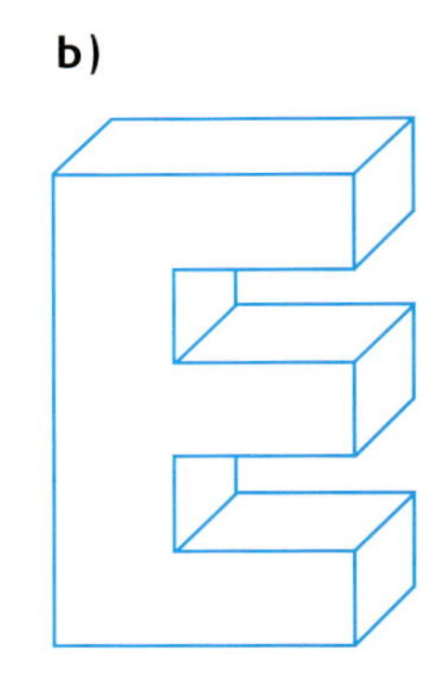

21. Ein Zylinder ist 0,3 m hoch und hat einen Durchmesser von 8 cm.
Berechne den Oberflächeninhalt und das Volumen des Zylinders.

22. Ein quaderförmiges Aquarium hat eine Grundfläche von 2 800 cm^2 und eine Höhe von 0,5 m.
Wie viel Liter Wasser enthält das Aquarium, wenn es zu 75% gefüllt ist?

23. Der Flächeninhalt eines Dreiecks beträgt 102 cm^2. Die Grundseite c ist 17 cm lang.
Berechne die zugehörige Höhe h.

24. Wie groß sind die Winkel β, γ und δ in der Figur rechts?

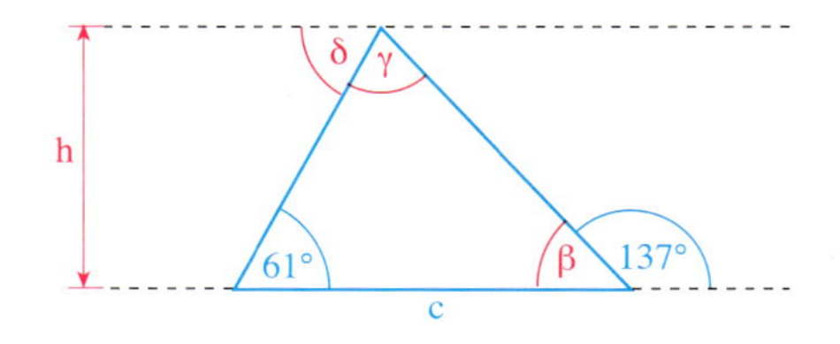

25. Ein zylinderförmiger Körper aus Stahl ist 0,6 m lang. Sein Durchmesser beträgt 80 mm. 1 cm^3 des Stahls wiegt 7,8 g.
Wie schwer ist der Körper?

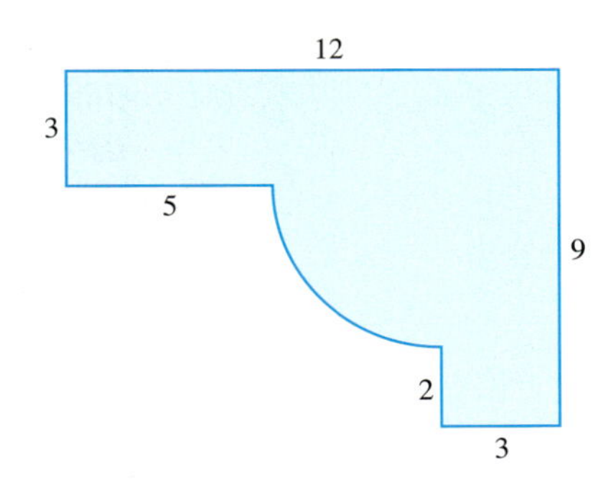

26. Ein Rechteck ist 12 cm lang und 9 cm breit. Wie lang ist seine Diagonale?

27. Berechne Umfang und Flächeninhalt der abgebildeten Figur (Maße in cm)? Taschenrechner erlaubt.

28. Ein Würfel hat eine Oberfläche von 384 cm^2. Berechne sein Volumen.

Gleichungen

29. Bestimme die Lösungsmenge.

a) $3x + 12 = 21$ **c)** $\frac{5x}{8} = 10$ **e)** $17 - \frac{35}{x} = 10$ **g)** $12x - (3x + 35) = 88$

b) $8a - 22 = 8 - 7a$ **d)** $\frac{3y}{7} = \frac{3}{14}$ **f)** $y^2 = 49$ **h)** $\frac{x + 25}{4} = 7$

30. Jannis kauft bei einem Bäcker 8 Brötchen. Außerdem kauft er Hörnchen für 3 €. Seine Mutter möchte wissen, wie teuer ein Brötchen war.
Jannis antwortet: „Insgesamt habe ich 4,96 € ausgegeben."

31. Welche Umstellung nach der in der Klammer angegebenen Größe ist richtig?
$A = \pi \cdot r^2$ (nach r)

(1) $(A : \pi) : 2 = r$ (2) $A : \pi = r$ (3) $r = \sqrt{\frac{A}{\pi}}$

32. Der Flächeninhalt eines Trapezes wird nach der Formel $A = \frac{(a + c) \cdot h}{2}$ berechnet.
Stelle die Formel so um, dass du die Höhe h aus den anderen Größen berechnen kannst.

Logikaufgaben

32. Setze die Reihe mit zwei weiteren Zahlen fort.

a) 4 10 16 22 28 34 40

b) 13 22 15 24 17 26 19

c) 650 130 150 30 50 10 30

d) 60 15 19 76 19 23

e) 13 21 34 55 89 144

f) 3 9 10 5 15 16

Test B

1. **a)** $469 \cdot 0{,}01$ **b)** $96 + 144 : 12$ **c)** $\frac{3}{4} : \frac{3}{5}$ **d)** $\frac{4}{5} - \frac{3}{10}$ **e)** $\frac{3}{4} \cdot 0{,}4$

2. **a)** $0{,}2 \cdot (2{,}34 + 0{,}06)$ **b)** $(4 \cdot 3 + 8) : 0{,}2$ **c)** $\frac{5}{12} - \left(\frac{8}{15} - \frac{2}{5}\right)$ **d)** $\left(\frac{7}{9} + \frac{5}{12}\right) \cdot 0{,}4$

3. Hanna wohnt 2 km von der Schule entfernt. Sie fährt mit dem Fahrrad 10 $\frac{km}{h}$.
Wie viel Stunden fährt sie jede Woche (5 Schultage) hin und zurück?

4. In einer $2\frac{1}{2}$-stündigen Konferenz gab der Konferenzleiter jedem Sprecher 15 min Redezeit.
Wie viele Konferenzteilnehmer kamen zum Sprechen?

5. In einer Stadt werden im Monat April 100 Kinder geboren, davon sind 63 Jungen.
Gib in Prozent an, wie viele Mädchen im April geboren wurden.

6. Der Preis einer Ware wurde um 20% reduziert. Das sind 35 €.
Wie hoch war der ursprüngliche Verkaufspreis?

7. Frau Schmitz nimmt bei einer Bank einen Kredit von 8 520 € zum Kauf eines neuen Fahrzeugs auf. Die Bank berechnet dafür 5% Zinsen. Sie zahlt den geliehenen Betrag einschließlich der Zinsen innerhalb eines Jahres in gleichen Raten zurück.
Wie hoch ist die monatliche Rate?

Ergebnisse: 710 € 426 € 35,50 € 745,50 € keines davon

8. Ein Elektrohändler senkt den Preis für einen DVD-Player von 215 € auf 172 €.
Um wie viel Prozent wurde der Preis gesenkt?

9. Drei Bagger benötigen für den Aushub einer großen Baugrube 20 Wochen.

a) Wie lange werden fünf Bagger für diese Arbeit brauchen?

b) Wie viele Bagger müssen eingesetzt werden, wenn der Aushub nach 15 Wochen fertig sein soll?

10. Die Produktion von 50 000 Pumpen wird von vier Spezialmaschinen in 25 Tagen erledigt.
Nach 10 Tagen fällt eine Maschine aus.
Um wie viel Tage verzögert sich die Produktion?

11. Eine Erbschaft von 54 000 € soll im Verhältnis 3 : 2 : 4 auf drei Erben verteilt werden.
Wie viel Euro erhält jeder?

12. Der Flächeninhalt eines Kreises beträgt 78,5 cm^2. Wie groß ist sein Radius?
Rechne mit $\pi = 3{,}14$.

13. Der abgebildete Kreisring ist 3 cm breit. Der innere Kreis hat einen Radius von 8 cm.
Berechne den äußeren Kreisumfang und den Flächeninhalt des Kreisrings.

14. In einem 5 m langen und 6 m breiten Becken befinden sich 15 m^3 Wasser.
Wie hoch steht das Wasser in dem Becken?

15. Ein Fass mit 171 Litern Inhalt soll in die jeweils gleiche Anzahl von Behältern mit einem Fassungsvermögen von 1 Liter, 3 Litern und 5 Litern umgefüllt werden.
Wie viele Behälter erhält man jeweils?

16. Auf zwei Überlandleitungen sitzen Vögel. Wenn ein Vogel von Leitung 1 nach Leitung 2 hinüber fliegt, sitzen auf beiden Leitungen gleich viele Vögel. Wechselt aber ein Vogel von Leitung 2 zu Leitung 1, dann sind auf Leitung 1 doppelt so viele Vögel wie auf Leitung 2.
Wie viele Vögel sitzen auf Leitung 2?

17. Bestimme die Lösungsmenge.

a) $4x + (9 - x) = 15$ **b)** $\frac{78}{(x + 3)} = 6$ **c)** $x(x - 3) = 0$ **d)** $x^2 - 6{,}25 = 0$

18. Gib die nächsten drei Zahlen der Reihe an: 3 5 8 12 17

PROZENTRECHNUNG UND ZINSRECHNUNG – WIEDERHOLUNG

Prozentrechnung

Prozent bedeutet Hundertstel.
Prozentangaben kann man als gewöhnlichen Bruch oder als Dezimalbruch schreiben.
$25\,\% = \frac{25}{100} = 0{,}25$; $4\,\% = \frac{4}{100} = 0{,}04$; $132\,\% = \frac{132}{100} = 1{,}32$; $2{,}6\,\% = \frac{2{,}6}{100} = 0{,}026$

Grundwert – Prozentsatz – Prozentwert
Von den 480 Schülern eines Schulzentrums kommen 168 Schüler mit dem Bus zur Schule. Das sind 35 %.
Das *Ganze* (480 Schüler) ist der **Grundwert (G)**.
Der *Anteil am Ganzen* (35 %) heißt **Prozentsatz (p%)**.
Die *Größe des Teils* (168 Schüler) heißt **Prozentwert (P_W)**.

35 % von 480 Schülern = 168 Schüler

Prozentsatz p% | Grundwert G | Prozentwert P_W

480 Schüler $\xrightarrow{\cdot 35\%}$ 168 Schüler
$G \xrightarrow{\cdot p\%} P_W$

In der Prozentrechnung gibt es drei verschiedene Grundaufgaben. Gesucht ist:

Prozentwert P_W
Eine Schule hat 760 Schüler. 27,5 % der Schüler sind in einem Sportverein. Wie viele Schüler (S) sind das?

gegeben
Grundwert: 760 S
Prozentsatz: 27,5 %
gesucht: Prozentwert P_W
Ansatz: $760\text{ S} \xrightarrow{\cdot 27{,}5\%} P_W$
Rechnung
$P_W = 760\text{ S} \cdot 27{,}5\,\%$
$= 209\text{ S}$

Ergebnis: 209 Schüler sind in einem Sportverein.

Grundwert G
Nach einem Wasserschaden bezahlte die Versicherung 70 % des entstandenen Schadens; das waren 5 740 €.
Wie hoch war der Schaden?

gegeben
Prozentsatz: 70 %
Prozentwert: 5 740 €
gesucht: Grundwert G
Ansatz: $G \xrightarrow{\cdot 70\%} 5\,740$ €
Rechnung
$G = 5\,740\text{ €} : 70\,\%$
$= 5\,740\text{ €} : 0{,}7$
$= 8\,200\text{ €}$

Ergebnis: Der Schaden betrug 8 200 €.

Prozentsatz p%
Bei der letzten Mathematikarbeit hat Tim von 40 möglichen Punkten (P) 33 erreicht.
Wie viel Prozent sind das?

gegeben
Grundwert: 40 P
Prozentwert: 33 P
gesucht: Prozentsatz p%
Ansatz: $40\text{ P} \xrightarrow{\cdot p\%} 33\text{ P}$
Rechnung
$p\% = 33\text{ P} : 40\text{ P}$
$= 0{,}823$
$= 82{,}5\,\%$

Ergebnis: Tim hat 82,5 % der Punkte erreicht.

1. a) 15 % von 80 m^2 sind □ m^2
b) 32 % von □ kg sind 48 kg
c) □ % von 270 € sind 43,20 €
d) 116 % von 1 200 € sind □ €
e) 7,5 % von □ km sind 46,5 km
f) □ % von 500 t sind 162 t

2. Walnüsse enthalten 63 % Fett. Wie viel g Fett sind in 250 g Walnüssen?

3. In einem Stadion sind 24 200 Zuschauer. Das Stadion ist zu 55 % besetzt.
Wie viele Plätze hat das Stadion?

Stelle selbst eine geeignete Frage und löse die Aufgabe.

4. Meikes Eltern haben im Monat 2 846 € zur Verfügung. Davon entfallen auf:
Miete 17,5 %; Nahrungsmittel 21,1 %; Bekleidung 6,9 %; Freizeit 11 %

5. Für das Auto von Frau Würzbach hat ihre Haftpflichtversicherung einen Jahresbeitrag von 436,20 € festgesetzt. Sie ist allerdings einige Jahre unfallfrei gefahren. Deshalb erhält sie einen Schadenfreiheitsrabatt und zahlt nur 35 % dieses Betrages.

6. Ein Drogeriemarkt erhöht die Preise:

a) Parfüm von 18,90 € um 2 %

b) Zahncreme von 1,99 € um 2,5 %

c) 1 Stück Seife von 0,79 € um 13 %

d) Sonnenmilch von 9,95 € um 7,2 %

Aufgabe: Ein Verein hatte 350 Mitglieder. Die Zahl hat sich um 8 % erhöht.
Rechnung: 100 % + 8 % = 108 % = 1,08
350 · 1,08 = 378
Ergebnis: Es sind jetzt 378 Mitglieder.

7. 2006 wurden auf dem Flughafen Hahn 3,96 Mio. Fluggäste gezählt. Im folgenden Jahr stieg die Zahl um 12,2 %.

8. Preissenkungen im Sportgeschäft:

a) Schlittschuhe von 49,50 € um 20 %

b) Fußbälle von 19,85 € um 8,5 %

c) Stoppuhren von 12,45 € um 15 %

d) Badminton-Schläger von 85 € um 25 %

Aufgabe: Ein Sportler wiegt 68 kg. Bei einem Marathonlauf verliert er 3 % seines Gewichtes. Wie viel kg wiegt er dann?
Rechnung: 100 % – 3 % = 97 % = 0,97
68 · 0,97 = 65,96
Ergebnis: Er wiegt dann 66 kg.

9. Ein Fernsehgerät hat einen durchschnittlichen jährlichen Energieverbrauch von 252 kWh. 30 % könnten eingespart werden, wenn man das Gerät ganz abschaltete und nicht im *Stand-by* eingeschaltet ließe.
Wie hoch wäre der Verbrauch dann?

10. Das Hotel *Heidejäger* verzeichnete im Jahr 2006 genau 29 745 Übernachtungen. Das waren 12,2 % mehr als 2005 und 7,9 % weniger als im Jahr 2007.

11. 16,1 % der Miglieder eines Rugby-Vereins nehmen am aktiven Spielbetrieb teil.
Das sind 62 Personen.

12. 23 Schüler erreichen nach Ende der Klasse 10 Fachoberschulreife mit Qualifikation; das sind ungefähr 24,5 % des gesamten Jahrgangs.

13. Ein Fahrradhändler hat die Preise erhöht (runde auf 10 Cent):

a) Gel-Sättel um 6 % auf 34,90 €

b) Packtaschen um 11 % auf 56,20 €

c) City-Bikes um 8,3 % auf 539,30 €

d) Regencapes um 4,2 % auf 20,70 €

Aufgabe: Nach einer Preiserhöhung von 4 % kostet ein Rucksack 78 €. Wie teuer war der Rucksack vorher?
Rechnung: 104 % von G = 78 €
$78 : \frac{104}{100} = 78 : 1{,}04 = 75$
Ergebnis: Er kostete vorher 75 €.

14. In einem Erholungsgebiet wurde das Radwegenetz im Laufe von 10 Jahren um 26,8 % auf 714 km Gesamtlänge ausgebaut.

15. Ein Modehaus hat die Preise gesenkt: (runde auf 10 Cent)

a) Mäntel um 7 % auf 146,74 €

b) Kleider um 16 % auf 51,90 €

c) Jeans um 14,5 % auf 37,95 €

d) Pullover um 26,8 % auf 65,80 €

Aufgabe: Nach einer Preissenkung von 12 % kostet ein Computerspiel 55 €. Wie teuer war es vor der Preissenkung?
Rechnung: 88 % von G = 55 €
$55 : \frac{88}{100} = 55 : 0{,}88 = 62{,}50$
Ergebnis: Das Spiel kostete 62,50 €.

16. Im Internet bietet ein Händler ein Faxgerät 22 % unter Neupreis an. Es kostet jetzt 210,60 €. Wie teuer war das Gerät ursprünglich?

17. Der Wert einer Aktie stieg zunächst um 6,5 %. Am Tag danach fiel der Wert um 3,9 %. Jetzt liegt er bei 184,22 €. Wie hoch war der ursprüngliche Wert der Aktie? Runde sinnvoll.

18. Bei der Landtagswahl 2006 in Rheinland-Pfalz waren 3 075 707 Einwohner wahlberechtigt. Davon gingen 1 791 136 zur Wahl. Wie hoch war die Wahlbeteiligung?

19. Familie Hajduk macht eine Urlaubsreise nach Spanien. Die Gesamtstrecke beträgt 1 778 km. Nach 905 km erreicht sie ihr Hotel für eine Zwischenübernachtung. Wie viel Prozent der Gesamtstrecke hat sie bis dahin zurückgelegt?

20. Bei einer Lotterie sind in einem Behälter von 584 Losen 63 Gewinnlose, in einem anderen sind von 362 Losen 38 Gewinnlose. Vergleiche die prozentualen Anteile der Gewinnlose.

21. Leistungssteigerung einer Siebenkämpferin:

a) Weitsprung: von 5,28 m auf 5,61 m

b) Hochsprung: von 1,63 m auf 1,77 m

c) Speerwerfen: von 42,08 m auf 46,29 m

d) Kugelstoßen: von 11,90 m auf 12,06 m

Aufgabe: Arnes Taschengeld wurde von 20 € auf 23 € erhöht. Berechne die prozentuale Erhöhung.
Rechnung: p % von 20 € = 23 €
$\frac{23}{20} = 23 : 20 = 1{,}15 = 115\,\%$
115 % – 100 % = 15 %
Ergebnis: Die Erhöhung beträgt 15 %.

22. Durch Werbemaßnahmen stieg die Zahl der Besucher in einem Kurort von 85 027 auf 97 341 im Folgejahr. Berechne den prozentualen Zuwachs.

23. Rückgang der Unfälle mit Getöteten und Schwerverletzten in Rheinland-Pfalz von 1995 bis 2005:

a) auf Autobahnen von 401 auf 291

b) auf Bundesstraßen von 1 403 auf 948

c) auf Landesstraßen von 1 654 auf 1 237

d) auf Kreisstraßen von 674 auf 474

Aufgabe: Tim kauft ein Zelt. Der Preis wurde von 380 € auf 304 € herabgesetzt. Berechne den Preisnachlass in Prozent.
Rechnung: p % von 380 € = 304 €
$\frac{304}{380} = 304 : 380 = 0{,}8 = 80\,\%$
Ergebnis: 100 % – 80 % = 20 %

24. Die Einwohnerzahl von Rheinland-Pfalz hat sich von 2004 bis 2007 stetig verringert. 2004 betrug sie 4,061 Mio und 2007 nur noch 4,046 Mio.
Um wie viel Prozent ist die Einwohnerzahl in dem Zeitraum zurückgegangen?

25. Schreinermeister Peck stellt einem Kunden 738 € in Rechnung. Hinzu kommen 19 % Mehrwertsteuer. Wie viel Euro muss der Kunde bezahlen?

26. Herr Schmitt verkauft sein Auto nach 5 Jahren für 7 300 €. Der Wagen kostete neu 21 600 €. Wie viel Prozent des Neupreises hat der Wagen an Wert verloren?

27. Auf der Erde gibt es ca. 1,5 Millionen verschiedene Tierarten.

a) Von diesen Tierarten sind ca. 0,25 % Säugetiere.
Berechne, wie viele verschiedene Säugetierarten es ungefähr gibt.

b) Man schätzt die Anzahl der verschiedenen Insektenarten auf etwa 800 000.
Wie viel Prozent von allen Tierarten sind Insekten?

28. Der Preis für ein Handy wurde um 18 % reduziert. Es kostet jetzt noch 175 €.
Um wie viel Euro wurde der Preis reduziert?

Zinsrechnung

Grundschema der Zinsrechnung

Zinssatz, Zeitfaktor

$$K \xrightarrow{\cdot p\%} Z_1 \xrightarrow{\cdot i} Z$$

Kapital — Jahreszinsen — Zinsen

Zinsformel

$Z = K \cdot p\% \cdot i$

In der Zinsrechnung spielt der Zeitfaktor i eine zentrale Rolle.
Wir unterscheiden Jahreszinsen, Monatszinsen und Tageszinsen.

1 Jahr = 360 Tage
1 Monat = 30 Tage
Gibt t die Anzahl der Tage an, so ist $i = \frac{t}{360}$

Jahreszinsen
(i = 1)

Herr Braun leiht sich für den Kauf eines Autos 12 000 €. Dafür muss er nach einem Jahr 7,5 % Zinsen zahlen.
Wie viel Euro Zinsen sind das?

K = 12 000 €
p % = 7,5 %

$P_W = G \cdot \frac{p}{100}$

$12\,000\ € \xrightarrow{\cdot 7{,}5\%} Z$

$Z = 12\,000\ € \cdot 0{,}075 = 900\ €$

Herr Braun muss nach einem Jahr 900 € Zinsen zahlen.

Zinsen für Monate und Tage
(i = Anteil der Zeitspanne an 1 Jahr)

Frau Klocke leiht sich 6 000 € zu einem Zinssatz von 8 %.
Wie viel Euro Zinsen muss sie nach 7 Monaten zahlen?

K = 6 000 €
p % = 8 %

$6\,000\ € \xrightarrow{\cdot 8\%} \xrightarrow{\cdot \frac{7}{12}} Z$

$Z = 6\,000\ € \cdot 0{,}08 \cdot \frac{7}{12} = 280\ €$

Frau Klocke muss nach 7 Monaten 280 € Zinsen zahlen.

1. **a)** Ein Kapital von 1 950 € wird zu 4,5 % verzinst.
Wie viel Zinsen erhält man nach 285 Tagen?

b) Ein Guthaben wird zu 4 % verzinst. Nach 11 Monaten erhält man 90,20 € Zinsen.
Wie hoch ist das Kapital?

c) Für ein Kapital von 4 340 € erhält man nach 8 Monaten 130,20 € Zinsen.
Mit welchem Zinssatz wurde das Kapital verzinst?

2. **a)** Frau Reineke hat einmalig 3 500 € auf ein Konto eingezahlt. Sie erhält dafür 3,2 % Zinsen. Am Jahresende bekommt sie hierfür 84 € Zinsen gutgeschrieben.
Vor wie vielen Monaten hat sie das Guthaben eingezahlt?

b) Für ein Kapital von 4 800 € hat man bei einer Verzinsung von 3 % insgesamt 180 € Zinsen erhalten.
Wie lange wurde das Kapital verzinst?

3. Frau Koch hat ein Darlehen von 8 000 € aufgenommen. Sie bezahlt 512 € Zinsen pro Jahr. Berechne den Zinssatz.

4. Herr Busch hat bei seiner Sparkasse 25 600 € zu 3,5 % angelegt. Nach 5 Monaten hebt er sein Geld wieder ab. Wie viel Euro Zinsen bekommt er?

5. Herr Meyer hat bei seiner Bank eine Erbschaft zu einem Zinssatz von 4,5 % angelegt. Er erhält monatlich 532,50 € Zinsen. Wie viel Euro hat er geerbt?

6. Herr Hennig hat sich 7 500 € geliehen, wofür er vierteljährlich 171 € Zinsen zahlen muss. Wie hoch ist der Zinssatz?

7. Frau Köhler legt von 8.3. bis zum 16.9. bei ihrer Bank 24 000 € zu einem Zinssatz von 4 % an.
Wie viel Euro Zinsen erhält sie?

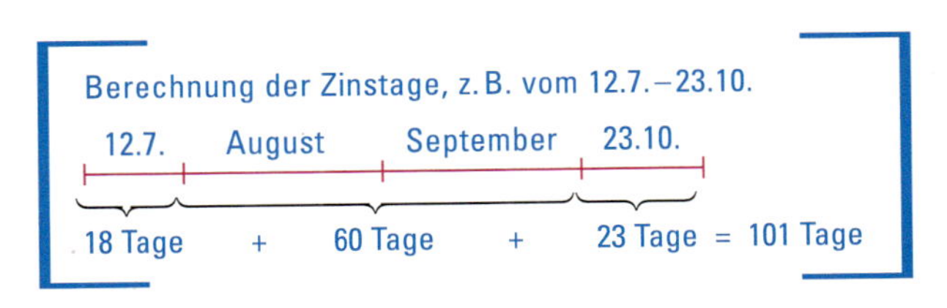

8. **a)** Frau Steinert legt 1 280 € auf einem Sparkonto an, das jährlich mit 5,75 % verzinst wird. Die Zinsen werden jeweils nach einem Jahr gutgeschrieben und mitverzinst.
Wie hoch ist das Sparguthaben nach 7 Jahren?

b) Frau Reents hat ein Kapital zu den gleichen Bedingungen angelegt wie Frau Steinert. Ihr Guthaben beträgt nach 5 Jahren 20 366,79 €.
Wie hoch war ihr Anfangskapital?

9. Herr Haars zahlt 9 800 € auf ein Sparkonto mit wachsendem Zinssatz ein. Er bekommt im 1. Jahr 3 %, im 2. Jahr 4 %, im 3. Jahr 4,25 % und im 4. Jahr 4,75 % Zinsen. Die Zinsen werden nach jedem Jahr gutgeschrieben und mitverzinst.
Wie hoch ist sein Guthaben am Ende des 4. Jahres?

LÖSUNGEN ZU BIST DU FIT?

Seite 37

1. a) $(1|6)$ und $(5|-2)$ sind Lösung der Gleichung.

2. a) (1) $y = 2x + 1$; z.B. $(-3|-5)$; $(-2|-3)$; $(-1|-1)$; $(0|1)$; $(1|3)$; $(2|5)$; $(3|7)$.
(2) Gemeinsame Punkte mit den Achsen sind $(0|1)$ und $(-0{,}5|0)$.

b) (1) $y = -2x + 1$; z.B. $(-3|7)$; $(-2|5)$; $(-1|3)$; $(0|1)$; $(1|-1)$; $(2|-3)$; $(3|-5)$.
(2) Gemeinsame Punkte mit den Achsen sind $(0|1)$ und $(0{,}5|0)$.

c) (1) $y = \frac{3}{2}x - 3$; z.B. $(-3|-7{,}5)$; $(-2|-6)$; $(-1|-4{,}5)$; $(0|-3)$; $(1|-1{,}5)$; $(2|0)$; $(3|1{,}5)$.
(2) Gemeinsame Punkte mit den Achsen sind $(0|-3)$ und $(2|0)$.

d) (1) $y = -\frac{1}{5}x$; z.B. $(-3|0{,}6)$; $(-2|0{,}4)$; $(-1|0{,}2)$; $(0|0)$; $(1|-0{,}2)$; $(2|-0{,}4)$; $(3|-0{,}6)$.
(2) Gemeinsamer Punkt mit den Achsen ist $(0|0)$.

3. a) $y = -2$ **b)** $x = 3$

4. a) $L = \{(2|3)\}$ **b)** $L = \mathbb{Q}$ (Grundmenge) **c)** $L = \{(4|-2)\}$

5. a) $L = \{(1|7)\}$ **b)** $L = \{(-0{,}5|3)\}$ **c)** $L = \{(-2|1)\}$ **d)** $L = \{(0|2)\}$ **e)** $L = \left\{\left(\frac{1}{3}\middle|\frac{1}{2}\right)\right\}$ **f)** $L = \{\ \}$ **g)** L = Grundmenge **h)** L = Grundmenge **i)** $L = \{(9|-3)\}$

6. $L = \{(6|10)\}$

7. Eva: 17 Jahre; Nina: 22 Jahre

8. 65 cm; 35 cm.

9. Limonade: 0,50 €; Orangensaft: 1,50 €.

10. Grundgebühr: 3,60 €; Minutenpreis: 1,8 Cent

Seite 91

1. a) 280 km **b)** 420 km **c)** 508 km **d)** 175 km **e)** 508 km **f)** 543 km **g)** 430 km **h)** 420 km **i)** 315 km

2. Flußbreite: 52,5 m

3. a) $d = 4{,}8$ cm **b)** $d = 2{,}8$ cm **c)** $d = 1{,}6$ cm

4. a) $a_2 = 15{,}3$ cm; $c_2 = 2{,}55$ cm
b) $a_1 = 25{,}2$ cm; $b_1 = 1{,}26$ cm
c) $a_1 = 8$ m; $c_1 = 2{,}4$ m
d) $b_1 = 8{,}9$ km; $c_2 = 1{,}51$ km
e) $b_2 = 4{,}2$ mm; $c_1 = 12{,}6$ mm
f) $b_1 = 18{,}4$ dm; $c_2 = 3{,}4$ dm

5. a) $k = 1{,}2$; $b' = 2{,}5$ cm; $c' = 5{,}6$ cm
b) $k = \frac{6}{7}$; $b' = 4{,}3$ cm; $c' = 3{,}4$ cm
c) $k = 1{,}5$; $b' = 9{,}5$ cm; $c' = 9$ cm
d) $k = 1{,}2$; $b' = 3{,}6$ cm; $c' = 8{,}2$ cm

6. Baumhöhe: 10,63 m

7. Flächeninhalt ABC: 16 cm²

Seite 111

1. a) Bei langen Versuchsreihen gilt: Wahrscheinlichkeit ≈ relative Häufigkeit
b) (1) 0,36 = 36% (2) 0,84 = 84% (3) 0,64 = 64%

2. a) durch häufiges Würfeln und Berechnen der relativen Häufigkeiten
b) (1) $\frac{2}{3} \approx 67\%$ (2) $\frac{1}{2} = 50\%$ (3) $\frac{1}{3} \approx 33\%$
c) (1) $\frac{5}{6} \approx 83\%$ (2) $\frac{5}{36} \approx 14\%$

3. (1) $\frac{1}{5} = 20\%$ (2) $\frac{1}{5} = 20\%$ (3) $\frac{4}{5} = 80\%$ (4) $\frac{37}{200} = 18{,}5\%$

4.

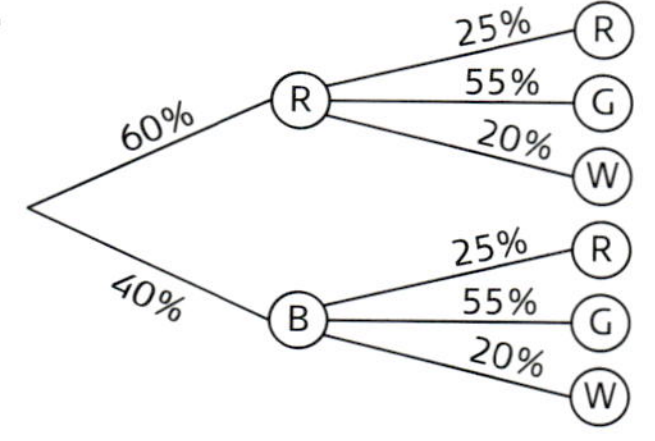

1. Glücksrad: (R) – 216°; (B) – 144°

2. Glücksrad: (R) – 90°; (G) – 72°; (W) – 198°

5. a)

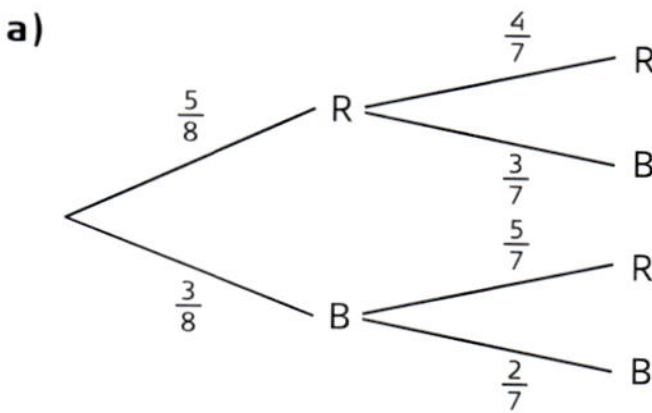

P(gleichfarbige Kugeln) = $\frac{13}{28}$

b)

R: $\frac{5}{8}$ → R $\frac{5}{8}$, B $\frac{3}{8}$; B: $\frac{3}{8}$ → R $\frac{5}{8}$, B $\frac{3}{8}$

P(gleichfarbige Kugeln) = $\frac{17}{32} > \frac{13}{28}$

6. a) (1) $0{,}96 \cdot 0{,}96 \cdot 0{,}96 \approx 0{,}88 = 88\%$
(2) $0{,}96 \cdot 0{,}96 \cdot 0{,}04 \approx 0{,}037 = 3{,}7\%$
(3) $0{,}04 \cdot 0{,}04 \cdot 0{,}04 = 0{,}000064 = 0{,}0064\%$

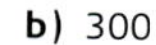

b) 300

Seite 139

1. **a)** 8 **b)** 13 **c)** 25 **d)** 50 **e)** 0,4 **f)** 0,1 **g)** 1,5 **h)** $\frac{2}{3}$ **i)** $\frac{7}{9}$ **j)** $\frac{11}{21}$

2. **a)** $\sqrt{64}$ **b)** $\sqrt{441}$ **c)** $\sqrt{10\,000}$ **d)** $\sqrt{0{,}04}$ **e)** $\sqrt{6{,}25}$ **f)** $\sqrt{\frac{9}{16}}$ **g)** $\sqrt{\frac{9}{256}}$ **h)** $\sqrt{0{,}000121}$

3. **a)** 70 **b)** 30 **c)** 90 **d)** 50 **e)** 0,5 **f)** 0,3 **g)** 0,09 **h)** 0,05 **i)** $\frac{11}{13}$ **j)** $\frac{2}{5}$

4. **a)** 2,236 **b)** 27,404 **c)** 50,010 **d)** 1,1 **e)** 0,513 **f)** 4,380 **g)** 16,811

5. Seitenlänge: 30,594 m

6. **a)** $a \approx 10{,}58$ cm **b)** $a \approx 6{,}87$ cm

7. **a)** (1) $\approx 38{,}48\ \text{cm}^2$ (2) $\approx 124{,}69\ \text{m}^2$

b)

	(1)	(2)	(3)	(4)
r	≈ 1,95 cm	≈ 0,56 m	≈ 2,82 dm	≈ 0,70 m
d	≈ 3,91 cm	≈ 1,13 m	≈ 5,64 dm	≈ 1,41 m

8. **a)** (1) 7 und 8; (2) 11 und 12; (3) 2 und 3; (4) 5 und 6 **b)** –

9. **a)** p^2 **b)** $14q$ **c)** $12vw\sqrt{w}$ **d)** $0{,}9uw^3$

10. **a)** $3\sqrt{5}$ **c)** $6\sqrt{7}$ **e)** $\frac{1}{6}\sqrt{7}$ **g)** $3y\sqrt{7} - 5\sqrt{y}$
b) $7\sqrt{2}$ **d)** $15\sqrt{3}$ **f)** $\frac{1}{9}\sqrt{17}$ **h)** $3c + 7c = 10c$

11. **a)** $3\sqrt{a}$ **b)** $y\sqrt{x}$ **c)** $ts\sqrt{2}$ **d)** $uv\sqrt{10u}$ **e)** $5z^2\sqrt{2w}$ **f)** $0{,}5d\sqrt{e}$ **g)** $\frac{1}{m}\sqrt{17}$ **h)** $\frac{2}{n^2}\sqrt{2c}$ **i)** $\frac{1}{4b}\sqrt{a}$ **j)** $9x\sqrt{\frac{1}{y}}$

Seite 169

1. **a)** $c = 100$ cm **b)** $b = 75$ cm **c)** $b = 39$ cm **3)** $r = 28$ m

2. **a)** $\alpha = 76°$; $c \approx 7{,}2$ cm; $b \approx 1{,}7$ cm; $u \approx 15{,}9$ cm; $A \approx 5{,}95\ \text{cm}^2$
b) $\gamma = 46°$; $b \approx 6{,}3$ cm; $c \approx 4{,}6$ cm; $u \approx 15{,}3$ cm; $A \approx 10{,}12\ \text{cm}^2$
c) $\beta = 32°$; $b \approx 98{,}04$ m; $c \approx 156{,}89$ m; $u \approx 439{,}93$ m; $A \approx 7\,690{,}75\ \text{m}^2$
d) $\alpha = 56°$; $a \approx 33{,}99$ m; $b \approx 22{,}93$ m; $u \approx 97{,}92$ m; $A \approx 389{,}7\ \text{m}^2$
e) $\alpha = 47°$; $c \approx 123{,}2$ cm; $a \approx 90{,}1$ cm; $u \approx 297{,}2$ cm; $A \approx 3\,784{,}2\ \text{cm}^2$
f) $\alpha = 39°$; $b \approx 10{,}0$ cm; $a \approx 6{,}3$ cm; $u \approx 24{,}1$ cm; $A \approx 24{,}65\ \text{cm}^2$

3. $\alpha \approx 58{,}2°$; $\beta \approx 31{,}7°$

4. max. Höhenunterschied: 0,8 m

5. 108,17 m; insgesamt 432,7 m

6. **a)** (1) $e = 13$ cm (2) $e = 41$ cm
b) (1) $e = 7{,}1$ cm (2) $e = 12{,}0$ cm (3) $3 = 17{,}0$ dm (4) $e = 38{,}2$ mm

Seite 197

1. **a)** $L = \{-11;\ -1\}$ **b)** $L = \left\{\frac{1}{4};\ \frac{1}{2}\right\}$ **c)** $L = \{-1-\sqrt{2};\ -1+\sqrt{2}\}$

2. **a)** $L = \{-4;\ 6\}$ **b)** $L = \{1;\ 10\}$ **c)** $L = \{\ \}$ **d)** $L = \left\{-2\frac{2}{3};\ 3\right\}$ **e)** $L = \{-2;\ 2\}$ **f)** $L = \left\{-1\frac{2}{3};\ 4\frac{1}{3}\right\}$

3. **a)** $L = \{-2;\ 3\}$ **b)** $L = \{0{,}2;\ 0{,}64\}$ **c)** $L = \{2{,}5;\ 14\}$ **d)** $L = \left\{-\frac{2}{3};\ \frac{7}{18}\right\}$

4. Höhe: 8 cm; Grundseite 12 cm

5. **a)** 15 cm; 20 cm **b)** 24 cm; 36 cm

6. Seitenlänge klein: 0,9 cm; groß: 4,1 cm

7. **a)** $x^2 + 5x = 14$; $L = \{-7;\ 2\}$ [$x^2 - 5x = 14$; $L = \{-2;\ 7\}$]
b) $x(x+6) = 7$; $L = \{-7;\ 1\}$ [$x(x+6) = -9$; $L = \{-3\}$; $x(x+6) = -10$; $L = \{\ \}$]
c) $x^2 - 40 = 6x$; $L = \{-4;\ 10\}$ [$x^2 - 40 = 18x$; $L = \{-2;\ 20\}$]

8. $1\,225\ \text{m}^2$

9. $a = 8$ cm; $b = 6$ cm

10. $(x-2)\left(\frac{990}{x} - 2\right) = 860$; Länge: 45 m; Breite: 22 m

LÖSUNGEN ZU BIST DU TOPFIT?

Seite 200

1. Anstelle einer Wertetabelle kann man lineare und proportionale Funktionen mithilfe des y-Achsenabschnitts und der Steigung m bzw. den sich daraus ergebenden zwei Punkten zeichnen. Lineare und proportionale Funktionen haben Geraden als Graphen.

a) $b = 0,\ m = \frac{3}{4}$; also P(0|0) und Q(4|3)
b) $b = 0,\ m = -1{,}2$; also P(0|0) und Q(5|−6)
c) $b = -1,\ m = 2{,}5$; also P(0|−1) und Q(2|4)
d) $b = 3,\ m = -1$; also P(0|3) und Q(3|0)

2. a) 7427,08 g (7,42 kg) **b)** um 12 %.

3. Es kommt nicht auf die Reihenfolge an.

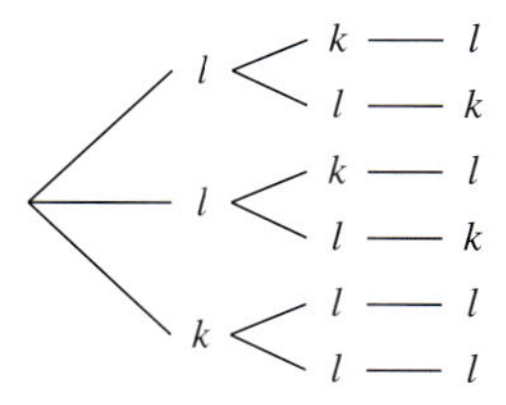

l: langes Streichholz
k: kurzes Streichholz

4. a) 11,59 m **b)** 0,6 s

5. a) Maßstab: 1: 1 000 000 **b)** ≈ 30,1 km **c)** 1 Billion **d)** ≈ 1543,5 km²

Seite 201

1. a) x = 2,4 cm; y = 8,75 cm **b)** x = 4,52 cm; y = 7,51 cm

2. 72,25 cm²

3. a) Abweichungen entstehen durch Messungenauigkeiten mit der Waage oder das nicht genormte Gewicht der Nägel.
b) $y = 1{,}29x + 32$
c) Gewicht der leeren Dose; Gewicht eines Nagels.
d) ca. 304 Nägel.

4. a) 1 402 275,0 m³ [πr^2 (7,4 km + 2 · 65 m − 2 · d)]
b) ca. 112 m
c) Täglicher Abtransport von ca. 1947,6 m³ Erde; entspricht ungefähr 163 Lkw-Ladungen. [720 Arbeitstage bis zur Fertigstellung]

Seite 202

1. |AC| = 24 m; 180 Steine.

2. a) –
b) u ≈ 24 m; 192 Pflanzen
c) ≈ 40 m²; 183 Begonien, 457 Petunien; Gesamtkosten: 679,42 €
d) 79 %

3. a) 1374 *l* **b)** 1016 kg

4. a) $y = 1000 - 45x$ **b)** Wasserverlust pro Tag **c)** (1) 775 *l*; (2) nach 8 Tagen

Seite 203

1. a) 3,5 kg **b)** 7,90 € **c)** $y = 1{,}2x$: Preis pro kg **d)** 17,10 €

2. a) 27,80 € **b)** $y = 1{,}2x + 8$ **c)** 4,14 m **d)** 10 €; 1,30 € pro m² **e)** 10 m²

3. a) 12,53; 0,22; 12,5 **b)** Abweichungen nach oben sind größer.

4. 11,2 m

Seite 204

1. a) $\frac{3}{4}$ **b)** $\frac{16}{7}$ **c)** $\mathbb{R}$ **d)** −6; +6 **e)** 4,8 **f)** −1,3; +1,3 **g)** 9,57 **h)** 8,5 **i)** { } **j)** −10; +10 **k)** +3; −5 **l)** { }

Seite 204

2. a) $\{7\frac{21}{29}; -4\frac{10}{29}\}$ **b)** $\{-\frac{21}{26}; 1\frac{17}{52}\}$

3. 2,2

4. 85 000 €; 35 000 €

5. 9,6 cm; 4 cm; 10,4 cm; 19,2 cm^2

LÖSUNGEN ZU TESTAUFGABEN

Seite 205

1. a) 15 740 **b)** 112 **c)** 3 431 784 **d)** 121

2. a) 2 130 **b)** 18 **c)** 2

3. a) $1\frac{2}{21}$ **b)** $\frac{1}{8}$ **c)** $\frac{4}{9}$ **d)** $\frac{1}{2}$ **e)** $\frac{5}{24}$

4. a) 0.04 **b)** 4,72 **c)** 3,75 **d)** 0,2 **e)** 9,8

5. a) 27 **b)** $\frac{1}{4} = 0{,}25$ **c)** 4 000 **d)** $2^3 = 8$ **e)** 0,25 **f)** 144

6. a) 8 m **c)** 400 m **e)** 1 500 g **g)** 0,832 kg **i)** 230 dm^2
b) 7 300 m **d)** 0,068 m **f)** 1 055 kg **h)** 30 kg **j)** 47 dm^3

7. 6 000 s

8. 56-mal

9. a) 375 € **b)** 1,74 € **c)** 19 200 €

Seite 206

10. 60 €

11. 2%

12. 200 €

13. 828 kg

14. 6 Maurer

15. a) 12 Flächen **b)** 10 Flächen

16. c = 16 cm

17. 74,88 kg

18. a) x = 8 **b)** x = 20 **c)** x = 9 oder x = – 9

19. 20 23 25

1. a) 19 473 **b)** 2 213 315 **c)** 9 011

2. a) $\frac{6}{9} = \frac{2}{3}$ **b)** $-\frac{1}{4}$ **c)** $\frac{19}{20}$ **d)** $\frac{29}{40}$ **e)** $2\frac{1}{4}$

3. a) $\frac{3}{2} = 1\frac{1}{2}$ **b)** $\frac{8}{27}$ **c)** 2 **d)** $\frac{14}{15}$ **e)** $\frac{5}{2} = 2\frac{1}{2}$

Seite 207

4. **a)** 0,3 **b)** 0,07 **c)** 0,2 **d)** 1,7 **e)** 3,75 **f)** $0,\bar{3}$ **g)** 0,125

5. **a)** 0,432 **b)** 0,003 **c)** 1 005 **d)** 10 080

6. **a)** 1 **b)** 0,1 **c)** 0,01 **d)** 0,01 **e)** 0,15 **f)** 1,5

7. **a)** 130 **b)** 181 **c)** 442 **d)** 714

8. **a)** $2^3 > 6$
b) $4^2 = 2^4$
c) $5^3 = 125 < 150$
d) $4 \cdot 10^5 = 400\,000 < (4 \cdot 10)^5 = 102\,400\,000$
e) $\left(\frac{1}{2}\right)^3 = \frac{1}{8} = 0{,}125 > \left(\frac{1}{4}\right)^2 = \frac{1}{16} = 0{,}0625$, also $\left(\frac{1}{2}\right)^3 > \left(\frac{1}{4}\right)^2$

9. **a)** 9 km; 0,9 km; 0,09 km; 0,009 km
b) 0,04 m^2; 400 m^2; 400 000 m^2; 400 000 m^2
c) 7 000 *l*; 7 700 *l*; 700 *l*; 7 *l*; 700 *l*
d) 1,1 kg; 1,011 kg; 0,101 kg; 0,001 kg; 1 010 kg; 101 000 kg
e) 180 min; 20 min; $\frac{1}{2}$ min; 210 min; 230 min

10. **a)** 12 € **b)** 192 Stunden

11. **a)** 6 km **b)** 680 €

12. 321,30 € (19% MwSt)

13. **a)** $72\,\frac{km}{h}$ **b)** 8 min

Seite 208

14. 24 Tage

15. 3,6 *l* und 8,4 *l*

16. 20 km

17. 25 000 Steine

18. 0,8 m und 1,60 m

19. Umfang u = 70 cm, Flächeninhalt A = 276 cm^2

20. **a)** 9 Flächen
b) 14 Flächen

21. $V \approx 1\,508\ cm^3$, $O \approx 854{,}5\ cm^2$

22. 105 Liter

23. h = 12 cm

24. $\beta = 43°$; $\gamma = 76°$; $\delta = 61°$

25. 23 524 g = 23,524 kg

Seite 209

26. Diagonale: 15 cm

27. $u \approx 39{,}8$ cm; $A \approx 64{,}1\ cm^2$

28. 512 cm^3

Seite 209

29. **a)** $x = 3$
b) $a = 2$
c) $x = 16$
d) $y = 0{,}5$
e) $x = 5$
f) $y = 7$ oder $y = -7$
g) $x = \frac{41}{3} = 13\frac{2}{3}$
h) $x = 3$

30. 24,5 Cent

31. (3) ist richtig

32. $h = \frac{2A}{(a + c)}$

33. **a)** 46 52 **b)** 28 21 **c)** 6 26 **d)** 92 23 **e)** 233 377 **f)** 8 24

1. **a)** 4,69 **b)** 108 **c)** $1\frac{1}{4} = 1{,}25$ **d)** $\frac{1}{2} = 0{,}5$ **e)** $0{,}3 = \frac{3}{10}$

2. **a)** 0,48 **b)** 100 **c)** $\frac{17}{60}$ **d)** $\frac{43}{90}$

3. 2 Stunden

4. 10 Minuten

5. 37 % Mädchen

Seite 210

6. 175 €

7. 745,50 €

8. 20 %

9. **a)** 12 Wochen
b) 4 Bagger

10. Verzögerung um 5 Tage

11. 18 000 €; 12 000 €; 24 000 €

12. $r = 5$ cm

13. $u_a = 69{,}1$ cm; $A_{Ring} \approx 179\ cm^2$

14. 50 cm hoch

15. 19 Behälter

16. 5 Vögel

17. **a)** $x = 2$
b) $x = 10$
c) $x = 0$ oder $x = 3$
d) $x = 2{,}5$ oder $x = -2{,}5$

18. 23 30 38

LÖSUNGEN ZU PROZENT- UND ZINSRECHNUNG – WIEDERHOLUNG

Seite 211

1. a) 12 m² **b)** 150 kg **c)** 16 % **d)** 1 392 € **e)** 620 km **f)** 32,4 %

2. 157,5 g **3.** 44 000 Plätze

Seite 212

4. a) 498,05 € **b)** 600,51 € **c)** 196,37 € **d)** 313,06 € **5.** 152,67 €

6. a) 19,28 € **b)** 2,04 € **c)** 0,98 € **d)** 10,67 € **7.** 4,44 Mio.

8. a) 39,60 € **b)** 18,16 € **c)** 10,58 € **d)** 63,75 € **9.** 176,4 kWh

10. 1999: 26 511 Übernachtungen; 2001: 32 296 Übernachtungen **11.** 385 Mitglieder

12. 94 Schüler **13. a)** 32,90 € **b)** 50,60 € **c)** 498,00 € **d)** 19,90 €

Seite 213

14. vor 10 Jahren hatte es 563 km Gesamtlänge **15. a)** 157,80 € **b)** 61,80 € **c)** 4,40 € **d)** 89,90 €

16. 270 € **17.** 180 € **18.** ≈ 58,23 % **19.** 50,9 % **20.** 10,79 %; 10,5 %

21. a) 6,25 % **b)** 8,59 % **c)** 10 % **d)** 1,34 % **22.** 14,48 %

23. a) 27,4 % **b)** 32,4 % **c)** 25,2 % **d)** 29,7 %

Seite 214

24. ≈ 0,4 % **25.** 856,08 € **26.** 66,2 % **27. a)** 375 000 **b)** 55,3 % **28.** 38,41

Seite 215

1. a) 68,52 € **b)** 2 460 € **c)** 4,5 %

2. a) 9 Monate **b)** 9 Monate

3. 6,4 %

4. 373,33 €

5. 142 000 €

6. 9,12 %

7. 188 Tage ⇒ 501,33 €

8. a) 1 893,10 € **b)** 15 400 €

9. 11 463,75 €

STICHWORTVERZEICHNIS

BILDQUELLENVERZEICHNIS

|akg-images GmbH, Berlin: 140, 199; Pirozzi 172; Robert O'Dea 199. |Anke, E.: 175. |Astrofoto, Sörth: 86. |BilderBox Bildagentur GmbH, Breitbrunn/Hörsching: 35. |bpk-Bildagentur, Berlin: 198. |Bundesministerium der Finanzen, Berlin: 93, 99 (2). |CASIO Europe GmbH, Norderstedt: 51. |Colourbox.com, Odense: 56, 165; George Dolgikh 102. |Deutsches Museum, München: 193. |DRK - Deutsches Rotes Kreuz, Berlin: 104. |F1online digitale Bildagentur GmbH, Frankfurt/M.: 169; Otto 160. |Faber-Castell AG, Stein: 178. |Fabian, Michael, Hannover: 36, 107, 109, 159, 160. |fotolia.com, New York: Popov, A. 212. |Gebr. Märklin & Cie. GmbH, Göppingen: 59. |Gebrüder HAFF GmbH Feinmechanik, Pfronten: 86. |Getty Images, München: Photodisc Titel; 92; Hirdes 94; Photodisc 205. |http://jeff560.tripod.com: 140, 141. |Kehrig, Dirk, Kottenheim: 7, 170 (2), 171 (2). |Keystone Pressedienst, Hamburg: Jochen Zick 35. |Kittel, Hannah, Schwäbisch Gmünd: 95. |Kurverwaltung Oberstdorf, Oberstdorf: 167. |mauritius images GmbH, Mittenwald: 33, 183; Alamy 152; Beck 187; Didier Palais 161; Dr. J. Müller 32; J. Beck 106; Simone Fichtl 49; Steve Vidler 58, 162, 164; Urs Hubacher 152. |Metegra GmbH, Laatzen: 15. |Picture-Alliance GmbH, Frankfurt/M.: 95; dpa 6, 200; Klefeldt 198. |Pitopia, Karlsruhe: 50. |Shutterstock.com, New York: Jason Person 112. |stock.adobe.com, Dublin: industrieblick 45. |Tony Stone/Getty Images, München: David Madison 200. |ullstein bild, Berlin: Caro/Meyerbroeker 14. |Volkswagen AG, Wolfsburg: 110. |Warmuth, Torsten, Berlin: 11, 23, 34, 34, 53, 62 (2), 69, 93, 97 (2), 98, 100, 107 (2), 108, 118, 140, 147, 162, 203. |www.herrenknecht.com, Schwanau-Allmannsweier: 201.